우주용 광학계
개발을 위한

광학 시험 및 평가

저자 소개

이윤우 한국표준과학연구원

1983년 부산대학교 물리학과를 졸업하고, KAIST 물리학과에서 석사 및 박사학위를 취득하였다. 1985년부터 한국표준과학연구원에서 40여 년간 초정밀 광학부품 및 광학계 개발, 관련 측정표준 확립에 기여해 왔다. 국가 전문연구단장, 산업 측정표준 본부장, 한국광학회 회장, 국가 핵융합 실무위원 등을 역임하였으며, 현재는 차세대 우주용 대구경 광학계 연구를 수행하고 있다.

양호순 한국표준과학연구원

1990년 연세대학교 물리학과를 졸업하고, KAIST 물리학과에서 석사학위를, 영국 University College London에서 박사학위를 취득하였다. 2003년부터 한국표준과학연구원에서 약 22년간 우주용 대형 거울의 가공 및 측정 업무를 담당해 왔으며, 현재는 SiC 소재를 활용한 우주용 거울 개발 관련 연구를 수행하고 있다.

우주용 광학계
개발을 위한

광학 시험 및 평가

초판 발행 2025년 9월 26일

지은이 이윤우, 양호순
펴낸이 류원식
펴낸곳 교문사

편집팀장 성혜진 | **책임진행** 전보배 | **디자인** 김도희 | **본문편집** 북이데아

주소 10881, 경기도 파주시 문발로 116
대표전화 031-955-6111 | **팩스** 031-955-0955
홈페이지 www.gyomoon.com | **이메일** genie@gyomoon.com
등록번호 1968.10.28. 제406-2006-000035호

ISBN 978-89-363-2676-0 (93550)
정가 32,000원

KRISS 한국표준과학연구원
학술총서 제4권

우주용 광학계
개발을 위한

광학 시험 및 평가

Optical Testing and Evaluation

이윤우·양호순 지음

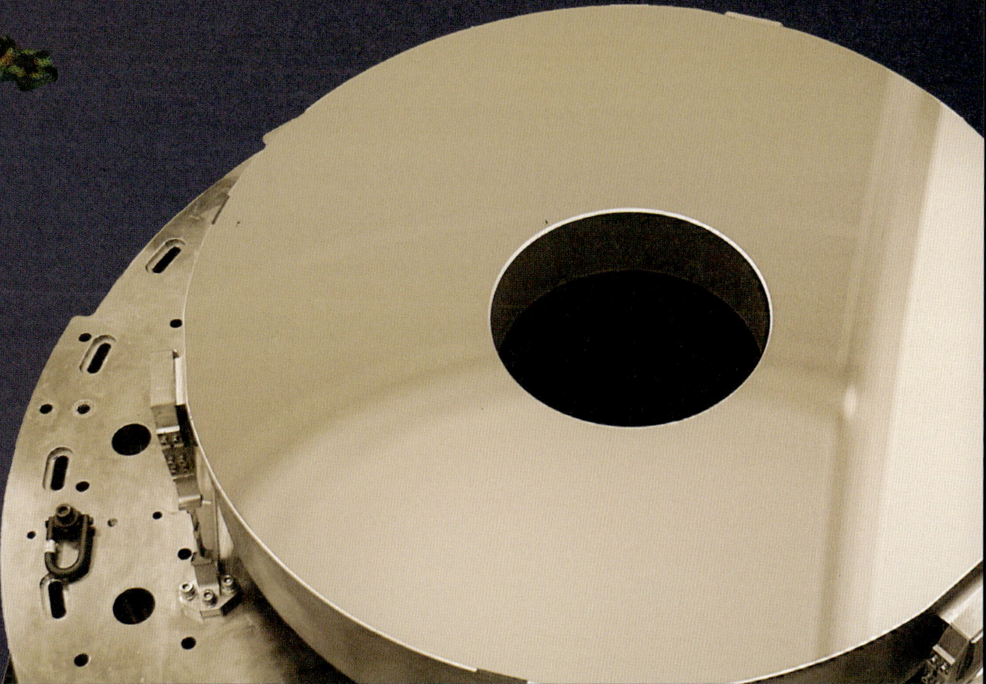

교문사

머리말

preface

현대 과학기술의 정수라 일컬어지는 광기술은 이제 단순한 영상 형성을 넘어, 우주의 끝과 미시 세계를 향한 인류의 손길이 되고 있다. 전통적인 카메라와 망원경, 현미경은 물론, 극자외선 노광기, 고해상도 위성 카메라, 초대형 망원경, 우주망원경 그리고 스마트폰 카메라에 이르기까지, 정밀 광학계는 과학과 산업 전반을 이끄는 숨은 동력으로 자리해 왔다.

지난 40여 년 동안 한국표준과학연구원(KRISS)은 초정밀 광학 부품과 광학계 개발 그리고 측정 기술의 고도화에 전념해 왔다. 초정밀 렌즈와 거울의 가공, 고해상도 위성 카메라의 정렬 및 성능평가 등 수많은 연구개발 과제를 수행하며 축적한 실무 경험과 기술적 통찰을 이 책에 담았다.

이 책은 연구실과 산업 현장 간의 기술적 간극을 메우며, 실무자와 연구자 모두에게 초정밀 광기술의 실질적 기준점을 제시하고자 한다. 특히, 광학계 설계부터 가공, 측정, 평가에 이르는 전 과정을 아우르며 체계적이고 실용적인 내용을 담는 데 중점을 두었다.

오늘날 광기술은 비구면 및 자유곡면 설계, 인공지능 기반 수차 보정, 자동 정렬, 그리고 우주 환경 대응을 위한 경량화 및 열 안정화 기술을 중심으로 빠르게 진화하고 있다. 이러한 발전은 단순한 성능 향상을 넘어, 고해상도 AI 영상 시스템, 고집적 반도체 제조 공정, 국방 및 우주 산업의 전략적 기반을 새롭게 다지고 있다. 이에 따라 정밀 광학계의 설계뿐 아니라 이를 구현하는 초정밀 가공 및 측정 기술의 중요성은 그 어느 때보다 강조되고 있으며, 통합적 이해와 적용이 필수적인 시대가 되었다.

이 책은 이러한 흐름을 반영하여 광기술의 이론부터 응용까지를 총망라하며, 다음과 같이 여섯 장으로 구성되어 있다.

- 제1장: 빛의 성질과 파면 개념, 광학 수차, 회절 한계 등 결상 광학의 기초 이론
- 제2장: 광학소재의 특성, 렌즈 가공 기술, 정렬 및 광학 공차 등 기초 제작 기술
- 제3장: 레이저 간섭계 및 위상이동 간섭법을 활용한 고정밀 파면 측정 기술
- 제4장: CGH 널 렌즈와 바느질 간섭계 등을 이용한 비구면 형상 측정 기술
- 제5장: 광학계 성능평가를 위한 광전달함수 이론과 측정 방법
- 제6장: 우주용 광학계의 설계, 제작, 측정, 환경 시험을 아우르는 전체 개발 절차

이 책은 초정밀 광학계 구현을 위해 요구되는 이론적 기반, 실무적 지식 그리고 측정 및 평가 기술을 유기적으로 결합하여 제시함으로써, 연구자와 실무자는 물론 학문을 배우는 학생들에게도 실질적인 안내서가 되기를 기대한다.

광학이란 결국 빛을 다루는 기술이다. 그러나 그 빛을 통해 우리는 세상을 관찰하고, 미래를 설계하며, 기술적 한계를 넘어서는 길을 개척할 수 있다. 앞으로의 광학계는 AI, 나노기술, 우주기술 등과 융합되어 정밀성과 지능을 겸비한 새로운 광기술의 패러다임을 열어갈 것이다. 이 책이 그러한 미래를 준비하는 모든 이들에게 하나의 이정표이자 실천의 출발점이 되기를 진심으로 바란다.

2025년 9월

저자 올림

contents

차례

Chapter 1

빛과 광학계

1.1 광선과 파면

1.2 광학수차

1.3 한계 분해능

1.4 비구면 광학

1.1 광선과 파면

1) 빛의 성질

빛은 우리 주변에서 가장 흔히 접할 수 있는 물리적 현상 중 하나이며, 물리학적으로는 전자기파(electromagnetic wave)이다. 빛의 본질과 성질을 이해하는 것은 광학, 천문학, 통신, 생물학 등 다양한 분야에서 필수적이다. 빛은 파동성과 입자성을 동시에 지닌 이중적 특성(duality)을 가진다. 파동(wave)적 성질은 전자기파의 형태로 공간을 전파하며, 반사, 굴절, 회절, 간섭 등의 현상을 보인다. 입자(particle)적 성질은 광자(photon)라는 에너지를 가진 입자로 설명되며, 광전효과[1] 등의 증거로 입증된다. 즉, 빛은 파동이면서도 입자와 같은 성질을 동시에 가지는 독특한 존재이다.

빛은 다양한 방식으로 매질 및 경계면과 상호작용한다. 빛은 일정한 굴절률을 가진 균일한 매질에서 장애물이 없는 경우 직선으로 진행하는 성질을 가진다. 이를 빛의 직진성(rectilinear propagation of light)이라고 한다. 그림자가 생기는 이유는 빛이 불투명한 장애물에 가로막혀, 차단된 영역에는 빛이 도달하지 못하기 때문이다.

빛이 한 매질에서 다른 매질로 이동할 때 표면에서 튕겨 나오는 현상을 반사(reflection)라고 하며, 속도가 변하면서 진행 방향이 꺾이는 현상을 굴절(refraction)이라고 한다. 그림 1-1은 파장이 λ인 빛의 반사와 굴절을 보여준다. 반사는 입사각과 반사각이 항상 같은 특징을 가진다. 빛의 속도가 매질에 따라 변하기 때문에 발생하는 굴절은 다음과 같이 스넬의 법칙(Snell's law)을 따른다.

$$n_1 \sin\theta_1 = n_2 \sin\theta_2 \tag{1.1}$$

여기서 n_1과 n_2는 각각 첫 번째 매질과 두 번째 매질의 굴절률(refractive index)이고, θ_1과 θ_2는 입사각과 굴절각이다. 굴절률은 진공에서 빛의 속도($c = 299{,}792{,}458$ m/s)에 대한 매질에서의 속도비로 정의된다.

1 광전효과: 광자가 금속 표면에서 전자를 방출하는 현상을 말한다.

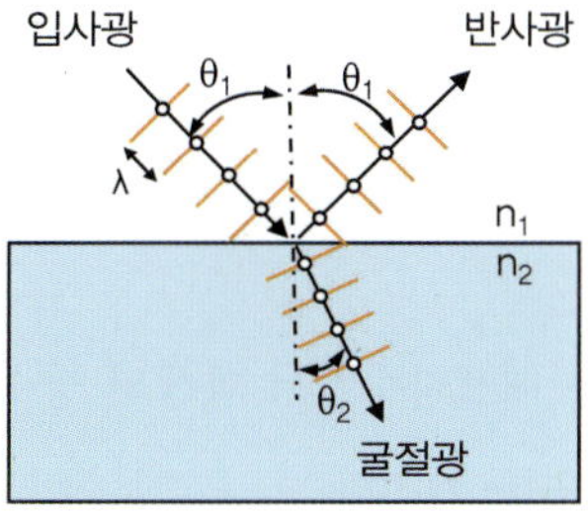

그림 1-1 빛의 반사와 굴절

$$n = \frac{c}{v} \tag{1.2}$$

굴절률이 높을수록 빛의 속도는 느려지고, 굴절은 커진다. 굴절률은 빛의 파장에 따라 달라지며, 일반적으로 파장이 짧을수록 더 크다. 즉, 같은 매질에서도 파장이 짧은 빛은 더 강하게 굴절하고, 파장이 긴 빛은 덜 굴절한다. 진공에서 굴절률 1이 기준값이며, 가시광선 영역(400~700 nm)에서 공기는 1.003, 물은 1.33, 유리는 1.5~1.9이다.

빛이 장애물이나 작은 틈을 만날 때 직진하지 않고 휘어지는 현상을 회절(diffraction)이라고 한다. 빛뿐만 아니라 소리, 물결, 전자 등 모든 파동에서 회절 현상이 나타난다. 그림 1-2는 빛이 작은 틈을 통과할 때, 그 지점을 중심으로 새로운 파동을 형성하며 퍼져나가 회절이 발생하고, 이로 인해 완벽한 점이 아닌 원형의 에어리 패턴(Airy pattern)이 형성되는 모습을 보여준다. 즉, 작은 점광원도 일정 크기의 원형 패턴으로 퍼지게 되며, 이를 에어리 디스크(Airy disc)[2]라고 한다.

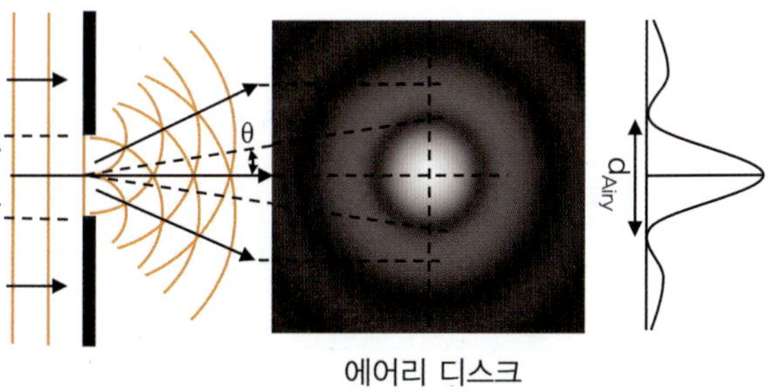

그림 1-2 회절과 에어리 디스크 패턴

에어리 디스크의 각도(첫 번째 어두운 고리의 위치) θ는 레일리 기준(Rayleigh Criterion)[3]에 의해

2 에어리 디스크(Airy disc): 1835년 영국의 천문학자 조지 비델 에어리(George Biddell Airy)가 정립한 개념이다.

다음 공식으로 결정된다[1].

$$\theta = 1.22\frac{\lambda}{D} \quad (1.3)$$

여기서 1.22는 회절 패턴을 설명하는 베셀함수에서 파생된 상수이다. 즉, 에어리 디스크는 구경(D)이 클수록 작아지고, 파장(λ)이 길수록 커진다.

2) 광선과 파면

빛의 진행을 설명하는 두 가지 주요 개념은 광선(ray)과 파면(wavefront)이다. 이들은 서로 밀접한 관계가 있으며, 각각 다른 방식으로 빛의 성질을 설명한다.

광선은 빛의 진행 방향을 단순화하여 나타낸 가상의 선이다. 기하광학(geometrical optics)에서 사용하며, 반사와 굴절 등 직관적 경로 예측에 유리하다. 파면은 같은 위상을 갖는 점들의 연결면(곡면)이다. 파동광학(wave optics)에서 회절이나 간섭 등의 빛의 파동성 설명에 사용된다. 파면은 항상 광선의 진행 방향에 대해 수직이며, 평면 파면과 구면 파면은 렌즈에 따라 변형된다.

그림 1-3은 공기 중에 놓여 있는 얇은 볼록 렌즈에서 광선과 파면을 통해 빛의 진행 경로와 상이 형성되는 모습을 보여준다. 점광원(point source)에서 나온 구면 파면(spherical wavefront)은 볼록 렌즈에 입사하면 굴절되어 평면 파면으로 변한다. 두 번째 면에서 굴절되어 다시 구면 파면으로 변환되고 초점에 수렴한다. 광선은 파면에 수직으로 진행하며, 렌즈에 입사한 파면을 변형하여 빛을 특정한 방향으로 조정하는 역할을 한다. 따라서 렌즈를 통해 빛의 파면이 어떻게 변화하는지 알면 광학 기기의 원리를 쉽게 이해할 수 있다.

광학 설계 프로그램(Zemax OpticStudio, Code V, COMSOL, TracePro 등)은 광선과 파면을 활용하여 렌즈, 거울, 프리즘 등으로 구성된 다양한 광학계를 분석하고 최적화한다. 빛의 경로를 추적하는 광선 추적(ray tracing)은 광선이 렌즈, 거울, 프리즘을 통과하며 굴절·반사되는 경로를 계산하는 과정이다. 광선 추적에는 두 가지 방식이 있다. 하나는 광선을 선형 경로로 단순화하여 굴절과 반사만 고려하는 기하 광선 추적(geometrical ray tracing)이며, 다른 하나는 파면의 형태, 회절, 간섭 등 파동 특성을 포함한 물리 광선 추적(physical optics propagation)이다. 전자는 렌즈 설계와 일반 광학계 분석, 후자는 고해상도 광학계, 레이저 시스템, 간섭계 설계 등에 사용된다.

---

3 레일리 기준(Rayleigh criterion): 영국의 물리학자 존 윌리엄 스트럿 레일리(John William Strutt, 제3대 레일리 남작)가 수립한 것으로, 그는 1904년에 이 업적으로 노벨 물리학상을 수상하였다.

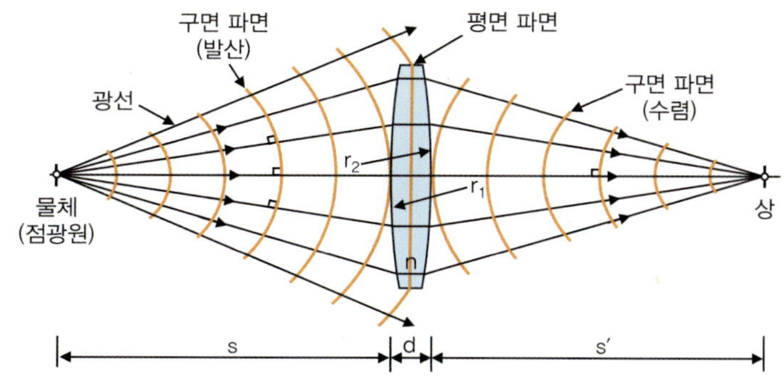

그림 1-3 얇은 볼록 렌즈에서 광선과 파면

파면은 파면수차(wavefront aberration)를 분석하여 광학계의 성능을 평가하는 데 사용된다. 이상적인 광학계에서는 모든 광선이 동일 위상을 가지므로 완벽한 구면 형태를 이룬다. 그러나 실제 광학계에서는 렌즈 오차와 정렬 오차 등으로 인해 파면 왜곡이 발생하며, 이는 해상도 저하와 초점 퍼짐 등의 원인이 된다. 광학 설계 소프트웨어에서는 광선 추적과 파면의 제르니케[4] 다항식 분석을 통해 수차를 정량화하고 최적화한다. 광선은 경로 예측, 파면은 파동 분석과 수차 최적화에 필수적이므로 이 둘을 병행하면 정밀 광학계 설계와 분석을 할 수 있다.

3) 얇은 렌즈 공식

얇은 렌즈는 렌즈의 중심 두께를 0으로 근사하고, 입사면과 출사면에서만 굴절이 일어난다고 가정한다. 이를 통해 물체와 상의 거리, 초점거리, 광선의 경로 등을 간단한 수학으로 설명할 수 있다.

그림 1-3과 같이 곡률반경이 r_1과 r_2인 2개의 구면으로 이루어진 공기 중의 얇은 렌즈를 사용하여 물체 거리 s에 대해 거리 s'에 상을 맺으면, 물체와 상의 관계는 다음과 같다.

$$\frac{1}{s'} - \frac{1}{s} = (n-1)\left(\frac{1}{r_1} - \frac{1}{r_2}\right) \tag{1.4}$$

여기서 n은 렌즈 소재의 굴절률, s와 r_2의 부호는 음이다. 이 식을 얇은 렌즈 공식(thin-lens equation) 또는 렌즈 제작자의 공식(lens maker's formula)이라고 한다. 만약 물체가 무한히 멀리 있으면, 무한에서 오는 평행광선은 렌즈의 상측 초점에 모이며, 이때의 상거리를 상측 초점거리(f')라고 한다.

---

4 제르니케(Frits Zernike): 네덜란드의 물리학자로, 1953년 노벨 물리학상을 수상하였다.

$$\lim_{s \to \infty} s' = f' \tag{1.5}$$

반대로, 상측에서 나오는 빛이 평행광선이 되어 상이 무한대에 생기면, 이때의 물체거리를 물체측 초점거리(f)라고 한다. 그림 1-3과 같이 공기 중의 얇은 렌즈에서는 상측 초점거리 f'와 물체측 초점거리 f의 크기는 같고, 부호는 서로 반대이다. 따라서 식 (1.4)는 다음과 같이 표현된다.

$$\frac{1}{f'} = -\frac{1}{f} = (n-1)(\frac{1}{r_1} - \frac{1}{r_2}) \tag{1.6}$$

$$\frac{1}{s'} = \frac{1}{s} + \frac{1}{f'} \tag{1.7}$$

물체가 광원 쪽에 있으면 $s > 0$이다. 실상은 광원 반대편에 있으므로 $s' > 0$이고, 허상은 광원 쪽에 있으므로 $s' < 0$이다. 식 (1.7)을 가우스 렌즈 공식(Gaussian lens formula)[5]이라고 한다. 렌즈의 빛을 수렴하거나 발산하는 능력을 굴절능 또는 굴절력(optical refractive power)이라고 하며, 초점거리의 역수로 나타낸다.

$$K = \frac{1}{f'} = -\frac{1}{f} \tag{1.8}$$

굴절률의 단위는 디옵터(diopter, D)이며, 이는 초점거리의 미터 단위 역수로 표현된다. 굴절능이 양이면 볼록 렌즈, 음이면 오목 렌즈를 의미한다. 렌즈의 초점거리가 반으로 줄어들면, 굴절능은 2배가 된다. 디옵터 개념은 안경, 카메라, 현미경, 망원경과 같이 여러 개의 렌즈를 함께 사용하는 광학계의 정확한 초점거리를 맞추고 선명한 상을 얻도록 설계하는 데 중요하다. 또한 디옵터는 사람의 시력에 맞게 조정된 렌즈의 굴절능을 나타내는 데 사용된다.

두 얇은 렌즈가 공기 중에 거리 d만큼 떨어져 있을 경우, 렌즈가 결합한 등가 굴절능(equivalent refracting power)은 다음과 같이 표현된다[2].

$$K = K_1 + K_2 - dK_1K_2 \tag{1.9}$$

3개의 얇은 렌즈가 간격 d_1, d_2만큼 떨어져 있으면, 등가 굴절능은 이와 비슷한 방식으로 확장하여 나타낼 수 있다.

$$K = K_1 + K_2 + K_3 - d_1(K_2 + K_3)K_1 - d_2(K_1 + K_2)K_3 + d_1d_2K_1K_2K_3 \tag{1.10}$$

---

5 가우스 렌즈 공식(Gaussian lens formula): 독일의 수학자이자 물리학자인 칼 프리드리히 가우스(Carl Friedrich Gauss)가 정립하였다.

4) 광학계의 주요점과 배율

렌즈나 렌즈 조합과 같은 광학계의 분석을 단순화하는 특수 참조점의 집합을 주요점들(cardinal points)이라고 하며, 그림 1-4에 주광선(chief ray)과 주변광선(marginal ray)을 함께 나타냈다. 먼저, 주광선은 렌즈나 거울을 통과하는 광선들의 중심에 있는 광선이며, 상점의 위치를 결정하는 기준이 되는 중요한 광선이다. 주변광선은 렌즈나 거울의 가장자리를 통과하며, 광학계 해상도와 비구면 수차에 큰 영향을 미친다.

주요점들은 주점(P, P'), 절점(N, N'), 초점(F, F')을 포함한다. 이러한 점들은 모든 광선이 광축과 아주 가까운 영역만을 지나는 근축광학(paraxial optics)에서 주로 사용되며, 광학계의 파면 추적, 상 위치 예측, 광학계 단순화 분석에 주로 사용된다.

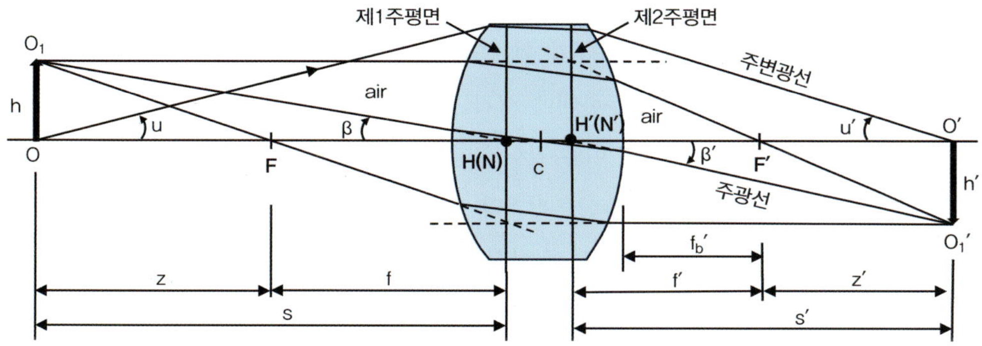

그림 1-4 광학계의 주요점

주점(principal point)은 주평면과 광축의 교점이며, 렌즈나 광학계의 물체측(P)과 상측(P')에 하나씩 존재한다. 주평면은 어떤 물체가 크기와 방향이 동일한 상으로 결상할 때 물체가 있는 면과 상이 생기는 면을 의미하며, 물체측에 있는 물체면은 제1주평면, 상측에 있는 상면은 제2주평면이라고 한다. 물체측에서 어떤 광선이 제1주평면을 지나는 높이와 그 광선이 상측에서 제2주평면을 지나는 높이는 항상 같다. 따라서 주평면을 한 면이 되도록 붙였다고 가정할 때, 광학계를 통과하는 모든 광선은 이 면에서 굴절하는 것처럼 보이게 된다.

주점 P와 P'을 각각 물체측과 상측의 좌표계 원점으로 설정하면 모든 광학계의 결상은 그림 1-3과 같이 얇은 렌즈의 결상과 동일하게 취급할 수 있으므로, 복잡한 광학계에서 광선 경로를 추적하고 상 형성을 예측하는 데 매우 유용하다.

광학계에는 입사각(물체측에서 입사할 때 광선과 광축이 이루는 각도)과 출사각(광학계에서 출사할 때 광선과 광축이 이루는 각도)이 동일한 광선이 존재한다. 물체측에서 본 이 광선의 입사점(광선을 연장하여 광축과 만나는 점)을 제1절점(N)이라고 하며, 상측에서 보이는 이 광선의 출사점(출사한 광선을 연장하여 광축과 만나는 점)은 제2절점(N')이라고 한다. 그리고 이 광선이 실제 광선과 교차하는 점은 광심(optical center)이라고 한다. 물체측에서 제1절점을 향하여 입사한 광선은 광심에 모이며, 상측에서는 제2절점에서 출사하는 것처럼 보인다. 이때 입사각과 출사각은 같다. 절점은 광선의 각도 변화와 관련된 분석에서 유용하게 활용된다. 렌즈가 공기 중에 있는 것처럼 물체측과 상측의 매질이 같은 경우에는 그림 1-4와 같이 주점과 절점은 일치한다.

물체가 광축에서 무한대 위치에 있으면 광학계에는 광선들이 광축과 평행하게 입사하며, 이 광선들은 상측에서 한 점 F'에 모인다. 이와 같이 광축과 평행하게 입사한 광선이 모이는 상점 F'를 제2초점 또는 상측 초점이라고 부른다. 유효초점거리(상측 초점거리, f')는 제2주점 P'에서 제2초점 F'까지의 거리로 정의된다. 후면초점거리(f_b')는 광학계 마지막 면의 정점에서 F'까지의 거리이며, 상측에서 제2초점의 위치를 나타내기 위해 사용된다.

반대로, 물체측의 광축에는 상이 무한대에 생기는 물체점이 있으며, 이 점에서 출사한 광선은 상측에서 광축과 평행하게 출사한다. 이와 같이 광축 위에 있고 상이 무한대에 생기는 물체점을 제1초점(물체측 초점)이라고 하며, 물체측 초점거리 f는 제1주점 P에서 제1초점 F까지의 거리로 정의된다. 유효초점거리와 후면초점거리는 광학계의 배율과 시야를 결정하며, 후면초점거리는 제2초점의 위치를 나타내는 중요한 지표이다.

다중 렌즈 광학계를 단일 렌즈로 등가화한 유효초점거리는 다수의 렌즈와 거울 등으로 구성된 복잡한 광학계를 1매의 얇은 렌즈로 등가화했을 때의 상측 초점거리이다.

렌즈의 배율은 그림 1-4와 같이 물체가 횡으로 놓여 있을 때 횡배율(transverse magnification, M_T)로 정의되며, 이는 물체와 상의 높이 비율을 의미한다. 음의 부호는 역상임을 나타낸다.

$$M_T = \frac{h'}{h} = \frac{s'}{s} \tag{1.11}$$

물체가 광축 방향으로 Δz만큼 움직이면 상도 광축 방향으로 $\Delta z'$만큼 움직인다. 종배율(longitudinal magnification, M_L)은 물체의 이동량 Δz와 상의 이동량 $\Delta z'$의 비율이다. 만약 $\Delta z \ll s$와 $\Delta z' \ll s'$으로 본다면, 종배율은 다음과 같이 정의된다.

$$M_L = \frac{\Delta z'}{\Delta z} \approx (\frac{s'}{s})^2 = M_T^2 \tag{1.12}$$

각배율(angular magnification, M_A)은 물체의 끝에서 출사한 주광선이 광학계에서 출사할 때의 출사각 β'와 사람이 육안으로 물체를 보았을 때 물체의 끝에서 동공의 중심으로 입사하는 주광선의 입사각 β와 직접적인 관련이 있다. 인간이 감지하는 물체의 크기는 $\tan\beta'$와 $\tan\beta$에 비례한다. 각배율은 사람이 광학계를 통해 물체를 보는 것과 육안으로 바로 물체를 볼 때 느끼는 크기의 겉보기 비율이며, 근축광학에서는 다음과 같이 정의된다.

$$M_A = \frac{\tan\beta'}{\tan\beta} \approx \frac{\beta'}{\beta} \tag{1.13}$$

두꺼운 렌즈는 얇은 렌즈와 달리 렌즈 두께를 고려해야 하므로, 횡배율, 종배율, 각배율이 모두 렌즈의 물리적 구조에 따라 영향을 받는다. 이로 인해 두꺼운 렌즈에서는 상거리나 물체거리의 계산이 더 복잡할 수 있으며, 렌즈 두께가 상의 형성 위치나 크기에 영향을 미칠 수 있어, 각배율은 보다 정밀한 계산이 요구된다.

그림 1-5는 현미경에 CCD(Charge-Coupled Device, 전하결합소자) 카메라를 연결한 상태에서, 맨눈으로 관찰한 상의 배율을 구하는 과정을 보여준다. 물체 크기가 h, 현미경 렌즈에 의한 상의 크기가 h'이면 배율은 h'/h이다. CCD 카메라에 의해 모니터에 나타난 상의 크기가 h''이면 배율은 h''/h'이다. 관찰자와 모니터의 거리가 D이면 배율은 $250\,(\mathrm{mm})/D$이다. 따라서 전체 광학계의 배율은 다음과 같다.

$$M = \frac{h'}{h} \cdot \frac{h''}{h'} \cdot \frac{250}{D} = \frac{h''}{h} \cdot \frac{250}{D} \tag{1.14}$$

여기서 CCD와 모니터에 의한 배율은 대각선 길이의 비율로 주어진다. 사람 눈의 명시거리(visual distance)는 약 250 mm로, 일반적으로 사람이 볼 수 있는 가장 가까운 거리를 의미한다. 이는 눈이 초점을 맞출 수 있는 최소 거리이므로 맨눈 배율은 1로 정의한다.

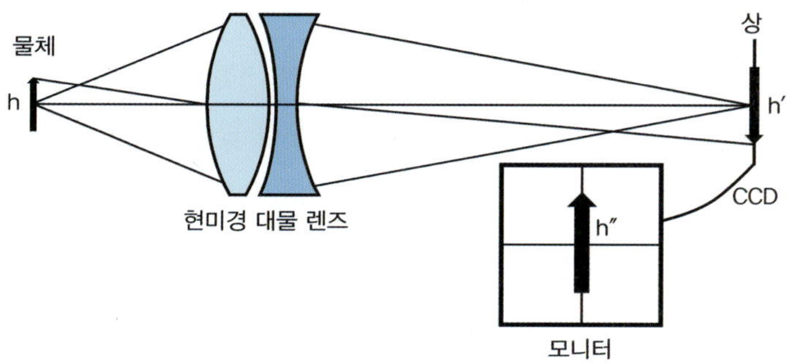

그림 1-5 현미경과 CCTV 카메라의 배율

5) 조리개와 동

광학계에 들어오는 빛의 양을 제한하는 요소를 조리개(aperture stop)라고 한다. 그림 1-6은 표준형 카메라 렌즈의 대표적인 이중 가우스 렌즈로, 대칭형 설계를 기반으로 한 고성능 광학계이다. 중앙 근처에 있는 조리개는 광선의 경로, 심도(depth of field), 광학 왜곡 등을 제어하는 중요한 역할을 한다. 조리개의 크기는 심도와 해상도에도 영향을 미친다. 작은 조리개를 사용하면 심도가 깊어져 전체 이미지가 더 선명하게 보이고, 큰 조리개를 사용하면 심도가 얕아져 배경이 흐릿하게 표현된다. 작은 조리개를 사용할수록 왜곡이 줄어들고 해상도가 향상된다. 또한 시야 조리개(field stop)는 광학계에서 상의 시야 범위(시야각)를 제한한다. 이 조리개는 일반적으로 상을 확장하거나 축소하지 않고 시야 범위를 설정하는 역할을 한다.

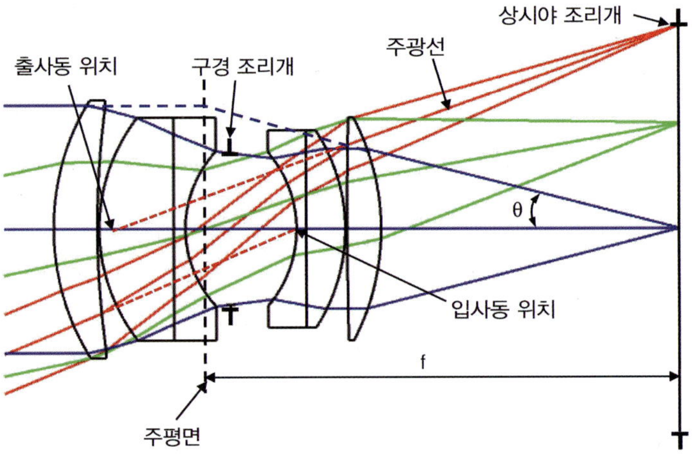

그림 1-6 이중 가우스 렌즈의 조리개와 동

광학계에서 빛이 들어오거나 나가는 구멍의 상은 입사동(entrance pupil)과 출사동(exit pupil)으로 나뉜다. 입사동은 광원측에서 본 조리개의 상으로, 가상의 지점이며 입사할 수 있는 최대 광속의 시작점이다. 입사동의 크기와 위치는 조리개의 위치에서부터 빛이 확산하거나 수렴하는 경로를 나타낸다. 출사동은 상측에서 본 조리개의 상으로, 광선이 빠져나오는 가상의 지점이다. 또한 광학계를 통과한 후 나가는 빛의 경로를 나타내며, 상이 어디에서 나오고 그것이 얼마나 퍼지는지를 보여준다. 출사동의 크기와 위치는 광학계 성능, 확대율 및 상의 품질에 큰 영향을 미친다.

여러 개의 렌즈로 구성된 광학계에서 빛의 수용 능력은 f-수(f-number, f/#)와 구경수(NA, Numerical Aperture)로 나타낸다. 그림 1-6에서 광학계의 밝기를 나타내는 f-수는 다음과 같이 정의된다.

$$f\text{-수} = \frac{f}{D} \tag{1.15}$$

여기서 f는 렌즈의 유효초점거리, D는 실제로 상을 맺는 데 필요한 광속의 지름 또는 입사동의 지름이다.

렌즈가 빛을 얼마나 효과적으로 받아들이는지를 나타내는 값은 f-수와 밀접한 관계가 있으며, 물체측에서는 이를 물체측 수치구경(object-side numerical aperture, NA_o)으로 정의한다. 물체측 매질의 굴절률을 n, 렌즈가 받아들일 수 있는 최대 반입사각(acceptance half-angle)을 θ라고 하면 $NA_o = n\sin\theta$이다.

물체측 개구수 NA_o는 광학계의 집광력을 나타내는 물리량이다. 그러나 상에서는 집광력보다는 상의 밝기가 중요하다(집광력이 같더라도 상의 크기에 따라 밝기가 달라진다). 상측 매질의 굴절률을 n', 상점으로 집속되는 광속의 반집속각을 θ'이라고 하면, 상의 밝기를 나타내는 상측 수치구경(image-side numerical aperture, NA)은 다음과 같이 정의된다.

$$NA = n'\sin\theta' = \frac{1}{2(f\text{-수})} \tag{1.16}$$

NA가 크면 더 많은 빛을 받아들이고 해상도가 높다. 그리고 f-수가 작을수록 NA는 커지므로 더 많은 빛을 수용할 수 있지만, 심도는 얕다.

카메라 렌즈에서 f-수를 f/1.0, f/1.4, f/2.0, f/2.8 등과 같이 $\sqrt{2}$ 배로 크게 하면, 조리개를 통과한 빛의 양은 1/2로 줄어든다. 이때 구경수는 각각 0.5, 0.35. 0.25, 0.17과 같이 $1/\sqrt{2}$ 배만큼 작아진다.

광학계의 분해능을 높이려면 구경수가 크게 되도록 주변 굴절률과 광학계의 지름을 크게 하거나 초점거리를 짧게 해야 한다. 초점거리가 매우 짧은 현미경 대물 렌즈는 시료를 공기보다 굴절률이 높은 매질(예: 물 1.33, 기름 1.52 등)에 담가 사용한다. 망원경은 주로 구경을 크게 만들어 분해능을 높인다.

1.2 광학수차

1) 수차의 종류

실제 광학계에서 빛이 이상적인 상을 만들지 못하고 흐려지는 현상을 수차(aberration)라고 한다. 이상적인 광학계는 모든 광선이 하나의 점(초점)에 정확히 수렴해야 하나, 실제 광학계에서는 여러 원인으로 상이 흐려지거나 찌그러진다. 이는 해상도 저하, 상 왜곡, 색 번짐 등 다양한 형태로 나타난다. 수차의 원인은 렌즈나 거울의 형상 불완전성, 비구면 설계 부족, 정렬 오차 또는 기계적 미세 오차, 다파장 광원 사용 시 색수차 발생, 대기 난류나 열적 영향 등 외부 조건이다.

그림 1-7은 광학수차를 분류한 것이다. 초점이동수차는 광학계의 설계 오류나 정렬 불량으로 인해 발생하며, 이상적인 상점을 기준으로 초점종이동수차와 초점횡이동수차로 구분된다[3, 4].

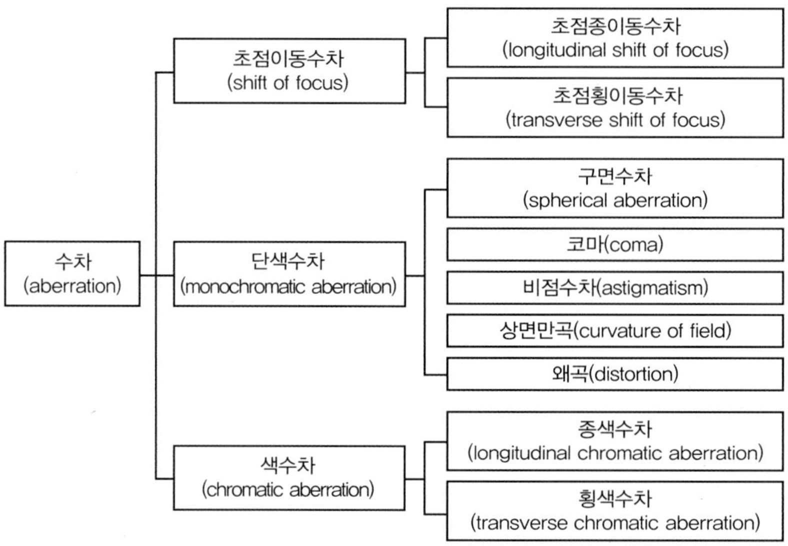

그림 1-7 광학수차의 종류

단색수차(monochromatic aberration)는 단색 빛을 직선 광선으로 가정한 기하 광학적 모델에서 광학계의 이상적 성능과 실제 결과가 불일치할 때 발생하는 수차이다. 회절과 간섭에 의한 파동 특성은 고려하지 않으며, 광선의 경로와 초점의 위치 차이만 분석한다. 이는 일반적으로 자이델 수차(Seidel aberration)[6]라고 하며, 구면수차(spherical aberration), 코마(coma), 비점수차(astigmatism), 상면만곡(field curvature), 왜곡(distortion)의 다섯 가지 수차로 분류된다.

구면수차는 중심광선과 주변광선이 다른 위치에 초점을 맺으므로 중앙이 흐릿하게 보인다. 코마는 비축광선이 비대칭으로 퍼져 혜성 모양의 꼬리가 나타난다. 비점수차는 접선과 법선 방향의 초점이 달라 점상이 타원 또는 선으로 나타난다. 상면만곡은 상이 평면이 아닌 곡면으로 형성되어 주변은 초점이 맞지 않는다. 왜곡은 상 위치가 비선형적으로 변형되어 배럴이나 핀 쿠션 모양으로 왜곡된다.

색수차(chromatic aberration)는 주로 렌즈 광학계에서 파장에 따라 굴절률이 달라짐으로써 발생한다. 종색수차는 파장에 따라 초점이 앞뒤로 달라져 상이 흐려지고, 횡색수차는 파장에 따라 상 크기와 위치가 달라져 색 테두리가 생긴다. 전체 색수차는 축 방향과 측면 방향 모두에서 발생한다.

2) 초점이동수차

렌즈나 광학계의 실제 초점이 이상적인 위치에서 벗어나면 상이 흐려지고 중심선 주변부가 불분명하게 보인다. 그림 1-8은 광학계의 이상적인 파면에 의한 상점을 기준으로 초점이동수차를 보여준다.

이상적인 초점을 기준으로 광축 방향의 초점이동을 초점종이동수차(longitudinal shift of focus) 또는 초점 오차(focus error)라고 한다. 이는 렌즈나 광학계의 설계가 잘못되었거나 정렬 위치가 맞지 않을 때 발생하며, 이 경우 상이 흐리고 중심부와 주변부의 초점이 맞지 않는다.

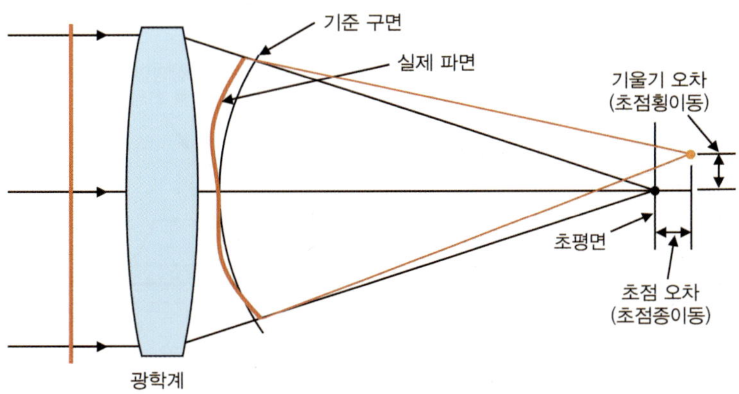

그림 1-8 초점이동수차

6 자이델 수차: 독일의 수학자이자 물리학자인 루트비히 폰 자이델(Ludwig von Seidel)이 1856년에 정립한 개념으로, 렌즈에 의한 상의 부정확성을 분석하여 다섯 가지로 분류하였다.

초점이 광축에서 벗어나 있을 경우에는 초점횡이동수차(transverse shift of focus) 또는 기울기 오차(tilt error)라고 한다. 이는 렌즈나 광학계가 정렬 불량으로 인해 광축에서 벗어나 기울어지면 발생하며, 이 경우 상이 기울어지면서 왜곡되고 비대칭으로 흐려진다. 상에 대한 왜곡이나 흐림을 유발하는 2개의 초점이동수차는 모두 광학계에서 발생할 수 있으며, 이는 정확한 초점 맞추기 또는 광학계 정렬을 통해 보정할 수 있다.

3) 자이델 수차

(1) 구면수차

구면수차는 구면 렌즈 또는 구면 거울에서 광축 근처의 중심광선과 렌즈 주변부를 통과하는 광선이 서로 다른 위치에 초점을 맺는 현상이다. 이에 따라 상이 흐려지고 퍼지게 되며, 구면 표면에서는 주변부 곡률이 중심부보다 작게 작용한다. 이는 광선이 서로 다른 굴절 또는 반사 경로를 따라 이상적 초점에 모이지 않고 분산되기 때문이다.

그림 1-9는 근축광선에 의한 상점을 포함하는 가우스 상면을 기준으로 초점이 광축 방향으로 앞뒤로 흩어지는 종구면수차(longitudinal spherical aberration)와, 광축을 기준으로 초점이 상평면 내에서 옆으로 퍼져 보이는 횡구면수차(transverse spherical aberration)를 보여준다. 종구면수차는 상 중심이 퍼져 보이므로 렌즈의 축상 해상도에 영향을 준다. 횡구면수차는 주변부 상이 뭉개지거나 퍼져 렌즈의 시야 주변부 해상도에 영향을 준다. 그림에서 보듯이, 실제 최적 상면은 가우스 상면과 다를 수 있으며, 가장 많은 광선이 모이는 위치를 기준으로 상이 형성된다.

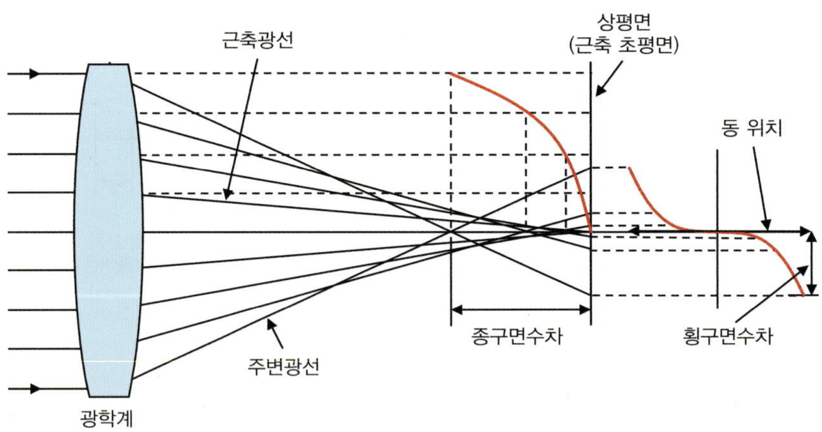

그림 1-9 광학계의 종구면수차와 횡구면수차

구면수차를 제거하거나 줄이는 방법은 다양하며, 이는 렌즈 설계나 광학계의 최적화와 관련이 있다. 가장 일반적인 방법은 비구면 렌즈나 거울을 사용하는 것이다. 비구면 렌즈는 표면이 구면이 아닌 다른 곡률을 가지고 있어, 광선 경로를 조절함으로써 중심광선과 주변광선이 같은 초점에 도달하도록 설계된다. 비구면 설계는 오래전에 정립되었으나, 구면 렌즈만큼 높은 정밀도로 제작하는 기술이 부족하여 일반화되지 못했다. 최근에는 구경이 작은 스마트폰 카메라나 디지털카메라에 비구면 렌즈가 여러 개 사용된다.

전통적으로 많이 사용하는 렌즈 굴곡(lens bending)은 렌즈의 주요점 사이의 거리는 변화시키지 않고 곡률을 정밀하게 조정하여 구면수차를 제거하거나 최소화한다. 여러 개의 렌즈를 사용하여 구면수차를 보정하는 방법은 고성능 광학계에서 흔히 사용된다. 서로 다른 굴절률과 곡률을 가진 렌즈 조합으로 구면수차를 최소화하며, 다양한 수차를 동시에 보정할 수 있다.

구면수차를 감소시키는 가장 간단한 방법은 조리개 크기를 작게 설정하여(f-수가 큰 경우) 주변광선을 차단하고 중심광선만 사용하는 것이다. 다만, 조리개를 너무 작게 설정하면 빛의 양이 줄어들어 저조도 환경에서는 불편할 수 있다.

(2) 코마

코마수차는 광축에서 벗어난 광선이 비대칭적으로 왜곡되어 혜성 꼬리(comet tail) 모양으로 퍼지는 현상이다. 비축광선이 렌즈 또는 거울에 입사할 때 중심광선과 주변광선이 서로 다른 위치에 초점을 맺을 경우, 이상적으로는 점상이어야 할 상이 비대칭 점상으로 확산하여 상의 가장자리에서 더 크게 나타난다.

그림 1-10은 비축 방향에서 입사하는 평행광선에 의한 렌즈의 코마를 보여준다. 중심광선은 정확한 초점에 도달하지만, 주변광선은 초점이 엇갈리며 꼬리 모양으로 퍼진다. 이 현상은 상의 가장

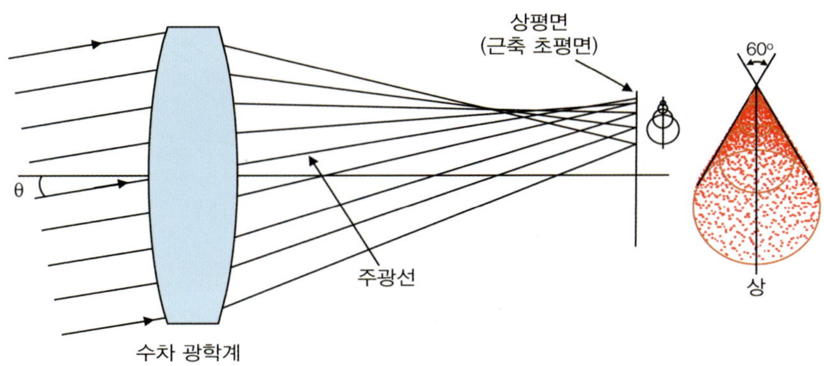

그림 1-10 광학계의 코마수차

자리에서 특히 두드러지며, 중심에서 멀어질수록 코마 효과가 강해진다. 반점 다이어그램(spot diagram)에서는 코마가 비대칭 원형과 꼬리 형태로 시각화된다.

주변광선이 더 먼초점에 맺히면 양의 코마(+), 더 가까운 초점에 맺히면 음의 코마(−)가 된다. 양의 코마는 볼록 렌즈에서 배율이 매우 클 때 나타나며, 음의 코마는 오목 렌즈에서 배율이 매우 작을 때 나타난다. 코마수차는 2개 이상의 렌즈를 조합하여 상쇄하거나, 비구면 렌즈를 사용하여 주변부 광선의 경로를 정밀하게 제어함으로써 보정할 수 있다. 또한 좁은 조리개를 사용하여 주변광선을 차단하면 코마수차의 영향을 억제할 수 있다.

(3) 비점수차

비점수차는 광축에서 벗어난 광선이 광학계를 통과할 때 접선 방향(tangential)과 법선 방향(sagittal)의 초점 위치가 달라 이상적인 점상이 타원 또는 선형으로 흐려지는 현상이다. 결과적으로, 중심광선은 정확한 초점을 가지지만, 주변광선은 타원형 또는 선형으로 상이 형성된다. 광축에서 멀어질수록 비점수차는 더 두드러진다.

그림 1-11은 렌즈의 접선면(tangential plane)과 법선면(sagittal plane)을 보여준다. 접선면(자오면)은 렌즈의 광축을 포함하며 물체점에 놓인 평면으로, 이 평면에서는 접선 초점이 형성된다. 법선면(구결면)은 접선면에 수직이며, 광선 진행 방향을 기준으로 한 수직면이다. 이는 광축과 수직이 아닌 평면이며, 여기서는 법선 초점이 형성된다. 이상적인 경우에는 접선 초점과 법선 초점이 일치하지만, 실제로는 접선 초점과 법선 초점이 동일하지 않다. 일반적으로 광학계가 광축에 대해 대칭이므로 접선면(자오면)은 주광선에 대응하여 하나이지만, 법선면(구결면)은 주광선이 굴절되기 때문에, 상 공간에서 다른 면으로 변한다.

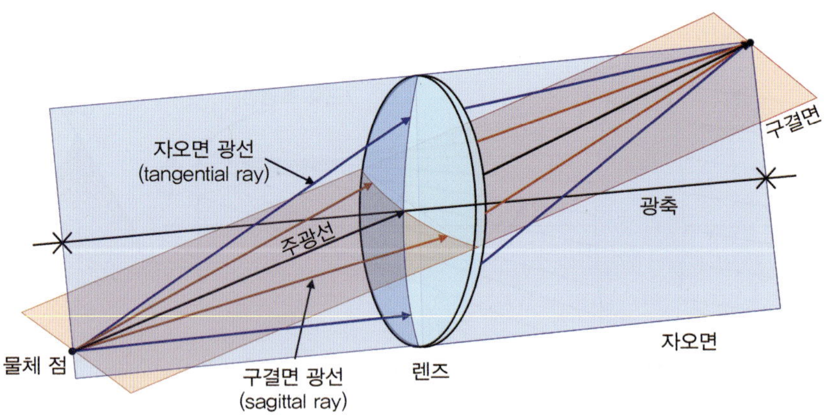

그림 1-11 접선면(자오면)과 법선면(구결면)

그림 1-12는 비축 물체에 대한 비점수차를 보여준다. 물체와 광축을 포함한 접선면의 초점과 접선면에 수직인 법선면의 초점은 위치가 서로 다르다. 두 초점에서 상은 선형이지만, 중간에서는 타원형과 원형으로 형성되며 흐리게 나타난다. 일반적으로 상이 원형일 때는 모든 광선이 들어와서 최적 초점이 된다. 비점수차의 크기는 이 두 초점 간의 위치 차이로 결정되며, 입사각과 렌즈의 곡률이 클수록 증가한다.

그림과 같이 비점수차가 있는 렌즈가 광축을 포함한 십자선과 원형으로 구성된 물체에 대해 상을 맺으면 접선 초평면과 법선 초평면에서 서로 다르게 나타난다. 접선 초평면에서는 가장자리의 원형 무늬는 선명하고 십자선은 흐리게 나타난다. 반대로, 법선 초평면에서는 십자선이 선명하고 가장자리가 흐리게 나타난다.

비점수차를 제거하거나 최소화하는 방법으로는 주로 비구면 렌즈의 사용 또는 렌즈 배열의 최적화가 있다. 비구면 렌즈는 주변광선의 경로를 조정하여 초점 위치를 일치시킴으로써 비점수차를 효과적으로 보정할 수 있다. 렌즈 배열 최적화는 서로 다른 곡률과 굴절률을 가진 렌즈 조합으로 상쇄시키는 방법이다. 좁은 조리개를 사용하여 주변부 광선을 차단하면 입사각이 줄어들어 수차를 억제할 수 있다.

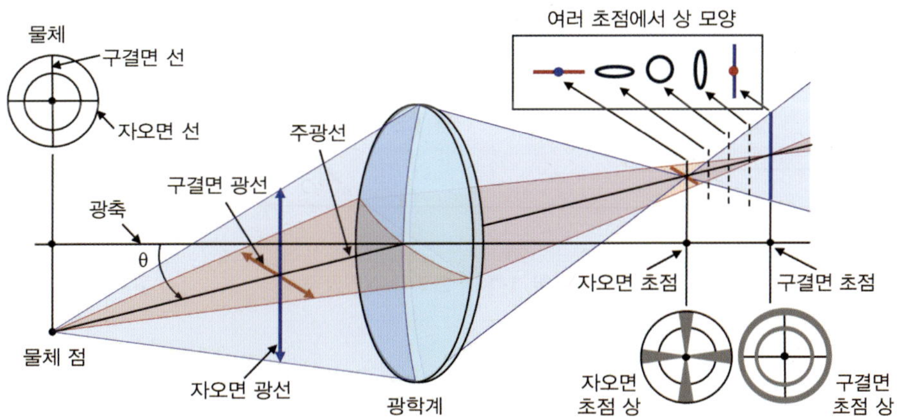

그림 1-12 비점수차에 의한 상의 변화

(4) 상면만곡

상면만곡은 광학계가 평면에 상을 맺지 못하고 곡면(페츠발 면)에 상을 형성하는 현상이다. 이로 인해 중심부와 가장자리에서 초점 위치가 달라지며, 상면이 휘게 된다. 그 결과, 중앙부는 선명하지만, 가장자리는 흐려지거나 왜곡된다. 이 현상은 시야각이 커질수록 더 두드러지게 나타난다.

상면만곡의 원인은 구면 광학계의 기하학적 한계로 인해 곡률이 다른 광선들이 각기 다른 초점을 형성하기 때문이다. 또한 렌즈의 비구면성 또는 렌즈 배열의 대칭성이 부족한 경우에도 발생한다. 대부분의 구면 렌즈는 평면 이미지를 생성할 수 없으며, 중앙부와 가장자리의 초점 위치가 다르게 형성된다. 렌즈의 곡률이나 구면 렌즈가 비구면 렌즈로 설계되지 않았을 때 상면만곡이 발생할 수 있다.

그림 1-13은 상면만곡의 예를 보여준다. 근축광선에 의한 상면을 기준으로 시야각에 따라 상면이 휘어진다. 중앙부는 초점이 맞지만, 가장자리는 흐리게 나타나는 수차이다. 만약 상면을 렌즈 방향으로 이동시키면 반대로 중앙 부분이 흐릿해진다. 상면만곡은 시야각이 클수록 두드러지며, 특히 시야각이 넓은 광각 렌즈에서 더 크게 나타난다. 또한 센서 크기가 클수록 시야 가장자리에서 더 크게 영향을 미친다.

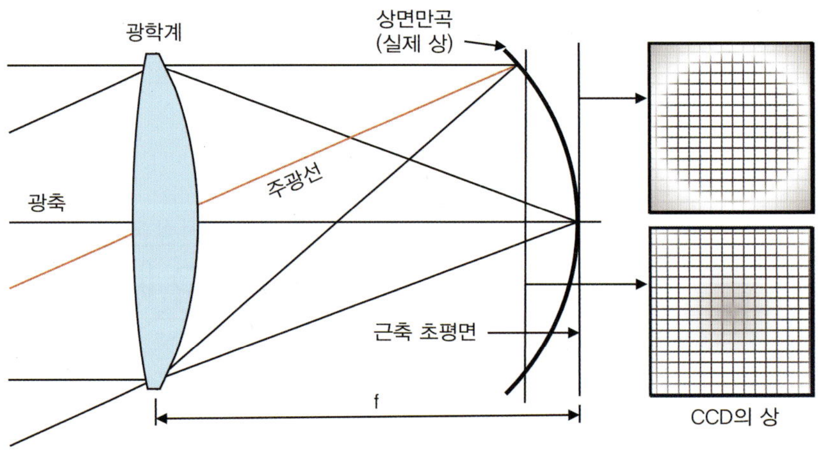

그림 1-13 렌즈의 상면만곡

상면만곡은 모든 렌즈나 광학계에서 나타나며, 이러한 수차를 정량적으로 나타내는 공식이 페츠발 합(Petzval sum)[7]이다. 구면 렌즈로 구성한 광학계의 최종 상면의 곡률반경은 다음과 같다.

$$\frac{1}{R_P} = \sum_i \left(\frac{n_i' - n_i}{n_i' \, r_i}\right) \tag{1.17}$$

여기서 R_P는 최종 상면(페츠발 면)의 곡률반경, n_i와 n_i'는 렌즈 입사/출사 매질의 굴절률, r_i는

7 페츠발 합(Petzval sum): 1840년대 오스트리아의 광학자 요제프 페츠발(Joseph Petzval)이 제창한 이론이다.

i번째 렌즈의 곡률반경이다. 페츠발 합이 양(+)이면 상면이 볼록하고, 음(−)이면 오목하며, 0이면 상면만곡이 없어 상면이 평탄하다. 따라서 광학 설계 시 페츠발 합을 0에 가깝도록 조절하여 상면만곡을 최소화한다. 비구면 렌즈를 사용하면 렌즈 수를 줄이면서도 상면만곡을 효과적으로 보정할 수 있어, 고성능 현미경, 카메라, 프로젝터 등에 널리 사용된다. 천체망원경이나 광시야 광학계에서는 영상 센서 바로 앞에 휘어진 상을 평면 센서에 맞게 펼쳐주는 상면 평탄화(field flattener) 렌즈를 추가하여 상면만곡을 보정한다.

렌즈 보정 없이 상면만곡을 해결하는 방법 중 하나는 곡면 영상 센서(curved image sensor)를 사용하는 것이다. 2009년에 발사된 케플러 우주망원경은 시야각이 매우 큰 장비로, 17세기 신성로마제국의 천문학자 요하네스 케플러(Johannes Kepler)의 이름을 따서 명명되었다. 이 망원경은 광학계의 복잡성을 줄이기 위해 모든 수차를 먼저 제거한 후, 상면만곡은 센서 배열의 곡률을 상면의 곡률에 맞추어 보정하였다.

그림 1-14는 케플러 우주망원경의 시야 보정용 곡면 CCD 배열을 보여준다. 42개의 CCD 칩을 평면이 아닌 광학 초점 곡률(Petzval curvature)을 따라 3차원으로 배치하여 초점 흐림을 최소화하였다. 전체 곡률반경은 약 1.5 m이며, 중앙부는 약간 볼록하다.

그림 1-14 케플러 우주망원경의 곡면 CCD 배열

(5) 왜곡

왜곡수차는 광학계에서 물체의 형태나 위치가 실제와 다르게 나타나는 현상이다. 상의 선명도는 유지되나, 직선이 곡선처럼 보이거나 사각형이 찌그러져 보인다. 즉, 상이 흐려지는 문제는 없지만, 형태가 비정상적으로 왜곡되어 보인다. 즉, 상이 선명하더라도 물체의 위치나 형태가 원래와 다르게 배치되는 수차이다. 이 수차는 주로 화면의 중심부보다는 주변부에서 발생하며, 그 원인은 배율의 불균일성과 주광선이 이상적으로 배치되지 않기 때문이다.

그림 1-15는 왜곡수차의 예를 보여준다. 격자 모양 물체의 상은 렌즈 중심부와 주변부의 배율

차이로 인해 주광선에서 바깥쪽으로 밀려 나가며 상을 맺는다. 이때 왜곡된 값은 시야각 θ와 렌즈의 초점거리 f의 곱으로 계산된다. 상 모양이 사각형 물체가 가운데로 움푹 들어간 모양인 경우에는, 양 또는 핀 쿠션 왜곡이라고 한다. 반대로, 주변부의 상이 중심 쪽으로 들어오며 오그라들거나 원형이 부풀어 오른 듯한 모양인 경우에는, 음 또는 배럴 왜곡이라고 한다. 만약 배럴과 핀 쿠션이 혼합되어 S자 또는 물결 모양으로 나타나면, 복합 왜곡이라고 한다.

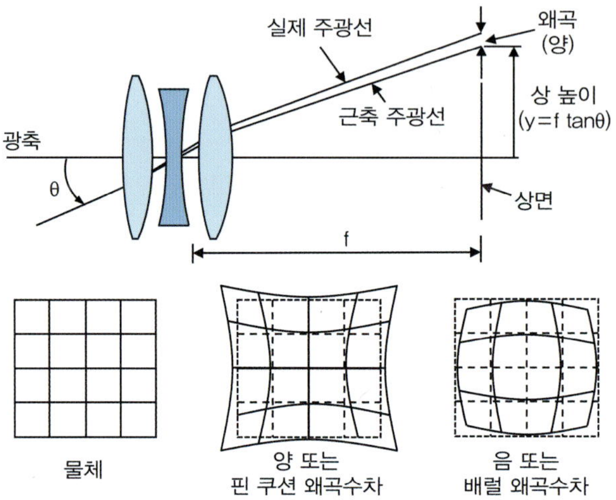

그림 1-15 왜곡수차의 종류

왜곡은 일반적으로 해상도를 저하시키지는 않지만, 형상 정확도가 요구되는 측량이나 위성영상에서는 큰 문제가 된다. 왜곡수차 보정 방법에는 대칭적 설계, 비구면 렌즈를 사용 및 왜곡 보정 알고리즘을 적용하여 수학적으로 역보정하는 방법이 있다. 고급 카메라나 줌 렌즈에는 자동 보정용 왜곡 보정 프로그램이 내장되어 있으며, 미래형 카메라에서는 센서 자체를 왜곡된 파면에 맞춰 기계적으로 보정하는 기술이 개발되고 있다.

4) 색수차

(1) 색수차의 종류

색수차는 파장에 따라 렌즈의 굴절률이 달라짐으로써 서로 다른 색(파장)의 빛이 서로 다른 위치에 초점을 맺어 상이 흐려지거나 색 테두리(color fringe)가 생기는 현상이다. 특히, 백색광을 사용할 경우 파장이 짧은 파란색과 긴 빨간색 사이에 초점 차이가 발생한다.

그림 1-16은 렌즈의 색수차의 예를 보여준다. 서로 다른 파장의 빛이 광축 방향에서 서로 다른 초점에 맺히는 현상을 종색수차(LCA, Longitudinal Chromatic Aberration)라고 한다. 가시광의 중간파장인 노란색을 중심으로 파란색과 빨간색이 서로 다른 위치에 상을 맺으며, 이때 색이 흐릿하게 겹쳐 상이 번진다.

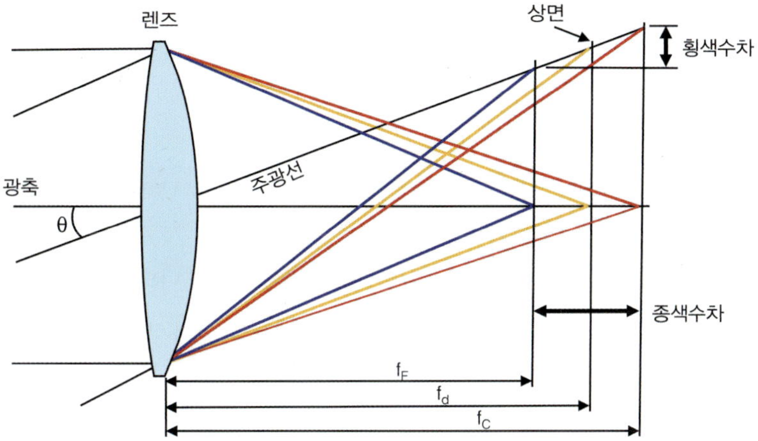

그림 1-16 렌즈의 종색수차와 횡색수차

종색수차의 크기는 다음과 같이 표현된다.

$$LCA = f_C - f_F \tag{1.18}$$

전통적으로 광학 설계에서는 프라운호퍼선(Fraunhofer line) 중에서 노란색에 d선(587.56 nm), 파란색에 F선(486.13 nm), 빨간색에 C선(656.27 nm)을 사용한다.

얇은 렌즈의 굴절능은 식 (1.8)에 의해 초점거리의 역수이므로 다음과 같다.

$$K_d = \frac{1}{f_d} = (n_d - 1)\left(\frac{1}{r_1} - \frac{1}{r_2}\right) \tag{1.19}$$

$$K_F = \frac{1}{f_F} = (n_F - 1)\left(\frac{1}{r_1} - \frac{1}{r_2}\right) \tag{1.20}$$

$$K_C = \frac{1}{f_C} = (n_C - 1)\left(\frac{1}{r_1} - \frac{1}{r_2}\right) \tag{1.21}$$

식 (1.18)에 세 가지 식을 대입하면 다음과 같이 나타낼 수 있다.

$$LCA = f_C - f_F = (\frac{n_F - n_C}{n_d - 1})(n_d - 1)(\frac{1}{r_1} - \frac{1}{r_2}) = \frac{K_d}{V_d} \qquad (1.22)$$

여기서 V_d는 광학유리의 색분산(chromatic dispersion) 정도를 나타내는 분산계수이다. 광축에 수직인 방향(횡 방향)에서 발생하는 색수차를 횡색수차(TCA, Transverse Chromatic Aberration)라고 한다. 서로 다른 파장의 빛이 같은 평면에 맺히지만, 서로 다른 위치에 맺혀 색 분리 현상이 발생한다. 이는 주로 상 가장자리(광축 외부)에서 두드러지며, 빨간색과 파란색 테두리가 영상 외곽에 생긴다.

횡색수차의 크기는 시야각 θ에 의해 다음과 같이 계산된다.

$$TCA = (f_C - f_F)\tan\theta = LCA\tan\theta = \frac{K_d}{V_d}\tan\theta \qquad (1.23)$$

카메라 렌즈의 색수차는 상 외곽의 파란색이나 빨간색 테두리로 나타나며, 망원경에서는 별점상의 보라색 테두리, 현미경에서는 시료 가장자리에서 색 겹침 현상이 발생하여 해상도가 저하된다.

(2) 색수차 보정

색수차는 파장에 따라 굴절률이 달라지는 분산 현상 때문에 발생하며, 이를 보정하기 위해 서로 다른 분산 특성을 가진 렌즈를 조합한다. 일반적으로 두 종류의 렌즈[보통 크라운(crown) 렌즈와 플린트(flint) 렌즈]를 조합하여 두 파장의 초점을 일치시키는 색지움(achromatic) 방식 또는 세 가지 이상의 파장의 초점을 일치시키는 고차 색지움(apochromatic) 방식이 사용된다. 또한 굴절 경로를 제어할 수 있는 비구면 렌즈를 사용하여 종색수차와 구면수차를 동시에 보정하거나, 저분산 유리를 사용하여 색수차 자체를 줄이는 방식도 사용된다. 카메라 내부에서 색수차를 감지하여 색 테두리를 제거하는 디지털 보정도 사용된다.

그림 1-17은 종색수차의 색지움 렌즈를 보여준다. 굴절률이 n_1, 분산계수가 V_1인 크라운 계열의 광학유리(굴절률이 낮고 분산이 작은 유리)로 만든 볼록 렌즈와, 굴절률이 n_2, 분산계수가 V_2인 플린트 계열(굴절률이 높고 분산이 큰 유리)의 광학유리로 만든 오목 렌즈를 접합하여 색수차를 제거한다.

두 렌즈의 두께가 얇다고 가정할 경우, 접합 렌즈의 굴절능은

$$K = K_1 + K_2 \qquad (1.24)$$

이고, 빨간색과 파란색의 초점 차이를 일치시키기 위해, 다음 조건이 필요하다.

$$LCA = \frac{K_1}{V_1} + \frac{K_2}{V_2} = 0 \quad (1.25)$$

식 (1.24)와 (1.25)를 연립하여 풀면, 다음과 같이 정의되어 색수차가 서로 상쇄된다.

$$K_1 = \frac{V_1 K}{V_1 - V_2},\ K_2 = \frac{V_2 K}{V_2 - V_1} \quad (1.26)$$

따라서 색지움 렌즈의 초점거리가 정해지면 두 유리의 굴절률과 분산계수로부터 두 렌즈의 초점거리를 알 수 있다.

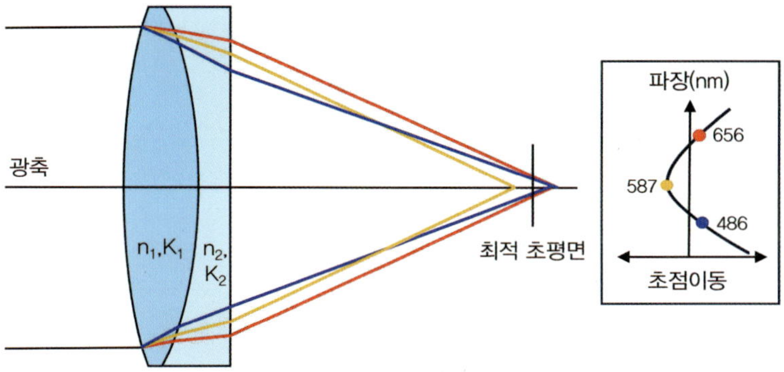

그림 1-17 색지움 렌즈와 최적 상면

색지움 렌즈는 보정 파장이 2개(C, F)에 집중되어, 노란색(d-line, 중심 파장)에서는 색수차가 잔류한다. 횡색수차 보정에는 한계가 있으며, 조리개를 축소하여 이를 완화할 수 있지만 광량 손실이 발생한다.

그림 1-18은 고차 색지움 렌즈를 보여준다. 이 렌즈는 3매 이상의 렌즈로 구성되며, 그림과 같은 고분산(플린트), 저분산(크라운), 초저분산(ED 유리, CaF_2) 유리를 조합한다. 3개 이상의 파장에서 초점 위치를 일치시켜 색수차와 구면수차를 동시에 억제한다.

고차 색지움 렌즈는 중심과 주변부 모두 선명하게 색수차를 최소화하고 구면수차도 제거하므로 고해상도를 구현할 수 있다 그러나 복잡한 설계, 고급 재료, 높은 정렬 정밀도 및 높은 비용 때문에 제작이 매우 어려워 고가의 고해상도 광학계에만 제한적으로 사용된다.

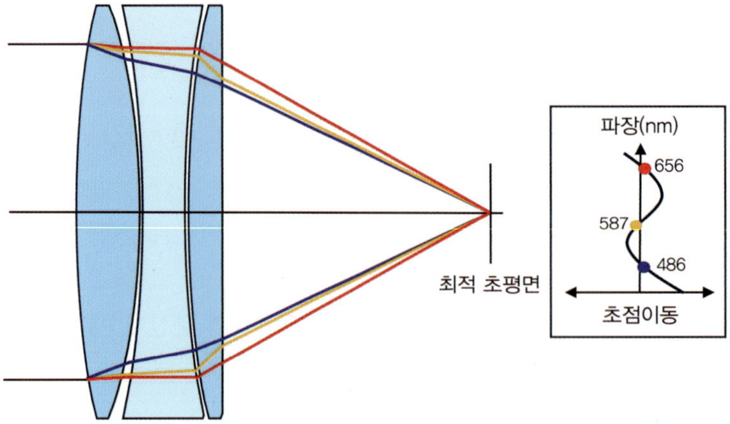

그림 1-18 고차 색지움 렌즈

1.3 한계 분해능

1) 결상 광학계

물체의 빛을 모으고 굴절시켜 광학적 상을 맺거나 광원을 균일하게 조명하는 광학계(optical system)는 여러 개의 렌즈, 거울 및 광학소자 등으로 구성된다. 광학계는 그림 1-19에서 보듯이, 카메라와 망원경과 같이 물체의 상을 맺는 결상 광학계(imaging optical system)와, 자동차 전조등이나 태양광 집광기와 같이 광원의 빛을 균일하게 확산시키거나 집속하는 비결상 광학계(non-imaging optical system)로 구분된다[5].

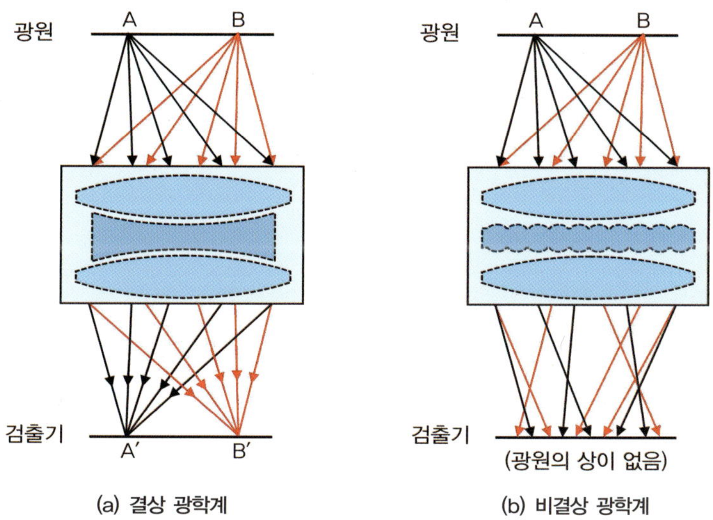

그림 1-19 결상 광학계와 비결상 광학계

결상 광학계는 눈에 보이지 않는 멀리 있는 별이나 세포처럼 미세한 대상물을 확대해 선명하게 상을 형성하는 고분해능 광학계로, 여러 개의 초정밀 렌즈나 거울을 매우 정밀하게 정렬해야 한다. 이러한 광학계는 비결상 광학계에 비해 제작 및 조립 과정이 복잡하고 정밀도를 요구하므로 개발이 어렵고 비용도 많이 든다.

결상 광학계는 렌즈만으로 구성된 굴절계(dioptric), 거울만으로 구성된 반사계(catoptric), 렌즈와 거울을 함께 사용하는 굴절반사계(catadioptric)로 구분된다. 일반적으로 굴절계는 구조가 단순하여 소형화가 쉽고, 구경수가 비교적 커서 높은 분해능을 가진다. 반사계는 구경수가 작지만, 색수차가 없고 무게와 부피를 많이 줄일 수 있다. 주로 지름이 큰 망원경 또는 적외선 및 자외선 영역에서 알맞은 소재가 없는 경우에 사용된다. 굴절반사계는 다양한 수차를 보정하여 상을 더욱 선명하게 만들 수 있으며, 설계는 복잡하지만 고해상도 망원경이나 현미경에 주로 사용된다.

비결상 광학계는 상을 형성하지 않고, 빛의 전달, 집중, 분포 제어를 목적으로 하므로 광속 방향과 균일도가 중요하다. 대표적인 예로는 조명계, 광섬유 연결기, 레이저 확산계 등이 있다.

2) 회절 한계

광학계 해상도가 회절에 의해 결정되는 한계 상태를 회절 한계(diffraction-limited)라고 한다. 이는 렌즈나 거울의 결함과 대기의 흔들림이나 진동 등의 요인이 없을 때 이론적으로 가능한 최대 해상도이다. 회절 한계는 이상적인 조건에서만 달성할 수 있으며, 현미경, 망원경, EUV 노광기 등 고해상도 광학계 설계의 기준이 된다.

그림 1-20에서 점광원의 빛이 초점거리가 f이고 지름이 D인 렌즈를 통과하면, 회절로 인해 한 점이 아닌 동심원 구조의 에어리 디스크 패턴으로 퍼진다. 이때 지름 d는 다음과 같이 표현된다.

$$d = 2.44\,\lambda\,\frac{f}{D} \tag{1.27}$$

여기서, λ는 입사광의 파장, f/D는 광학계의 f-수이다. 에어리 디스크의 지름은 광학계의 한계 분해능을 나타낸다. 빛의 파장이 짧을수록 더 높은 분해능을 얻을 수 있다. 반면, 초점거리가 길어질수록 에어리 디스크의 크기는 커지고 상은 흐려진다.

에어리 디스크의 각 지름은 다음과 같다.

$$\alpha = \frac{2.44\lambda}{D} \tag{1.28}$$

단위는 라디안이며, 이 식은 파장에 따라 증가하고, 광학계의 지름이 클수록 감소함을 보여준다. 동일한 f-수의 광학계에서 지름을 두 배로 확대하면 각 지름은 1/2로 작아지며, 더 밝은 무늬를 얻을 수 있다.

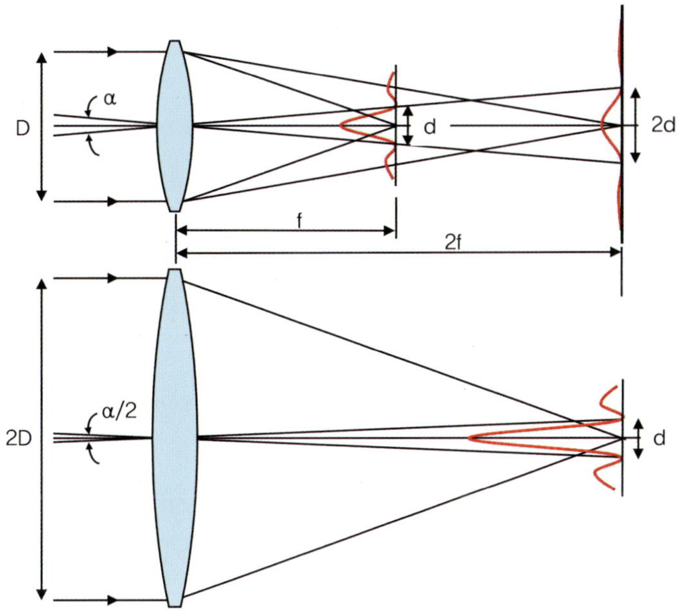

그림 1-20 회절 한계 광학계의 에어리 디스크

그림 1-21은 회절 한계 광학계의 분해능을 에어리 디스크 지름을 기준으로 나타낸 것이다. 회절로 인해 퍼진 2개의 상이 서로 가까워 에어리 디스크 중심과 첫 번째 어두운 고리가 겹치게 되면, 두 점을 간신히 구분할 수 있다. 이때 간격은 에어리 디스크의 지름이며, 중간 부분의 밝기는 최댓값의 80 % 정도이다. 중심부의 밝기차가 약 20 % 이상이면 사람 눈은 이를 2개의 상으로 인식하며, 이 간격이 회절 한계 분해능이 된다. 두 상의 간격이 디스크 지름보다 작으면 1개의 상으로 보이므로 분해할 수 없다.

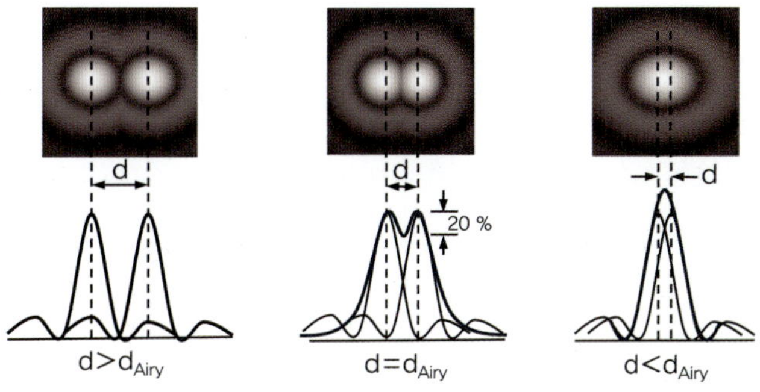

(a) 잘 분해됨 (b) 간신히 분해됨 (c) 분해되지 않음

그림 1-21 회절 한계 광학계의 분해능과 레일리 기준

초점거리가 매우 짧은 대표적인 회절 한계 광학계는 현미경 대물 렌즈이다. 식 (1.27)을 구경수 NA로 나타내면 다음과 같다.

$$d = \frac{1.22\,\lambda}{NA} \tag{1.29}$$

파장이 짧고 개구수가 클수록 분해능이 향상된다. 가시광에서 대물 렌즈의 개구수와 분해능을 표 1-1에 정리하였다. 일반적인 광학 현미경의 분해능은 약 0.2 μm 정도이며, 세균(약 0.5~5 μm) 정도까지는 구별할 수 있지만, 바이러스(약 20~300 nm)는 직접 관찰하기 어렵다. 이 한계를 넘어 더 작은 구조를 관찰하려면, 전자현미경 또는 초분해 현미경(super-resolution microscopy)이 필요하다.

표 1-1 현미경 대물 렌즈의 분해능(λ=550 nm)

종류(배율)	개구수(NA)	공기 중에서 분해능
저배율 대물 렌즈(10×)	0.25	약 1.34 μm
고배율 대물 렌즈(40×, 건식)	1	약 0.52 μm
고배율 대물 렌즈(100×, 유침식)	1.40	약 0.24 μm

표 1-2는 지름이 큰 거울을 사용하여 분해능을 높이는 망원경의 분해능을 비교한 것이다. 허블 우주망원경[미국의 천문학자 에드윈 허블(Edwin Hubble)의 이름을 따름]의 주거울 지름은 2.4 m이며, 가시광(λ=0.55 μm)에서 각분해능은 약 0.05 arcsec이다. 제임스 웹 우주망원경[미국 NASA의 행정가 제임스 웹(James Edwin Webb)의 이름을 따름]은 주거울 지름이 6.5 m로 더 크지만, 적외선(λ=2.8 μm)에서 사용되므로, 각분해능은 약 0.1 arcsec이다. 제임스 웹 우주망원경은 파장이 길어 분해능은 낮지만, 진공 상태이므로 대기 간섭이 없기 때문에 적외선으로 심우주 관측이 가능하다.

표 1-2 대형 망원경의 분해능 비교

종류	지름(m)	중심 파장(μm)	분해능(arcsec)	비고
허블 우주망원경 (Hubble space telescope)	2.4	0.55	0.05	대기 영향이 없음
제임스 웹 우주망원경 (James Webb space telescope)	6.5	2.8	0.10	적외선 관측용
켁 망원경 (William Myron Keck Telescope)	10	0.55	0.014	이론값, 실제 대기 영향 저하
GMT (Giant Magellan Telescope)	25	0.55	0.005	개발 중
ELT (Extreme Large Telescope)	39	0.55	0.0035	개발 중

3) 광로차와 파면 오차

이상적으로 설계된 렌즈나 광학계도 소재, 가공, 정렬 등 여러 가지 원인에 의해 오차가 발생한다. 그림 1-22와 같이 평면파가 광학계에 입사하면, 이상적인 구면파가 형성되지 않고, 파면이 왜곡되어 상을 한 점에 선명하게 맺지 못한다. 이때 광선이 광학계를 통과하면서 이상적인 경로와 실제 경로 사이에 생기는 광학적 거리 차이를 광로차(OPD, Optical Path Difference)라고 하며, 다음과 같이 정의된다.

$$OPD = n \cdot (L_{actual} - L_{ideal}) \tag{1.30}$$

여기서 n은 매질의 굴절률, L은 광선이 지나간 실제 거리와 이상 거리이다.

광로차를 전체 파면에 대해 나타낸 것이 파면 오차이다. 즉, 이상적인 파면과 실제 파면 사이의 거리 차이가 파면 오차이며, 이는 광로차와 같은 의미이다. 파면이 실제 상으로 수렴하거나 수렴하는 방향을 결정하는 위치가 광학계의 출사동이다. 따라서 광로차나 파면 오차는 출사동을 기준 위치로 사용한다.

광로차와 파면 오차의 단위는 길이(μm, nm)이며, 전통적으로는 빛의 파장(λ)을 기준으로 표현한다. 파면 오차는 전체 파면의 평균적 오차를 나타내는 RMS(Root Mean Square)와, 최댓값과 최솟값 간 거리를 나타내는 PV(Peak-to-Valley)를 사용한다. RMS는 국소적인 이상값에 민감하지 않고, 정량적이며 안정적이다. 그러나 PV는 최대 오차범위를 나타내므로, 국소적인 이상값에 민감하며 직관적이다.

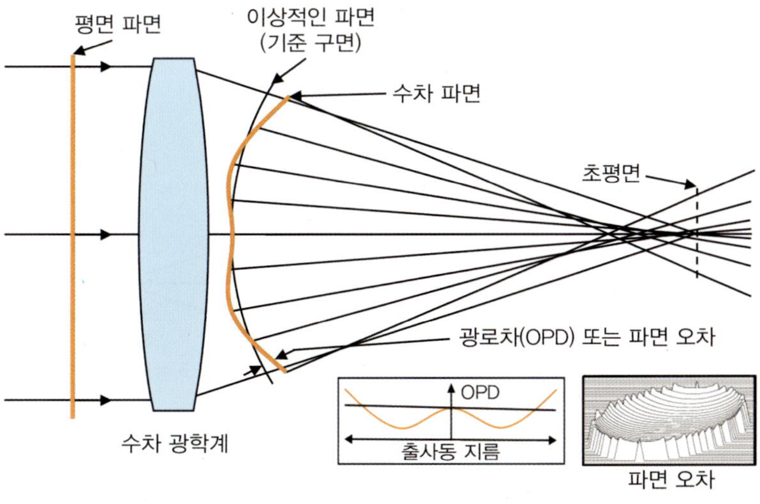

그림 1-22 실제 광학계의 광로차와 파면 오차

PV/RMS 비율은 전체 편차(PV)가 얼마나 국소적인지를 판단하는 지표가 된다. 우수한 광학계는 PV/RMS값과 RMS값이 작다. 만약 PV/RMS값과 RMS값이 클 경우, 이는 광학계 결함을 나타내므로 공정개선이 필요하다. 일반적으로 정밀 광학계의 PV/RMS값은 4~6, 초정밀 광학계는 3~4 정도이다.

4) 레일리 기준과 초점 심도

레일리 기준(Rayleigh criterion)은 광학계의 파면 오차가 $\lambda/4$(PV 기준) 이내이면 회절만이 상의 품질에 영향을 주는 상태, 즉 회절 한계 상태로 간주할 수 있다는 것이다. 이 기준을 초과하면 파면이 비구면으로 되어 간섭이 비정상적으로 발생하며, 에어리 디스크가 퍼지면서 중심 강도가 약해진다. 이로 인해 해상도(resolution)와 명암비(contrast)가 저하된다.

그림 1-23은 회절 한계 광학계의 파면 오차와 초점 심도를 보여준다. 파면 오차가 $\lambda/4$(PV) 이내에서 상이 선명하게 유지될 수 있는 초점의 허용 범위를 초점 심도(DOF, Depth of Focus)라고 한다. 레일리 기준에서 초점 위치 δ만큼 벗어났을 때 구면파의 파면 오차(PV)는 다음과 같이 근사된다[6].

$$W_{PV}(\delta) \approx \frac{D^2}{8f^2}\delta = \frac{\lambda}{4} \tag{1.31}$$

$$DOF(\delta) = \pm\frac{2\lambda f^2}{D^2} = \pm 2\lambda\,(f\,/\,\#)^2 \tag{1.32}$$

여기서 D는 광학계 직경, f는 초점거리, λ는 파장, f/#는 f-수이다. 초점 심도는 파면 오차가 $\lambda/4$를 넘지 않는 범위로 정의되며, 이 범위 내에서는 초점이동에 의한 화질(image quality) 저하가 발생

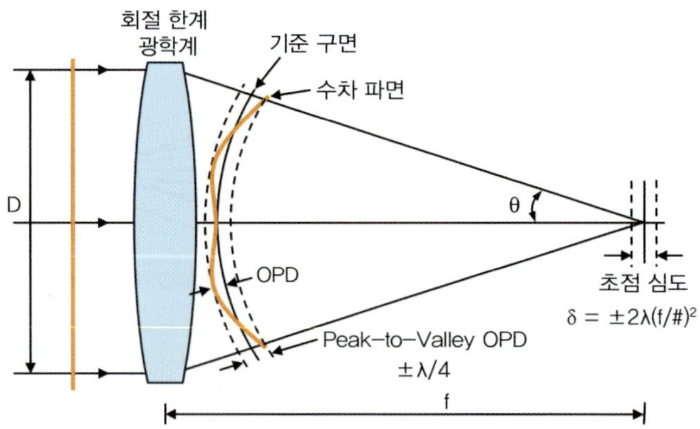

그림 1-23 회절 한계 광학계의 파면 오차와 초점 심도

하지 않는다. 즉, 광학계가 초점면에서 조금 벗어나더라도 상의 품질 유지가 가능하다는 의미이다. 파장이 $\lambda = 550$ nm, f/4.0인 광학계의 초점 심도는 ±17.6 μm이며, 이 범위 내에서 초점이 움직여도 레일리 기준이 충족된다.

5) 스트렐 비율

스트렐 비율(Strehl ratio)[8]은 광학계에서 점광원의 퍼진 상(PSF, Point Spread Function)의 중심 밝기(peak intensity)가 이상적인 회절 한계 광학계와 얼마나 가까운지를 나타내는 지표를 말하며, 다음과 같이 정의된다.

$$Strehl\ ratio = \frac{I_{actual}(0)}{I_{ideal}(0)} \tag{1.33}$$

여기서 $I_{actual}(0)$는 실제 PSF의 중심 강도, $I_{ideal}(0)$는 이상적인 에어리 디스크의 중심 밝기이다. 일반적으로 스트렐 비율은 회절 한계 광학계는 1, 회절 한계에 근접한 고성능 광학계는 0.8 이상, 보통의 광학계는 0.6~0.8, 수차가 심한 광학계는 0.5 이하이다.

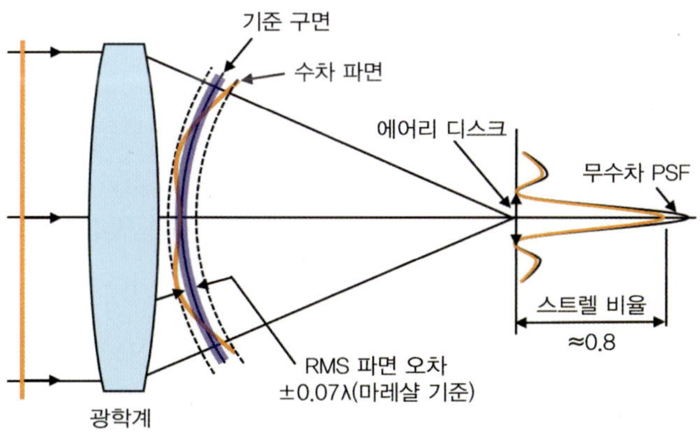

그림 1-24 광학계의 RMS 파면 오차와 스트렐 비율

그림 1-24는 광학계의 RMS 파면 오차와 PSF(점퍼짐함수)를 보여준다. 광학계의 RMS 파면 오차가 $\lambda/10$ 이하이면, 스트렐 비율은 다음과 같이 근사식으로 나타낼 수 있다, 이를 마레샬 기준

---

8 스트렐 비율(Strehl ratio): 1895년 독일 수학자 칼 스트렐(Karl Strehl)이 정립한 개념이다.

(Maréchal criterion)이라고 하며, 프랑스의 광학자 앙드레 마레샬(André Maréchal)이 정립하였다.

$$Strehl\ ratio = e^{-(2\pi W/\lambda)^2} \approx 1-(\frac{2\pi}{\lambda}W)^2 \tag{1.34}$$

여기서 W는 파장의 단위로 나타낸 RMS 파면 오차이다. 만약 $W=0.07\lambda$이면, 스트렐 비율은 0.8이다.

표 1-3은 RMS 파면 오차와 스트렐 비율을 비교한 것이다. 스트렐 비율은 실제 광학계의 화질이 이상적인 회절 한계에 얼마나 근접했는지를 나타내는 정량적 지표로, 값이 0.8 이상이면 고성능이며, 일반적으로 RMS 파면 오차가 0.07λ 이하일 때 이 기준이 충족된다. 이 값은 광학 설계, 수차 보정, 광학계 성능평가의 핵심 지표로 활용된다.

표 1-3 광학계의 RMS 파면 오차와 스트렐 비율 비교

RMS WFE(λ 기준)	스트렐 비율	성능평가
0.02λ	≈ 0.99	매우 우수
0.05λ	≈ 0.90	우수
0.07λ(λ/14)	**≈ 0.80**	**기준선(Maréchal criterion)**
0.10λ	≈ 0.60	상 저하 시작
> 0.15λ	< 0.3	저하된 상

6) 한계 공간주파수

광학계의 공간주파수 분석(spatial frequency analysis)은 광학계가 공간 구조(영상 내 밝기 변화)를 얼마나 세밀하게 전달할 수 있는지를 공간주파수로 표현하는 방법이다. 이 분석을 통해 해상력, 수차 영향, 광학계 성능 등을 정량적으로 평가할 수 있다. 공간주파수란 결상되는 물체의 휘도나 반사율 분포가 공간적으로 얼마나 빠르게 변하는지를 주파수로 표현한 개념이며, 단위는 cycles per mm(c/mm) 또는 line pairs per mm(lp/mm)이다.

광학계의 한계 공간주파수(cut-off spatial frequency)는 광학계가 회절에 의해 전송할 수 있는 최대 공간주파수로, 이를 초과하는 주파수 성분은 영상에 제대로 전달되지 않기 때문에 해상도에 제한을 준다. 이는 회절 한계(diffraction limit)와 개구수(NA) 또는 f-수에 의해 결정된다. 회절 한계 광학계의 한계 공간주파수는 다음과 같이 정의된다.

$$f_{cutoff} = \frac{2NA}{\lambda} = \frac{1}{\lambda(f\text{-수})} \tag{1.35}$$

여기서 λ는 광원의 파장이다. 첫 번째 항은 입사파 기준의 물체 공간에서 사용하며, 두 번째 항은 무한거리 물체에 대한 카메라나 망원경의 상면에서 사용한다. 한계 공간주파수가 높을수록 더 미세한 선, 즉 고해상도 정보를 전달할 수 있다.

한계 공간주파수를 높이기 위해서는 파장을 짧게 하고, NA를 크게 하거나 f-수를 낮춰야 한다. 예를 들어, 반도체 노광기에서는 자외선(UV) 또는 극자외선(EUV)과 같은 짧은 파장을 사용하고, 대구경 렌즈나 고굴절 유리를 적용하여 NA를 높이며, 빠른 렌즈(f/1.2, f/0.9 등)를 사용해 f-수를 낮춰 해상력을 향상시킨다.

가시광($\lambda = 550$ nm)에서 f/4 렌즈의 한계 공간주파수는 $f_{cutoff} = 454.5$ lp/mm이다. 광학계가 분해할 수 있는 최소 선 간격은 다음과 같다.

$$\Delta x_{\min} = \frac{1}{f_{cutoff}} \tag{1.36}$$

여기서 $\Delta x_{\min} \approx 2.2\,\mu$m이며, 이 값은 밝고 어두운 선 쌍(line pair)의 간격을 의미한다. 따라서 회절 한계 기준에서 겨우 분해할 수 있는 선 간격은 약 1.1 μm이다.

상을 형성하는 광학계는 물체의 공간주파수 성분을 변조전달함수(MTF, Modulation Transfer Function)를 통해 변형하여 상으로 전달한다. 광학계의 MTF는 점광원의 상에 대한 점퍼짐함수(PSF, Point Spread Function)의 푸리에 변환(Fourier transform)[9]이므로 다음과 같다[7].

$$MTF(f) = |F\{PSF(x)\}| \tag{1.37}$$

일반적으로 MTF는 공간주파수를 0에서 1까지로 규격화하며, 이때 1은 한계 공간주파수를 의미한다. 공간주파수가 높을수록 더 미세한 선, 즉 고해상도 정보를 전달할 수 있다.

그림 1-25는 파면 오차에 의한 PSF를 푸리에 변환한 MTF를 보여준다. 이를 통해 수차가 없는 회절 한계 광학계의 MTF를 기준으로 수차에 의한 변화를 정량적으로 비교할 수 있다. MTF는 광학설계의 목표 달성 여부를 정량적이고 직관적으로 평가할 수 있는 지표이기 때문에 모든 광학계의 최종 성능평가에 사용된다. 특히, 인간의 눈이나 카메라 센서가 인식하는 상의 선명도와 매우 높은 상관관계를 가지며, 파면 오차보다 시각적 평가에 더 직관적이다.

---

9 푸리에 변환: 프랑스의 수학자이자 물리학자인 장-바티스트 조제프 푸리에(Jean-Baptiste Joseph Fourier)가 1807년에 제안한 푸리에 급수 개념을 바탕으로 19세기 후반에 정립된 수학적 방법이다.

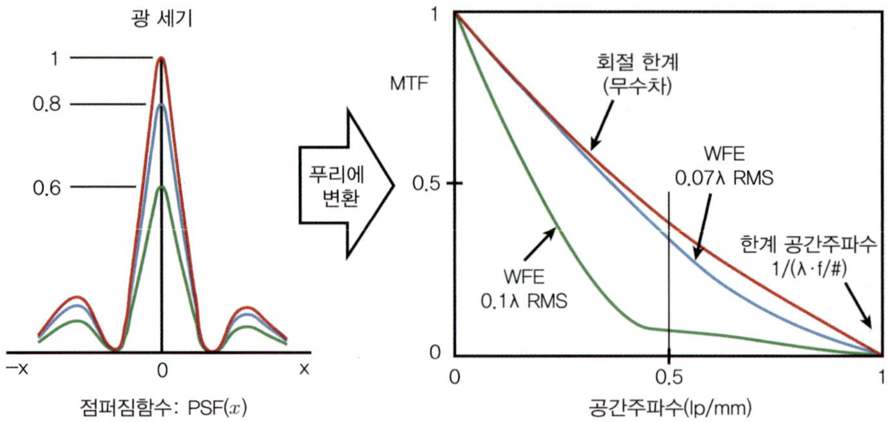

그림 1-25 PSF의 푸리에 변환에 의한 MTF

1.4 비구면 광학

1) 비구면의 정의

비구면(asphere)은 구면(surface of revolution)이 아닌 곡률이 위치에 따라 변화하는 곡면을 말한다. 즉, 구면이란 중심에서 일정한 반지름을 가진 구 모양의 표면을 말한다. 반면, 비구면은 곡률이 일정하지 않고 다양한 값으로 변화하는 형태로, 광학 분야에서 중요한 역할을 한다. 특히, 렌즈나 거울이 비구면 형태일 경우, 구면에서 발생하는 구면수차뿐만 아니라 비점수차와 왜곡 등을 함께 줄일 수 있어, 광학계 성능을 크게 향상시킬 수 있다.

그림 1-26은 단색광에서 구면 렌즈와 비구면 렌즈의 구면수차를 비교한 것이다. 구면 렌즈는 구면수차로 인해 입사광이 한 점에 모이지 않고 다른 지점에 모여 초점이 희미하게 보인다. 반면, 비구면 렌즈는 빛이 한 점에 초점을 맺기 때문에, 희미한 부분이 없이 상이 선명해진다[8, 9].

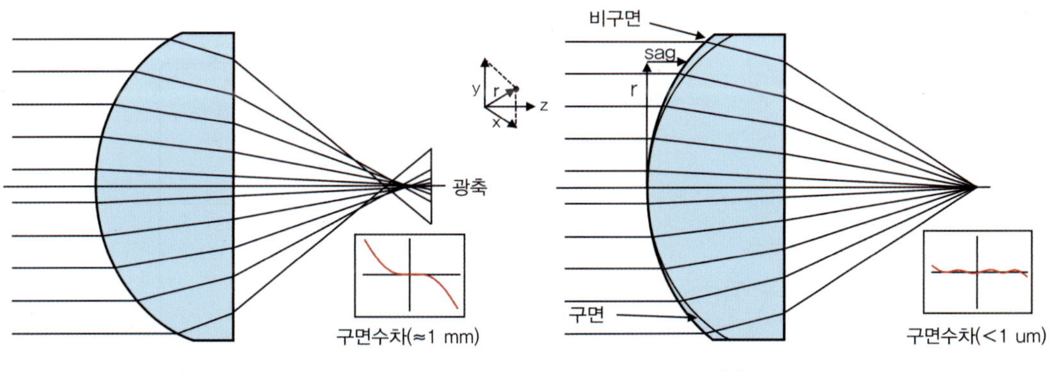

그림 1-26 구면 렌즈와 비구면 렌즈 비교

광학 설계 프로그램을 사용하여 상의 빛의 분포를 나타내는 스폿(spot) 크기와 구면수차의 크기를 비교하면, 비구면 렌즈는 각각 1/1000 이하이다. 시야각 1°의 비축에서는 코마와 비점수차가 많이 발생하지만, 이를 1/100 이하로 줄일 수 있다. 대칭형 비구면 렌즈의 표면 깊이를 sag라고 하며, 렌즈의 중심과 가장자리 사이의 높이차를 의미한다. 일반적으로 sag는 다음과 같은 비구면 방정식으로 표현된다[10, 11].

$$z(r) = \frac{r^2}{R\left[1 + \sqrt{1 - (1+K)\left(\frac{r}{R}\right)^2}\right]} + A_4 r^4 + A_6 r^6 + A_8 r^8 + \cdots \quad \textbf{(1.38)}$$

여기서 $z(r)$는 sag, r은 광축에서 반지름($r^2 = x^2 + y^2$), R는 정점 곡률반경, K는 원추상수, A_i는 고차 비구면계수이다. 첫 번째 항은 원추체(conic section)를 나타내며, 고차항 $A_4, A_6, A_8, \cdots$는 실제 렌즈 설계 최적화를 위한 항이다.

2) 원추면

원추면은 원뿔을 평면으로 자른 단면 곡선을 회전시켜 만든 곡면이다. 이 곡면은 곡률반경(R)과 원추상수(K)로 정의된다. 그림 1-27은 원추상수에 따라 모양을 구분하고, 구면을 기준으로 곡률반경이 동일한 면의 sag를 비교한 것이다. 원추상수가 양이면 안쪽으로 휘어지고, 음이면 바깥쪽으로 펴진다. 원추면 거울은 반사한 빛을 한 점에 모으거나, 구면수차와 왜곡을 최소화할 수 있어 집광기나 망원경 등에 많이 사용된다.

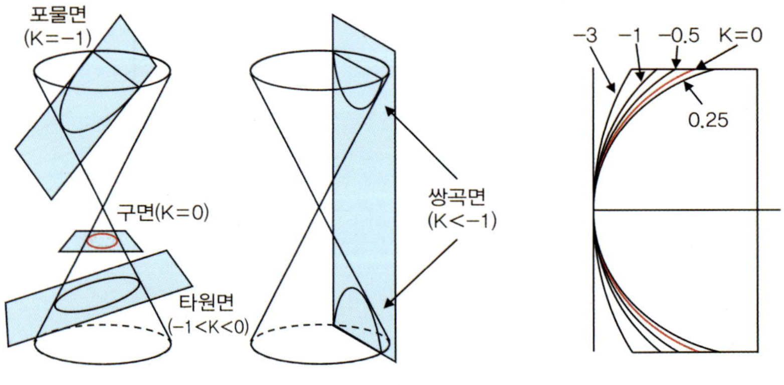

(a) 원추형 비구면의 종류 (b) 원추형 비구면 비교

그림 1-27 원추형 비구면의 종류와 같은 곡률반경의 원추면 sag 비교

그림 1-28은 구면 거울과 포물면 거울에 의한 초점의 상을 비교한 것이다. 구면 거울의 상은 여러 점에 상이 맺히는 반면, 포물면 거울은 초점에 상을 정확하게 맺는다. 빛을 모으는 오목 포물면과 초점에 맞추는 볼록 쌍곡면으로 구성된 카세그레인 망원경(Cassegrain telescope)은 원추면의 특성을 활용하여 뛰어난 성능을 발휘한다. 두 거울을 결합하면 긴 초점거리를 확보할 수 있으며, 구면수

차, 비점수차, 색수차 등의 왜곡을 효과적으로 줄일 수 있다. 특히, 초점거리가 긴 대형 망원경에서 크기를 줄일 수 있다는 점은 큰 장점이다.

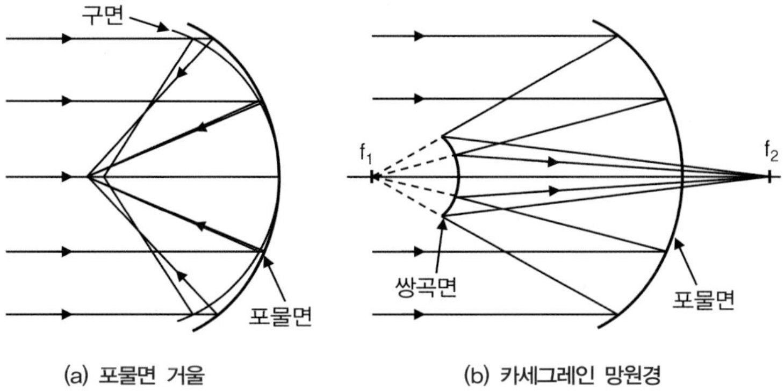

그림 1-28 포물면의 선명한 상점과 카세그레인 망원경

카세그레인 망원경은 17세기 후반 프랑스의 수학자이자 천문학자인 레오폴 카세그랭(Leopold Cassegrain)이 설계했으며, 이후 천문학과 광학 기술에 혁신을 가져왔다. 이 설계는 망원경의 크기와 효율성을 최적화했으며, 다양한 천문학적 관측과 우주 탐사에 중요한 도구로 사용되었다. 오늘날에도 카세그레인 망원경은 우주 과학 연구와 관측에서 중요한 역할을 수행하고 있다.

3) 비구면계수

그림 1-29는 실제 비구면 형상이 비구면계수에 따라 어떻게 변하는지를 보여준다. 식 (1.36)에 따르면, 형상은 구면의 곡률반경 R, 원추상수 K 그리고 여러 개의 비구면계수 $A_4, A_6, A_8, \dots$에 의해 정해진다. 비축수차가 클 경우, 그림 1-29(a)와 같이 형상의 가장자리가 최적 구면보다 바깥쪽으로 휘어진다. 비구면을 구면으로 최적화한 최적 구면을 기준으로 sag를 분석하면 형상 변화를 쉽게 이해할 수 있다.

비구면계수는 그림 1-29(b)와 같이 양 또는 음의 값에 따라 곡률 변화의 방향을 알 수 있다. 또한 여러 비구면계수의 합성 효과로 수차를 제거하면, 최종 비구면의 sag는 그림 1-29(c)와 같이 모든 계수의 합이 된다.

그림 1-30은 2개의 구면 렌즈로 구성된 광학계의 성능을 하나의 비구면 렌즈만으로 동일하거나 회절 한계 수준의 높은 성능을 구현할 수 있음을 보여준다. 줌 렌즈는 원래 10장 이상의 구면 렌즈가

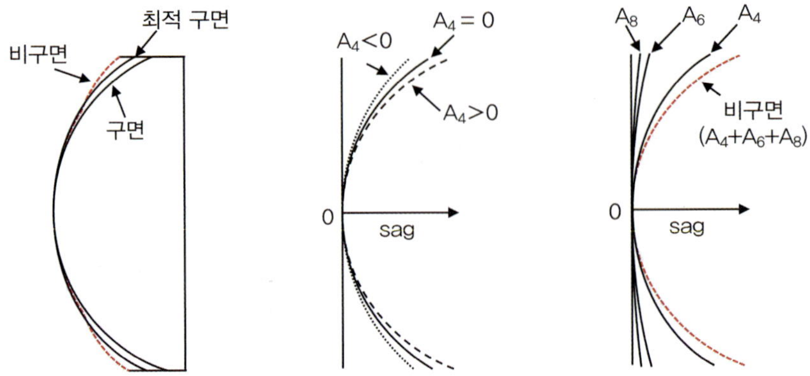

(a) 최적 구면 (b) 비구면계수 영향 (c) 비구면차수 영향

그림 1-29 비구면 형상과 비구면계수의 영향

필요했으나, 비구면 설계를 적용함으로써 절반 이하로 줄일 수 있다. 그 결과, 길이와 무게가 감소하고 정렬이 쉬워졌으며, 생산성도 향상되었다. 크기가 작고 성능이 우수한 비구면 광학계는 초정밀 광학계의 핵심 기술로 활용되고 있다. 스마트폰 카메라, 대형 망원경, 위성 카메라 등의 렌즈와 거울은 대부분 비구면이다.

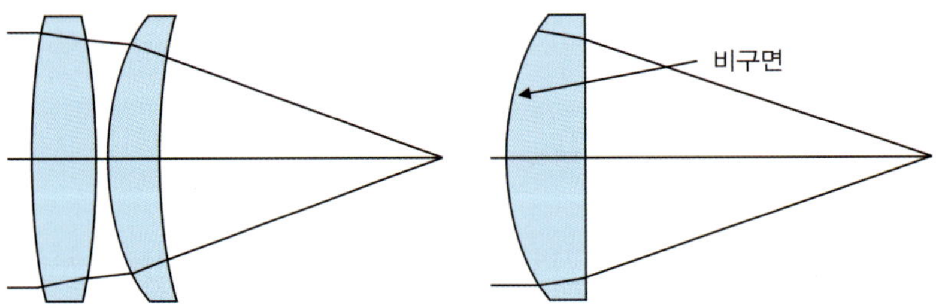

(a) 2개의 구면 렌즈 광학계 (b) 1개의 비구면 렌즈 광학계

그림 1-30 2개의 구면 렌즈와 성능이 동일한 비구면 렌즈

4) 자유곡면

자유곡면(freeform surface)은 광축이나 회전대칭성이 없이, 3차원 공간에서 자유롭게 형성된 비정형 곡면을 말한다. 전통적인 비구면은 광축을 중심으로 회전대칭을 갖지만, 자유곡면은 대칭성을 가지지 않으므로 훨씬 더 복잡하고 유연한 형상을 구현할 수 있다. 이러한 자유곡면의 광학 요소는 빛의 전파, 상 형성, 광선 분포를 정밀하게 제어할 수 있는 설계 자유도를 제공한다. 특히, 비축수차

보정, 광선분포 형상화, 렌즈+프리즘+조명 조절 기능의 통합 설계 등에 큰 장점이 있다[12-15].

그림 1-31은 전통적인 비구면과 자유곡면의 구조를 비교한 것이다. 비구면은 광축을 기준으로 한 대칭 형상이지만, 자유곡면은 광축 없이 비대칭 곡면으로 설계되며, 복잡한 입체 광학 기능을 구현할 수 있다.

대표적인 응용 사례로는 Google glass의 프리즘 렌즈가 있다. 이 렌즈는 투명한 웨이브 가이드형 HUD(Head-Up Display)로, 마이크로 디스플레이에서 출력된 영상을 프리즘 내부 전반사를 통해 사용자의 시야에 상을 맺는다. 간결한 구조 안에 광선 경로 제어, 상 형성, 투명성 등 복합 기능을 통합한 대표적인 자유곡면 광학 설계 사례이다.

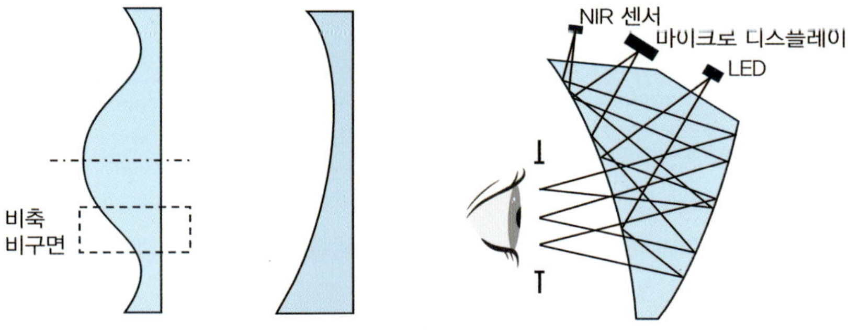

그림 1-31 전통적인 비구면과 자유곡면의 구조 비교

자유곡면 렌즈나 거울은 비축수차 보정, 비대칭 설계, 소형화 및 기능 통합에 유리하다. 수차 제어, 소형화 및 복합 기능 구현에 강점이 있어, AR/VR, 자동차 HUD, 위성 광학, 조명, 센서, 리소그래피 등에 활용된다. 그러나 기준면이 없기 때문에 위치 오차에 매우 민감하며, 제작, 측정, 정렬이 어렵다. 또한 고가의 특수 측정 및 가공장비가 필요하므로, 시제품 및 대량 생산을 위한 초기 비용이 매우 높다.

reference

1. Eugene Hecht, "Optics", Addison-Wesley (2016).
2. Warren J. Smith, "Modern optical engineering", McGraw-Hill (2000).
3. 홍경희, "기하광학", 두양사 (2011).
4. Robert E. Fisher, "Optical system design", McGraw-Hill (2000).
5. Narkis, "Nonimaging optics", Elsevier academic press (2005).
6. Born, M. & Wolf, E., "Principles of Optics" (7th ed.), Cambridge University Press (1999).
7. J. W. Goodman, "Introduction to Fourier Optic", Roberts and Company Publishers (2005).
8. Daniel Malacara, "Optical Shop Testing", Wiley-Interscience (2007).
9. Julie L. Bentley & Craig Olson, "Field Guide to Lens Design", SPIE Press (2012).
10. Rainer Schuhmann, "Description of aspheric surfaces", Adv. Opt. Techn. 8(3-4): 267-278 (2019).
11. Qun Hao, "Measurement techniques for aspheric surface parameters", Light: Advanced Manufacturing, 4:19 (2023).
12. Kevin P. Thompson & Jannick P. Rolland, "Freeform Optical Surfaces: A Revolution in Imaging Optical Design", Optics & Photonics News 23(6), 30-35 (2012).
13. Jingfei Ye, "Review of optical freeform surface representation technique and its application", Optical Engineering 56(11), 110901 (2017).
14. Jannick P. Rolland et al. "Freeform optics for imaging", Optica 8(2), 161 (2021).
15. Haoyu Lyu et al. "Robust and accurate measurement of optical freeform surfaces with wavefront deformation correction", Optics Express 30(5), 7831-7844 (2022).

Chapter 2

광학 가공 및 측정

2.1 광학소재

광학소재는 빛의 경로를 제어하거나 변형하는 데 사용되는 물질로, 렌즈, 프리즘, 거울, 광섬유 등 다양한 광학부품의 핵심 재료이다. 이들은 빛의 굴절, 반사, 흡수, 투과 특성에 따라 선택되며, 각 소재는 파장대, 기계적 안정성, 가공성 등 다양한 특성에 따라 특정 용도에 최적화된다. 렌즈는 빛을 굴절시켜 초점을 형성하는 부품으로, 굴절률과 분산 특성이 중요한 요소이며, 주로 유리와 플라스틱이 사용된다.

유리는 굴절률, 내구성, 기계적 안정성이 뛰어난 소재로 고급 광학 렌즈에 사용된다. 대표적인 유리 소재인 BK7은 저분산과 우수한 내구성을 갖춘 표준 광학유리이다. SF10은 고굴절과 고분산 특성을 가지며, 고차 색지움 렌즈에 사용된다. 이산화규소(SiO_2)를 고온에서 녹인 후 급속 냉각하여 만든 비결정질의 융용 석영(fused silica)은 투과율이 높고 내열성이 뛰어나며, UV 및 IR 영역에서 사용된다[1, 2].

광학 플라스틱은 광학적 투명도와 굴절 특성을 가진 고분자(polymer) 소재로 렌즈, 프리즘, 필터, 웨어러블 디스플레이 등 다양한 광학부품에 활용된다. 유리보다 가볍고 가공이 쉬우며 저렴하나, 유리보다 굴절률이 낮고 내구성이 떨어진다. PMMA(polymethyl methacrylate)는 가시광선에서 투과율이 92 % 이상이며, 가공이 쉬운 저가 소재로, 다양한 렌즈에 사용되고 있다. PC(polycarbonate)는 PMMA보다 투과율은 약간 낮지만, 충격 저항성이 250배 이상 뛰어나므로 강도와 경량화가 필요한 렌즈에 사용된다.

프리즘은 빛을 분산하거나 방향을 전환하는 용도로 사용되며, 분산과 투과율이 주요 선택 기준이다. 프리즘의 소재는 분산 특성이 중요하며, 광학유리와 결정(crystal)이 주로 사용된다. 결정은 고정밀과 저분산 특성이 있어, 고급 프리즘에 사용된다. 특히, 형석(fluorite, CaF_2)은 낮은 분산과 우수한 투과율을 지녀 색수차를 최소화하며, 고급 프리즘에 사용된다. 석영유리(quartz glass)는 고온 안정성과 우수한 투과율을 가진 프리즘에 사용된다. 광학유리는 다양한 굴절률 선택이 가능하므로 일반 프리즘에 사용된다.

거울은 빛을 반사하여 상을 형성하며, 반사율, 열적 안전성, 표면 처리 가능성이 중요하다. 기존 유리뿐만 아니라 유리-세라믹이 주요 소재로 사용된다. 독일 SCOTT사의 Zerodur와 러시아의 Sital은 열적 안정성이 매우 뛰어나 극한 환경에서도 변형이 거의 없으므로 우주망원경, 천체망원경, 극자외선 노광기 같은 초정밀 광학계에 사용된다. 이들 소재는 일반 광학유리의 열팽창계수(CTE, Coefficient of Thermal Expansion)보다 수백 배 안정적이다. 반사율을 높이기 위해 표면에 알루미늄, 은, 금 같은 금속 코팅을 한다.

광학계 설계에서 소재의 특성이 시스템의 성능, 비용, 내구성, 환경 적응성 등에 큰 영향을 미치므로 다음과 같은 파장대별 특성을 종합적으로 고려해야 한다.

1) 분광 굴절률과 분산

광학유리의 굴절률은 빛의 파장(λ)에 따라 달라지는 함수적 특성을 가지며, 이를 분광 굴절률이라고 한다.

$$n = n(\lambda) \tag{2.1}$$

이 특성은 광학소재가 어떤 파장에서 어떻게 빛을 굴절시키는지를 보여주는 지표이며, 실제 렌즈 설계 시 색수차 계산의 기초가 된다. 일반적으로 단파장(청색)일수록 굴절률이 높고, 장파장(적색)일수록 작아진다. 이러한 경향은 대부분의 광학유리, 석영, 형석 등의 정상 분산(normal dispersion) 영역에서 나타난다.

굴절률을 측정하는 기준 파장으로는 태양광 스펙트럼의 흡수선인 프라운호퍼선(Fraunhofer lines)을 사용한다. 이 선들은 태양 대기 또는 지구 대기 중 특정 원소들이 빛을 흡수하여 형성된 스펙트럼의 정밀 기준선이다. 1814년, 독일 물리학자 프라운호퍼(Joseph von Fraunhofer)가 이 선들을 처음으로 체계적으로 측정하였고, 이후 표준 굴절률 측정 파장으로 정착되었다(표 2-1).

표 2-1 주요 프라운호퍼선과 대응 원소

기호	흡수 원소	파장(nm)	기호	흡수 원소	파장(nm)
t	Hg	1013.98	e	Hg	546.07
A′	K	768.19	**F**	**H**	**486.13**
b	He	706.52	F′	Cd	479.99
C	**H**	**656.28**	g	Hg	435.84
C″	Cd	643.85	G″	H	434.05
D	Na	589.29	h	Hg	404.66
d	**He**	**587.56**	i	Hg	365.01

분산은 소재의 굴절률이 파장에 따라 얼마나 변화하는지를 나타내는 특성으로, 색수차의 원인이 된다. 분산이 클수록 빛의 파장별 초점 위치 차이가 커지며, 이에 따라 상이 퍼지거나 테두리에

색이 나타나는 현상이 발생한다.

분산을 정량적으로 나타내는 지표는 아베수(Abbe number)[1], 분산계수 V_d로 정의된다.

$$V_d = \frac{n_d - 1}{n_F - n_C} \tag{2.2}$$

여기서 n_d는 d선(587.56 nm, 노란색), n_F는 F선(486.13 nm, 파란색), n_C는 C선(656.27 nm, 빨간색)에서의 굴절률이다.

일반적으로 아베수가 높을수록 분산이 작고 색수차가 작으며(저분산 유리), 아베수가 낮을수록 분산이 크고 색수차가 크다(고분산 유리). 색지움 렌즈는 아베수가 다른 두 유리를 조합하여, 2개의 파장에서 굴절률이 같도록 설계함으로써 색수차를 보정한다.

2) 광학유리

광학유리는 비정질(amorphous) 무기물질로, 내부의 원자 배열이 불규칙한 구조를 갖는다. 주로 이산화규소(SiO_2), 붕산(B_2O_3), 인산(P_2O_5) 등의 산화물을 기반으로 만들어지며, 여기에 다양한 산화물을 첨가해 굴절률, 분산, 열적 특성, 내식성 등을 조절한다.

세계 주요 제조사로는 SCHOTT, Corning, HOYA, OHARA 등이 있으며, 이들 업체는 300종 이상의 정밀 광학유리를 공급하고 있다. 유리 종류는 주로 광학적 · 기계적 · 열적 · 화학적 특성 등을 기준으로 분류되며, 각 유리는 특정 응용 분야에 맞춰 최적화되어 있다[3].

그림 2-1은 SCHOTT 광학유리의 아베 다이어그램(Abbe diagram)으로, 광학유리의 굴절률(n)과 분산계수(V_d)를 XY 좌표로 시각적으로 표현한 그래프이다. 이 도표를 통해 색수차 보정용 유리 쌍 선택, 고굴절 유리 탐색, 색지움 설계 최적화 등이 가능하다. 광학유리는 일반적으로 $V_d > 50$이면 크라운 유리(crown glass, n-glass)로 분류되며, 나머지는 플린트 유리(flint glass, p-glass)로 분류된다. 그 밖에 $n_d > 1.8$이면 고굴절 유리로 분류된다.

표 2-2는 크라운 유리와 플린트 유리의 특성을 비교한 것이다. 크라운 유리의 주성분은 주로 SiO_2와 Na_2O_3이며, 내식성과 내구성이 뛰어나고 열전도율도 낮은 편이다. 또한 용융점과 열팽창계수가 낮아 정밀한 광학 설계에 유리하다. 플린트 유리는 PbO(납 산화물)를 포함하고 있어 내구성이

1 아베수(Abbe number): 독일 물리학자 에른스트 아베(Ernst Abbe)가 정립한 개념으로, 물질의 분산(파장에 따른 굴절률 변화)을 가늠하는 척도이다.

뛰어나지만, 내식성이 떨어지며 열전도율이 더 높은 편이다. 또한 높은 열팽창계수로 인해 온도 변화에 더 민감할 수 있다.

그림 2-2는 대표적인 광학유리인 BK7의 데이터 시트로, 렌즈, 프리즘, 광학 필터 등을 설계할 때 필요한 광학적 · 물리적 · 열적 · 화학적 특성을 제공한다.

광학적 특성은 앞에서 설명한 굴절률과 분산 외에도 분광 투과율과 반사율이 포함된다. 투과율은 자외선, 가시광선, 적외선 영역에서 다르게 나타나며, 반사율은 굴절률이 높을수록 증가한다. 일반적으로 단순한 유리 표면에서는 약 4 %의 빛이 반사된다. 융용 석영은 자외선과 적외선 영역에서 투과율이 높다.

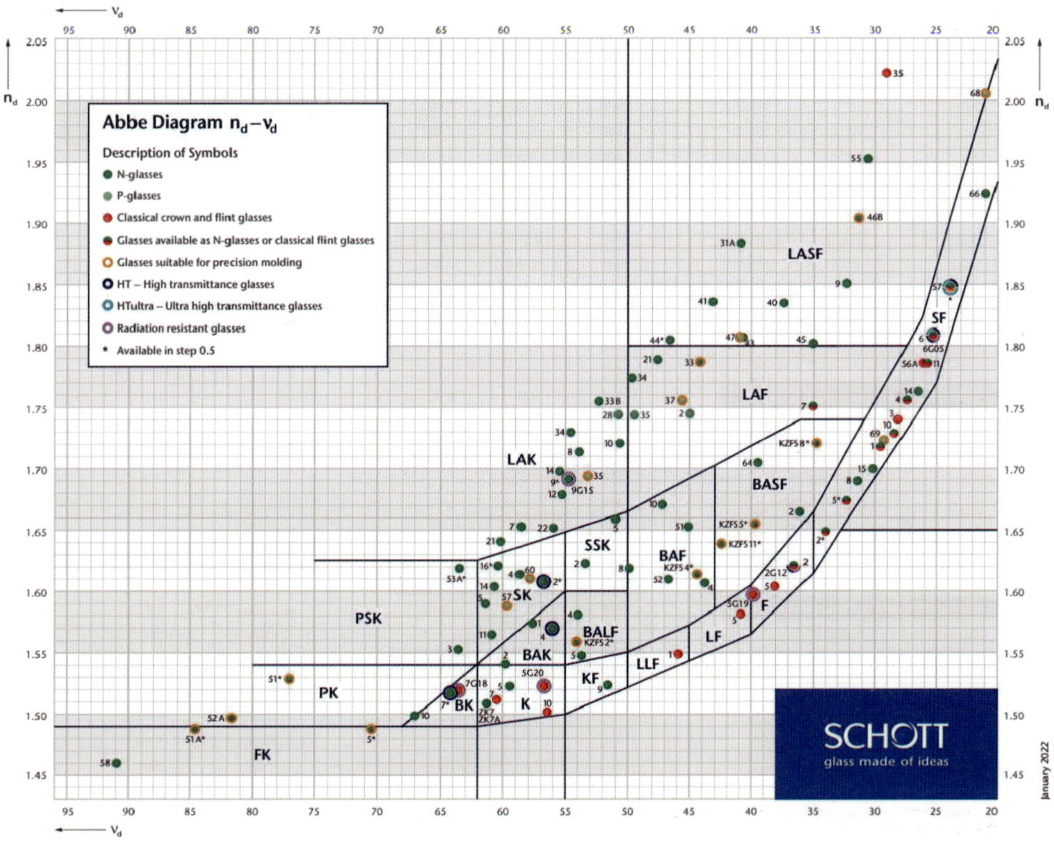

그림 2-1 광학유리의 굴절률과 아베 상수

출처: SCHOTT glass technology

Datasheet

SCHOTT
glass made of ideas

SCHOTT N-BK7®
517642.251

$n_d = 1.51680$ $\nu_d = 64.17$ $n_F - n_C = 0.008054$
$n_e = 1.51872$ $\nu_e = 63.96$ $n_{F'} - n_{C'} = 0.008110$

Refractive Indices

	λ [nm]	
$n_{2325.4}$	2325.4	1.48921
$n_{1970.1}$	1970.1	1.49495
$n_{1529.6}$	1529.6	1.50091
$n_{1060.0}$	1060.0	1.50669
n_t	1014.0	1.50731
n_s	852.1	1.50980
n_r	706.5	1.51289
n_C	656.3	1.51432
$n_{C'}$	643.8	1.51472
$n_{632.8}$	632.8	1.51509
n_D	589.3	1.51673
n_d	587.6	1.51680
n_e	546.1	1.51872
n_F	486.1	1.52238
$n_{F'}$	480.0	1.52283
n_g	435.8	1.52668
n_h	404.7	1.53024
n_i	365.0	1.53627
$n_{334.1}$	334.1	1.54272
$n_{312.6}$	312.6	1.54862
$n_{296.7}$	296.7	
$n_{280.4}$	280.4	
$n_{248.3}$	248.3	

Constants of Dispersion Formula

B_1	1.039612120
B_2	0.231792344
B_3	1.010469450
C_1	0.006000699
C_2	0.0200179144
C_3	103.56065300

Constants of Formula for dn/dT

D_0	1.86E-06
D_1	1.31E-08
D_2	-1.37E-11
E_0	4.34E-07
E_1	6.27E-10
λ_{TK} [μm]	0.170

Internal Transmittance τ_i

λ [nm]	τ_i [10mm]	τ_i [25mm]
2500	0.67	0.36
2325	0.79	0.56
1970	0.93	0.84
1530	0.992	0.980
1060	0.999	0.997
700	0.998	0.996
660	0.998	0.994
620	0.998	0.994
580	0.998	0.995
546	0.998	0.996
500	0.998	0.994
460	0.997	0.993
436	0.997	0.992
420	0.997	0.993
405	0.997	0.993
400	0.997	0.992
390	0.996	0.989
380	0.993	0.983
370	0.991	0.977
365	0.988	0.971
350	0.967	0.92
334	0.91	0.78
320	0.77	0.52
310	0.57	0.25
300	0.29	0.05
290	0.06	
280		
270		
260		
250		

Color Code

λ80 / λ5	33/29

Remarks

step 0.5 available

Relative Partial Dispersion P

$P_{s,t}$	0.3098
$P_{C,s}$	0.5612
$P_{d,C}$	0.3076
$P_{e,d}$	0.2386
$P_{g,F}$	0.5349
$P_{i,h}$	0.7483

Relative Partial Dispersion P'

$P'_{s,t}$	0.3076
$P'_{C',s}$	0.6062
$P'_{d,C'}$	0.2566
$P'_{e,d}$	0.2370
$P'_{g,F'}$	0.4754
$P'_{i,h}$	0.7432

Deviation of Rel. Partial Disp. ΔP from the normal line

$\Delta P_{C,t}$	0.0216
$\Delta P_{C,s}$	0.0087
$\Delta P_{F,e}$	-0.0009
$\Delta P_{g,F}$	-0.0009
$\Delta P_{i,g}$	0.0035

Chemical Properties

CR	1
FR	0
SR	1
AR	2.3
PR	2.3

Other Properties

$\alpha_{-30/+70°C}$ [10^{-6}/K]	7.1
$\alpha_{+20/+300°C}$ [10^{-6}/K]	8.3
T_g [°C]	557
$T_{10}{}^{13}$ [°C]	557
$T_{10}{}^{7.6}$ [°C]	719
c_p [J/(g*K)]	0.858
λ [W/(m·K)]	1.114
AT [°C]	609
ρ [g/cm³]	2.51
E [10^3 N/mm²]	82
μ	0.206
K [10^{-6} mm²/N]	2.76
$HK_{0.1/20}$	610
HG	3

Temperature Coefficients of the Refractive Index

	$\Delta n_{rel}/\Delta T$ [10^{-6}/K]			$\Delta n_{abs}/\Delta T$ [10^{-6}/K]		
[°C]	1060.0	e	g	1060.0	e	g
-40/-20	2.4	2.9	3.3	0.3	0.8	1.2
+20/+40	2.4	3.0	3.5	1.1	1.6	2.1
+60/+80	2.5	3.1	3.7	1.5	2.1	2.7

그림 2-2 BK7의 데이터 시트

출처: SCHOTT glass technology

표 2-2 크라운 유리와 플린트 유리 비교

구분	크라운 유리(n-glass)	플린트 유리(p-glass)
굴절률	1.5 이하	1.6 이상
분산	저분산	고분산
내구성	내구성과 내식성이 우수함	내구성은 더 우수하나, 내식성은 낮음
용도	색수차를 최소화하는 일반적인 렌즈 설계	색수차를 보정하는 색지움과 고차 색지움 렌즈 설계
특징	색수차가 작고, 다양한 광학 설계에 적합	색수차가 크지만, 주로 고굴절률 유리로 사용
예시	BK7, N-BK7 등	SF5, SF10 등

광학유리의 내부 투과율은 유리 내부에서의 빛의 흡수 및 산란에 의한 감쇠만을 고려한 값으로, 표면 반사나 코팅 여부의 영향을 배제한 유리 자체의 고유 특성을 반영한다. 데이터 시트에는 보통 10 mm 또는 25 mm 두께 기준의 내부 투과율이 주어지며, 다른 두께 t에 대한 내부 투과율 $T(t)$은 다음과 같이 계산할 수 있다.

$$T(t) = [T(t_0)]^{t/t_0} \tag{2.3}$$

여기서 $T(t_0)$는 기준 두께 t_0에 대한 내부 투과율(데이터 시트의 값), t는 원하는 두께(mm)이다. 예를 들어, 10 mm에서 투과율이 95 %이면, 20 mm에서는 $(0.95)^2$로 약 90.25 %가 된다.

표 2-3은 대표적인 광학유리의 파장별 투과 범위를 나타낸 것이다. 일반 광학유리(BK7, F2)는 가시광선에서 높은 투과율을 가지며, UVFS와 CaF_2는 자외선(UV) 및 적외선(IR) 영역까지 사용할 수 있다. 레이저, IR 카메라, 자외선 광학 등 응용 분야에 따라 적절한 유리를 선택한다.

표 2-3 주요 광학유리의 분광 투과 범위와 특징

광학유리	투과 범위(nm)	특징
BK7(크라운 유리)	300~2,500	가시광선 및 근적외선 범위에서 높은 투과율
F2(플린트 유리)	350~2,000	고굴절률, 낮은 투과율
UVFS(자외선용 실리카)	180~3,500	자외선(UV)에서 높은 투과율
SiO_2(합성 실리카)	160~5,000	넓은 분광 범위, 레이저용 유리
CaF_2(불화칼슘)	150~9,000	UV, VIS, IR에서 높은 투과율
ZnSe(아연 셀레나이드)	600~16,000	적외선(IR) 광학에 사용
Ge(게르마늄)	2,000~14,000	중적외선(IR)에서 높은 투과율

물리적 특성으로는 단위 부피당 질량을 나타내는 밀도(density, ρ, g/cm^3), 압력을 받았을 때 변형되는 정도를 나타내는 푸아송 비율(Poisson's ratio, ν), 유리의 강도를 나타내는 영률(Young's modulus, E, 일반적으로 60~70 GPa)이 있다.

열적 특성으로는 온도 변화에 따라 유리가 팽창하거나 수축하는 정도를 나타내는 열팽창계수(α, $10^{-6}/K$), 유리가 변형되기 시작하는 온도인 연화점(softening point, ℃), 유리를 열처리할 때 내부 응력을 제거하는 온도인 변형점(annealing point, ℃)이 있다. Zerodur와 Sital의 열팽창계수는 $\alpha(0 \sim 50℃) \approx 0 \pm 0.02 \times 10^{-6}/K$이다.

화학적 특성으로는 산성 환경에서의 내구성을 나타내는 내산성(acid resistance), 알칼리 환경에서의 저항성을 나타내는 내알칼리성(alkali resistance), 습한 환경에서 광학유리의 내구성을 나타내는 내습성(humidity resistance)이 있다.

3) 광학 플라스틱

광학 플라스틱은 가볍고, 가공이 쉬우며 가격이 저렴하다는 장점이 있어 카메라 렌즈, 디스플레이, 조명, 레이저 시스템, 차량 광학부품 등 다양한 분야에서 광학유리의 대체재로 널리 사용되고 있다. 특히, 소형화·경량화가 중요한 분야(웨어러블, AR/VR, 차량 센서 등)에 적합하다. 또한 비구면 렌즈 가공에 유리하므로 고속 금형 주조(molded optics)에 적합하다. 그러나 일반적으로 유리보다 내열성, 내습성, 내스크래치성은 낮은 편이다.

표 2-4는 대표적인 광학 플라스틱 소재의 주요 특성을 비교한 것이다.

표 2-4 플라스틱 광학소재의 특성 비교

소재	굴절률(n_d)	투명도	내충격성	내열성	내화학성	가공 용이성	주요 용도
폴리카보네이트(PC)	1.586	88 % 이상	매우 우수	낮음	우수	매우 용이	고강도 렌즈, 방호장비, 차량유리
아크릴(PMMA)	1.49	92 % 이상	낮음	중간	중간	용이	광학 렌즈, 광학 패널, 광학 필터
폴리아마이드(PA)	1.56~1.58	보통	우수	우수	우수	어려움	고급 렌즈, 프리즘
폴리우레탄(PU)	1.53	보통	매우 우수	중간	중간	중간	렌즈 보호 필름, 비구면 렌즈
TAC(트리아세틸 셀룰로스)	1.49~1.50	높음	보통	낮음	우수	용이	렌즈, UV 필터
폴리스티렌(PS)	1.59	매우 높음	낮음	낮음	낮음	용이	간단한 광학장치, 디스플레이

4) 굴절률 측정

광학유리 및 플라스틱의 굴절률은 정밀한 렌즈 설계, 색수차 보정, 열 안정성 분석 등에 필수 요소이다. 대표적인 측정 방법으로는 그림 2-3의 V-블록 굴절계(refractometer)와 분광각도계(spectral goniometer)가 있다[3, 4].

V-블록 굴절계는 굴절률을 매우 정확하게 알고 있는 기준 유리와 측정 유리를 V자 형태로 맞물려 하나의 프리즘을 형성한다. 수직 입사한 광선이 굴절률 차이에 의해 편향되므로 편향각을 측정하면 시료의 굴절률을 구할 수 있다. 유리의 경계면에 스넬의 법칙을 적용하면 시료의 굴절률 n은 다음과 같이 표현된다.

$$n = \sqrt{n_V^2 + \sin\theta \cdot \sqrt{n_V^2 - (\sin\theta)^2}} \tag{2.4}$$

여기서 n_V는 V-블록 프리즘의 굴절률, θ는 광축에 대한 출사광의 편향각이다.

V-블록 굴절계는 담금 기름을 사용하여 유리 사이를 채우므로 시료의 표면을 정밀하게 연마하지 않아도 된다. 또한 굴절률 측정 범위를 넓히기 위해 $n_V=1.5$에서 2.1까지 단계별로 기준 V-블록을 사용하며, 이 굴절계의 정확도는 일반적으로 $\Delta n \approx \pm 2\times 10^{-5}$이다.

광학유리의 분광 굴절률은 파장 범위 0.3~2.5 μm에서 주로 셀마이어(Sellmeier) 분산 공식[1871년 독일 물리학자 빌헬름 셀마이어(Wilhelm Sellmeier)가 정립]으로 계산된다.

$$n(\lambda) = \sqrt{1 + \frac{B_1\cdot\lambda^2}{\lambda^2 - C_1} + \frac{B_2\cdot\lambda^2}{\lambda^2 - C_2} + \frac{B_3\cdot\lambda^2}{\lambda^2 - C_3}} \tag{2.5}$$

Sellmeier 계수 B(분산계수)와 C(공진계수)는 유리 제조사에서 제공하며, 이를 통해 계산한 굴절률은 소수점 이하 다섯 자리 이상까지 나타난다.

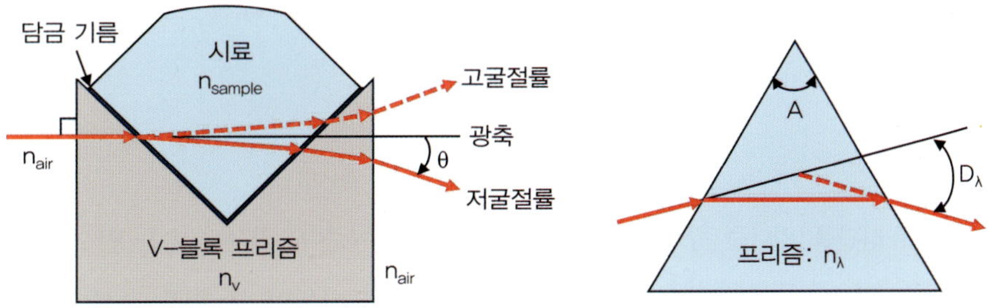

(a) V-블록 굴절계 (b) 분광각도계

그림 2-3 광학유리의 굴절률 측정 방법

그림 2-3(b)의 분광각도계 방법은 측정하는 시료를 프리즘으로 가공한 후, 꼭지각 A와 최소 편향각 D_λ를 측정하면 유리의 분광 굴절률은 다음과 같이 표현된다.

$$n_\lambda = \frac{\sin\left(\frac{D_\lambda + A}{2}\right)}{\sin\left(\frac{A}{2}\right)} \tag{2.6}$$

높은 측정 정확도를 달성하려면 균질성이 높은 시료를 사용하고 입구와 출구면을 $\lambda/4$ 이상의 평면도로 연마해야 한다. 표 2-1의 주요 파장 선택에는 분광 필터를 사용한다.

그림 2-4는 국가 측정표준 대표기관인 한국표준과학연구원(KRISS, Korea Research Institute of Standards and Science)과 독일 PTB(Physikalisch-Technische Bundesanstalt)의 굴절률 측정용 분광각도계를 보여준다.

KRISS의 측정 정확도는 $\pm 1 \times 10^{-5}$이며, PTB는 $\pm 1 \times 10^{-6}$로 세계 최고 수준을 자랑한다. 높은 측정 정확도를 달성하기 위해, 온도와 습도가 엄격하게 관리되는 실험실에서 측정자의 영향을 최소화하고자 원격 측정을 실시한다.

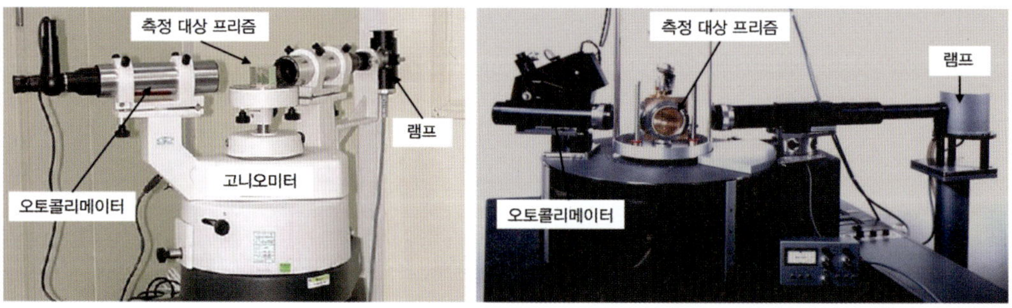

(a) 분광각도계(KRISS) (b) 분광각도계(PTB)

그림 2-4 국가 표준기관의 굴절률 측정용 분광각도계

5) 투과율 측정

그림 2-5는 유리판을 지나는 광선의 강도 변화 과정을 보여준다. 입사광 I_0는 반사율 r인 입사면을 투과하면 $I_{i0} = I_0(1-r)$가 된다. 유리의 두께가 d, 흡수율이 k일 때, 빛은 감쇄되어 출사면에서 다음과 같은 세기를 갖는다.

$$I_i = I_{i0}\exp(-kd) \tag{2.7}$$

또한 출사면을 투과한 빛은 일부가 반사되므로 다음과 같이 계산된다.

$$I = I_0(1-r)^2\exp(-kd) \tag{2.8}$$

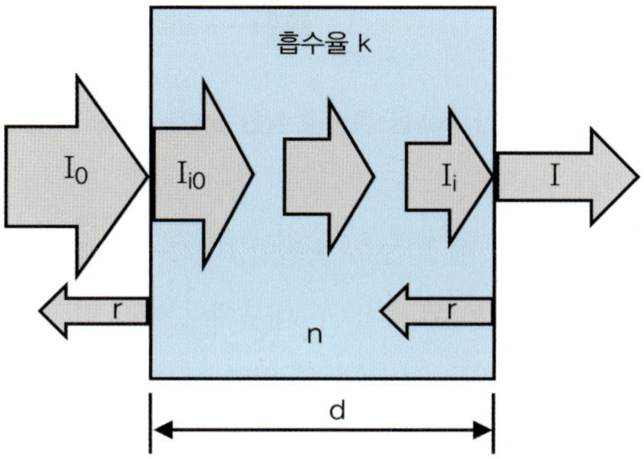

그림 2-5 유리판을 지나는 빛의 세기 변화

유리판의 내부 다중반사를 고려한 투과율 T는 다음과 같이 계산된다.

$$T = \frac{I}{I_0} \approx \left(\frac{I_i}{I_{i0}}\right)\left(\frac{2n}{n^2+1}\right) = T_i P \tag{2.9}$$

여기서 $T_i = I_i/I_{i0}$는 내부 반사율, P는 반사 인자로, 반사율과 굴절률의 관계를 설명한 프레넬(Fresnel) 공식[2]에서 유도되었다.

그림 2-6은 유리판의 확산 투과율을 측정하는 분광광도계(spectrophotometer)의 적분구(integrating sphere)를 보여준다. 자외선부터 원적외선까지 한 번에 측정할 수 있는 분광광도계가 없기 때문에 파장 영역에 따라 나누어 측정한다. 유리판 면의 상태에 따라 산란에 의한 난반사와 굴절이 발생하여 평행하지 않은 투과가 나타날 수 있다. 따라서 그림과 같이 적분구를 사용하여 측정한다.

2 Fresnel 공식: 프랑스 물리학자 프레넬(Augustin-Jean Fresnel)이 정립한, 빛의 반사와 굴절에 관한 파동 이론 기반의 공식이다.

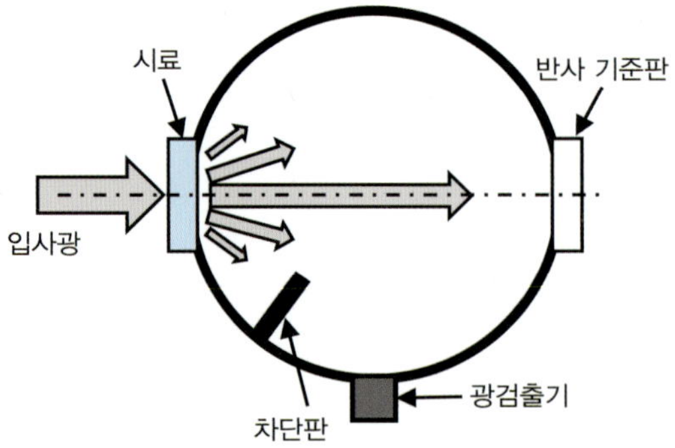

그림 2-6 확산 투과율 측정을 위한 분광광도계의 적분구

적분구의 내부 표면에는 반사율이 매우 높은 물질인 $BaSO_4$(가시광 영역), PTFE(자외선~근적외선 영역), Au(적외선 영역)을 코팅한다. 입사된 빛은 구 내부에서 여러 번 반사되어 매우 고르게 분포하므로 광검출기가 균일하게 분산된 빛을 측정할 수 있다.

2.2 렌즈 가공

1) 설계 도면 검토

광학 설계 도면은 국제표준 ISO 10110에 따라 광학 요소의 사양을 명확하게 표현한다. 이 표준은 기계 설계 도면과 광학 설계 도면 간의 차이를 줄이고, 제조 및 품질 관리에 필요한 정보를 일관되게 제공한다. ISO 10110은 12개 세부 규격으로 구성되어 있으며, 주요 내용을 표 2-5에 정리하였다[5].

표 2-5 ISO 10110의 세부 규격과 주요 내용

세부 규격	제목	주요 내용
ISO 10110-1	일반도면 요구사항	• 광학부품 도면의 차원, 공차, 기타 사양 표준화 • 일반적인 기호 및 주석을 사용하여 정확한 의사소통
ISO 10110-2	재료 특성	• 굴절률, 흡수계수, 열팽창계수, 스트레스 등 • 광학유리, 플라스틱, 결정, 코팅 등의 특성
ISO 10110-3	치수 및 모양에 대한 허용 오차	• 형태 공차(평면도, 평행도 등) 및 크기 공차 • 렌즈, 거울, 프리즘의 기하 공차
ISO 10110-4	표면 평면도	• 광학부품의 표면 평면도에 대한 기준 제공 • 파면 오차 분석을 기반으로 한 평면도 검사
ISO 10110-5	표면 품질	• 스크래치-디그 코드(예: 60-40, 10-5) • 표면 검사 기준 및 시각적 검사 방법
ISO 10110-6	표면 품질 (결함 및 긁힘)	• 표면 결함(스크래치, 디그 등)의 최대 허용 크기 • 결함 검사 및 등급화 방법 • 검사 방법: 광원 및 확대 장비 사용
ISO 10110-7	코팅	• 박막 코팅(AR 코팅, 금속 코팅 등)의 요구사항 • 코팅 두께, 접착력, 균일성 기준
ISO 10110-8	스트레스 광학 효과	• 응력에 의한 이방성(birefringence) 및 측정 기준 • 내부 응력에 의한 왜곡 방지 및 성능 보장
ISO 10110-9	광 경로 길이 및 전송	• 투과율 및 광학 경로 길이 측정 방법 • 투과율 계수와 광학 경로 길이의 정확한 계산
ISO 10110-10	광학적 특성에 대한 허용 오차	• 굴절률, 분산, 색수차 등과 같은 광학적 특성 공차 • 고성능 광학부품의 정밀도 요구사항
ISO 10110-11	간섭계 시험	• 간섭법을 사용한 광학 표면 검사 및 형상 측정 • 간섭 데이터를 분석하여 표면 오차와 모양 공차 평가
ISO 10110-12	고해상도 광학계	• 고해상도 광학계의 최소 왜곡과 최적 성능 요구사항 • 정밀 광학 영상 품질 및 시스템 성능

그림 2-7은 ISO 10110에 따라 작성된 렌즈 도면으로, 유리의 특성과 면에 대한 요구사항이 자세히 나타나 있다. 광학 설계와 같이 왼쪽을 기준으로 면과 재료에 대해 순서대로 설명한다.

ISO 10110 표준은 광학부품의 설계와 제조에서 정밀도와 일관성을 보장하기 위해 다양한 요구사항을 정의한다. 각 부분은 재료의 물리적 특성, 형상과 크기 공차, 표면 품질, 코팅과 같은 중요한 요소들을 다루며, 고성능 광학계를 구현하기 위한 기준을 제공한다. 이 표준은 광학부품을 설계하고 제작하는 업체와 기술자가 최상의 품질을 보장할 수 있도록 돕는다.

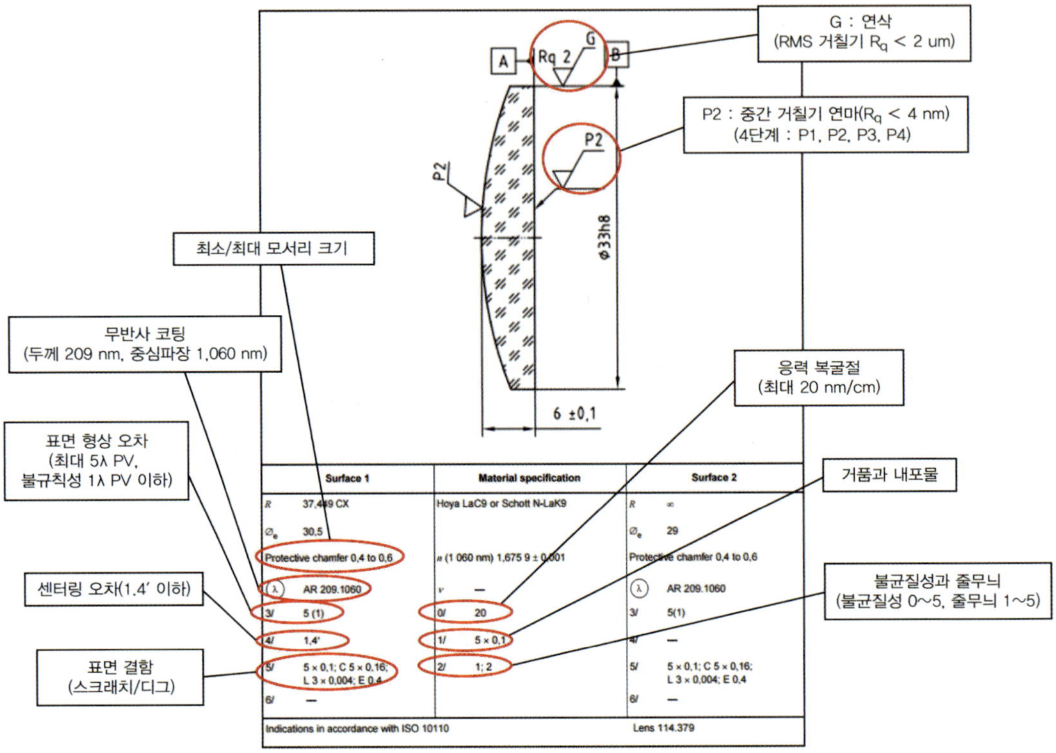

그림 2-7 ISO 10110에 따른 렌즈 도면

2) 렌즈 세부 공정

광학 렌즈 가공 절차는 종류와 사용 목적에 따라 다를 수 있지만, 일반적으로 성능을 최적화하기 위한 일련의 정밀 가공 과정을 포함한다. 렌즈는 정확한 굴절률, 곡률, 표면 품질이 요구되므로 가공 과정에서 높은 정밀도가 필요하다[6, 7].

그림 2-8은 구면 렌즈 가공을 위한 일반적인 절차를 보여준다. 이 절차는 소재 준비부터 최종 검사까지 여러 공정으로 구성되며, 가공 효율을 높이기 위해 세부 단계를 합쳐서 수행할 수 있지만, 가장 기본적인 공정이므로 반드시 거쳐야 한다.

초정밀 비구면이나 자유 곡면 렌즈를 가공할 경우에는 연마 공정 다음에 형상 보정 공정(figuring 또는 figure correction)이 추가된다. 연마 공정에서 과도한 연마 압력이나 연마재의 유리에 대한 화학적 반응, 마찰에 의한 국부적인 온도 상승 등에 의해 발생한 형상 오차를 nm 이하로 수정할 수 있는 MRF(Magnetorheological Finishing)와 IBF(Ion Beam Figuring) 장비가 사용된다. 금형을 사용하는 유리 성형 렌즈도 보정 연마를 할 수 있으므로 초정밀급으로 가공할 수 있다.

광학 렌즈 가공은 정밀하고 정교한 작업을 요구하는 과정으로, 각 단계에서 렌즈의 광학적 특성을 최적화하기 위해 세심한 주의가 필요하다. 연삭, 연마, 검사, 코팅 등 여러 과정은 렌즈의 투명도, 광학 성능, 내구성을 최적화하는 데 중요한 역할을 하며, 각 단계에서 반드시 측정과 검사를 한다.

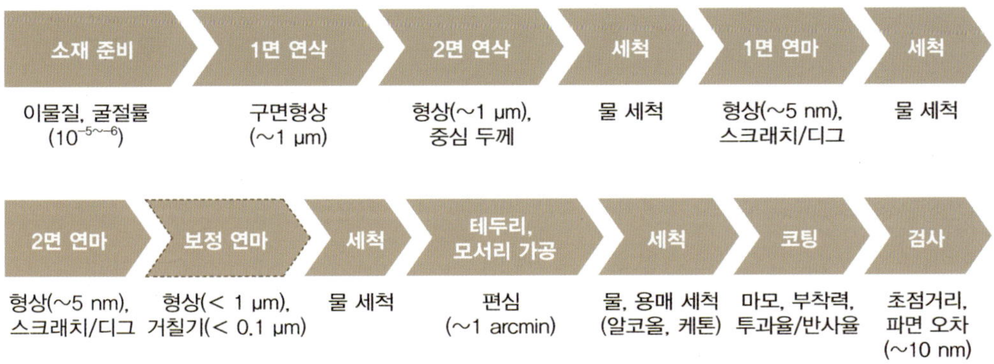

그림 2-8 렌즈 가공 절차와 주요 측정

3) 소재 준비

렌즈 제조의 첫 번째 단계는 광학유리 또는 광학 플라스틱 소재를 준비하는 것이다. 소재 선택은 렌즈의 목적, 요구되는 성능, 비용 등에 따라 달라진다. 유리는 널빤지꼴(slab) 형태로 자르거나, 원형(disk) 형태로 준비한다.

유리 소재를 널빤지꼴 형태로 준비하는 단계는 유리 원재료를 일정 크기로 자르고 가공하는 것으로, 렌즈 형태를 만들기 위한 첫 번째 단계이다. 유리가 덩어리로 공급되면 널빤지꼴 형태로 자르기 전에 크기를 측정하고, 필요한 두께, 길이, 너비 등을 표시한다. 이후 유리를 정확한 치수로 자르기 위해 수동 또는 자동화된 절단 기계가 사용되며, 다이아몬드 톱 또는 연마 휠을 사용해 유리를 자른다. 유리 절단 시 깨짐을 방지하기 위해 매우 신중하게 작업하며, 절단 후에는 모서리를 다듬는다.

일반적으로 많이 사용되는 렌즈 소재는 유리 공급업체에서 고객이 요청한 규격에 맞춰 외형을

1차 가공한 상태로 공급된다. 그림 2-9는 유리 덩어리를 다이아몬드 휠을 사용하여 렌즈 크기로 절단한 후, 중심 가공기로 모서리를 둥글게 가공하는 과정을 보여준다.

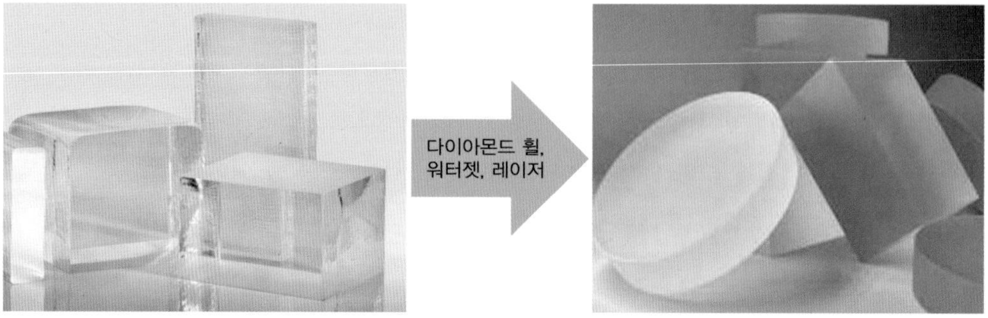

(a) 유리 덩어리　　(b) 절단과 중심 가공 유리

그림 2-9 렌즈 가공을 위한 유리 덩어리의 절단과 중심 가공

최근에는 워터젯(waterjet)과 레이저를 유리 절단과 구멍 가공에 사용하고 있다. 워터젯 가공은 고압의 물과 연마재를 혼합하여 유리와 같은 단단한 재료를 절단하거나 가공하는 방식이다. 이 방법은 열 영향을 최소화하고, 균열 없이 정밀한 절단을 가능하게 한다는 장점이 있어, BK7, 실리카, 사파이어 및 강화 유리 가공에 활용되고 있다.

레이저 가공은 유리 표면에 레이저를 집중시켜 국부적으로 높은 온도를 발생시키는 방식이다. 이 과정에서 열에 의해 증발하거나 녹아내리면서 미세한 균열이 발생하고, 그 균열을 따라 절단된다. 따라서 절단면이 깔끔하고 표면도 정밀하게 형성된다. 레이저 가공 후에는 유리 표면이 빠르게 냉각되어야 하며, 그 과정에서 온도차로 인한 응력 때문에 깨지지 않도록 주의해야 한다. 이를 위해 열 영향을 최소화한 극초단 펄스의 펨토초 레이저(femtosecond laser)가 주로 사용된다.

레이저 가공은 정밀하고 빠르며 다양한 형태의 작업을 할 수 있다는 장점이 있지만, 열 손상, 비용, 두꺼운 유리 가공 한계 등의 단점도 있다. 따라서 레이저 가공기를 선택할 때는 유리 두께, 가공 목표, 비용 등을 고려하여 적합한 방법을 결정해야 한다.

그림 2-10은 시판 중인 워터젯 및 레이저 가공기와 이를 이용해 절단한 유리를 보여준다. 표 2-6은 두 가공 방법의 특징과 장단점을 비교한 것이다. 두꺼운 유리나 강화유리를 절단해야 할 경우에는 워터젯을 선택하고, 얇은 유리를 매우 정밀하게 절단해야 할 경우에는 레이저를 선택한다. 대규모 산업 생산에서는 비용 측면에서 레이저가 더 효율적이다. 유연성과 정밀성이 모두 요구되는 경우에는 두 가지 방법을 병용하여 생산을 최적화한다.

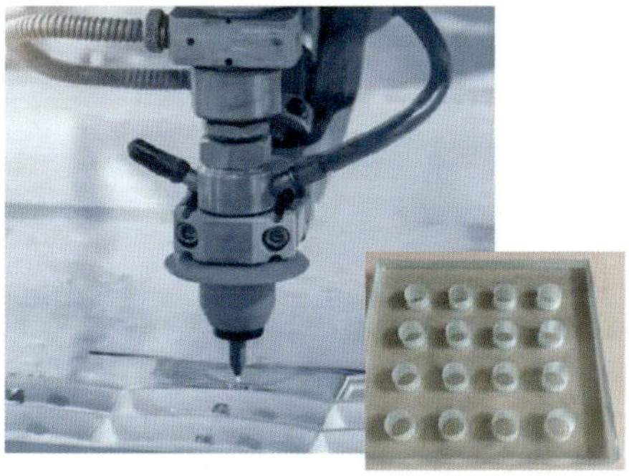

(a) 워터젯 절단 유리

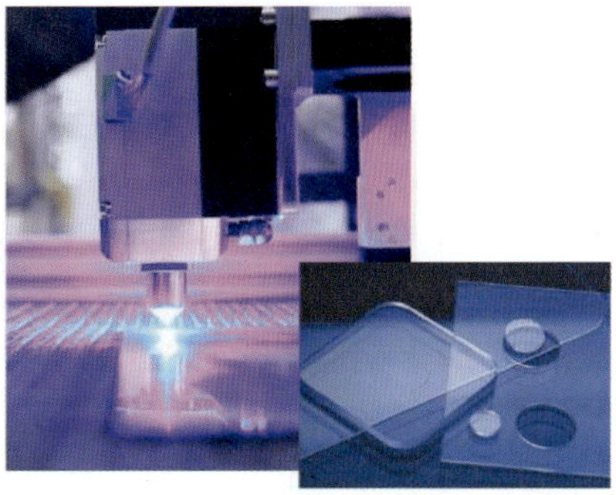

(b) 레이저 절단 유리

그림 2-10 워터젯 및 레이저 가공기와 절단 유리

표 2-6 유리 절단용 워터젯 및 레이저 가공기 비교

특징	워터젯	레이저
열 영향	열 없음(냉각 절단)	열 영향(열응력)
유리 종류	강화유리를 포함한 모든 유리에 적용 가능	강화유리는 절단할 수 없음
두께	모든 두께(1~100 mm) 절단 가능	얇은 유리(< 5 mm)에 가장 적합
절단 속도	레이저보다 느림	얇은 유리 절단 시 매우 빠름
에지 품질	사소한 후처리가 필요	매끄럽고 깨끗한 가장자리
복잡한 모양	복잡한 절단에 최적	직선과 제어된 곡선 절단에 제한
비용	더 높은 운영 비용(연마재 필요)	초기 비용이 비싸나, 운영 비용은 낮음
응용	산업용 유리, 두꺼운 유리, 복잡한 디자인	디스플레이 유리, 광학유리, 정밀 절단

4) 연삭

연삭(grinding)은 광학유리를 가공하여 원하는 곡률을 형성하고, 가공 공차(± 몇 μm 수준)를 맞추는 과정이다. 그림 2-11은 연삭에 의한 두께와 거칠기 변화를 보여준다.

밀링과 연삭 공정에서 연마재 크기와 공구의 압력 등에 의해 표면이 움푹 들어간 구덩이(pit)와 내부에 미세한 금(crack)이 발생한다. 연삭 후 남는 구덩이 깊이는 일반적으로 연마 입자 크기에 비례한다.

따라서 정밀 연삭 작업 시 미세한 연마재를 사용해야 한다. 최종 연마 단계에서는 이러한 미세한 구덩이와 금을 완전히 제거하고 표면을 평탄하게 해야 한다.

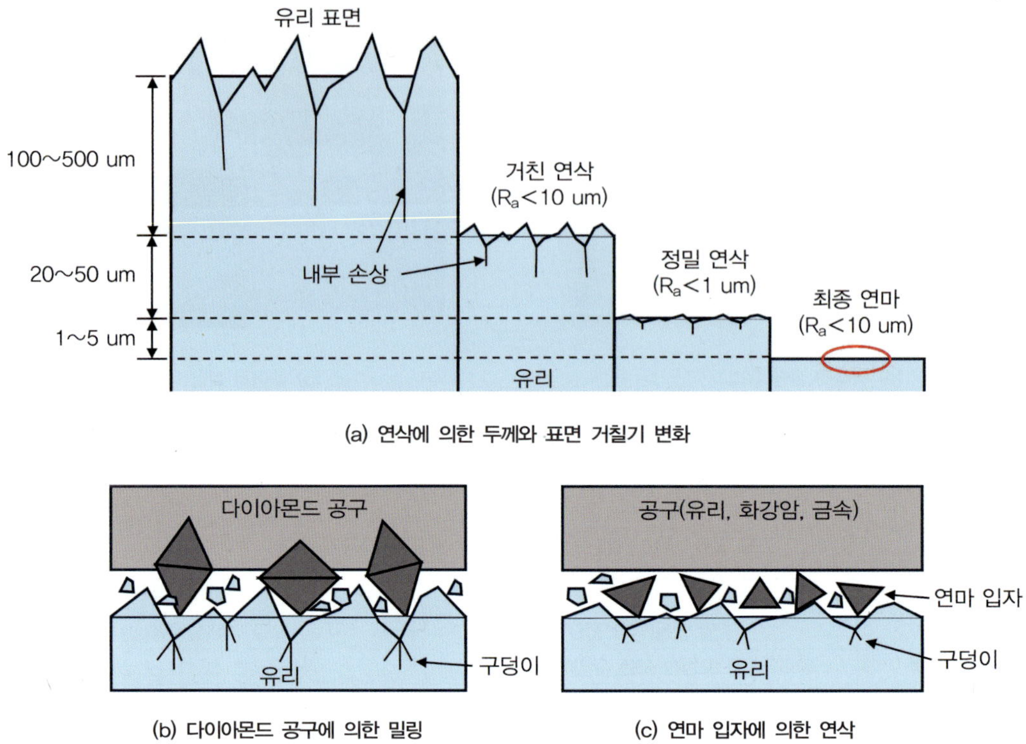

그림 2-11 광학유리의 연삭에 의한 두께와 표면 거칠기 변화

연삭 공정은 다이아몬드 휠(diamond wheel)을 사용하여 기본적인 렌즈 형상을 제작하는 거친 연삭(coarse grinding)과, 미세한 다이아몬드 입자가 포함된 공구를 사용하는 정밀 연삭(fine grinding)으로 구분된다. 거친 연삭은 제거하는 표면 두께는 500 μm, 표면 거칠기(R_a)는 1~10 μm, 공차는 ±10 μm이다. 정밀 연삭은 제거하는 표면 두께는 50 μm, 표면 거칠기는 0.1~1 μm, 공차는 ±1 μm 정도이다.

표 2-7은 연삭 방식과 사용되는 공구를 나타낸 것이다. 렌즈 재료와 모양 및 가공 속도를 고려하여 공구를 선택해야 하며, 대량 생산할 경우에는 자동화가 가능한 CNC 연삭기를 사용한다.

표 2-7 연삭 방식별 공구와 특징

연삭 방식	사용 공구	특징
다이아몬드 도구 연삭	diamond tool	저속 · 일반 가공
다이아몬드 휠 연삭	diamond wheel	고속 · 정밀 가공
CNC 연삭	CNC grinding machine	자동화 가능, 대량 생산에 적합
자유 모양 연삭	free-form grinding(diamond turning machine)	비구면 · 특수 곡면 가공

표 2-8은 연삭 단계별 연마재 선택 기준을 나타낸 것이다. 연마재는 물, 기름, 계면 활성제나 산화제 같은 첨가제와 혼합한 액체 기반 현탁액으로 사용된다. 초벌 연삭에 사용하는 고경도 연마재는 거친 표면을 빠르게 가공하기 위해 비교적 큰 입자를 사용한다. 휠이나 현탁액에 많이 사용하는 다이아몬드는 가장 경도가 높아, 고경도 재료(BK7, 사파이어, 실리카 유리) 연삭에 적합하다. CBN(Cubic Boron Nitride)은 다이아몬드보다 열과 화학 반응에 강하여 금속 및 세라믹 가공에 사용한다.

일반 연삭에는 상대적으로 부드러워 표면 정밀도를 높일 수 있는 산화물 기반 연마재를 사용한다. Al_2O_3(알루미늄 산화물)는 가격이 저렴하고 다양한 경도로 사용할 수 있으며, SiC(탄화 규소)는 Al_2O_3보다 단단하고 입자가 날카로워 세라믹과 유리 가공에 사용한다.

입자 크기는 일반적으로 FEPA(유럽표준, P등급), ANSI(미국 표준), JIS(일본 규격) 등의 다양한 기준에 따라 그릿 번호(#) 또는 마이크론 크기(μm, 직접 입자 측정)로 표시한다. 그릿 번호가 낮을수록 입자가 크며, 빠른 재료 제거와 거친 표면 마감에 사용한다. 그릿 번호가 높을수록 입자가 작아 제거 속도는 느리지만, 마무리는 더 매끄럽다.

표 2-8 연삭 단계별 연마재와 특징 비교

단계	연마재	입자 크기(그릿)	평균 크기(μm)	특징
초기 연삭	다이아몬드 휠	#120~#400	125~23	빠른 재료 제거
중간 연삭	SiC, Al_2O_3	#600~#1000	23~12	표면 거칠기 감소
정밀 연삭	Al_2O_3, 다이아몬드 현탁액	#1200~#3000	12~6	미세 가공, 연마 준비

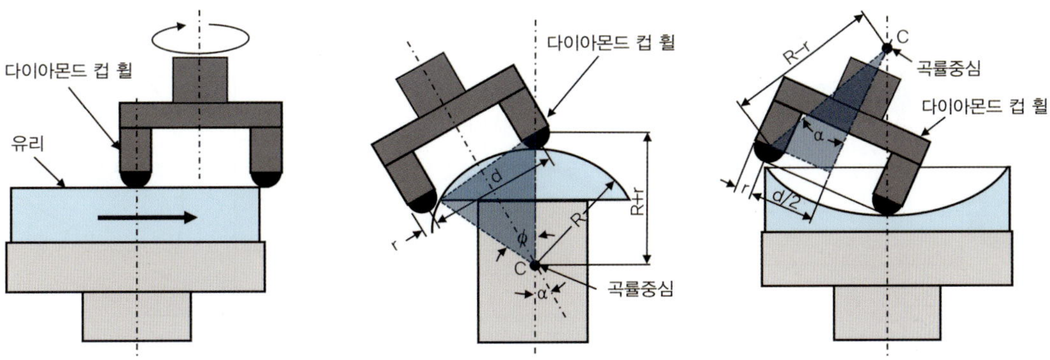

(a) 평면 연삭 (b) 구면 연삭(볼록) (c) 구면 연삭(오목)

그림 2-12 다이아몬드 컵 휠을 이용한 연삭과 곡면 가공

그림 2-12는 다이아몬드 컵 휠을 사용하여 평면과 구면의 곡률을 형성하고 연삭하는 과정을 보여준다. 다이아몬드 연마재가 박혀 있는 컵은 모양이 다양하나, 일반적으로 그림과 같은 원형을 많

이 사용한다. 평면 연삭은 평면 거울뿐만 아니라 프리즘과 같이 여러 개의 평면으로 구성된 광학소자를 연삭할 수 있다.

그림 2-12(b)와 (c)는 볼록 렌즈와 오목 렌즈의 곡률반경을 다이아몬드 컵 휠을 사용하여 가공하는 방법을 보여준다. 광학가공실에서는 오래전부터 유리의 곡률반경 R를 만들기 위한 컵 휠의 지름 d를 다음과 같이 계산하였다[2].

$$d > [R \pm r]\sin(\phi) \tag{2.10}$$

여기서 r는 다이아몬드 휠의 절삭 날 반경, $+$는 볼록 구면, $-$는 오목 구면을 의미한다. ϕ는 유리의 유효 각도로, 가공축의 기울기 각도 α의 2배보다 조금 작다. 기울기 각도 α와 지름 d의 관계는 다음과 같다.

$$\sin\alpha = \frac{d}{2(R \pm r)} \tag{2.11}$$

그림 2-13(a)는 매우 작은 다이아몬드 입자를 사용한 정밀 연삭이며, (b)는 여러 개의 작은 렌즈를 동시에 연삭하기 위해 붙인 그림이다. (c)는 고정밀 다이아몬드 선삭 기계인 DTM(Diamond Turning Machine)의 단결정 다이아몬드 팁을 사용하여 전체 면의 형상을 sub-μm 수준으로 가공할 수 있는 예를 보여준다.

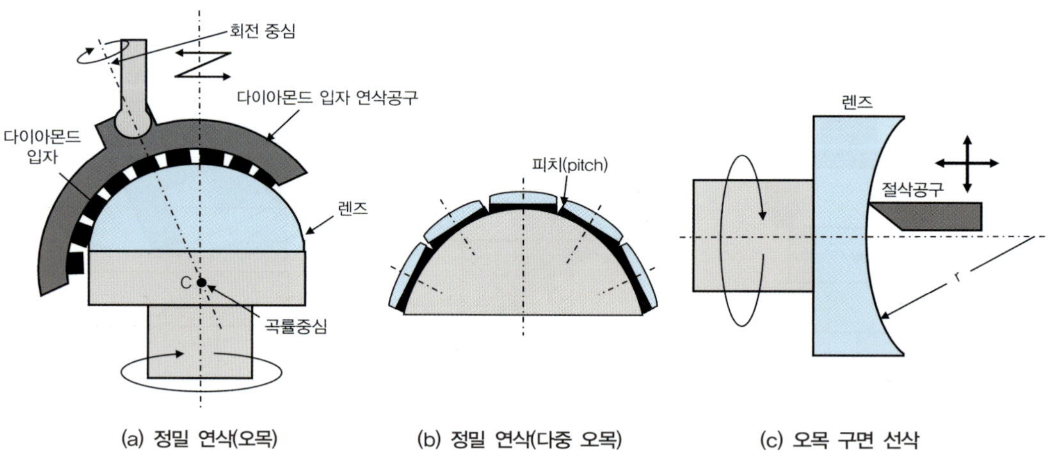

그림 2-13 다이아몬드 정밀 연삭과 팁을 이용한 초정밀 선삭

연삭 공정에서 렌즈의 표면은 거칠고 불투명하다. 곡률반경과 두께 측정에는 10 μm 분해능의 다이얼 게이지를 이용하는 곡률반경 측정기와 두께 측정기를 사용한다. 그림 2-14(a)는 다이얼 게이

지를 이용한 구면계(spherometer)를 보여주며, 구면의 곡률반경 R는 다음과 같이 표현된다.

$$R = \frac{d^2}{8h} + \frac{h}{2} \pm r \quad \textbf{(2.12)}$$

여기서 d는 원형 컵의 반지름, h는 측정한 높이, r는 구의 반지름이다. 또한 +는 오목 구면, −는 볼록 구면을 나타낸다. (b)는 연삭을 위해 고정된 여러 개의 구면 곡률을 확인하는 모습이고, (c)는 연삭 중인 렌즈 두께를 측정하는 모습이다.

(a) 구면계 (b) 곡률반경 검증 (c) 중심 두께 측정

그림 2-14 다이얼 게이지를 이용한 곡률반경과 두께 측정

5) 연마

광학 연마(optical polishing)는 연삭한 표면을 매끄럽고 균일하게 가공하는 공정이다. 이 과정에는 두 가지 주요 목표가 있다. 첫째, 형상 정확도(figure accuracy) 개선이다. 표면의 기하학적 형태를 이상적인 곡면에 가깝게 맞추는 작업으로, 광학 성능, 특히 초점 정확도와 왜곡을 최소화하는 데 필수적이다. 둘째, 표면 거칠기(surface roughness) 감소이다. 표면의 미세한 높낮이 차이를 줄여 빛의 산란을 최소화하고, 광학적 성능을 극대화한다.

형상 정확도는 광학 표면이 이상적인 곡면에 얼마나 근접한지를 나타낸다. 이 정확도는 렌즈나 거울이 얼마나 정확히 초점에 맞춰지는지, 왜곡이 얼마나 적은지를 결정하는 핵심 요소이다. 형상 정확도는 보통 파장 단위(λ)의 PV와 RMS로 측정되며, $\lambda/10$, $\lambda/20$, $\lambda/50$ RMS 등의 수준에서 광학 성능을 평가한다. 예를 들어, 고해상도 천체망원경의 거울은 $\lambda/50$ 이하의 형상 정확도를 요구할 수 있다. 그만큼 높은 정밀도가 필요한 이유는 광학계에서의 왜곡을 최소화하고, 관측하려는 천체의 정확한 이미지를 얻기 위해서이다.

표면 거칠기는 렌즈나 거울의 표면에 존재하는 미세한 고저차이며, 표면의 미세한 불규칙성은 빛의 산란, 반사율 저하 및 왜곡을 일으킬 수 있다. 광학 연마의 목표는 표면 거칠기를 최소화하여 빛의 경로가 정확히 유지되도록 하는 것이다.

표면 거칠기는 ISO 10110-8에 따라 R_a(산술평균 거칠기) 또는 R_q(제곱평균의 제곱근 거칠기)를 사용하여 수치로 나타낸다. 반도체 리소그래피나 고출력 레이저 광학계에서는 0.1 nm 이하로 극히 낮은 표면 거칠기가 요구된다.

광학 연마는 피치 연마, 컴퓨터 제어 연마(CCP, Computer Controlled Polishing), 자기유동유체 연마(MRF, Magnetorheological Finishing), 이온빔 연마(IBF, Ion Beam Figuring) 등 다양한 공정을 통해 수행된다. 이 공정들은 형상 정확도와 표면 거칠기를 동시에 최적화하기 위해 다양한 방식으로 활용된다.

표 2-9는 연마 방법의 특성을 비교한 것이다. 피치 연마는 전통적인 방법이며, CCP 연마는 컴퓨터 제어로 정밀하게 연마할 수 있어, 정밀 광학부품의 가공에 많이 사용된다. MRF와 IBF는 초정밀 연마 기술로, 고속으로 형상을 조정하거나 표면 거칠기를 nm 수준으로 줄인다.

표 2-9 광학 연마 기술의 특성 비교

특성 \ 연마 방법	피치 연마	CCP	MRF	IBF
표면 거칠기(R_a)	1~5 nm	1~10 nm	0.5~2 nm	0.1 nm 이하
형상(RMS)	λ/10~λ/20	λ/10~λ/50	λ/50~λ/100	λ/100~λ/200
연마 속도	느림	중간	빠름	매우 느림
형상 제어	구형	비구면, 자유형	비구면, 자유형	비구면, 자유형
자동화(비용)	수동(낮음)	자동(중간)	자동(높음)	자동(매우 높음)

(1) 피치 연마

피치 연마(pitch polishing)는 광학 렌즈 및 정밀 거울의 초미세 표면 가공을 위해 사용되는 연마 기술로, sub-nm 수준의 표면 품질(R_a 1~5 nm)을 달성할 수 있는 전통적인 정밀 연마 방식이다. 이 방식은 주로 천체망원경의 거울과 고성능 광학 렌즈 등에 사용된다.

피치(pitch)는 경도가 높고 점도가 있는 물질로, 석탄이나 석유의 정제 과정에서 얻어지는 콜타르 피치(coal tar pitch) 또는 에폭시 수지와 경화제를 혼합하여 만든 에폭시 피치를 사용한다. 피치 패드는 부드럽고 점성이 있어 표면을 천천히 연마하며, 적절한 온도와 압력에서 연마할 표면과 정밀하게 밀착된다. 연마재(abrasive slurry)는 주로 CeO_2(세륨 산화물) 또는 Al_2O_3(알루미늄 산화물)를 이용하여 표면을 μm 및 nm 수준으로 연마한다. 연마 패드는 광학부품의 형상과 같은 곡률을 갖도록 가공되므로 정확한 형상 유지 및 균일한 연마가 가능하다.

그림 2-15는 피치 연마의 원리와 볼록 렌즈의 연마 방법을 보여준다. 연마용 피치를 80~120 ℃에서 녹여 연마 공구(polishing tool)에 부착한다. 일반적으로 사용되는 피치는 Gugolz pitch[3]와 Synthetic pitch[4]이다. 녹인 피치를 연마 패드 표면에 부드럽게 도포하고 균일하게 퍼뜨리며, 표면이 굳은 후 연마재 순환 및 압력 균등 분포를 위해 그림과 같이 격자 또는 육각형 패턴을 형성한다.

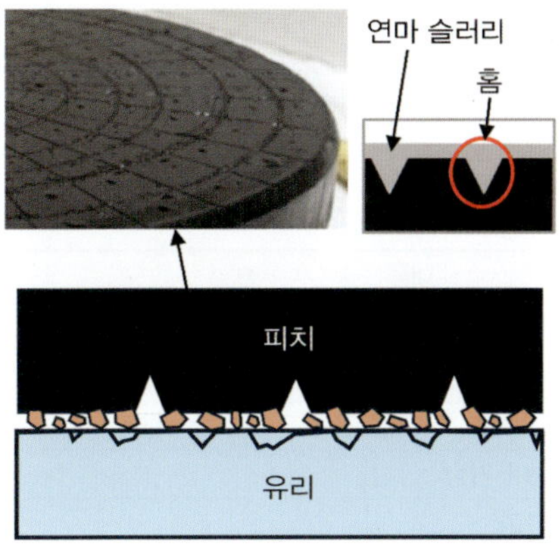

(a) CeO_2를 사용한 피치 연마

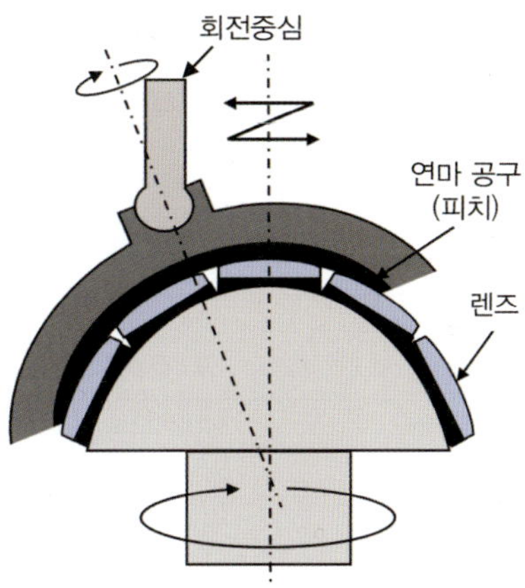

(b) 오목 렌즈의 피치 연마

그림 2-15 피치 연마 원리와 렌즈 연마

연마 공정은 연마 현탁액 준비 및 공급, 연마 공구와 렌즈/거울 접촉, 연마 동작, 형상 및 품질 검사, 최종 연마, 세척 및 마무리 순서로 진행된다. 연마재를 물과 혼합하여 만든 연마 현탁액은 연마 중 지속적으로 공급되며, 표면을 부드럽게 연마한다.

피치 연마는 피치 연마 패드를 렌즈 또는 거울 표면과 접촉시켜 진행되며, 연마 중에는 적절한 압력(500 kPa)과 온도(25~30 ℃)를 유지하여 피치가 표면 형상에 잘 적응하도록 한다. 압력이 너무 낮으면 연마 효과가 떨어지고, 너무 높으면 피치가 빠르게 마모되어 연마 능력이 저하될 수 있다. 또한 온도가 너무 낮으면 피치가 경직되어 연마 효율이 떨어지고, 온도가 너무 높으면 피치가 녹아

---

3 Gugolz pitch: 스위스의 Gugolz사에서 개발한 정밀 광학 연마용 천연 고무 기반 피치이다.

4 Synthetic pitch: 합성 고분자 또는 화학적으로 합성된 수지를 주원료로 만든 광학 연마용 피치이다.

표면에 부착되거나 불균일한 연마가 발생할 수 있다.

그림 2-15(b)의 연마 동작은 8자(∞) 패턴 또는 원형 패턴으로 이루어지며, 20~60 RPM의 속도로 움직이며 균일하게 연마한다. 압력이 너무 높으면 표면이 손상되고, 너무 낮으면 연마 속도가 저하된다. 형상 및 품질 검사는 피에조(Fizeau) 간섭계, 백색광 간섭계(white light interferometer) 등을 사용하여 정기적으로 수행하며, 형상 오차 발생 시 연마 패턴 및 압력을 조정한다. 최종 연마 단계에서는 연마재의 입자 크기를 줄이고, 콜로이드 실리카(SiO_2) 연마재를 사용하며, 초음파 세척으로 연마재 잔여물을 제거한다.

표 2-10은 피치 연마의 특성을 나타낸 것이다. 피치 연마는 초정밀 광학부품 제작에서 필수적인 전통적 연마 기술로, 렌즈와 거울 제조에 최적화되어 있다. 그러나 비구면 및 자유곡면 연마에는 한계가 있어, 이를 보완하기 위해 MRF 및 IBF와 함께 복합 공정으로 사용하는 것이 효과적이다.

표 2-10 피치 연마의 특성

특성	내용
정밀도	R_a 1 이하의 초정밀 연마 가능
연마 속도	상대적으로 느림(고품질을 위해 정밀 제어 필요)
형상 보정 능력	기본적인 구면 형상은 연마할 수 있지만, 비구면 및 자유곡면에는 한계
적용 가능 크기	수 mm~수 m(대형 광학거울도 연마 가능)
재료 적용 범위	유리, 세라믹, 금속, 특정 고분자 소재

피치 연마에서 스크래치가 자주 발생하는 원인으로는 다음과 같은 요인이 있다. 연마재의 입자가 불균일하거나 질감이 고르지 못한 경우, 연마 패드가 과도하게 마모되거나 손상된 경우, 연마 압력 또는 속도가 적절히 조절되지 않아 피치 표면에 과도한 마찰이 발생한 경우, 연마재 입자의 크기나 형태가 부적절한 경우, 피치 자체의 불균일한 결함이나 표면 이물질 및 고온, 습도, 먼지 등 외부 환경 요소가 연마 품질에 영향을 미치는 경우 등이다. 이러한 요소는 연마 표면에 결함을 유발할 수 있다.

(2) 컴퓨터 제어 연마

컴퓨터 제어 연마 방식인 CCP 또는 CCOS(Computer Controlled Optical Surfacing)는 연마 공정을 컴퓨터 시스템으로 제어하는 기술로, 비구면 연마에서 매우 중요한 역할을 한다. CCOS는 매우 정밀한 제어를 통해 연마 휠의 위치와 압력, 속도 등을 실시간으로 조정하여, 복잡한 비구면 형상에 맞게 표면을 처리한다.

컴퓨터 제어 연마를 위해서는 연마되는 양을 예측할 수 있는 수학적 모델이 필요하다. 주로 사용되는 식은 물리적·화학적 방법을 통해 렌즈나 거울 표면을 연마할 때 주로 사용되는 프레스턴(Preston) 방정식과 도구 영향함수(TIF, Tool Influence Function)이다. 단위 시간당 연마 제거량(MRR, Material Removal Rate)은 경험적 공식인 Preston 방정식에 의해 다음과 같이 표현된다[7].

$$MRR = k \cdot P(x, y) \cdot V_T(x, y) \tag{2.13}$$

여기서 $P(x, y)$는 연마 패드가 유리에 가하는 압력, $V_T(x, y)$는 연마 패드와 유리의 상대 속도, k는 Preston 상수로, 연마 공구와 유리 간의 상대 운동 속도, 연마재의 종류와 연마액 농도, 연마액 공급량, 온도 등을 포함한다.

도구 영향함수 TIF는 연마 공구가 작업물 표면에 미치는 국소적 영향, 즉 단위 체류 시간 동안 특정 위치에서 제거되는 유리 분포를 나타내는 함수이다. 일반적으로 전체 유리 제거량 $z(x, y)$는 TIF와 체류 시간 분포 $T(x, y)$의 합성곱(convolution)으로 표현된다.

$$z(x, y) = [\, TIF(x, y) * T(x, y)] \tag{2.14}$$

즉, TIF는 도구의 형상, 압력 분포, 접촉 특성 등을 반영하여 연마 과정에서 유리가 국소적으로 얼마나 제거되는지를 나타낸다.

그림 2-16(a)는 이중 회전 연마기에서 피치 연마 공구의 궤적과 압력 분포를 보여준다. 연마 공구의 궤적은 크게 세 가지 유형으로 나뉘며, 이는 그림 2-17에 나타나 있다.

그림 2-16에서 각속도 ω_1인 연마 패드의 압력 $P(x, y)$와 Preston 상수가 일정하다고 가정할 경우, TIF는 다음과 같다[7, 8].

$$TIF(r) = C\int_{-\theta_0}^{\theta_0} V(r)\, d\theta \,;\, 0 \le r \le (\rho + \rho_0) \tag{2.15}$$

여기서 C는 k와 P를 포함한 상수이며,

$$V(r) = \sqrt{V_1^2 + V_2^2 - 2V_1V_2\cos\beta} = \sqrt{(r\omega_1)^2 + (r_1\omega_2)^2 - 2rr_1\omega_1\omega_2\cos\beta}$$

$$r_1 = \sqrt{r^2 + \rho_0^2 - 2r\rho_0\cos\theta}\,,\ \theta_0 = \cos^{-1}\left[\frac{r^2 + \rho_0^2 - \rho^2}{2r\rho_0}\right], \cos\beta = \frac{r^2 + r_1^2 - \rho_0^2}{2rr_1} \tag{2.16}$$

이다.

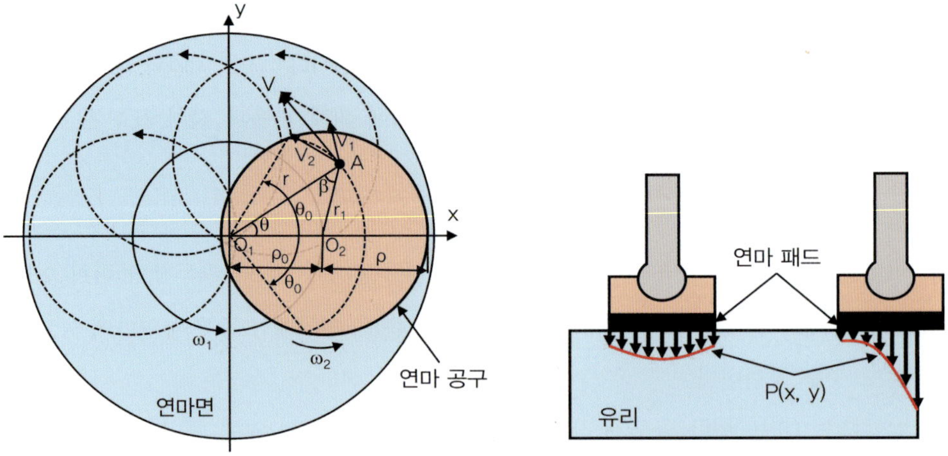

(a) 연마 공구의 궤적 (b) 가장자리 영향에 의한 압력 분포

그림 2-16 이중 회전 연마기에서 피치 연마 공구의 운동 궤적과 압력 분포

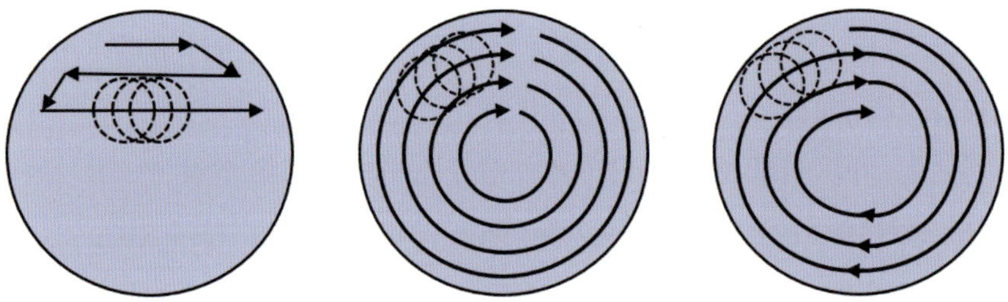

(a) 래스터 방식 (b) 극좌표 방식 (c) 나선형 방식

그림 2-17 연마 공구의 궤적 종류

연마 패드의 크기, 공전과 자전 속도비(ω_2/ω_1), 공전반경의 비율(ρ_0/ρ)을 알면, 그림 2-18과 같이 다양한 경우의 TIF를 계산할 수 있다.

실제 피치 도구와 유리 사이의 접촉 압력은 헤르츠(Hertzian) 접촉 이론에 따라 다음과 같이 표현된다[9].

$$p(r) = p_0 \sqrt{1 - \frac{r^2}{R^2}} \quad (r \le R\text{인 경우}) \tag{2.17}$$

여기서 p_0는 접촉 중심에서의 최대 압력, r는 접촉 중심에서의 반경($r = \sqrt{x^2 + y^2}$), R는 유효 접촉 반경이다. 그림 2-16(b)는 연마하는 유리 내부와 가장자리에서 압력 분포를 보여준다.

$\frac{\omega_2}{\omega_1}$	$\frac{\rho_0}{\rho}$	속도함수	단면 형상[A–A′]
3.5	0.35	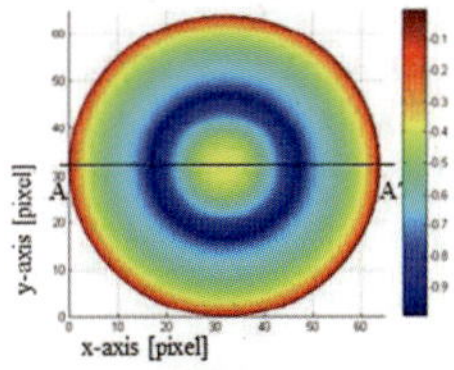	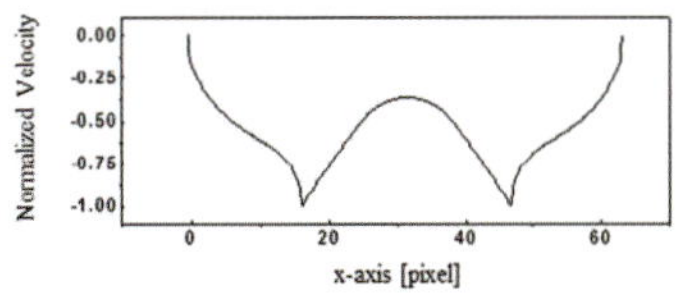
-14.5	0.5	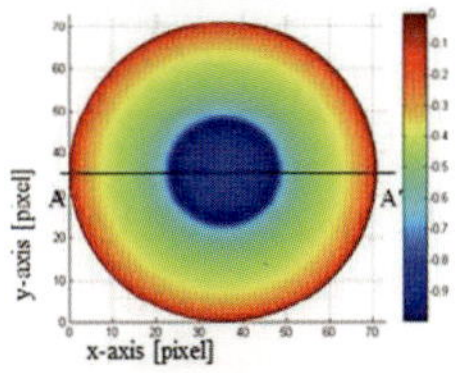	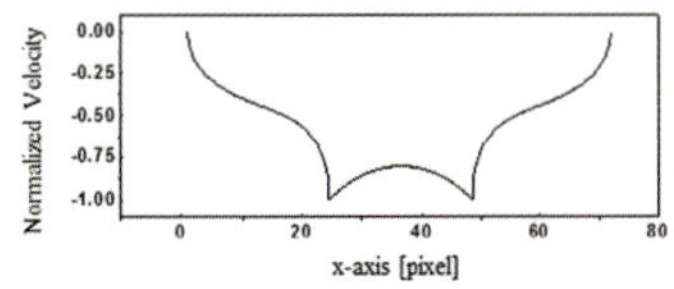
-1.5	0.8	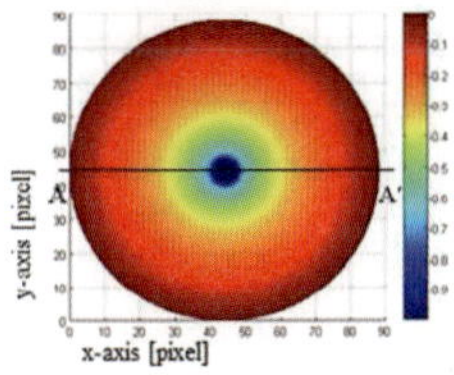	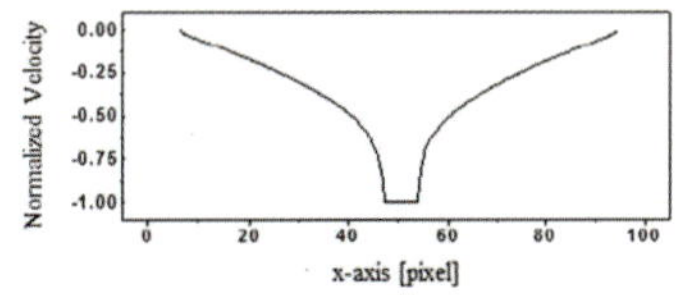

그림 2-18 연마 패드의 공전 및 자전 속도비와 공전반경의 비율에 따른 TIF

Preston 식에 따르면, 재료 제거량은 압력에 비례하므로 피치 연마에서 TIF는 위 압력 분포에 비례하는 형태를 가진다. 즉, 단위 체류 시간 동안 제거되는 유리량을 나타내는 TIF는 다음과 같이 표현된다.

$$TIF(r) = kp(r) = kp_0\sqrt{1-\frac{r^2}{R^2}} \tag{2.18}$$

여기서, $r > R$인 경우에는 TIF가 0이다. k는 Preston 상수로 연마 공정의 재료 특성, 연마재 및 기타 조건에 따라 실험적으로 결정된다. 또한 전체 제거 효율을 면적으로 적분하여 정규화한 형태로 표현하면 다음과 같다.

$$TIF(r) = \frac{2kp_0}{\pi R^2}\sqrt{1-\frac{r^2}{R^2}} \tag{2.19}$$

이 식은 연마 공구의 반지름 R가 클수록 압력 분포가 넓게 퍼져 표면에 미치는 압력이 더 균등하게 분포함을 의미한다. 이는 일반적으로 구면 연마에서 연마 공구의 지름을 연마 대상 유리보다 크게 하는 이유이기도 하다.

만약 피치 연마에서 도구의 접촉 영역 내에서 발생하는 압력 분포를 반영하여 각 위치에서 단위 시간당 제거되는 재료의 양을 예측할 수 있다면, 연마 공정의 정밀 제어 및 최적화가 가능해진다.

가장자리 연마는 그림 2-16(b)와 같이 압력이 비선형적으로 분포하므로 매우 어려운 작업이다. 연마 공구와 작업물의 접촉 면적이 불균일하여 압력이 균등하게 분포되지 않기 때문이다. 따라서 중앙부와 달리 가장자리에서는 TIF가 정상적으로 적용되기 어려우며, 유리 제거 분포가 왜곡될 수 있다. 즉, 경계 효과로 인해 과도한 제거 또는 제거 부족이 발생할 위험이 있다[10].

그림 2-19는 가장자리에서 피치 연마 공구의 속도와 압력 분포에 의한 유리 제거량을 나타내는 TIF를 보여준다. 모형화와 실험을 통해 구한 것으로, ρ_0/ρ는 0.8이다.

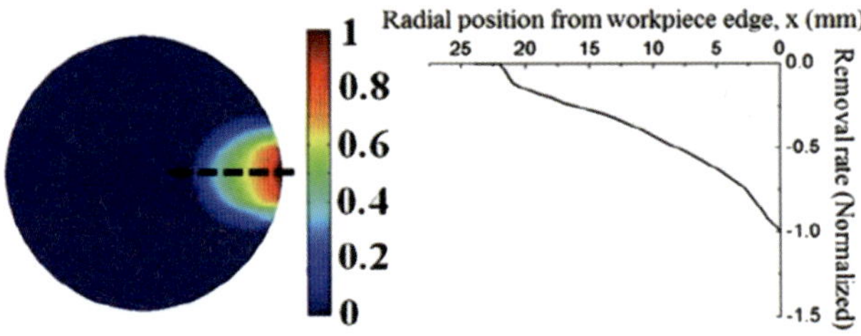

그림 2-19 피치 연마 공구의 가장자리 TIF

비구면이나 자유 곡면을 컴퓨터 제어로 연마하려면, 식 (2.14)에 따라 연마 공구의 TIF와 체류 시간 분포 $T(x, y)$ 또는 속도 $V_T(x, y)$를 합성곱으로 유리 제거량 $z(x, y)$를 구한다. 체류 시간 분포 $T(x, y)$는 현재 형상 오차와 목표 형상 오차의 차이를 기준으로 산출된다.

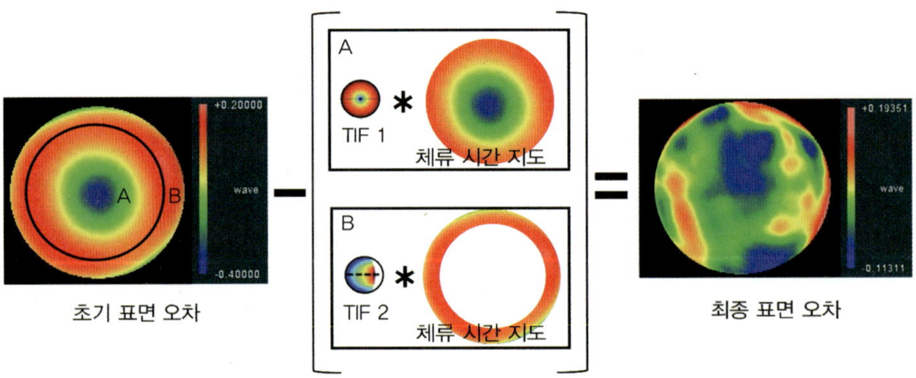

그림 2-20 2개의 TIF를 사용하는 컴퓨터 제어 연마(CCOS)

그림 2-20은 비구면 거울의 중앙 부분과 가장자리에 다른 TIF를 사용하는 컴퓨터 제어 연마의 체류 시간 지도를 보여준다. 연마 후 형상 오차가 목표에 미달하면, 다시 유리 제거량을 계산하여 반복 연마한다.

그림 2-21은 한국표준과학연구원이 제작한 7축 자유도의 대형 컴퓨터 제어 연마기이다. 이 연마기의 유효 가공 지름은 2.1 m이며, 연삭과 연마 단계에 따라 다양한 기능의 공구를 교체하여 사용할 수 있다. 거울 형상은 측정 탑을 사용하여 수직 방향에서 측정하거나, 거울을 수직으로 세워 수평 방향에서 측정한다. 곡률이 긴 거울은 내부 공기 흐름에 의한 측정 오차가 발생할 수 있으므로 차단막을 사용하거나 여러 번 반복 측정하여 오차를 최소화한다.

그림 2-21 한국표준과학연구원의 대형 컴퓨터 제어 연마기

그림 2-22는 연마 공구의 부분 압력을 조절하는 stressed lap 연마기(미국 애리조나대학교 제작)와 로봇을 이용한 컴퓨터 제어 연마기(KRISS 제작)를 보여준다. 대구경 비구면이나 자유곡면을 연마하기 위한 stressed lap 연마는 연마 공구의 형상을 의도적으로 변형시켜 특정 부위에 더 많은 압력을

(a) 압력 제어 연마

(b) 로봇 연마

그림 2-22 대형 비구면 연마용 stressed-lap 연마기와 로봇을 이용한 자동 연마기

가하여 유리를 제거한다. 이로 인해 TIF는 연마 표면과 균일하게 밀착되는 모양이 나타난다.

로봇 연마기는 고가의 CNC 연마기를 대체하는 기술로, 6축 이상의 자유도를 가지는 로봇 팔과 연마 공구가 결합하여 비구면이나 복잡한 형상을 정밀하게 연마할 수 있다. 자동화된 연마 공정은 일관된 품질을 제공하며, 실시간 피드백 시스템을 통해 고품질의 결과를 얻을 수 있다.

(3) 자기유동유체 연마

MRF 연마는 자성유체(magnetic fluid)와 자기장을 활용하여 광학 표면이나 정밀 부품을 가공하는 초정밀 기술이다. 자성유체는 철분 입자가 포함된 액체로, 평상시 유체로서 거동하다가 자장이 걸려 있을 때 고체 성질을 가지며, 자기유동유체(magnetorheological fluid)라고도 한다[11-13].

자성유체 연마재는 자기장에 반응하여 연마 공정에서 연마력을 조절하는 자기 입자(Fe, Fe_3O_4, Ni, Co), 실제로 표면을 제거하는 연마 입자(CeO_2, SiO_2, Al_2O_3, ZrO_2), 입자를 균일하게 분산시키고 연마재의 점도를 유지하는 캐리어 유체(물, 유기용매, 실리콘 오일), 유체의 안정성을 유지하고 점도 조절 및 분산성을 향상시키기 위한 첨가제 등으로 구성된다.

그림 2-23은 MRF 연마기의 개략도와 자성유체의 자기장에 의한 변화를 보여준다. 자성유체 연마재를 보관 장치에서 노즐까지 펌프로 올려주면, 회전하는 휠이 유체를 렌즈로 이동시킨다. 이때 휠과 가공물 사이에 자장이 형성되어 유체가 점도가 높아지면서 그림과 같이 단단해지며, 동시에 가공물이 연마될 정도의 스트레스가 발생한다. 이때 자기유체 연마재의 점도, 속도, 자기장과 가공물의 위치를 모두 정밀하게 조절하면 매우 안정되게 연마할 수 있다.

기존 연마 방식은 연마 공구의 상대 운동과 압력에 따라 연마량이 결정되지만, MRF는 회전 휠에 의한 자기유체 연마재의 유속에 의해 발생하는 표면의 전단응력(shear stress)에 의해 연마량이 결정

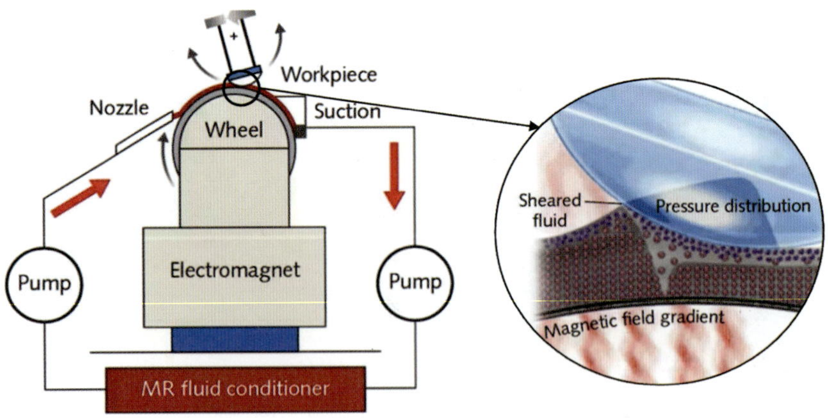

그림 2-23 MRF 연마기와 자성유체의 자기장에 의한 변화

된다. 기존 연마에서는 연마 입자에 걸리는 압력이 약 0.01 N으로, 가공물의 표면에 스크래치를 발생시키고 압력 분포를 변화시킨다. 이로 인해 벌집 구조의 얇은 경량화 거울은 연마 후에 볼록한 모양으로 부풀어 오른다. 그러나 MRF는 10^{-8} N 정도의 작은 압력을 가지므로 표면 손상을 발생시키지 않으며, 표면 거칠기가 우수한 초정밀 보정 연마가 가능하다.

그림 2-24는 MRF를 이용하여 거울을 연마하는 모습과, 연마 표면에 형성되는 TIF를 보여준다. TIF의 크기는 피가공물과 연마 휠의 간격에 따라 조절할 수 있다. 기존 피치 연마에서는 TIF가 주로 압력에 의해 형성되므로, 대체로 중심 대칭적인 원형 형태를 띤다. 반면, MRF는 휠의 회전 방향, 상대 운동, 자기장 배치 등에 따라 압력 분포가 비대칭적으로 나타나므로, 중심과 가장자리에서 다른 연마력을 가지는 비대칭적인 모양을 띤다.

그러나 MRF에서는 동적인 자기장 제어와 상대 운동 조절을 통해 비대칭적인 연마력이 시간에 따라 평균화된다. 즉, 특정 지점에서 나타나는 비대칭 연마력도 전체적으로는 균일하게 연마된다. 또한 연마 휠이 표면을 연속적으로 스캔함으로써 연마 패턴이 평균화되어, 전체 표면의 품질이 균일해진다.

그림 2-24 MRF의 휠 스폿의 모양과 비구면 연마

휠 반경은 가공하는 구면의 반경보다 작아야 연마할 수 있다. 그러나 휠 반경이 너무 작으면 휠의 접촉 면적이 줄어들고, 경사진 각도에서 연마가 진행되므로 연마 압력이 불균일해질 수 있다. 이로 인해 구면의 표면 품질이 고르지 않거나 특정 영역에서 과도한 연마가 발생할 수 있다. 반면, 휠 반경이 크면 구면의 다양한 부분을 고르게 가공할 수 있어 균일한 연마가 가능하나, 휠의 반경이 너무 크면 곡률이 작은 표면에서는 정확한 연마가 어려울 수 있다.

그림 2-25는 큰 볼록 렌즈를 MRF로 보정 연마한 결과로, 형상과 거칠기가 1/4로 향상되었다. 볼록 형상은 초정밀 광학 연마에서 매우 까다로운 대상이지만, MRF를 이용해 단시간에 쉽게 연마할 수 있다.

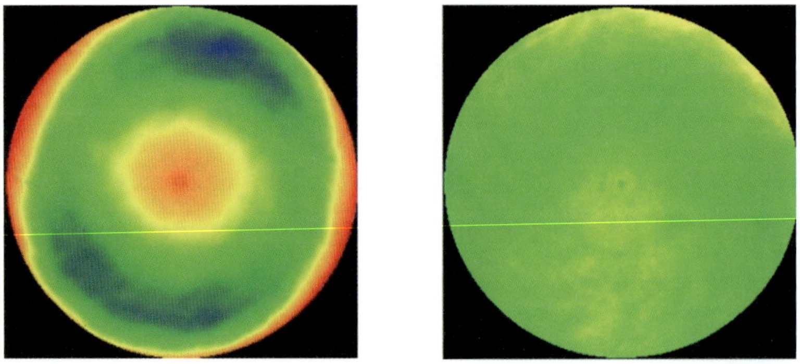

80 nm PV, 12 nm RMS　　　23 nm PV, 3 nm RMS

(a) 연마 전　　　(b) 연마 후

그림 2-25 MRF를 이용한 볼록 구면의 보정 연마

그림 2-26은 지름 150 mm의 자유곡면 알루미늄 거울을 SPDT(Single Point Diamond Turning)로 가공 후 MRF로 보정 연마한 결과이다. 팁 자국이 조금 보이지만, 전체 형상과 표면 거칠기가 크게 개선되었다.

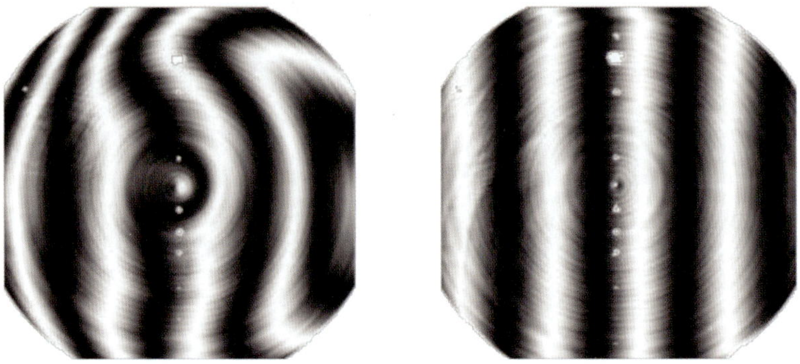

463.4 nm PV, 58.78 nm RMS　　　114.1 nm PV, 7.7 nm RMS

(a) 연마 전　　　(b) 연마 후

그림 2-26 SPDT로 가공된 자유곡면 알루미늄 거울의 MRF 보정 연마

최근에 지름 1 m 이상의 MRF 연마기가 개발되어, 전용 SSI(Subaperture Stitching Interferometer)와 함께 초정밀 대구경 광학계 개발에 널리 활용되고 있다. 특히, 비구면과 자유곡면 연마에 특화된 기술로, 매우 고가임에도 불구하고 수요가 계속 증가하고 있다.

최근에 중국 CIOMP(Changchun Institute of Optics, Fine Mechanics and Physics)에서는 대형 MRF

연마기를 사용하여 지름 4 m의 SiC 비구면 거울을 초정밀 연마하였다. 연마는 CCOS와 stressed lap 방법으로 진행한 후, MRF로 보정 연마하였다. 최종 표면 거칠기는 0.8 nm RMS였다[13].

SiC는 모스 경도(Mohs hardness scale) 9.0~9.5 수준의 매우 단단한 세라믹으로, 마모 저항성과 고온 안정성이 뛰어나다. 그러나 표면에 미세한 기공과 금이 존재하므로 SiC와 열팽창계수가 유사한 Si층을 수십 μm 두께로 증착한 후, 일반적인 방법으로 연마한다. Si층은 Al, Ag, 유전체 등 광학 코팅의 접착 안정성과 열팽창 특성이 우수하다.

SiC 구조에 Si 클래딩을 적용한 거울은 가볍고 열 안정성이 뛰어나므로 우주용 거울에 널리 사용되며, Si 기반의 반사면 구조가 고반사 멀티코팅(예: Mo/Si)과 호환되므로 극자외선 노광기용 거울에도 사용된다. Si층은 고레이저 손상 임계값(LIDT, Laser-Induced Damage Threshold)을 구현하는 데 유리하여 고출력 레이저 거울에도 사용된다.

(4) 이온빔 연마

이온빔 연마(IBF, Ion Beam Figuring)는 이온빔을 이용해 비접촉식 방법으로 광학 표면을 정밀하게 가공하여 원하는 표면 형상이나 거칠기를 얻는 방법이다. IBF의 원리는 이온빔을 사용하여 물질을 표면에서 선택적으로 제거하는 것이다. 주로 비구면 렌즈나 거울의 표면 형상을 초정밀급으로 연마하기 위해 이온빔의 TIF와 체류 시간을 최적화한다[14-17].

그림 2-27은 이온빔 연마장치의 구조와 주사 방법을 보여준다. 이온빔은 nm 단위의 매우 작은 입자들로 구성되며, 이들이 표면에 충돌하면서 에너지를 전달하고, 그 결과 표면의 원자나 분자가 떨어져 나간다. 이를 통해 표면을 정밀하게 연마하거나 형상을 수정할 수 있다.

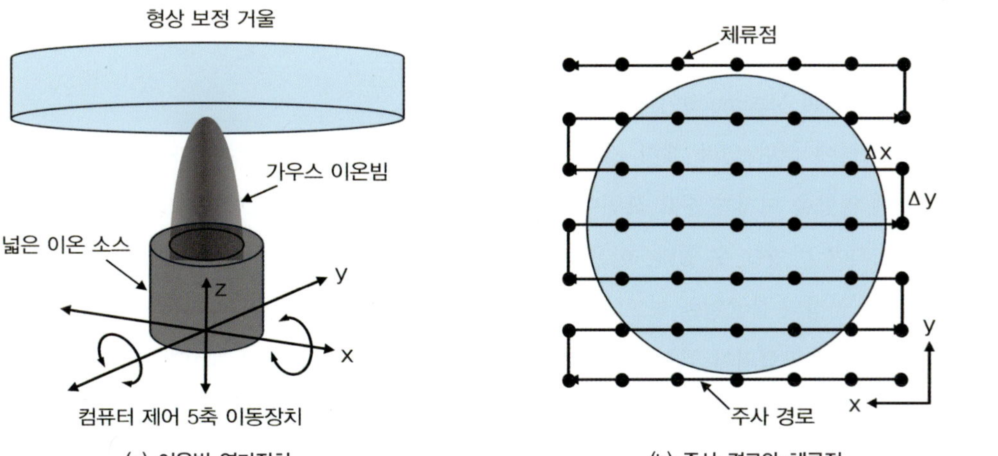

(a) 이온빔 연마장치 (b) 주사 경로와 체류점

그림 2-27 이온빔 연마장치와 주사 방법

이온빔을 생성하려면 가속된 이온을 만들어야 한다. 이를 위해 주로 이온 소스(아르곤, 산소, 크립톤 등)에서 이온을 추출한 후, 이를 고속으로 가속하여 대상 물질의 표면에 충돌시킨다. 이온빔이 표면에 도달하면, 충돌 지점에서 표면의 원자들이 탈락하며 물질이 제거된다. 이 과정을 통해 매우 정밀한 표면 처리가 이루어진다. 이온빔의 세기와 크기 등을 제어함으로써 표면 형상이나 특정 부위만을 정확하게 가공할 수 있다.

IBF 시스템은 진공 챔버 안에 설치되며, 이온 소스, 빔 가속기, 빔 스캐너로 구성된다. 이온 소스는 일반적으로 아르곤 이온이 많이 사용되며, 높은 에너지로 가속된 이온은 방향과 범위를 조정하여 표면의 특정 부위에 정확히 집중시킬 수 있다. 또한 표면을 균일하게 처리하기 위해 빔을 이동시키며 작업한다.

비구면 렌즈나 거울을 보정 연마하기 위해서는 그림 2-20의 CCOS와 같이 이온빔의 TIF를 먼저 구한 후, 측정 대상물의 형상 오차를 기반으로 체류 시간 지도(dwell time map)를 생성하여 연마한다.

이온 소스에서 방출되는 이온빔 에너지는 가우스 공간분포를 가지며, 대상물이 평면일 경우 빔 단면의 이온 농도 분포는 다음과 같이 표현할 수 있다[19].

$$J(x,y) = J_0 \exp(-x^2/2\sigma_i^2 - y^2/2\mu_i^2) \tag{2.20}$$

여기서 J_0는 단면에서 정점 이온 농도, σ_i와 μ_i는 x 및 y 방향에서 이온 농도의 가우스 분포 계수이다. 이온빔이 대상물에 수직으로 입사하면 물질제거함수 $R(x,y)$는 가우스 모양을 따르므로 다음과 같이 표현된다.

$$R(x,y) = R_m \cdot \exp(-x^2/2(H_x/2.3548)^2 - y^2/2(H_y/2.3548)^2) \tag{2.21}$$

여기서 R_m은 재료 정점 제거율의 제거 함수, H_x와 H_y는 각각 x 및 y 방향의 반전치폭(FWHM, Full-Width at Half Maximum)이다.

기존의 압력에 의한 연마 제거 기능 모델과 달리, 이온빔 연마를 위한 재료 제거 기능은 재료 제거 특성에 영향을 미치는 주요 요인이 제거 기능 계산에 고려되었기 때문에, 실제 재료 제거 프로세스를 정확하게 반영할 수 있다. 이온빔과 공작물 표면의 상호작용 과정은 매우 안정적이며, 연마재 또는 연마 공정의 불균일한 농도와 같은 불확실성 구성 요소가 없다. 따라서 이온빔 연마를 위한 제거 기능 모델이 확립되어 있으며, 더 높은 정확도로 제거 기능을 직접 계산할 수 있으므로 이온빔 연마는 매우 결정론적인 광학 처리 방법이다.

실제 이온빔 가공장비는 고가이며, 유지 관리 비용도 많이 든다. 가공 시간이 오래 걸릴 수 있으므로 대량 생산보다는 정밀 작업에 적합하다. 또한 과도한 이온빔 충돌로 인해 표면이 손상되거나 미세한 균열이 발생할 위험이 있다. 그러나 최근에 EUV 노광기나 방사광 가속기용 X선 부품들의 수요가 증가함에 따라, 초정밀 광학부품 가공 분야에서의 활용이 확대되고 있다.

그림 2-28은 100 mm 길이의 X선용 실린더형 Si 거울을 이온빔으로 보정 연마한 결과로, 표면 거칠기가 14.3배 향상되었음을 나타낸다[18].

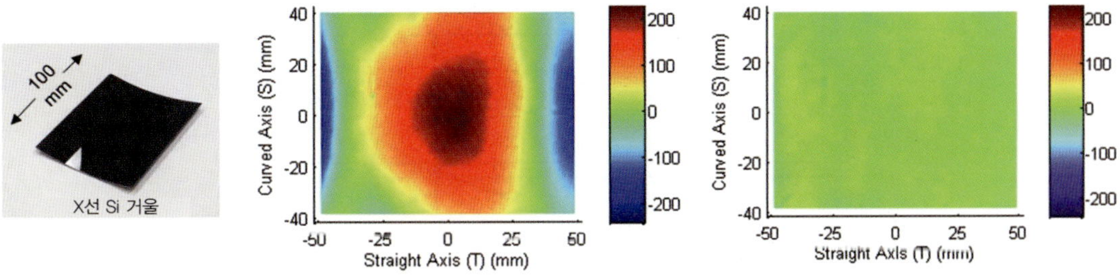

468.9 nm PV, 98.9 nm RMS　　121.3 nm PV, 6.9 nm RMS

(a) 연마 전　　(b) 연마 후

그림 2-28 X선용 실린더 거울의 이온빔 보정 연마

6) 렌즈 중심화

렌즈 중심화(lens centering) 또는 조심(調心)은 광학계에 렌즈가 정확하게 정렬되어 빛이 원하는 경로로 지나갈 수 있도록 보장하는 중요한 과정이다. 이 과정은 렌즈의 축이 광학계의 광축과 일치하도록 하며, 빛의 왜곡이나 영상의 품질 저하를 방지한다. 렌즈 중심화 방법과 그 정밀도는 다양한 기술에 따라 달라지며, 각 방법은 특정 응용 분야에 적합하게 선택된다.

그림 2-29는 렌즈의 광축과 기계적 축을 보여준다. 광축은 두 구면의 곡률중심을 연결한 선으로, 이상적인 빛의 경로를 의미한다. 기계적 축은 렌즈의 기계적 정렬이나 구조적 중심을 나타내는 축이다. 이 축은 렌즈의 실제 물리적 중심을 가리키며, 렌즈가 장착된 기계적 장치나 구조의 중심과 일치한다.

이상적인 렌즈는 광축과 기계적 축이 일치해야 하지만, 렌즈의 기계적 불균형이 발생하면 광축과 기계적 축이 일치하지 않게 되어, 왜곡, 수차 또는 초점이동 등의 문제가 생길 수 있다.

렌즈의 중심이 이상적인 광축에서 이동한 거리를 렌즈 편심(lens decentering)이라고 하며, 그 크기 z는 두 축 사이의 거리로, 일반적으로 μm 단위로 측정된다. 렌즈가 기울어져 발생하는 편심 각도(decentering angle) γ는 다음과 같이 표현된다[6].

$$\gamma(\mathrm{arcmin}) = 3{,}437(\frac{z}{r_1} + \frac{z}{r_2})$$

$$\gamma(radians) = (\frac{z}{r_1} + \frac{z}{r_2}) \quad \textbf{(2.22)}$$

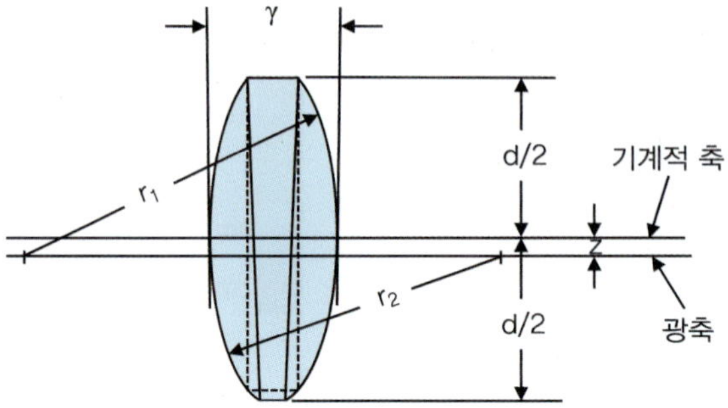

그림 2-29 렌즈의 광축과 기계적 축의 차이

그림 2-30은 렌즈 편심을 측정하는 세 가지 방법을 보여준다. 광학 가공 현장에서는 다이얼 게이지를 많이 사용한다. 이는 스핀들에 고정되어 회전하는 렌즈의 옆면이나 가장자리 부근의 구면에 접촉하여 변화를 측정하는 방식이다. 그러나 접촉식이기 때문에 표면에 손상을 줄 수 있고, 측정 정밀도도 높지 않다.

한편, 레이저를 사용하면 비접촉식으로 간단하게 편심을 확인할 수 있다. 렌즈에 반사된 레이저가 멀리 떨어진 면에 만들어내는 형상을 관찰하며, 원형의 무늬가 커질수록 편심도 크다. 반사거리

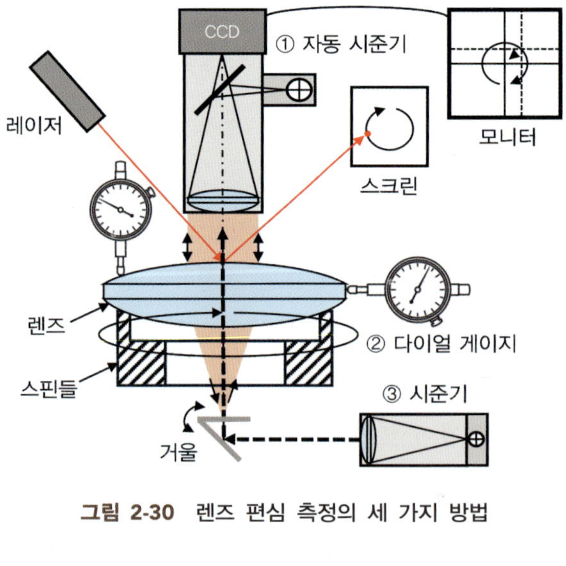

그림 2-30 렌즈 편심 측정의 세 가지 방법

를 멀리할수록 측정 분해능이 향상되어 측정 정밀도가 높아진다.

대상물의 미세한 기울기를 측정할 수 있는 자동 시준기(autocollimator)를 사용하면 매우 작은 편심도 감지할 수 있다. 그림에는 세 가지 정렬 상태가 나타나 있다. 렌즈 표면에서 반사된 빛이 렌즈가 회전하면 반사각이 변하게 되며, 각도 변화를 측정하면 편심의 크기와 방향을 계산할 수 있다. 자동 시준기의 빛이 렌즈를 투과하여 평면 거울에서 반사되거나, 시준기를 측정기 하부에 배치하여 투과한 빛의 변화를 관측함으로써 편심을 측정할 수 있다.

편심 측정 분해능은 자동 시준기의 각도 분해능에 비례한다. 에어 베어링으로 만든 스핀들과 고화소 CCD를 사용한 자동 시준기의 편심 측정기는 상의 변화를 화소 단위로 측정할 수 있어, 분해능이 0.1 μm 이하에 달한다.

그림 2-31은 연삭용 다이아몬드 복합 휠을 이용해 렌즈의 테두리와 모서리를 가공하는 방법을 보여준다. 복합 휠의 모양은 광학 설계의 요구에 맞춰 제작되며, 두 가지 공정을 한 번에 수행할 수 있다. 다이아몬드 휠은 단단한 소재에 적합하며, 부드러운 소재에는 세라믹이나 실리콘 카바이드 휠을 사용한다. 테두리와 모서리의 마감 처리는 부드러운 광택 휠에 광택제를 바르고 표면을 매끄럽게 다듬는다.

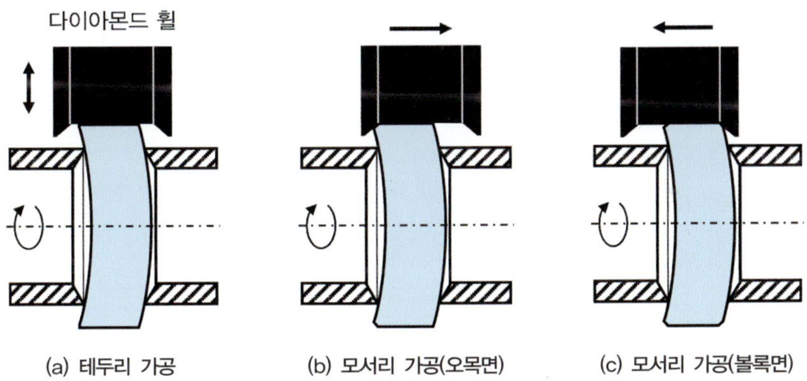

그림 2-31 다이아몬드 휠을 이용한 렌즈의 테두리와 모서리 가공

7) 프리즘의 종류와 가공

프리즘(prism)은 빛을 반사, 굴절 또는 분산하는 광학부품이다. 프리즘은 주로 고품질 광학유리(BK7, 실리카, SF10, CaF_2, 사파이어 등) 또는 플라스틱 소재로 제작되며, 용도에 따라 다양한 형태(삼각 프리즘, 정반사 프리즘, 빔 분할 프리즘, 코너 큐브)로 가공된다.

표 2-11은 주요 프리즘의 기능과 용도를 나타낸 것이다. 직각 프리즘은 반사 및 광축 정렬에 사용되며, 직각 프리즘을 2개 접합한 광 분할 프리즘은 빛을 나누거나 합치는 역할을 한다. 도브 프리즘은 이미지를 회전시키고, 펜타 프리즘은 90° 반사와 상 보존 기능을 하며, 코너 큐브는 빛을 원래 방향으로 반사한다.

표 2-11 주요 프리즘의 종류와 기능

종류	기능	용도
직각 프리즘 (right-angle prism)	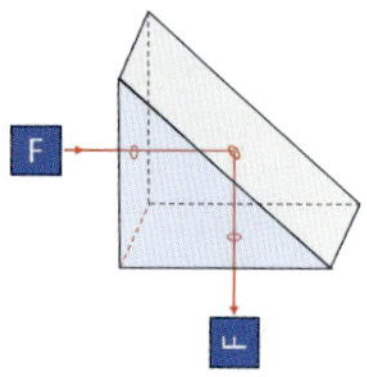	카메라 렌즈 시스템, 레이저 거울, 광학 측정기
광 분할 프리즘 (beam-splitting prism)	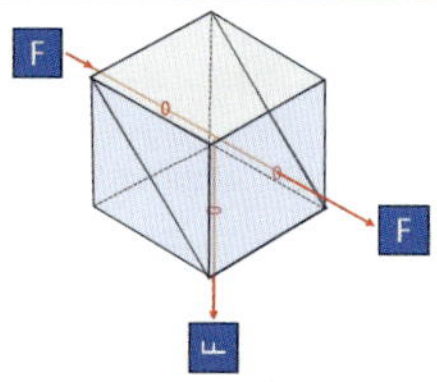	레이저 시스템, 3D 디스플레이, 광학 간섭계, 현미경
도브 프리즘 (dove prism)	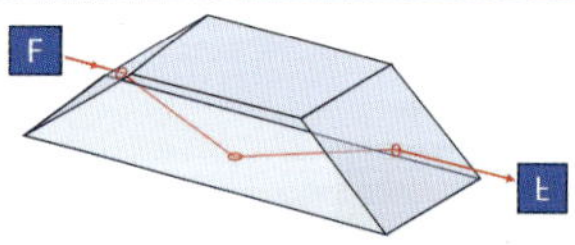	광학 현미경, 영상 시스템, 천체 관측 장비
펜타 프리즘 (penta prism)	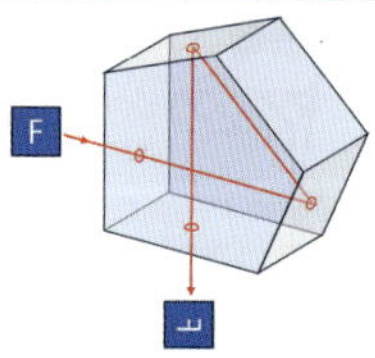	DSLR 뷰파인더, 레이저 정렬기, 측량기
코너 큐브 (corner cube)	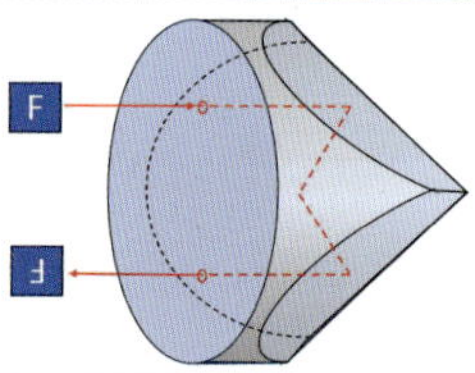	거리 측정기, 레이저 추적기, 위성 거울

그림 2-32는 프리즘의 제작 과정을 보여준다. 용도에 따라 굴절률, 투과율, 내열성, 내구성을 고려하여 소재 블록을 선택한 후, 다이아몬드 톱(diamond saw) 또는 와이어 톱(wire saw)을 이용해 대략적인 프리즘 형태로 절단한다. 다이아몬드 휠을 이용해 원하는 각도와 모양을 형성하고, 프리즘 표면을 nm 수준의 평면도와 표면 조도로 연마한다. 프리즘의 다른 면도 동일한 공정으로 가공한

후, 모서리를 다듬어 미세한 깨짐(chipping)을 방지한다. 가공이 완료되면 자동 시준기, 각도 측정기, 간섭계 등을 사용하여 각도와 평면도를 검사한다. 이후 용도에 따라 프리즘의 특정면에 반사율 또는 투과율을 조정하는 코팅(반사 방지 코팅, 고반사 코팅, 광 분할 코팅 등)을 한다.

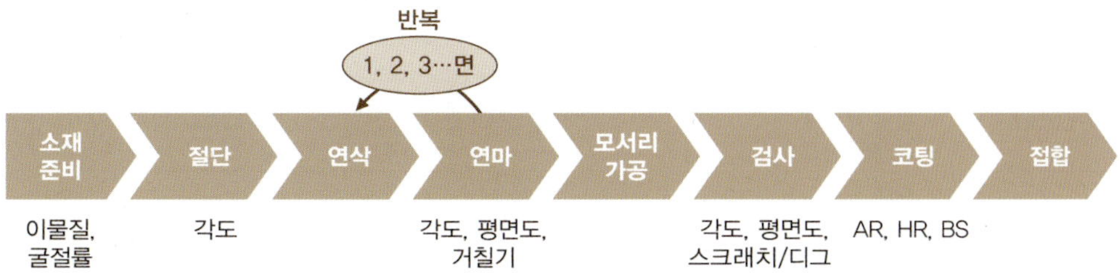

그림 2-32 프리즘 제작 과정

프리즘의 각도 정밀도는 일반적으로 ±5~10 arcsec 수준이며, 고정밀 광학장비(레이저 광학계, 분광기)에서는 ±1 arcsec 이하가 요구된다. 표면 거칠기는 ISO 10110 또는 MIL-PRF-13830B에 따라 관리되며, 일반적인 스크래치-디그는 40-20 또는 20-10 수준이다. 평면도는 He-Ne 레이저 기준으로 $\lambda/10$ RMS 이하이며, 레이저 및 고정밀 광학계에서는 $\lambda/20$ RMS가 요구된다. 소재는 가시광 영역에서는 BK7, SiO_2, 적외선 영역에서는 CaF_2, ZnSe, Ge 등이 사용되며, 내구성이 필요한 경우에는 사파이어가 사용된다.

8) 접합

렌즈나 프리즘을 접합(cementing)할 때 사용하는 접착제는 종류가 다양하며, 각 접착제는 광학적 특성, 경화 방법, 내구성, 열적 안정성 등에서 차이가 있다. 렌즈 접합을 위해서는 접착제가 높은 투명성과 기계적 강도를 동시에 갖춰야 하며, 광학적 성능에 영향을 주지 않도록 신중히 선택해야 한다.

표 2-12는 대표적인 렌즈 접착제의 종류와 특성을 나타낸 것이다. 접착제 선택 시 고려 요소로는 접착 강도, 내열성, 투명도, 경화 시간, 환경적 요구 조건 등이 있다. 접합할 렌즈나 프리즘의 크기와 하중을 고려해 접착 강도가 강한 접착제를 선택하고, 고온 환경에서는 에폭시나 폴리우레탄이 더 적합하다.

광학부품에서 투명도가 중요한 경우에는 UV 경화 접착제나 아크릴을 사용하는 것이 좋다. 작업 속도가 중요한 경우에는 UV 경화 접착제나 아크릴이 유리하고, 시간 여유가 있다면 에폭시가 적합하다. 진동, 수분 또는 화학 물질에 노출될 가능성이 있는 경우에는 실리콘이나 폴리우레탄이 더 적합할 수 있다.

표 2-12 렌즈 접착제의 종류와 특성

접착제 종류	장점	단점	적용 사례
에폭시 (epoxy)	• 강한 접착력 • 우수한 내열성 • 높은 강도 • 고온 안정성 • 기계적 강도	• 긴 경화 시간 • 낮은 투명도 • UV 경화 불가능	• 고온 환경 • 대형 렌즈 • 프리즘
UV 경화 접착제 (UV-curable)	• 자외선 경화 • 빠른 경화 • 높은 투명도 • 기계적 강도	고온에서 성능 저하 가능	• 소형 렌즈 • 고정밀 광학기기
아크릴 (acrylic)	• 빠른 경화 • 높은 투명도 • 우수한 내화학성 • 저렴한 비용	• 낮은 내열성 • 낮은 접착 강도	• 소형 렌즈 • 프리즘 • 광학장비
실리콘 (silicone)	• 우수한 내열성, 내화학성 • 유연성, 방수성 • 진동 흡수	• 낮은 접착 강도 • 내구성 문제	• 진동이 큰 환경 • 방수/방진이 요구되는 경우
폴리우레탄 (polyurethane)	• 우수한 내구성, 내화학성 • 유연성 • 다양한 조건에서 안정적	• 긴 경화 시간 • 온도 변화에 민감	• 고내구성 광학장비 • 스트레스 환경

렌즈 접합과 중심화 공정은 '초기 조립 → 편심 측정 → 미세 조정 → 접착 경화 → 최종 확인' 과정을 거친다. 조립 전에는 렌즈 개별검사를 하고 접착 후에는 정렬 측정을 하며, 필요시 미세 조정한다. 경화 후에는 정렬이 유지되는지 확인한다.

그림 2-33은 자동 시준기를 사용하여 렌즈를 접합하는 장치를 보여준다. 조립되는 렌즈의 초점에 평면 거울을 놓고 투과한 빛을 반사시켜 측정한다. 자동 시준기의 상이 회전하지 않도록 두 렌즈의 광축을 정렬한 후, UV 램프를 켜서 경화시킨다. 정렬과 경화 과정은 다음과 같다.

먼저, 스핀들의 마운트에 첫 번째 렌즈를 고정한 후 회전시키면서 광축을 자동 시준기의 광축과 일치시킨다. 다음으로, 주사기(syringe)나 디스펜서(dispenser)를 사용하여 접착제를 렌즈 중심부에 작은 점 형태로 떨어뜨려, 렌즈를 결합할 때 접착제가 압력에 의해 균일하게 퍼지도록 한다.

접착제를 바른 후, 두 번째 렌즈는 중앙에서 바깥쪽으로 압력을 가해 기포가 제거되도록 중앙 부분에 접합한다. 이어서 렌즈 옆에 있는 미세 구동기를 사용하여 광축을 미세 조정한다. 자동 시준기를 사용하여 정렬이 확인되면, UV 램프를 켜고 일정 시간 동안 경화시킨다.

렌즈가 완전히 접합된 후에는 추가적인 미세 조정이 불가능하므로 접합 전에 정확하게 정렬해야 한다. 또한 렌즈 접합 시 접착제가 너무 많으면 렌즈 외부로 흘러나와 광학 성능을 저하시킬 수 있으므로 주의해야 한다.

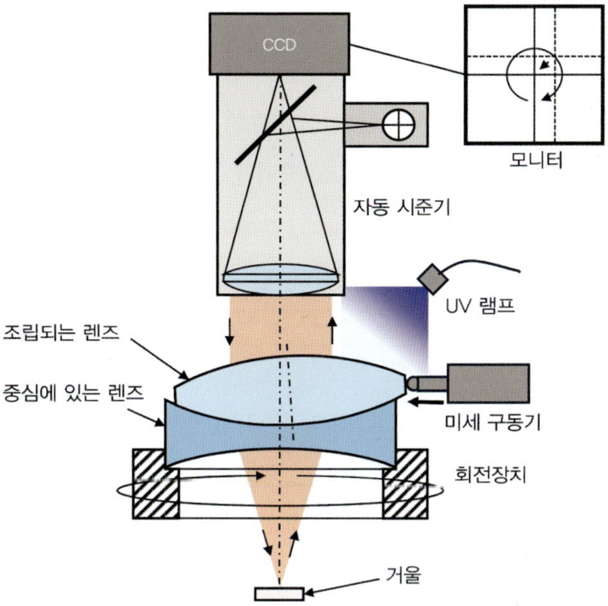

그림 2-33 자동 시준기를 사용한 렌즈 접합

9) 세척

렌즈 제작 공정에서 사용되는 세척액(cleaning solution)은 가공 후 남은 연마재, 기름, 먼지, 오염물 제거를 위해 매우 중요한 역할을 한다. 세척 공정은 일반적으로 연삭 후, 연마 후, 코팅 전후 단계에서 수행되며, 사용되는 세척액은 각 단계의 요구사항에 따라 달라진다.

연삭 후에는 연마재, 유리가루, 오일, 유기물 등을 제거하기 위해 수산화나트륨(NaOH, sodium hydroxide) 희석액 또는 수산화칼륨(KOH, potassium hydroxide) 희석액 등 알칼리성 세척액(alkaline cleaners)으로 40～80 kHz의 초음파 세척을 실시한다. 세척 후에는 초순수(deionized water)로 헹군다.

연마 후에는 CeO_2(세륨 옥사이드)와 Fe_2O_3(산화철) 연마재 제거와 함께, 미세한 표면 활성화 및 잔여 이온 제거를 위해 약산성 세척액(mild acid cleaners)을 사용한다. 초산(acetic acid) 1～5 % 용액, 황산(H_2SO_4) 또는 염산(HCl) 1～3 % 희석액, 산화 세정제(과산화수소 + 황산 조합) 등에 10분 내외로 담가 세척하고, 초순수로 헹군 후 건조한다.

코팅 전에는 오일, 지문, 유기 오염물을 제거하기 위해 IPA(isopropyl alcohol), 아세톤(acetone), 무수 에탄올(anhydrous ethanol) 등 용매 기반 세척액(solvent cleaners)을 사용하여 5～10분간 초음파 세척한 후, 필터링된 질소(N_2) 또는 공기로 건조한다.

코팅 후에는 미세 이온과 먼지를 제거하고 표면의 깨끗한 상태 유지하기 위해 초순수로 헹구고 필터링된 질소 또는 공기로 건조한다.

표 2-13은 렌즈 공정별 세척 방법과 세척액을 정리한 것이다. 연삭 후에는 알칼리 세척(NaOH/KOH), 연마 후에는 약산성 세척(초산, 과산화수소), 코팅 전에는 용매(IPA)+초순수 세척, 최종 마감 단계에서는 초순수 헹굼 및 질소 건조 작업을 한다.

표 2-13 렌즈 공정별 세척 방법과 세척액

공정 단계	세척 방법	세척액
연삭 후	초음파 세척(40~80 kHz, 50 ℃)	NaOH, KOH, 알칼리 세척제
연마 후	약산성 세척(40 ℃)	초산(1~5 %), 과산화수소(3 %)
코팅 전	초음파 + 용매 세척, 질소(N_2) 건조	IPA, 아세톤, 초순수
코팅 후	초순수 헹굼, 질소(N_2) 건조	초순수(18 MΩ · cm)

2.3 광학 변수 측정

1) 각도

자동 시준기는 광학적 평행도 및 각도 정밀 측정을 위한 장비로, 거울이나 광학소자의 미세한 기울기(각도)를 비접촉 방식으로 측정하는 데 사용된다. 그림 2-34는 자동 시준기의 구조 및 기본 원리를 보여준다. LED, 레이저, 할로겐 등 광원에서 발생된 광은 렌즈를 통과하여 평행광이 된다. 평행광은 측정 대상(반사면)에 입사하여 반사되며, 반사각은 반사면의 기울기에 따라 달라진다. 반사된 빛이 다시 렌즈를 통해 초점이 맞춰진 이미지 센서에 들어오면, 이미지의 변위(디스플레이에서 측정된 이미지 이동량)를 통해 각도(arcsec, μrad 단위)를 계산할 수 있다.

측정된 각도 변화 α는 이미지 센서에서 측정된 반사광의 이동거리 Δy와 광학계의 초점거리 f에 의해 다음과 같이 표현된다[20].

$$\alpha(radian) = \frac{\Delta y}{2f} \tag{2.23}$$

자동 시준기의 분해능은 감지할 수 있는 최소 각도 변화를 의미하며, 주로 arcsec 또는 μrad 단위로 표시된다. 분해능은 광학계의 초점거리, 검출기(센서) 분해능 및 정렬 정확도에 의해 결정된다.

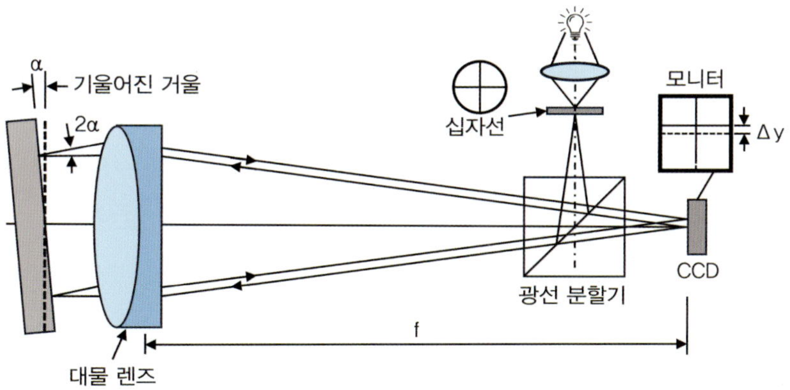

그림 2-34 자동 시준기의 구조

표 2-14는 자동 시준기의 측정 분해능을 비교한 것이다. 최신 디지털 버전은 0.01 arcsec 이하의 고분해능 측정이 가능하다. 레이저 기반 자동 시준기는 레이저 다이오드를 광원으로 사용하며, PSD(Position Sensitive Detector), 간섭계, 디지털 이미지 분석 등의 기술을 활용하여 0.001 arcsec(0.005 μrad) 이하의 초고분해능 측정이 가능하다. 다만, 최고 정확도는 0.01 arcsec이다[19, 20].

자동 시준기의 시야각(FOV, Field of View)을 넓히려면 센서 크기를 키우거나 초점거리를 줄여야 한다. 그러나 초점거리를 줄이면 분해능이 저하되므로 FOV와 분해능은 반비례 관계에 있다.

표 2-14 자동 시준기의 종류와 특성 비교

종류	시야각	분해능	정확도	특성
광학식 (visual)	0.5~1 arcsec (2~5 μrad)	0.5~1 arcsec (2~5 μrad)	±2~5 arcsec	수동 판독 방식, 휴대 가능, 저렴함
디지털 (CCD 기반)	5~60 arcmin (0.08~1°)	0.01~0.05 arcsec (0.05~0.2 μrad)	±0.1~1 arcsec	CCD/CMOS 센서 기반, 자동 측정, 실시간 데이터 처리 가능
레이저 기반	1~10 arcmin (0.02~0.16°)	0.001~0.01 arcsec (0.005~0.05 μrad)	±0.01~0.1 arcsec	PSD/간섭계 기반, 초정밀 측정, 산업 및 연구용

그림 2-35는 자동 시준기를 이용한 쐐기판과 프리즘의 각도 측정 방법을 보여준다. 앞면과 뒷면에서 반사된 빛의 각도 차이 σ를 측정하면 쐐기각 δ는 다음과 같이 표현된다.

$$\delta = \frac{\sigma}{2n} = \frac{\Delta x}{2nf} \tag{2.24}$$

여기서 Δx는 모니터에 나타난 십자선의 변위, f는 자동 시준기의 초점거리이다. 평면 거울을 사용하여 쐐기판을 투과한 빛을 반사시켜 측정하면 쐐기각은 다음과 같이 계산된다.

$$\delta = \frac{\sigma}{2(n-1)} = \frac{\Delta x}{2(n-1)f} \tag{2.25}$$

직각 프리즘의 45° 꼭지각의 오차 $\Delta\beta$ 측정은, 그림과 같이 자동 시준기의 입사광과 내부에서 세 번 반사된 후 출사한 빛의 각도 차이를 측정함으로써 다음과 같이 표현된다.

$$\Delta\beta = \frac{\Delta x}{4nf} - \frac{\Delta\alpha}{2} \tag{2.26}$$

여기서 $\Delta\alpha$는 직각 부분의 오차 각도이다. 이 각도는 단일 경로와 이중 경로의 두 가지 방법으로 측정할 수 있다. 이중 경로는 거울을 사용하여 프리즘의 절반을 차단하고, 내부에서 다섯 번 반사된 후, 입사 방향으로 다시 출사되는 빛의 각도를 측정한다[21].

$$\Delta\alpha = \frac{\Delta x}{4nf} \tag{2.27}$$

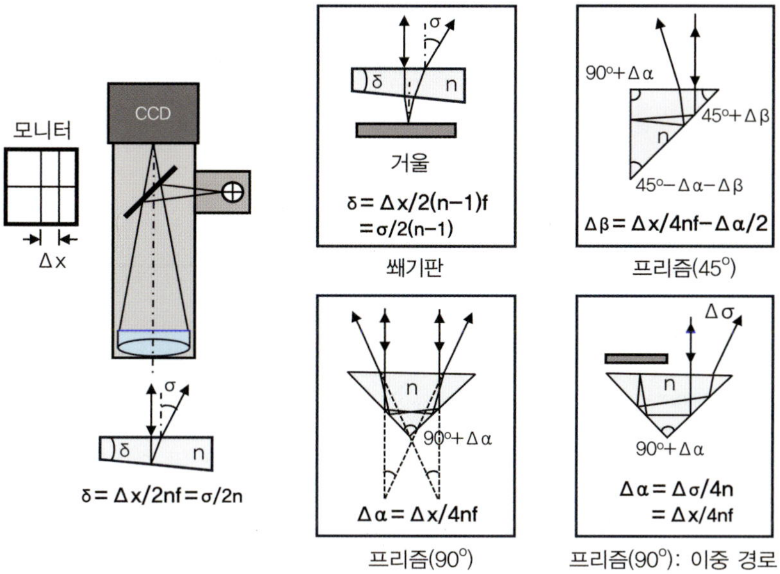

그림 2-35 자동 시준기를 이용한 쐐기판과 프리즘 각도 측정

2) 형상

렌즈나 거울의 실제 면은 그림 2-36과 같이 형상과 거칠기로 구분된다. 형상은 표면의 모양이나 기하학적 구조를 의미하며, 주로 곡률에 따라 정의된다. 이상적인 렌즈나 거울은 완전한 구면이지만, 특정 수차를 제거하기 위해 비구면으로 제작되기도 한다.

그러나 실제 제작 과정에서는 기계적 · 열적 · 물리적 요인에 의해 형상 오차(form error)가 발생한다. 형상 오차는 측정된 표면의 평균적인 편차를 나타내는 RMS를 측정 파장을 기준으로 표기한다.

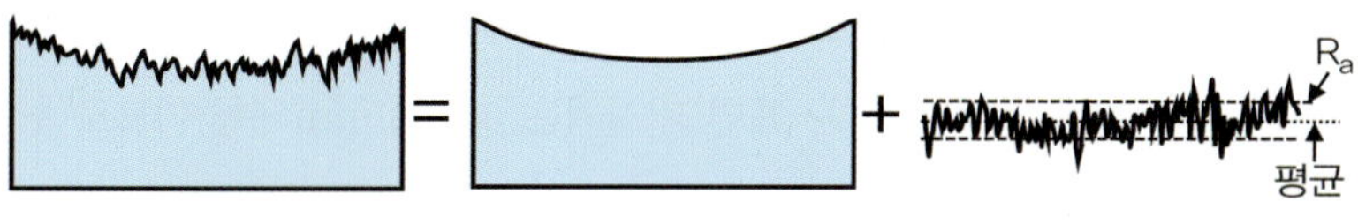

그림 2-36 광학면의 형상과 거칠기

거칠기는 표면에 존재하는 미세한 요철(최고점과 최저점의 높낮이 차이)을 의미하며, 빛의 산란에 영향을 주어 반사율을 낮추고, 이미지 품질에 악영향을 미친다. 표면 거칠기는 국제표준규격 ISO 10110-8(surface texture)에 따라 평균선에 대한 산술평균 거칠기 R_a로 특성을 나타낸다.

렌즈와 거울의 가공 단계에 따라 다양한 측정 기술이 사용된다. 그림 2-37은 연삭부터 최종 초정밀 연마에 이르기까지 시간에 따른 형상과 표면 거칠기 변화를 보여준다. 연삭과 초기 연마 단계에서는 기계적인 측정 기술을 사용하지만, 연마가 진행되면 표면 손상을 방지하기 위해 비접촉식 간섭계를 주로 사용한다.

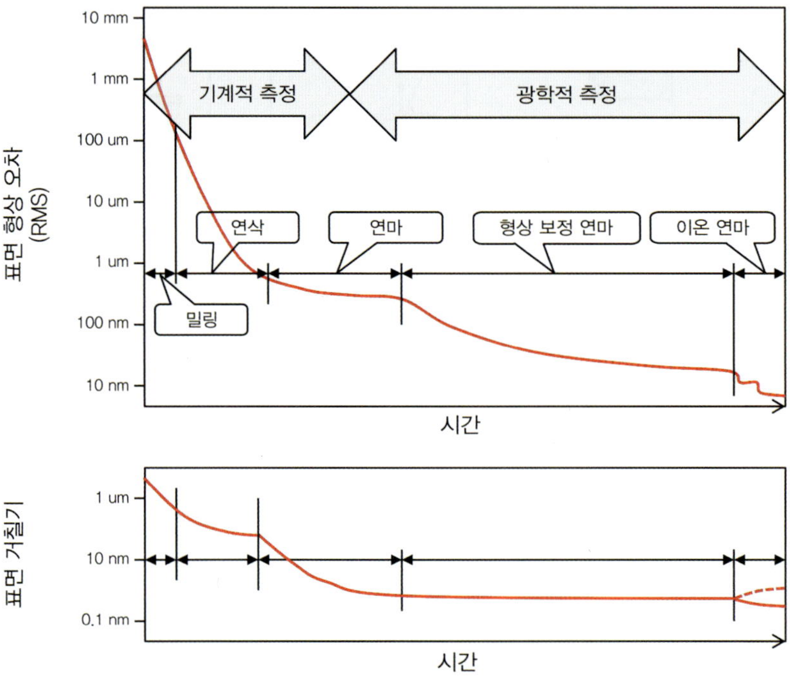

그림 2-37 광학 표면의 가공 단계에 따른 형상과 거칠기 변화

연삭 단계에서는 렌즈와 거울의 기본 형상을 가공하기 위해 μm 수준의 거친 표면을 형성하므로 좌표 측정기(CMM, Coordinate Measuring Machine)를 사용한다. 대형 거울은 레이저 추적기(laser tracker) 또는 자동 시준기를 사용하여 측정한다. 표면 거칠기는 0.1~1 μm 수준이므로 탐침 프로파일러(stylus profilometer)를 사용한다.

초기 연마 단계에서는 표면을 nm 수준으로 부드럽게 가공하며, 형상 오차는 ±1 μm 이하, $\lambda/10$ ($\lambda=633$ nm) 정도이다. 면의 손상을 방지하기 위해 비접촉식 방법을 사용하며, 대규모 렌즈의 경우에는 미리 만든 구면 원기를 사용하여 뉴턴 링 간섭계(Newton's ring interferometer) 또는 피에조

(Fizeau) 간섭계를 사용한다. 비구면 형상은 초정밀 3차원 형상 측정기(Panasonic의 UA3P) 또는 널 렌즈(null lens) 간섭계를 사용하고, 표면 거칠기는 10~50 nm 수준으로, 백색광 간섭계로 측정한다.

정밀 연마 단계에서는 형상을 λ/20 이하로 보정하고, 표면 거칠기를 nm 수준으로 줄인다. 형상은 초정밀 간섭계, 비구면 형상은 널 간섭계나 바느질 간섭계(SI, Stitching Interferometer)로 측정하며, 표면 거칠기는 백색광 간섭계를 사용한다.

초정밀 형상 보정 단계에서는 형상을 nm 수준에서 수정하여 완벽한 광학 성능을 구현한다. 형상 오차는 λ/50 이하, 표면 거칠기는 1 nm 이하로 줄인다. 형상 측정은 고해상도 널 간섭계, 표면 거칠기는 원자력 현미경(AFM, Atomic Force Microscope)을 사용한다.

이온빔으로 Zerodur 같은 비정질(amorphous, 유리)과 결정질(crystalline, 세라믹)의 두 가지 구조가 혼합된 복합 재료의 형상을 수정하면, 스퍼터링 속도 차이로 인해 결정질이 노출되어 표면 거칠기가 증가할 수 있다. 따라서 Si 또는 SiO_2를 Zerodur 위에 얇게 증착한 후, 이온 스퍼터링 방식으로 보정 연마한다[23].

(1) 뉴턴 간섭계

오래전부터 광학 가공 현장에서는 그림 2-38과 같은 넓은 단색광원을 사용하는 뉴턴 간섭계(Newton interferometer)로 평면의 형상과 구면의 곡률반경을 측정하였다. 레이저가 발명되기 전에는 나트륨 증기 램프(589 nm)나 수은 램프(436 nm, 546 nm 등)와 같이 가간섭 길이(coherence length)가 짧은 준단색광원(quasi-monochromatic light source)이 광학 시험에서 널리 사용되었다[22]. 기준면에

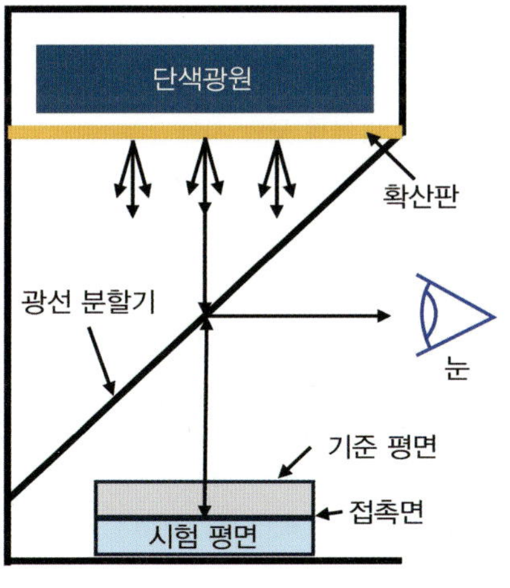

(a) 뉴턴 간섭계

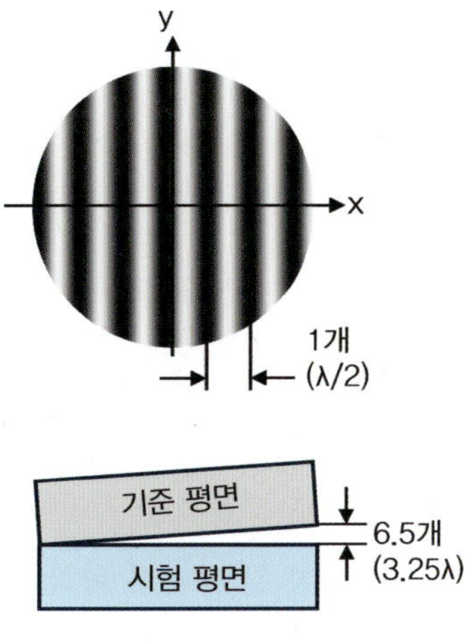

(b) 간섭무늬 평가

그림 2-38 뉴턴 간섭계와 간섭무늬 해석

입사 후 반사된 광은 접촉한 두 면 사이의 광로차에 의해 간섭무늬를 발생시킨다. 이때 반사로 인해 광로차가 두 배가 되므로, 간섭무늬 간격은 파장의 $\lambda/2$이다. 그림 2-38(b)에서 x축의 간섭무늬 개수가 6.5개이므로 기울어진 높이는 3.25λ이다.

그림 2-39는 기준 구면을 사용하여 오목 및 볼록 구면의 형상과 곡률반경을 간섭무늬로 측정하는 방법을 보여준다. 두 면의 간격은 곡률반경 차이를 나타내며, 이를 sag라고 한다. 그림 (b)에서 두 면이 접촉한 중앙을 기준으로 간섭무늬 개수가 3개이므로 sag는 1.5λ이다. 파장이 589 nm일 경우, 시험 볼록면의 최대 곡률반경 차이는 0.88 μm이다. 간섭무늬 개수를 통해 구면의 가공 오차를 정밀하게 파악할 수 있다.

여러 종류의 렌즈를 대량 가공하는 현장에서는 곡률반경이 알려진 기준면('원기'라고도 함)을 미리 여러 개 만들어 비교 측정한다. 또한 곡률반경에 따라 뉴턴 간섭무늬 개수를 제한하여 공차를 관리한다. 정확한 곡률반경과 형상 측정은 3장에서 자세히 설명한다.

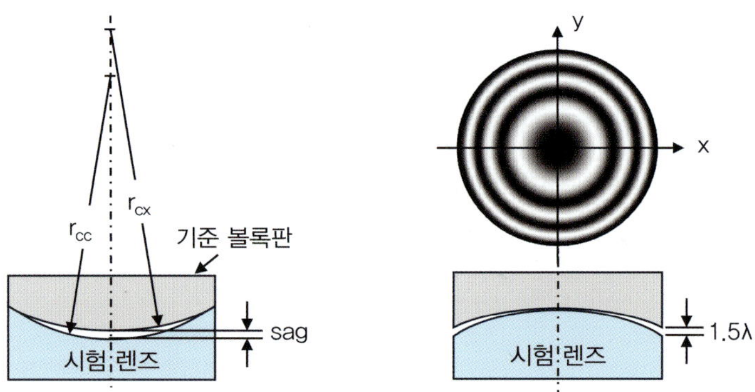

(a) 오목면 시험 (b) 볼록면 시험

그림 2-39 기준 구면을 이용한 오목 구면 및 볼록 구면 시험

(2) 초정밀 비접촉식 형상 측정

비접촉식 3차원 형상 측정기에는 광학식 프로브를 사용하는 다양한 방식이 있다. 파나소닉의 UA3P는 접촉력이 매우 작은 탐침을 사용하여 비구면 렌즈, 거울, 플라스틱 렌즈용 금형의 형상을 사실상 비접촉식으로 고분해능 측정할 수 있다.

그림 2-40은 원자 힘 수준의 탐침 구조와 비구면 렌즈의 형상 측정 사진이다. 침의 측정 힘은 0.15~0.3 mN(0.15~0.3 mgf)이며, 75° 경사각의 형상도 측정할 수 있다. 위치 측정의 최대 오차는 500 mm~0.3 μm이며, 좁은 면적에서는 측정 정확도가 0.01 μm이다[23].

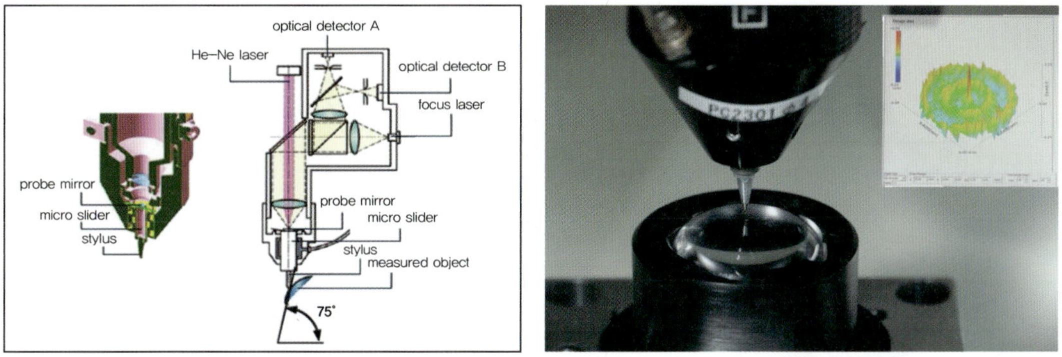

(a) 원자 힘 탐침 구조 (b) 볼록면 측정

그림 2-40 초정밀 비접촉식 형상 측정기: UA3P

대칭형 비구면 또는 자유곡면 광학소자는 각각 널 간섭계와 바느질 간섭계로 측정할 수 있지만, 비대칭 광학소자의 형상을 간섭계와 같은 높은 정밀도로 측정할 수 있는 장비는 찾기 어렵다. UA3P는 지난 20년 동안 초정밀 광학계를 개발하는 현장에서 널리 사용되었고, 비교적 신뢰도가 높은 초정밀 측정장비이다. 간섭계처럼 한 번에 측정하지 않고 탐침으로 주사하지만, 다른 측정 방법이 없는 경우에는 매우 유용한 장비이다.

(3) 대형 거울 형상 측정

지름이 수 m 이상인 거울 형상 측정은 연마 단계에서는 레이저 간섭계를 사용한다. 그러나 연삭 단계에서는 빛이 표면에서 난반사되므로 레이저 추적기를 사용하여 측정한다.

그림 2-41은 레이저 추적기의 원리와 거울의 형상 측정장치를 보여준다. 레이저 추적기는 레이저 빔을 표적(spherically mounted retroreflector)에 반사시켜 거리와 각도를 측정하는 방식이다. 거리는 레이저 거리 측정 간섭계(DMI, Distance Measurement Interferometer)로 측정하며, 각도는 수평 및 수직 회전 인코더를 사용한다. 이 두 값을 활용하여 3D 좌표를 계산한다[24].

레이저 추적기의 위치 정확도는 ± 10~20 μm/m, 반복도는 ± 5 μm/m, 각도 분해능은 0.1 arcsec, 측정 거리는 100 m 이상이다. 거울의 곡률반경이 클 경우, 측정 탑의 높이도 10 m 이상이 되며, 이 경우 실내 온도가 균일하지 않고 난류도 발생하므로 빛이 굴절되어 측정값이 많이 왜곡된다. 정확한 레이저 거리 측정을 위해 가공실 환경을 모델링하고 공기 굴절률을 교정한다.

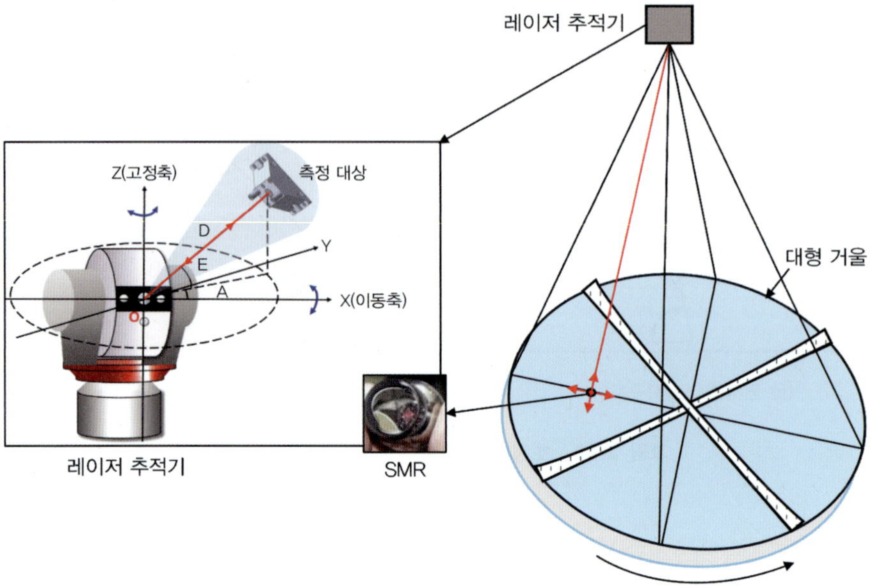

그림 2-41 레이저 추적기를 이용한 대형 거울의 형상 측정

연마가 진행되어 빛의 정반사가 가능해지면, 그림 2-42와 같이 자동 시준기와 펜타 프리즘을 사용하여 형상을 측정할 수 있다. 주사하는 펜타 프리즘에서 90° 굴절된 광은 거울 표면의 기울기에 따라 반사 각도가 변한다. 자동 시준기로 미세한 각도 변화를 측정하면 표면의 기울기를 파악할 수 있다. 거울을 일정한 각도로 회전시키며 전체 면적의 형상을 수 μm 수준으로 측정할 수 있다.

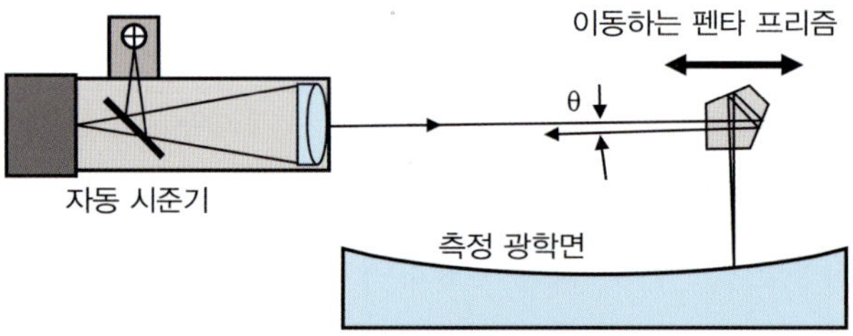

그림 2-42 자동 시준기와 펜타 프리즘을 이용한 대형 거울의 형상 측정

3) 표면 거칠기

표면 거칠기는 공정 단계에 따라 다른 방식으로 측정된다. 연삭과 초기 연마 단계에서는 접촉식 거칠기 측정장치인 탐침 프로파일러, 연마 단계에서는 백색광 간섭계, 보정 연마 단계에서는 원자력 현미경을 사용한다. 백색광 간섭계에 대해서는 3장에서 자세히 설명한다.

(1) 탐침 프로파일러

탐침 프로파일러(stylus profilometer)는 미세한 탐침(tip)이 표면을 따라 움직이며 높이 변화를 감지하여 표면 형상을 측정한다. 그림 2-43은 탐침 프로파일러의 개략도를 보여준다. 탐침(stylus tip, 캔틸레버의 끝부분)은 일반적으로 다이아몬드 또는 실리콘 재질의 팁이다. 탐침이 물리적으로 위아래로 움직이면서 발생한 기계적 변위를 압전 센서(piezoelectric sensor) 또는 레이저 센서로 측정하고, 측정된 데이터를 바탕으로 거칠기(R_a), 박막 두께, 표면 형상 분석 등을 수행한다[25].

높이 분해능은 0.1 nm, 수평 분해능은 10~100 nm 수준이며, 반도체 웨이퍼, MEMS, 금속 표면, 폴리머, 박막 코팅 등 다양한 재료를 수 μm에서 수 mm 범위까지 측정한다. 그러나 탐침이 물리적으로 접촉하기 때문에, 폴리머나 유기물 같은 부드러운 시료는 손상될 위험이 있고, 탐침이 지속적으로 사용되면 마모되므로 일정 주기로 교체해야 한다.

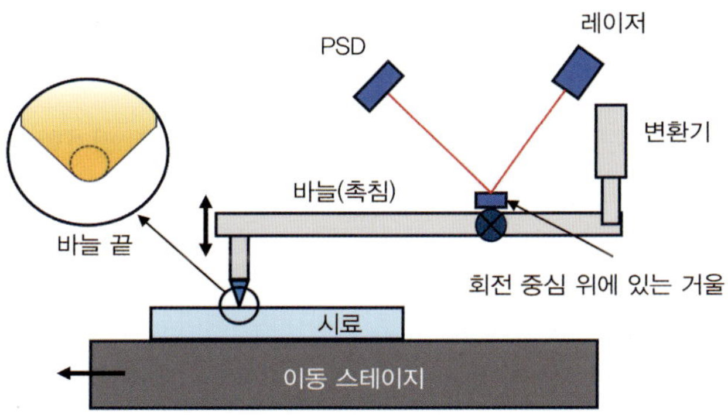

그림 2-43 탐침 프로파일러의 개략도

(2) 원자력 현미경

그림 2-44의 원자력 현미경은 탐침이 시료 표면을 따라 움직이며 표면의 높이 변화를 감지한다. 원자력은 탐침과 시료 표면 사이에서 작용하는 다양한 힘(반데르발스 힘, 접촉력, 정전기력 등)을 의미하며, 이를 측정하여 표면의 기계적 · 전기적 특성을 분석할 수 있다. 탐침의 변화를 레이저와 PSD 검출기를 이용해 분석하여 3D 형상을 만든다[26].

탐침은 nm 수준의 매우 뾰족한 구조로 제작되며, 탐침을 지지하는 캔틸레버가 표면과의 상호작용으로 휘어지면서 레이저 반사 위치가 변한다. 재질은 Si(실리콘), SiN(질화규소), Au(금) 코팅 등이 사용된다. 압전 스캐너를 이용해 탐침을 nm 단위로 정밀하게 이동하면서 측정한다. 일반적으로 수평 분해능은 0.1~1 nm, 수직 분해능은 0.01 nm, 측정 영역은 수백 μm 이내, 최대 측정 높이는 수 μm 수준이다.

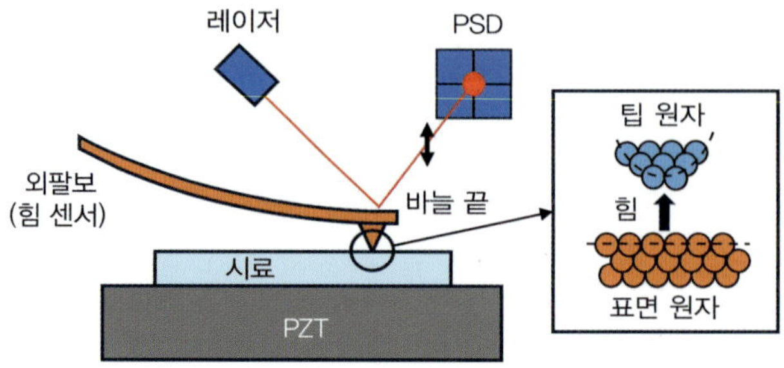

그림 2-44 원자력 현미경의 개략도

4) 스크래치와 디그

광학 연마면에서 스크래치(scratch)와 디그(dig)는 표면 결함의 대표적인 유형으로, 광학부품의 성능과 내구성에 영향을 미친다. MIL-PRF-13830B와 ISO 10110-7:2017에서 규정한 스크래치와 디그에 대한 표준에 따라, 광학부품의 표면 결함을 명확하게 기록하고 평가할 수 있다[27].

MIL-PRF-13830B에서 스크래치는 길고 가느다란 선 형태의 표면 손상이며, 연마 또는 코팅 과정에서 입자에 의해 발생할 수 있다. 이는 표면의 빛 산란을 증가시키며, 반사율과 투과율을 저하시킨다. 스크래치의 크기는 최대 길이를 mm나 μin로 나타내며, 제어된 조명에서 표준 스크래치와 외관을 비교하여 측정한다. 일반적으로 각 표면에서 허용되는 가장 큰 스크래치의 합은 지름의 1/4을 초과할 수 없다.

디그는 표면에 있는 작은 점 모양의 결함으로, 긁힘, 패임, 이물질 잔류 등이 원인이 될 수 있다. 일반적으로 지름으로 크기를 측정하며, 스크래치와 함께 평가한다. 디그는 렌즈나 거울의 화질을 저하시키며, 특히 고출력 레이저 광학계에서 문제를 발생시킬 수 있다. 최대 크기의 디그 수는 지름을 20으로 나눈 값을 초과할 수 없다. 즉, 디그는 지름 20 mm당 1개만 허용된다. 또한 모든 디그 지름의 합은 허용 가능한 최대 크기의 디그 수와 지정된 디그 번호를 곱한 값의 2배 이하로 제한된다.

그림 2-45는 표준 조명 환경에서 스크래치와 디그를 교정된 표준과 비교하여 육안 검사하는 장면이다. 스크래치 및 디그에 표현되지 않은 미세한 표면 결함은 고해상도 카메라와 이미지 처리 기술을 활용하여 검사한다.

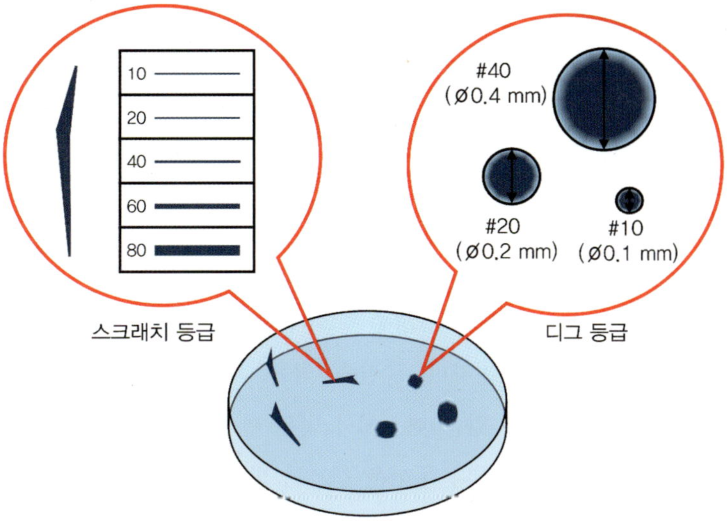

그림 2-45 광학 표면의 스크래치와 디그 등급

표 2-15는 스크래치와 디그 등급을 광학면의 품질과 연계하여 나타낸 것이다. 일반적인 광학부품이나 군용장비는 60-40의 덜 엄격한 규격을 사용하지만, 고성능 광학계는 10-5와 같은 매우 작은 스크래치와 디그 크기를 요구한다.

표 2-15 스크래치와 디그 등급에 따른 광학 표면의 품질 구분

스크래치-디그 번호	품질	응용
80-50	매우 낮음	원적외선 광학계
60-40	낮음	근적외선 광학계
40-20	보통	일반 가시광 광학계 및 저비용 광학장비
20-10	높음	항공우주 및 군용장비
10-5	매우 높음	고정밀 광학계(고출력 레이저 거울)

ISO 10110-7에서는 표면 결함을 최대 크기와 결함 수에 대한 수치로 표현한다. 이는 정량적이고 객관적인 방법이며, 허용 결함의 크기를 명확히 표기할 수 있다. 결함 크기(등급) Ag는 결함의 최대 허용 면적의 제곱근($A_g = \sqrt{(\text{면적})^2}\ (\mathrm{mm}^2)$)으로 정의되며, 허용되는 결함 수 Ng는 검사 영역 내에서 허용되는 결함의 최대 개수를 의미한다.

일반적인 표면 결함은 $5/Ng \times Ag$, 광학 조립품의 국소적인 표면 결함은 $15/Ng \times Ag$이다. 예를 들어, 5/3 × 0.5이면 일반적인 표면 결함으로, $Ng = 3$(결함의 최대 개수), $Ag = 0.5$(결함의 최대 크기, 면적의 제곱근)이다. 15/2 × 0.2이면 국소적 결함으로, $Ng = 2$, $Ag = 0.2$이다.

MIL-PRF-13830B는 빠른 검사 방법이지만, 검사자의 주관적인 시각적 검사이므로 결과의 정확도가 낮을 수 있다. ISO 10110-7은 물리적 결함의 크기와 빈도에 따라 표면 품질을 정의하므로 객관적인 검사 방법이며, 맨눈으로는 볼 수 없는 결함도 감지할 수 있다.

5) 초점거리

렌즈의 초점거리(focal length)는 렌즈의 중심(주 평면)과 초점(이미지가 맺히는 지점) 간의 거리이다. 이 거리는 렌즈의 광학적 특성을 결정하며, 굴절률, 곡률, 두께에 따라 달라진다[22].

두께가 거의 무시될 수 있을 만큼 얇은 렌즈에서 빛은 렌즈를 통과할 때 굴절되지만, 초점거리 계산에 큰 영향을 미치지 않는다. 그러나 두꺼운 렌즈는 빛이 렌즈를 통과할 때 굴절되는 경로가 더 복잡하며, 두께와 양쪽 곡률반경이 유효 초점거리 f와 다음 관계가 있다.

$$f = (n-1)\left[\left(\frac{1}{R_1} - \frac{1}{R_2}\right) + \frac{(n-1)t}{nR_1R_2}\right] \tag{2.28}$$

여기서 n은 렌즈의 굴절률, R_1은 첫 번째 곡률반경, R_2는 두 번째 곡률반경, t는 두께이다. 얇은 렌즈의 초점거리는 두께 관련 항이 없다.

그림 2-46은 굴절능에 따라 구분된 두꺼운 렌즈의 종류를 보여준다. 렌즈 모양에 따라 주평면의 위치가 달라지므로 정확한 위치는 노달 슬라이드(nodal slide)를 사용하여 측정한다. 렌즈가 공기 중에 있으면 광학 절점(nodal point) N과 N'은 주평면이 광축과 만나는 주점(principal point)과 일치하므로, 초점거리는 절점과 초점 간의 거리로 정의된다.

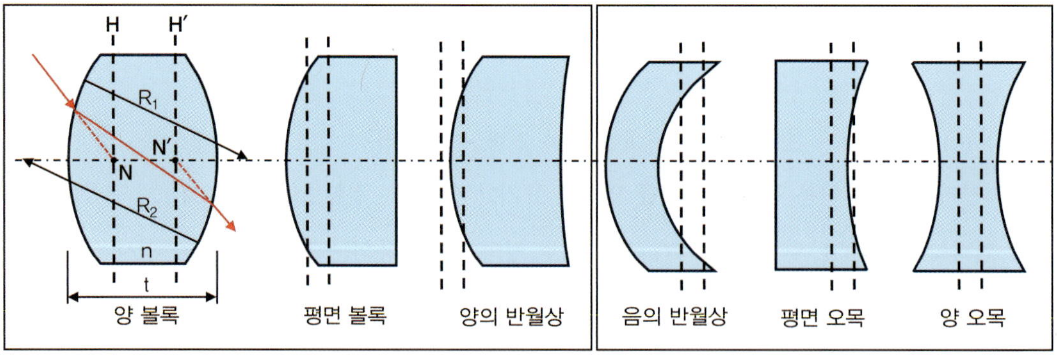

(a) 양의 렌즈(수렴)　　(b) 음의 렌즈(발산)

그림 2-46 두꺼운 렌즈의 종류

(1) 노달 슬라이드를 이용한 측정법

노달 슬라이드(nodal slide)는 렌즈의 광학 절점을 이동시킬 수 있는 정밀 스테이지로, 렌즈의 초점거리 측정 외에도 광학계 정렬 및 주점 위치 보정 등에 사용된다. 절점은 광선이 렌즈 내부에서 굴절되면서 입사각과 출사각이 같게 유지되는 가상의 점이다.

그림 2-47은 nodal slide의 원리와 측정장치를 보여준다. 시험 렌즈를 광축 방향으로 미세 이동하는 nodal slide에 장착하고, 상이 선명하게 맺히는 위치를 찾는다. 렌즈를 좌우로 회전시키면 상도 좌우로 회전하므로 slide를 광축 방향으로 조금씩 이동하면서 상이 고정되는 위치를 찾는다. 상의 회전과 이동은 현미경 구조의 상분석기로 확인한다. 렌즈 절점과 상은 같은 거리를 이동하므로 slide와 상분석기를 함께 이동한다.

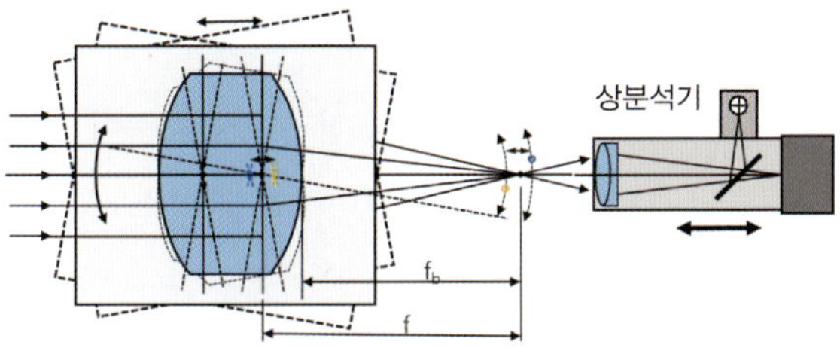

(a) nodal slide 원리(초점)

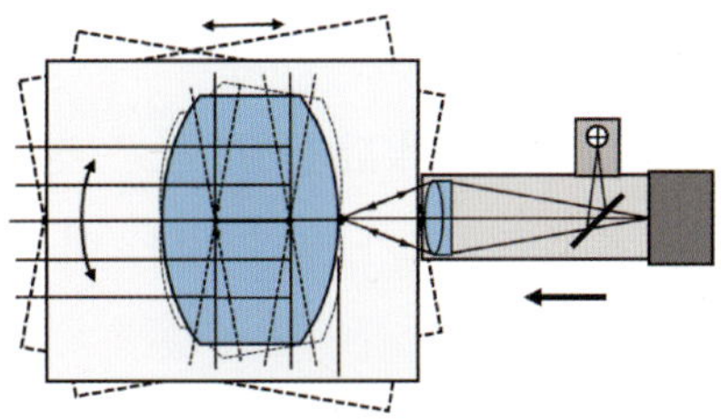

(b) 후면초점거리 측정

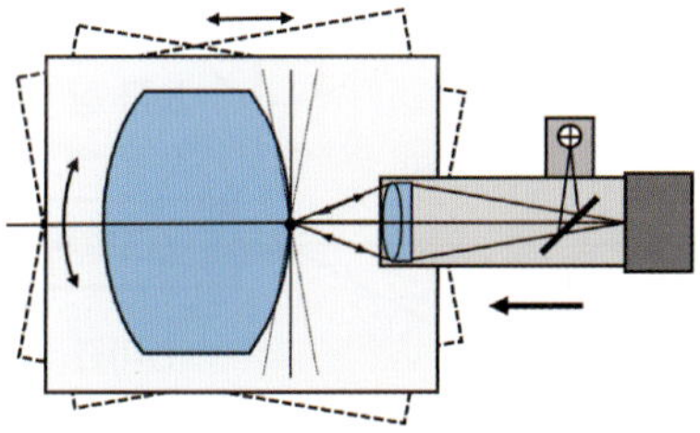

(c) 노달점 측정(영점)

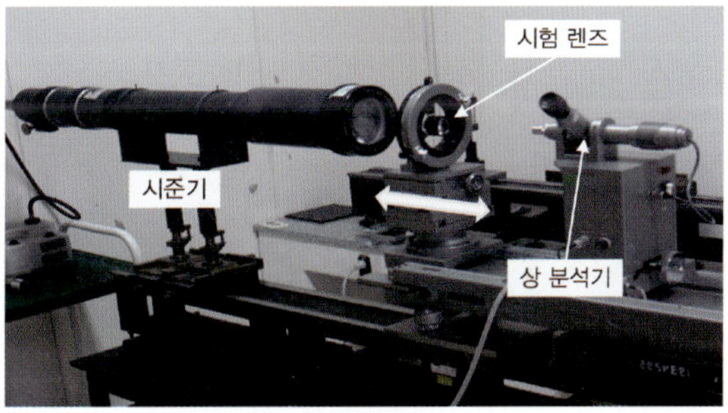

(d) nodal slide

그림 2-47 nodal slide를 이용한 초점거리 측정 원리와 장치

그림 2-47(b)에서 상분석기를 앞으로 이동하여 렌즈의 후면 위치를 측정하며, 이때 이동한 거리가 후면초점거리가 된다. 렌즈의 절점, 즉 회전 중심의 위치는 그림 2-47(c)와 같이 렌즈 뒷면이 회전 중심에 오도록 좌우로 회전시키면서 분석기의 상이 변하지 않는 점을 찾는다. 그림 2-47(a)의 두 점의 간격이 유효초점거리이다.

nodal slide는 비구면 렌즈나 여러 개의 렌즈로 구성된 복합 광학계에서도 사용할 수 있다. 절점을 중심으로 회전시키면 비축 물체에 대한 상을 생성할 수 있어, 렌즈나 광학계의 비점수차를 쉽게 측정할 수 있다.

(2) 시준기를 이용한 배율 측정

그림 2-48은 시준기를 사용하여 렌즈의 초점거리를 간접 측정하는 방법을 보여준다. 간격이 a인 물체를 초점거리 f_c의 시준기로 평행광을 만들어 시험 렌즈에 입사시키면 물체 간격이 변한다. 현미경으로 상의 크기 b를 측정할 경우, 배율 b/a를 알 수 있으므로 렌즈의 초점거리 f는 다음과 같이 계산된다.

$$f = f_c \cdot \frac{b}{a} \tag{2.29}$$

이 방법은 비교적 단순하며 높은 정밀도로 측정할 수 있지만, 시준기의 초점거리가 기준이 되기 때문에 측정 정확도가 높지 않다. 배율 측정 분해능을 높이려면 고배율 현미경과 고화소 CCD를 사용해야 한다.

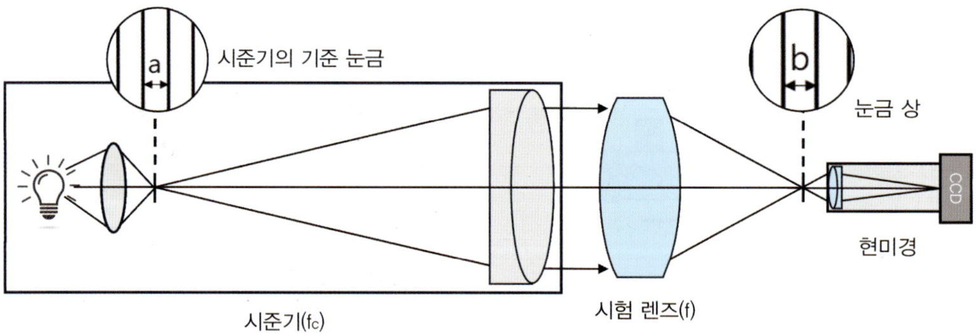

그림 2-48 시준기를 이용한 초점거리 측정

2.4 광학 코팅

광학 코팅(optical coating)은 렌즈, 거울, 프리즘 등의 광학부품에 얇은 층을 형성하여, 광학 성능을 최적화하고 보호 기능을 추가하는 기술이다. 주요 목적은 반사 감소, 특정 파장 필터링, 반사율 증가, 내구성 향상 등이며, 다양한 산업 및 응용 분야에서 필수적으로 사용된다. 최근에는 다층 구조, 정밀한 두께 제어, 내구성 향상 등 새로운 기술적 도전을 통해 반도체, 디스플레이, 태양광, 의료, 항공우주 등 다양한 산업에서 광학 장치의 성능을 극대화하는 핵심 기술로 활용되고 있다.

표 2-16은 광학 코팅의 종류와 활용 사례를 정리한 것이다. 무반사 코팅은 주로 렌즈에 사용되며, 거울은 고반사 코팅한다. 특정한 파장을 선택하여 반사 또는 투과하는 분광 필터는 다층 코팅한다[28, 29].

광학 코팅의 원리는 박막 간섭 이론으로 설명할 수 있다. 박막 간섭은 빛이 얇은 막(박막, thin film)을 통과하면서 여러 번 반사되며, 이 반사된 빛들이 서로 간섭하여 특정한 색 또는 무늬가 나타나는 현상이다. 이는 비눗방울, 기름 막, 광학 코팅(무반사, 고반사) 등의 현상에서 볼 수 있다.

이 절에서는 박막 이론을 먼저 설명한 후, 박막 증착법과 박막 시험법을 소개한다. 또한 증착 과정에서의 실시간 박막 두께 측정법에 대해서도 자세히 설명한다.

표 2-16 광학 코팅의 종류와 활용

종류	특징	활용
무반사 코팅 (AR, Anti-Reflective)	반사율을 줄여 투과율 증가	카메라 렌즈, 안경, 현미경
고반사 코팅 (HR, High-Reflective)	특정 파장에서 반사율 극대화	레이저 거울, 망원경 거울
다층 필터 코팅 (multilayer filter coating)	특정 파장만 투과 또는 반사	광학 필터, 분광기, 레이저 광학
금속 코팅 (metallic coating)	전자기파 반사 및 광학적 성능 향상	적외선 거울, 태양광 필터
보호 코팅 (protective coating)	스크래치, 습기, 환경 영향 보호	안경, 우주 광학, 군사 광학

1) 박막 간섭

박막 간섭은 2개 이상의 광파가 중첩될 때, 파동의 위상이 서로 어떻게 관련되어 있는지에 따라 빛이 증폭되거나 상쇄되는 현상이다. 그림 2-49에서 파장(λ)을 가진 빛이 박막에 입사하면 일부는 윗면에서 반사되고, 투과된 광은 아랫면에서 반사된다. 반사된 두 광파의 광로차 OPD는 다음과 같다.

$$
\begin{aligned}
OPD &= n_L(\overline{AB} + \overline{BC}) - n_0(\overline{AD}) \\
&= 2n_L d\cos\theta_t
\end{aligned}
\tag{2.30}
$$

여기서 n_L은 박막의 굴절률, d는 박막 두께, θ_t는 박막에서 빛의 굴절각이다.

박막 간섭에서는 반사된 두 광파의 광로차가 파장의 정수배이면 보강 간섭을 일으켜, 특정 파장의 빛이 강하게 반사되며 색반사 효과가 발생한다. 만약 광로차가 홀수 배의 반파장이면 상쇄 간섭이 일어나 특정한 색이 제거되거나 반사가 최소가 된다. 이는 다음과 같이 정의된다.

$$
\begin{aligned}
2n_L d\cos\theta_t &= m\lambda, \text{ (보강 간섭)} \\
&= (m+1/2)\lambda, \text{ (상쇄 간섭)}
\end{aligned}
\tag{2.31}
$$

여기서 m은 정수이다.

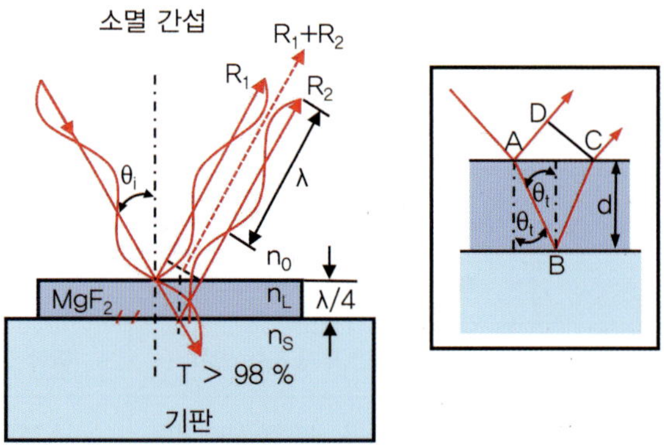

그림 2-49 박막 간섭의 원리

만약 빛이 수직 입사하고 박막의 광학적 두께(optical thickness) $n_L d$가 $\lambda/4$이면 광로차는 $\lambda/2$가 되어 상쇄 간섭이 발생한다. 이러한 원리를 이용하여 무반사 코팅을 한다. 실제 빛은 박막의 윗면과 아랫면에서 무한히 반복되는 다중반사가 일어나며, 이를 모두 합하여 반사광의 세기가 결정된다.

박막 매질에 흡수가 있는 경우, 매질의 굴절률은 복소수로 표현되며, 복소굴절률 N은 다음과 같다.

$$N = n - ik \tag{2.32}$$

여기서 n은 굴절률, k는 매질의 흡수와 관련된 소멸계수(extinction coefficient)이다. 흡수가 작은 유전체 박막은 $n \gg k$이고, k는 $10^{-2} \sim 10^{-5}$ 정도이다. 그러나 금속 박막은 $n < k$이고, 단일 금속 박막에 수직 입사한 빛의 반사율은 다음과 같이 표현된다.

$$R = \frac{(1-n)^2 + k^2}{(1+n)^2 + k^2} \tag{2.33}$$

이 식에서 k^2 항이 매우 크므로 반사율은 1에 근접한 값을 가진다. 즉, 두꺼운 Al, Ag, Au 같은 단층 박막으로 반사율이 높은 거울을 제작할 수 있다.

흡수율이 매우 작은 유전체는 $k^2 \approx 0$이며, 반사율은 다음과 같다.

$$R = \frac{(1-n)^2}{(1+n)^2} \tag{2.34}$$

만약 굴절률이 1.5인 유리가 대기 중에 놓여 있다면 반사율은 약 4 %이다. 렌즈는 두 면으로 구성되므로 투과한 빛의 손실은 약 8 %에 이른다. 그러나 굴절률이 1.38인 MgF_2를 $\lambda/4$ 두께로 코팅하면 반사율은 1.5 % 이하로 줄어든다. 렌즈의 양면에 코팅하면 광 손실이 3 % 정도로 감소하여 손실을 줄일 수 있다.

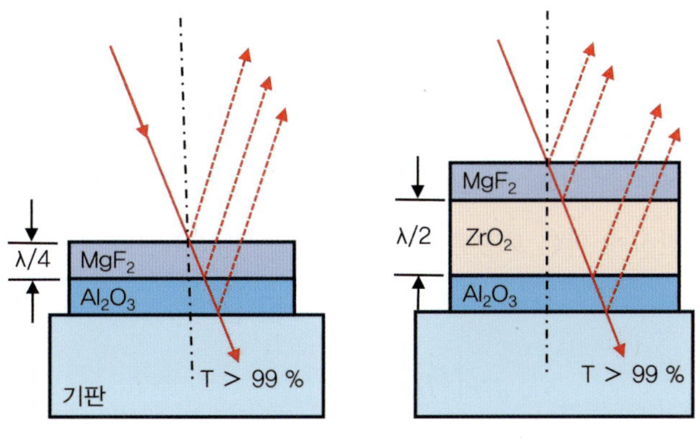

(a) V자형 반사율 (b) 광대역 반사율

그림 2-50 다층 박막에 의한 무반사 코팅

단층 코팅의 한계를 극복하기 위해 다층 구조를 사용하면 광대역(다양한 파장)에서 반사를 줄일 수 있다. 그림 2-50(a)에서 $n=1.38$인 MgF_2와 $n=1.70$인 Al_2O_3를 각각 $\lambda/4$(광학적 두께)로 다층 코팅하면 단층보다 반사율이 더 낮아진다. 특히, 중심 파장에서는 반사율이 거의 0에 가까워지는 V자형이 된다. 그림 (b)에서는 $n=2.10$인 ZrO_2를 $\lambda/2$(광학적 두께)로 중간에 다층 코팅함으로써 넓은 대역에서 반사율을 0.2 % 이하로 낮출 수 있다.

그림 2-51은 가시광 영역에서 세 종류의 무반사 코팅에 대한 분광 반사율 그래프를 보여준다. 고급 카메라 렌즈, 현미경, 고해상도 망원경에는 3층 구조의 다층 코팅을 많이 사용한다. 반사율을 더 낮추려면 층수를 늘려야 한다.

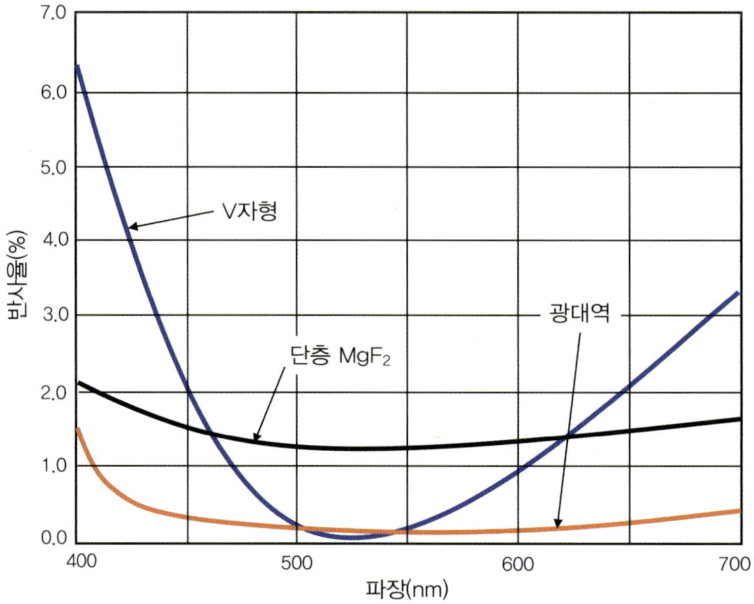

그림 2-51 무반사 코팅의 종류와 분광 반사율

반사율을 높이기 위해서는 그림 2-52와 같이 고굴절 물질과 저굴절 물질을 $\lambda/4$(광학적 두께)로 번갈아 적층하여 다중반사에 의한 보강간섭을 유도하도록 최적화한다. 다층 박막의 구조는 다음과 같이 표현된다.

$$air|(HL)^N H|_{strate} \quad \textbf{(2.35)}$$

여기서 H는 고굴절 물질(TiO_2, Ta_2O_5), L은 저굴절 물질(SiO_2, MgF_2), N은 두 물질의 반복 횟수이다. 이러한 다층 구조의 반사율은 다음과 같이 근사된다.

$$R = \left(\frac{(n_H/n_L)^{2N} - 1}{(n_H/n_L)^{2N} + 1} \right)^2 \quad \textbf{(2.36)}$$

가시광에서 반사율은 $N=5$일 때 98 %, $N=10$일 때 99.8 %이다. 일반적인 금속 코팅의 반사율은 97 % 정도이지만, 다층 유전체 코팅은 99 % 이상에 달한다.

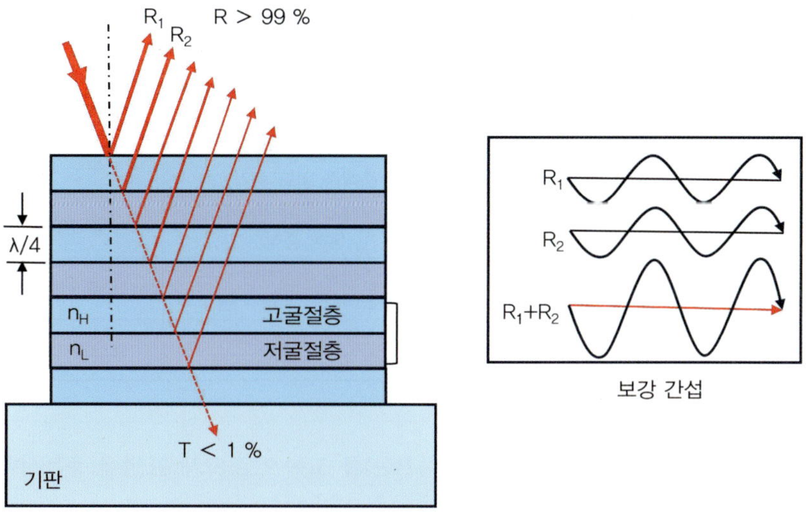

그림 2-52 다층 박막에 의한 고반사 코팅의 원리

2) 박막 증착

광학 코팅에는 여러 가지 방법이 있으며, 각 방법은 코팅 재료의 특성, 목적, 비용 등에 따라 선택된다. 일반적으로 물리적 증기 증착(PVD, Physical Vapor Deposition)과 화학적 증기 증착(CVD, Chemical Vapor Deposition)으로 구분된다.

물리적 증기 증착은 고체 상태의 물질을 기화시켜 기판에 증착하는 방식이며, 열기화법(evaporation)과 스퍼터링(sputtering) 등이 있다. 이 방식은 높은 정밀도의 균일한 두께의 박막을 형성할 수 있어, 반사 코팅, 무반사 코팅(AR 코팅), 고반사 코팅, 레이저 코팅 등에 적용된다.

화학적 증기 증착은 기체 상태의 화학 반응을 통해 기판에 박막을 형성하며, Low Pressure CVD(LPCVD), Plasma Enhanced CVD(PECVD) 등이 있다. 고온에서 화학 반응을 이용해 다양한 물질을 증착하며, 고급 필터, 미세한 구조의 코팅, 금속 및 유전체 코팅 등에 적용된다.

표 2-17은 광학 코팅 방법을 물리적 방법과 화학적 방법으로 나누어 설명한 것이다. 물리적 방법

에서 열 PVD와 전자빔 증착은 고체 물질을 기화시켜 기판에 증착하는 기본 원리는 같지만, 전자빔을 이용하면 고융점 고체 물질(Ti, Zr, Mo, Ta 등)을 빠르게 기화시킬 수 있다.

표 2-17 광학 코팅 방법

분류		방법	적용
물리적 증착 방법 (PVD, Physical Vapor Deposition)	열 PVD (thermal PVD)	전기 히터를 사용하여 증착 물질 증발	반사·반사 방지 코팅, 필터
	전자빔 증착 (e-beam evaporation)	전자빔을 사용하여 증착 물질을 증발시켜 렌즈에 부착	반사 방지 코팅, 필터
	스퍼터링 (sputtering)	고에너지 이온을 사용하여 표면에서 원자 방출 후 코팅	고반사 거울, 레이저 광학
	이온빔 보조 증착 (IAD, Ion-Assisted Deposition)	이온빔을 활용하여 증착층 밀도 증가	우주 광학, 군사장비
화학적 증착 방법 (CVD, Chemical Vapor Deposition)	열 CVD (thermal CVD)	고온에서 기체 반응을 통해 증착	보호 코팅, 고내구성 필름
	플라즈마 강화 CVD (PECVD)	플라즈마를 이용하여 낮은 온도에서도 코팅 가능	AR 코팅, 레이저 광학
	원자층 증착 (ALD, Atomic Layer Deposition)	원자 단위로 층을 형성하여 매우 균일한 코팅 구현	초정밀 필터, 반도체 광학

스퍼터링은 기본적으로 이온화된 기체(주로 아르곤)를 고속으로 고체 표면에 충돌시켜, 고체 표면의 원자나 분자를 튕겨내어 기판에 증착한다. 직류 전압, RF 전압, 펄스 전류를 사용하여 이온을 가속하며, 금속, 세라믹, 유전체 등 다양한 재료를 증착할 수 있다. 균일하고 고른 박막을 증착할 수 있지만, 증착 속도가 증발법보다 상대적으로 느리고 장비가 고가이다.

원자층 증착(ALD, Atomic Layer Deposition)은 화학 증기 증착의 한 형태로, 단계별 증착 방식을 사용한다. 즉, 기판에 원자 단위로 한 층씩 증착을 진행하여 정밀한 두께 제어가 가능하다. 이 방식은 반도체 제조, 나노 기술, 고급 광학장비 등에 주로 사용된다.

그림 2-53은 물리적 증착 방식인 열과 전자빔 코팅기, 스퍼터링 코팅기 및 열화학적 코팅기의 개략도를 보여준다. PVD 코팅기는 진공 챔버를 사용하여 증발한 물질이 기판에 증착되도록 한다. 전자빔 증발은 고체 물질을 전자빔으로 가열하는 방식이며, 일부 PVD 공정에서는 기판을 고온으로 가열하여 박막의 접착력을 높인다. 기판은 회전하거나 진동하여 증착이 균일하게 이루어지도록 돕는다.

CVD 코팅기는 기체 물질이 기판과 반응하여 박막을 증착하는 반응 챔버를 고온으로 유지해야 하며, 압력과 가스 흐름을 제어하는 시스템이 필요하다. 기판을 고온으로 가열하여 화학 반응을 유도하며, 이 과정은 진공 또는 저압 상태에서 진행되므로 진공 펌프와 가스 배출 시스템이 필수적이다.

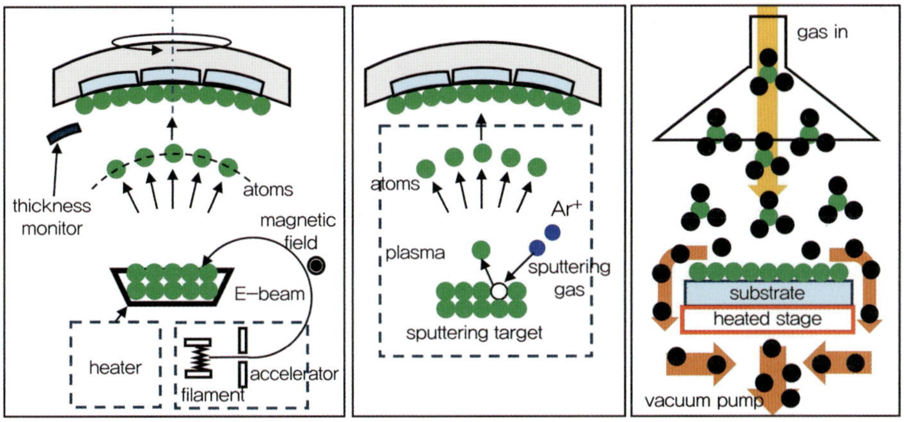

(a) 열과 전자빔 증착 (b) 스퍼터링 증착 (c) 열 CVD 증착

그림 2-53 PVD(열과 전자빔, 스퍼터링)와 열 CVD 코팅기

박막 두께의 실시간 측정에는 수정 진동자와 반사율 측정법이 사용된다. 고유 주파수를 가진 수정의 진동 주파수를 변화시켜 박막 두께를 측정하는 QCM(Quartz Crystal Microbalance) 기술은, 박막이 수정 진동자에 증착되면 진동 주파수가 변하는 원리를 이용한다. 주파수 변화는 박막의 질량과 비례하므로, 박막의 두께는 주파수 변화를 통해 실시간으로 측정된다.

이를 통해 실시간으로 박막 두께를 측정할 수 있고, 고속 증착 공정에서도 정확한 두께 측정이 가능하다. 표면에 박막이 균일하게 증착되는 경우에는 정확도가 높지만, 불균일하게 증착될 경우에는 정확도가 떨어질 수 있다. 또한 기판 박막의 밀도에 따라서도 정확도에 영향을 받을 수 있다.

수정 결정은 압력을 받으면 전지처럼 전압이 발생하는 피에조 전기 효과(piezoelectric effect)에 의해 고유 진동 주파수 f_0로 진동한다. 박막이 증착되면 사우어브라이(Sauerbrey) 방정식에 따라 주파수 변화 Δf와 박막의 질량 변화 Δm의 관계는 다음과 같다.

$$\Delta f = -\frac{-2f_0^2 \Delta m}{A\sqrt{\mu_s \rho_s}} \tag{2.37}$$

여기서 μ_s는 석영 결정의 밀도, ρ_s는 석영 결정의 전단응력, A는 센서의 면적이다. 박막이 증착되면 질량 변화는 박막의 두께 변화 Δd와 면적 A에 의해 다음과 같이 계산된다.

$$\Delta m = \rho \Delta d A \tag{2.38}$$

여기서 ρ는 박막의 밀도(g/cm^3)이다. 식 (2.37)과 (2.38)에 의해 박막의 두께 변화는 다음과 같다.

$$\Delta d = -\frac{\sqrt{\mu_s \rho_s}}{2f_0^2 \rho} \Delta f \tag{2.39}$$

석영 결정의 주파수는 기판의 재료에 따라 달라지며, 일반적으로 10 MHz에서 100 MHz까지 다양한 주파수 범위에서 동작한다.

반사율 기반 실시간 두께 측정법은 투명하거나 반투명한 박막에 입사하는 빛의 반사율을 측정하여 박막의 두께를 추정하는 방법이다. 레이저나 단색광을 사용하여 증착되는 박막의 반사율을 측정하면, 광학적 두께가 $\lambda/4$의 배수가 되는 지점에서 그림 2-38에서 설명한 소멸 간섭이 발생하므로 반사율이 최소가 된다. 반사율 그래프에서 최대 또는 최소가 되는 점과 두 지점을 ΔR 정도로 분해하면 박막 두께 분해능 Δd는 다음과 같다.

$$\Delta d = \frac{\lambda}{2n\cos\theta} \cdot \Delta R \tag{2.40}$$

여기서 n은 박막의 굴절률, θ는 광원의 입사각이다.

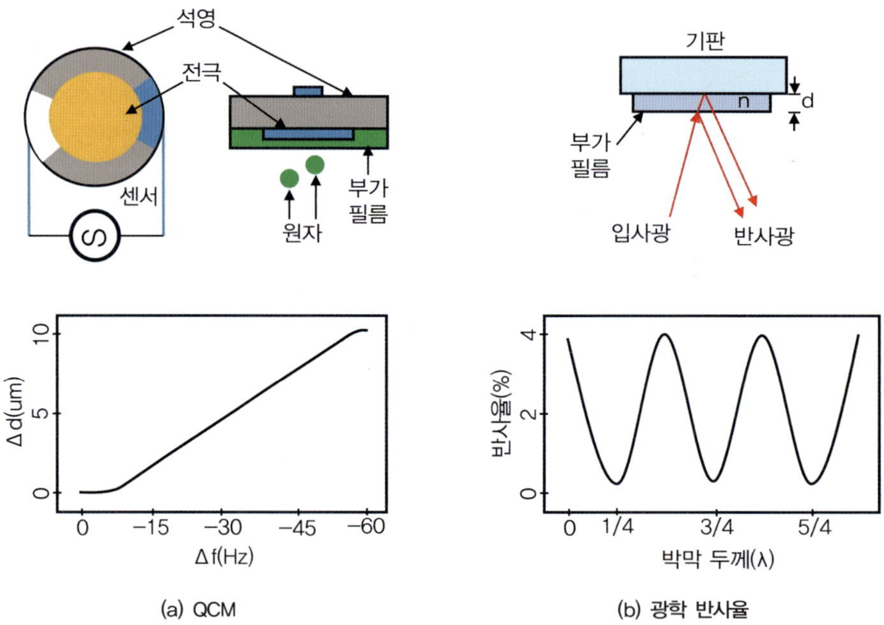

그림 2-54 QCM과 반사율 측정법에 따른 박막 두께 측정

파장 633 nm의 He-Ne 레이저를 수직 입사시키면 $n=1.38$인 MgF_2의 ΔR을 1/100 정도로 분해할 수 있으며, 이에 따른 두께 측정 분해능은 다음과 같다.

$$\Delta d = \frac{\lambda}{2n\cos\theta} \cdot \Delta R = \frac{633}{2 \times 1.38 \times 1} \times 0.01 = 2.3\ \mathrm{nm}$$

단파장 반사율 측정법은 두꺼운 단층 박막의 두께를 정확히 측정하지만, 흡수가 있는 금속이나 반도체, 다층 박막은 측정하지 못한다. 다층 박막의 두께는 넓은 파장 영역에서 측정한 분광 반사율을 바탕으로 각 층의 두께를 모델링하고 최적화하여 계산한다.

그림 2-54는 QCM 방법의 수정 진동자 센서와 빛을 이용한 반사율 기반의 박막 두께 측정장치를 그래프와 함께 보여준다.

3) 박막 시험

표 2-18은 박막 시험 항목과 방법을 정리한 것이다. 광학적 시험에는 반사율, 투과율, 굴절률, 두께 측정, 내구성 시험에는 접착력, 내마모성, 온도/습도 안정성, 레이저 손상 내성이 있다. 구조적 분석에는 표면 조도, SEM 분석, 전기적 특성 시험에는 전기 전도도 평가 항목이 있다. 시험은 반도체, 디스플레이, 항공우주, 국방 광학계, 의료용 광학장비 등에 필수적으로 적용된다.

표 2-18 광학 박막 시험 항목과 방법

항목	방법	사용 장비	비고
반사율, 투과율	특정 파장, 다층 박막	분광광도계(가시광), FTIR(적외선)	AR, HR, 필터
굴절률, 광 흡수계수	광학 변수 측정, 다층 구조 굴절률 분석	Spectroscopic Ellipsometer	렌즈, 거울, 광학 필터
박막 두께	엘립소미터와 간섭계를 이용한 두께 측정	Ellipsometer, 백색광 간섭계, 분광 반사도계	렌즈, 거울, 광학 필터
표면 조도 및 형상	면 거칠기 측정, 박막 구조 분석	AFM(Atomic Force Microscope), SEM(Scanning Electron Microscope)	초정밀 광학 코팅
내마모성 및 표면 경도 시험	나노인덴테이션 경도 측정, 마찰 시험	나노인덴테이션 측정기, 마찰 시험기	광학 코팅, 보호 박막
온도 및 습도 시험	고온-고습 시험(85 ℃/85 % RH, 24시간), 열충격 시험(-40~+125 ℃)	환경 시험기, 열충격 시험기	우주, 군사, 의료 광학
레이저 손상 임계값 (LDT, Laser Damage Threshold)	특정 레이저 에너지 조사 후 손상 여부 확인	LDT 측정 시스템, 고출력 레이저	고출력 레이저 거울, 반사 필터
박막의 미세 구조 및 성분 분석	단면 분석, 화학 성분 분석	SEM, EDS(Energy Dispersive Spectroscopy)	다층 코팅, 복합 광학 필터
전기 전도도 측정 (적용 가능 시)	4-포인트 프로브 측정, 홀 효과 분석	4-point probe, Hall effect measurement	투명 전극(ITO), 전자 부품

2.5 렌즈 경통

1) 경통의 기능과 종류

경통(barrel)은 광학 렌즈를 정렬하고 보호하는 기계적 구조물로, 일반적으로 알루미늄, 스테인리스 스틸, 플라스틱 등의 재료로 제작된다. 렌즈 배럴은 충격, 진동, 먼지, 습기 등 외부 환경으로부터 렌즈를 보호하며, 정밀한 배럴 구조를 통해 렌즈가 이동하거나 흔들리는 것을 방지한다. 스마트폰 카메라, 산업용 머신 비전, 야외 관측 장비 등에 방수 및 방진 기능을 적용하여 외부 오염을 차단한다.

렌즈가 정확한 위치에 고정되지 않으면 초점 오류가 발생하므로 배럴 내부에는 정밀 가공된 렌즈 좌석(seat) 또는 스페이서(spacer)를 사용한다. 이는 조립 과정에서 편심, 기울어짐, 축 이동을 방지한다. 배럴 내부에 블랙 아노다이징(black anodizing) 또는 광 흡수 코팅(anti-reflective coating)을 적용하여 불필요한 빛 반사를 줄여 화질 및 대비를 향상시킨다. 망원경이나 초정밀 광학 측정 장비에 다중 배럴 구조(스텝 배럴 등)를 적용하여 산란광을 억제한다.

배럴 내에서 렌즈의 위치를 조절하여 초점거리와 배율을 조정할 수 있으며, DSLR 줌 렌즈나 현미경 초점 조절에는 내부 이동식 구조가 사용된다. 렌즈와 배럴의 열팽창계수를 고려하여 광축 정렬이 유지되도록 설계해야 한다. 위성 카메라나 군사용 열 감지 카메라와 같이 온도 변화에 민감한 장비에는 초점이동을 방지하기 위한 특수 경통이 사용된다.

그림 2-55는 렌즈 경통의 모양과 종류를 보여준다[30, 31]. 직선형 배럴(straight barrel)은 내부가 일정한 직선형으로 가공된 단순한 구조이다. 가공 및 조립이 쉽고 제작 비용이 낮으며, 경량 설계가 가능하다. 그러나 렌즈 정렬이 어렵고 조립 시 오차 발생 가능성이 크다. 일반적으로 카메라 렌즈, 망원경, 머신 비전 광학계에 사용된다.

계단형 배럴(stepped barrel)은 내부가 계단형(스텝) 구조로 가공되어 렌즈가 정확한 위치에 배치된다. 렌즈 정렬이 안정적이며 광축 유지가 쉬워 열팽창의 영향을 줄일 수 있다. 그러나 가공이 복잡하고 제작 비용이 많이 들기 때문에 고정밀 망원경, 레이저 광학계, 정밀 현미경에 적용된다.

모듈형 배럴(subcell barrel)은 렌즈 정렬이 쉽고 조립 시 정밀도가 높다. 특정 렌즈만 교체할 수 있으며, 유지보수도 쉽다. 그러나 구조가 복잡하여 무게가 증가하며, 추가적인 서브 셀로 인해 많은 공간이 필요하다. 주로 고급 카메라 렌즈, 연구용 광학계, 교체형 광학 모듈, 렌즈를 많이 사용하는 자외선 노광기에 사용된다. 일반적으로 서브 셀 배럴의 정렬 오차는 셀들의 정렬보다 더욱 엄격하다.

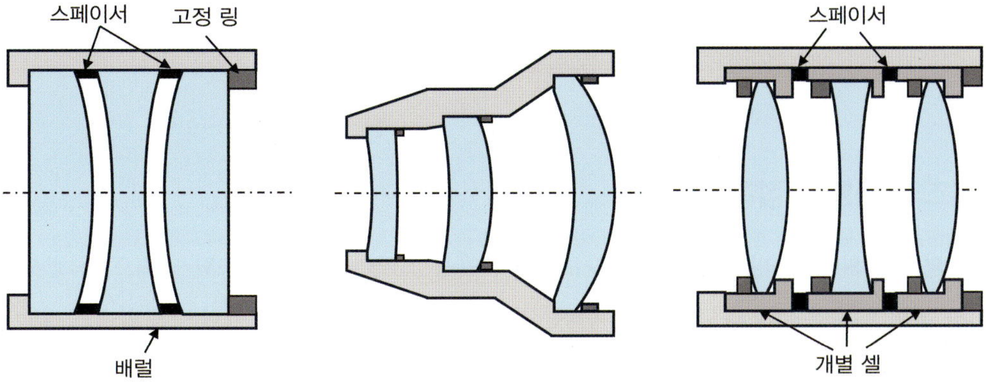

(a) 직선형 배럴 (b) 계단형 배럴 (c) 모듈형 배럴

그림 2-55 렌즈 경통의 모양과 종류

배럴은 안정성, 정렬, 내구성 확보를 위해 재료 선택이 중요하다. 가장 일반적인 재료인 알루미늄은 비용이 저렴하고 가공하기 쉬우며, 무게가 가벼워 휴대용 광학 장치에 적합하다. 또한 검은색으로 양극산화 처리하여 산란광을 줄일 수 있다. 스테인리스 스틸은 열팽창계수가 낮아 다양한 온도에서 사용하는 정밀 광학계에 더 적합하며, 강성이 높아 렌즈 정렬에 안정적이다. 티타늄은 강도 대비 무게 비율이 우수하나 가격이 비싸고, 황동은 기계 가공이 가능하고 부식에 강하지만 무겁다.

그림 2-56은 줌 렌즈와 자외선 노광기의 광기계 구조를 보여준다. 줌 렌즈는 4개의 렌즈군으로

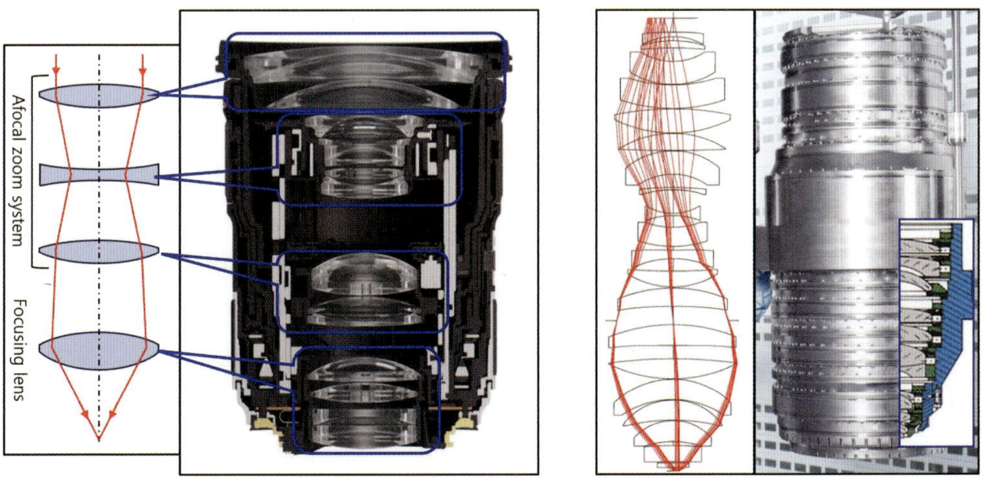

(a) 줌 렌즈(Canon) (b) DUV 노광기 렌즈(ZEISS)

그림 2-56 줌 렌즈와 DUV 노광기 렌즈의 경통 구조

구성되며, 각각의 렌즈군은 스텝 배럴 구조이지만, 전체 광학계는 서브 셀 배럴 구조이다. 자외선 노광기는 각각의 렌즈를 미세 정렬할 수 있도록 서브 셀 배럴 구조로 되어 있다.

2) 렌즈와 경통의 접촉 방법

렌즈와 배럴의 접촉 방법은 광학 성능, 기계적 안정성, 열팽창 대응, 조립 난이도 등에 영향을 미친다. 그림 2-57은 렌즈와 경통을 접촉하는 네 가지 방법을 보여준다. 각각의 방법에는 장단점이 있으므로 개발 중인 광학계의 요구사항에 따라 적절한 방법을 선택해야 한다.

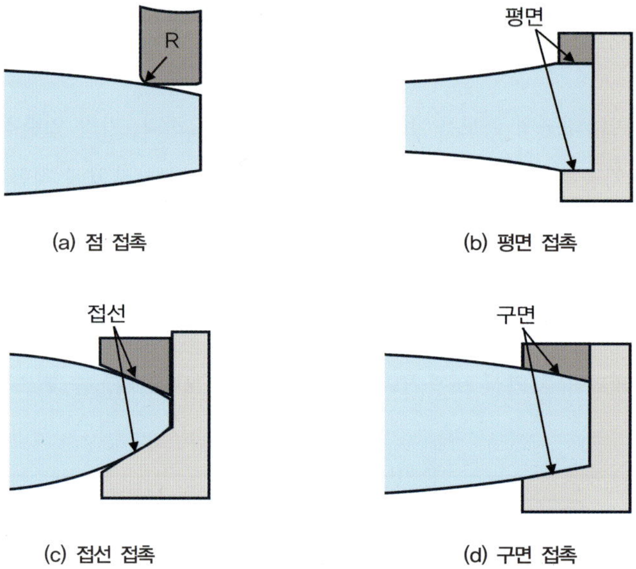

그림 2-57 렌즈와 경통의 접촉 방법

점 접촉(point contact)은 접촉 지점이 최소화되어 렌즈 변형이 작으므로 정밀한 광축 정렬이 가능하다. 그러나 접촉 면적이 작아 충격과 진동에 취약하며, 응력 집중 현상이 발생하여 렌즈가 깨질 위험이 있다. 온도 변화에도 렌즈가 팽창할 공간이 충분하여 열변형이 작다. 또한 정밀한 정렬이 필요하므로 조립이 어렵고, 주로 우주망원경, 정밀 간섭계, 레이저 시스템에 적용된다.

평면 접촉(flat contact)은 렌즈가 평면에 맞닿아 있지만, 미세한 기울어짐이 발생할 수 있다. 안정적인 지지 구조이므로 진동과 충격에 강하고, 균등한 힘 분배가 가능하므로 렌즈 파손 위험이 낮다. 그러나 열팽창으로 인해 배럴과 렌즈가 확장되면서 서로 압력을 가할 가능성이 있다. 일반적인 배럴 설계에서 가장 쉽게 적용할 수 있으므로, 카메라 렌즈, 현미경, 머신 비전 렌즈에 사용된다.

접선 접촉(tangential contact)은 렌즈 가장자리에서 접촉하므로 광축을 정밀하게 유지할 수 있다. 렌즈가 안정적으로 고정되지만, 접촉력이 균일하지 않으면 광축이 틀어질 가능성이 높다. 렌즈의 특정 지점에서 응력이 집중되므로 균등한 힘 배분이 필요하다. 온도 변화에 따른 렌즈 팽창이 접선 방향으로 이루어져 상대적으로 안정적이나, 렌즈와 배럴의 접촉 설계가 필요하여 제작이 까다롭다. 주로 고해상도 망원경과 정밀 측정 장비에 적용된다.

구면 접촉(spherical contact)은 가장 균일한 접촉 방식으로 정렬이 쉽다. 렌즈가 안정적으로 유지되므로 충격과 진동에 강하다. 가장 균일한 응력 분포로 렌즈 변형을 최소화하고, 렌즈가 팽창해도 구면 접촉을 유지하므로 변형이 거의 없다. 다만, 배럴과 렌즈 모두 정밀 가공이 필요하여 가공 및 조립 비용이 증가할 수 있다. 주로 고온·저온 환경의 광학계, 연구용 정밀 광학장비에 적용된다.

정밀한 광축 정렬이 필요할 경우에는 점 접촉 또는 접선 접촉, 기계적 안정성이 중요할 경우에는 평면 접촉 또는 구면 접촉, 열팽창 영향을 최소화해야 할 경우에는 구면 접촉, 조립 및 생산 비용을 감소해야 할 경우에는 평면 접촉을 적용한다.

3) 렌즈 경통의 편심

광학계는 일반적으로 코팅한 렌즈나 거울을 경통에 조립하여 구성된다. 그림 2-58은 렌즈와 경통의 정렬 상태를 보여준다. 이상적으로는 렌즈 광축과 경통 중심축이 일치해야 하지만, 가공 오차, 렌즈 외경 오차, 조립 오차, 열변형, 고정 링의 기계적 응력 등에 의해 편심이 발생할 수 있다. 이러한 편심은 이미지 품질 저하, 광축 틀어짐, 수차 증가 등의 문제를 유발하므로, 정밀한 보정이 필요하다.

렌즈 경통 조립은 광학 렌즈를 배럴 내부에 정밀하게 배치하여 광축 정렬을 유지하며, 먼지와 습기 등 외부 환경으로부터 렌즈를 보호하는 과정이다. 조립 시 정확성, 응력 최소화, 환경 보호,

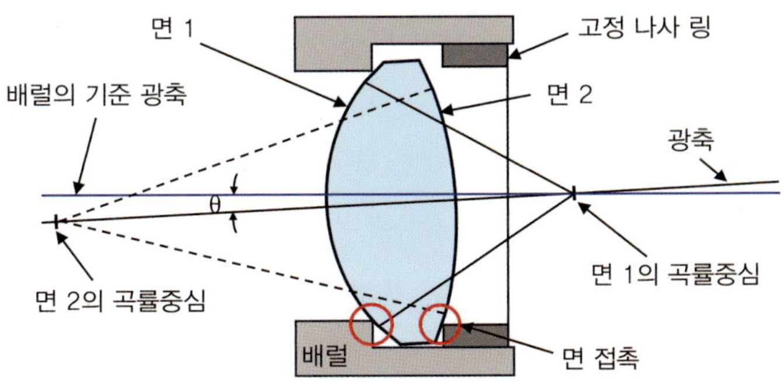

그림 2-58 렌즈 광축과 경통 중심축의 관계

정렬 유지가 필수적이다.

조립 전 준비 단계에서는 부품 검사·정리 및 청정실 환경을 조성한다. 렌즈, 배럴, 스페이서, 고정 링(retaining ring), 밀폐 부품(O-링 등)을 확인하고, 부품의 오차(공차), 손상 여부, 먼지를 점검한다. 특히, 내부 표면의 블랙 코팅 처리 여부를 확인해야 한다. 먼지와 이물질 방지를 위해 청정실 또는 깨끗한 작업대를 사용한다. 정전기 방지 장갑을 착용하고, 조립 부품을 에어 송풍기 및 렌즈 클리너로 세척 후 사용한다.

렌즈 조립 절차는 '배럴 내부 세척 및 준비 → 렌즈 삽입 → 렌즈 정렬 및 좌석 위치 조정 → 고정 링 장착' 순으로 진행된다. 배럴 내부는 무알코올 에탄올 또는 광학 전용 클리너로 닦아 먼지를 제거한다. 내부에 광 흡수를 위한 블랙 코팅(black anodizing) 처리가 되어 있는지 확인하고, 공기 배출을 위해 통풍구(vent hole)가 있는지도 점검한다.

렌즈 삽입은 진공 픽업 도구(vacuum pickup tool)를 사용하여 렌즈 외곽을 잡고, 배럴 내부로 광축과 정렬되도록 수직 삽입한다. 렌즈 외경과 배럴 내부 지름은 25~50 μm의 여유 공간을 두고 가공하므로 원활하게 삽입할 수 있다.

렌즈 정렬과 위치 조정은 정밀 스페이서 또는 정렬 가이드를 사용한다. 필요시 엑센트릭 링(eccentric ring) 또는 조정 나사(micro-adjustment screw)로 미세 조정한다.

고정 링은 광학적 응력을 최소화하도록 균일한 압력을 가해야 한다. 고정 링이 너무 조여지면 렌즈에 응력이 가해져 광학 성능이 저하될 수 있으므로, O-링 또는 스프링 와셔(spring washer)를 사용하여 응력을 완화한다.

최종 조립 및 밀폐 처리(sealing) 단계에서는 먼지와 습기 침투 방지를 위해 O-링, 접착제(epoxy), 건조 가스 충전(nitrogen purge)을 적용하고, 방수 기능이 필요한 경우는 고무 개스킷(gasket)을 추가한다.

조립 시 주의사항으로는 렌즈 외곽을 잡고 다루며, 광학면에는 직접 접촉하지 않아야 한다. 렌즈 고정 시 비대칭 응력 방지를 위해 고정 링 조임 토크를 균일하게 유지한다. 또한 온도 변화에 대비하여 열팽창 차이를 고려한 설계를 적용하고, 내부 반사 방지를 위해 광 흡수 블랙 코팅을 처리한다.

그림 2-59는 렌즈 경통의 편심 측정과 CNC를 이용한 수정 가공 과정을 보여준다. 렌즈를 투과 또는 반사하는 자동 시준기의 빛을 기준으로 렌즈 광축과 경통의 중심을 측정하고 정렬한 후, 정렬 기준을 바탕으로 경통을 CNC 선삭 가공하여 광축과 기계적 축을 미세 정렬한다. 정밀 선삭용 고정밀 공구(diamond turning tool)를 사용하면 미세 절삭(0.5 μm 이하의 공차)으로 가공 정확도를 높일 수 있다. 이 방법은 비구면 렌즈에도 적용할 수 있다.

일반적으로 렌즈와 배럴 정렬에 심(shim)을 많이 사용한다. 심은 광학 시스템에서 렌즈와 배럴 간의 정밀한 간격을 조정하는 얇은 패드로, 금속(스테인리스, 알루미늄), 플라스틱, 탄성 소재(PTFE, PEEK) 등으로 제작된다. 렌즈가 배럴에 직접 접촉할 경우 열팽창 및 조립 응력으로 인한 변형 위험이 있으므로, 심이 완충 역할(compliance layer)을 하여 렌즈 손상을 방지한다. 또한 배럴 가공 공차(공작물 허용 오차)를 보완하여 정밀한 위치 조정을 가능하게 하므로, 정밀 CNC 가공 대신 심을 활용하면 생산 비용을 절감할 수 있다.

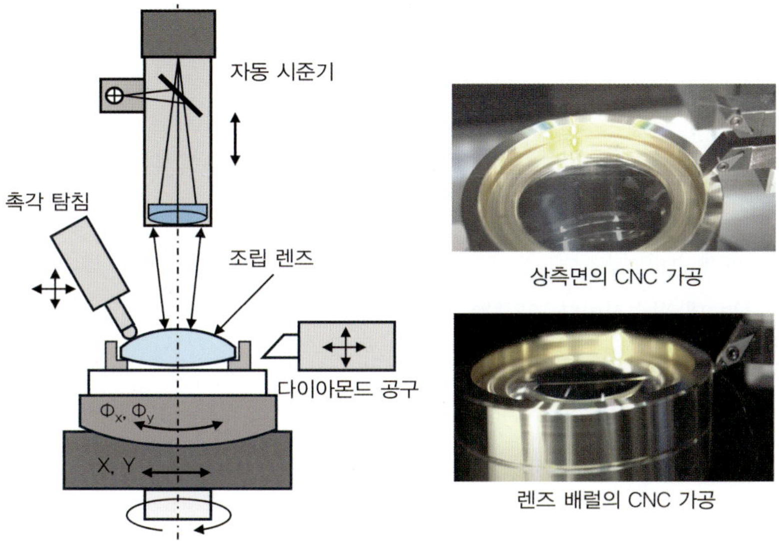

그림 2-59 렌즈 경통의 편심 측정과 수정 가공

2.6 광학 공차

광학 공차(optical tolerance)는 가공 공차(manufacturing tolerances)와 조립 공차(assembly tolerances)로 구분된다. 가공 공차는 렌즈나 거울 등 개별 광학부품의 설계된 치수 및 형상을 얼마나 정확하게 제작해야 하는지를 정의한다. 조립 공차는 광학부품이 조립된 후 전체 광학계의 성능이 유지되도록 허용되는 오차 범위를 정의한다.

광학 공차는 광학계 성능과 비용을 결정하는 중요한 요소이다. 광학 공차가 엄격할수록 부품의 정밀도가 높아지지만, 제작 비용과 소요 시간도 증가한다.

광학 공차는 국제 표준 및 산업 표준을 기반으로 정의되며, 광학부품의 제조 및 품질 관리에서 일관성을 유지하는 데 필수적이다. 표준화된 공차는 제조업체와 고객 간의 명확한 사양 전달, 생산 효율성 향상, 품질 보증을 가능하게 한다.

표 2-19는 광학부품의 공차와 관련된 국제 및 국가 표준을 나타낸 것이다. ISO 10110 표준이 국제적으로 가장 널리 사용되며, MIL-PRF-13830B와 MIL-STD-1413은 미국 군사 및 방산 관련 광학계에서 중요한 역할을 한다.

광학 공차는 적용 분야에 따라 일반 상용 등급(commercial grade), 정밀 등급(precision grade), 고정밀 등급(high-precision grade), 초정밀 등급(ultra-precision grade)으로 구분된다. 공차가 엄격해질수록 가공, 측정, 검사, 조립에 필요한 비용이 증가하고 생산 수율은 감소하므로, 제품의 개당 단가는 급격히 상승한다.

표 2-19 광학 공차 관련 국제 및 국가 표준

표준	기관	내용	활용
MIL-PRF-13830B	미국 국방성(DOD)	스크래치-디그(표면 품질) 등급 정의	방산, 항공우주, 레이저 광학계
ISO 10110	국제표준화기구(ISO)	광학부품 도면 표기법 및 공차 지정	일반 산업용, 상용 제품, 정밀 광학
ISO 11010-12	국제표준화기구(ISO)	비구면 광학부품의 표면 공차 정의	정밀 광학
DIN 3140	독일표준화협회(DIN)	독일 산업용 광학 공차 표준	일반 산업용, 상용 제품, 정밀 광학
ANSI/OEOSC OP1.002	미국표준협회(ANSI)	광학부품 공차의 명확한 정의	일반 산업용, 상용 제품, 정밀 광학
JIS B 7125	일본 공업규격(JIS)	일본 광학부품의 공차 규격	일반 산업용, 상용 제품, 정밀 광학

1) 가공 공차

표 2-20은 광학부품 제조에서 일반적으로 사용되는 공차 등급을 비교한 것이다. 일반급에는 산업용 카메라, 디스플레이, 일반 광학장비 등이 있으며, 정밀급에는 고해상도 결상, 과학 실험, 의료기기 등이 있다. 고정밀급에는 반도체 검사장비, 정밀 레이저 시스템, 대형 망원경 등이 있으며, 초정밀급에는 고해상도 우주망원경, 초정밀 레이저 간섭계, 극자외선 노광기 등이 있다.

상업용 광학부품은 비용이 효율적이고 생산성이 높지만, 성능이 제한적이다. 정밀 및 고정밀 광학부품은 성능이 중요한 경우에 사용되며, 그만큼 제작 비용이 증가한다. 초정밀 광학부품은 극도로 높은 품질과 성능을 요구하는 연구 및 우주 응용 분야에서 사용되며, 기존 광학 가공 기술의 한계를 넘는 품질이 요구된다.

표 2-20 일반 광학 가공 공차의 등급 비교

항목	일반 (commercial)	정밀 (precision)	고정밀 (high-precision)	초정밀 (ultra-precision)
표면 형상 (surface figure)	λ/2~λ/4	λ/4~λ/10	λ/10~λ/20	λ/20~λ/50
표면 품질 (scratch & dig)	80-50, 60-40	40-20	20-10	10-5, 5-2
표면 거칠기 (surface roughness)	50 Å~100 Å	20 Å~50 Å	10 Å~20 Å	< 10 Å
중심 두께 (center thickness)	±0.1 mm~±0.2 mm	±0.05 mm	±0.01 mm	±0.005 mm
곡률반경 (radius)	±0.5 %	±0.1 %	±0.05 %	±0.01 %
쐐기 각도 (wedge angle)	≤ 3 arcmin	≤ 1 arcmin	≤ 30 arcsec	≤ 10 arcsec
편심 (centration)	≤ 3 arcmin	≤ 1 arcmin	≤ 30 arcsec	≤ 10 arcsec
코팅 두께 (coating thickness)	±5 %	±2 %	±1 %	< ±0.5 %
투과율/반사율 (transmittance/reflectance)	±2 %	±1 %	±0.5 %	±0.1 %

(1) 비구면 렌즈

비구면 렌즈는 구면수차를 줄여 광학계 성능을 향상시킨다. 그러나 제조 공정이 복잡하고 공차 관리가 구면 렌즈보다 어려워, 정확한 공차 설정이 매우 중요하다.

표 2-21은 비구면 렌즈의 주요 항목과 공차를 등급별로 구분한 것이다. 공차가 엄격할수록 렌즈의 이미지 품질, 초점 정확도, 레이저빔 품질이 향상되지만, 가공 및 검사 비용이 많이 증가한다.

비구면 렌즈 공차를 최적화하기 위해서는 주요 공차만 엄격하게 설정해야 한다. 예를 들어, 중심 두께 공차보다는 형상 오차에 집중하고, 8차 이상의 고차수 비구면 설계를 피하며, 4차 또는 6차를 사용하여 제조 난이도를 줄인다. 대량 생산의 경우 몰딩 비구면 렌즈를 사용하여 비용을 절감하고, 핵심 렌즈는 정밀 등급(λ/10), 주변 렌즈는 상용 등급(λ/4)을 적용하여 전체 광학계 비용을 줄일 수 있다.

표 2-21 비구면 렌즈의 공차 등급 비교

항목	일반급	정밀급	고정밀급
비구면 형상 오차 (aspheric surface form error, RMS)	0.5~2 μm	0.1~0.5 μm	< 0.1 μm
표면 품질 (scratch & dig)	60–40	40–20	20–10
중심 두께 공차 (center thickness)	±0.1 mm	±0.05 mm	±0.01 mm
구면 편차 (radius departure, PV)	±1 %	±0.5 %	±0.1 %
비구면계수 공차 (aspheric coefficient)	±5 %	±1 %	±0.5 %
광축 편심 (centration, arcmin)	≤ 3 arcmin	≤ 1 arcmin	≤ 30 arcsec
표면 거칠기 (surface roughness, RMS)	< 50 Å	< 20 Å	< 10 Å

(2) 플라스틱 비구면 사출 렌즈

플라스틱 비구면 사출 렌즈(injection molded aspheric lens)는 경량, 저비용, 대량 생산이 가능하여 VR/AR, 스마트폰, 자동차 센서, 조명, 의료 기기 등 다양한 분야에서 사용된다. 그러나 플라스틱은 열변형과 수축 등의 문제로 인해 유리 렌즈보다 공차 관리가 어려우므로, 사출 성형 과정에서의 공차 설정이 매우 중요하다.

표 2-22는 플라스틱 사출 렌즈의 주요 공차를 나타낸 것이다. 플라스틱 렌즈는 유리 렌즈보다 공차가 느슨하지만, 성능을 유지하려면 특정 공차 범위 내에서 관리되어야 한다. 플라스틱은 유리보다 가공 정밀도가 낮아 일반적으로 1~5 μm 수준의 형상 오차가 발생한다. 정밀 성능이 요구되는 스마트폰 렌즈에서는 0.5 μm 이하로 관리되어야 한다. 정밀 사출 성형 후 다이아몬드 선삭 가공을 추가하면 형상 오차를 0.1 μm 수준까지 줄일 수 있다.

플라스틱은 냉각 과정에서 수축이 발생하므로 금형 설계 시 일반적으로 ±0.3~0.5 %의 수축률을 적용하여 보정한다. 사출 과정에서는 미세한 형상 변화가 발생하여 비구면계수가 정확히 일치하기 어려우며, ±10 % 수준의 공차가 일반적이나, 정밀급은 ±1 % 수준으로 관리된다. 플라스틱 렌즈는 유리보다 표면 경도가 낮아 흠집이 발생하기 쉬워, 표면 품질은 일반적으로 80-50(상용)에서 40-20(고정밀) 수준으로 관리된다.

표 2-22 플라스틱 비구면 사출 렌즈의 공차 등급 비교

항목	일반급	정밀급	고정밀급
비구면 형상 오차 (aspheric surface form error, RMS)	1~5 μm	0.5~1 μm	0.1~0.5 μm
표면 품질 (scratch & dig)	80–50	60–40	40–20
중심 두께 (center thickness)	±0.1 mm	±0.05 mm	±0.01 mm
곡률반경 (radius)	±0.5 %	±0.2 %	±0.1 %
비구면계수 (aspheric coefficient)	±10 %	±5 %	±1 %
광축 편심 (centration, arcmin)	≤ 5 arcmin	≤ 1 arcmin	≤ 30 arcsec
사출 공정 후 수축 오차 (molding shrinkage)	±0.5 %	±0.3 %	±0.1 %
표면 거칠기 (surface roughness, RMS)	< 100 Å	< 50 Å	< 20 Å

(3) 프리즘

표 2-23은 프리즘의 제작 공차를 각도, 면 정밀도, 표면 품질, 투명도로 구분하고, 사용 용도에 따라 공차 수준을 나타낸 것이다. 비용과 성능을 최적화하기 위해 각도 공차가 가장 중요한 요소이므로 필요 이상으로 엄격하게 설정하지 않는다. 광축 정렬이 중요한 시스템에서는 편심 공차를 강화하고, 표면 품질은 40-20 정도로 완화한다. 레이저 및 정밀 광학용 프리즘은 열팽창이 적은 UVFS(Uitraviolet Fused Silica)를 사용하며, AR 코팅 처리로 빛의 손실을 최소화한다.

표 2-23 프리즘의 공차 등급 비교

항목	일반급	정밀급	고정밀급
각도 공차 (angular tolerance)	±5 arcmin	±1 arcmin	±10 arcsec
면 정밀도 (flatness)	λ/2	λ/4	λ/10
표면 품질 (scratch & dig)	80–50	40–20	20–10
치수 공차 (dimensional tolerance)	±0.2 mm	±0.05 mm	±0.01 mm
편심 공차 (centration tolerance)	≤5 arcmin	≤1 arcmin	≤10 arcsec
평행도 (parallelism)	≤1 arcmin	≤30 arcsec	≤10 arcsec
투과 파면 오차 (transmitted wavefront error)	λ/2	λ/4	λ/10

(4) 대구경 비구면 거울

대구경 비구면 거울은 천문학, 우주 관측, 레이저 시스템, 반도체 리소그래피, 국방 분야에서 필수적으로 사용된다. 이러한 거울은 구면수차 및 광학적 왜곡을 최소화해야 하며, 표면 형상과 정렬 정밀도가 매우 중요하다. 그러나 구경이 커질수록 제조 난이도와 공차 관리가 어려워지고, 비용이 급격히 상승한다. 따라서 용도에 맞는 최적의 공차 설정이 필수적이다.

표 2-24는 대구경 비구면 거울의 주요 공차와 일반적인 범위에서 등급을 구분한 것이다. 고출력 레이저 및 우주 관측에서는 $\lambda/20$ 이상의 형상 정밀도(10 nm RMS 이하), 10-5, 5-2 수준의 초정밀 표면 품질이 요구된다. 대형 망원경과 레이저 시스템에서는 10 arcsec 이하의 높은 정렬 정밀도를 요구한다. 특히, 고출력 레이저 거울은 빛의 산란을 최소화하기 위해 10 Å 이하의 표면 거칠기가 중요하다.

비구면 거울의 가격은 구경 크기와 공차 수준에 따라 크게 달라진다. 천문학, 우주, 반도체, 레이저 응용에서는 $\lambda/20$ 이상의 정밀도가 요구되어, 비용이 수십만에서 수백만 달러까지 상승할 수 있다. 이에 따라 용도에 맞는 최적의 공차 설정은 비용과 성능을 균형 있게 조절하는 핵심 전략이 된다.

표 2-24 대구경 비구면 거울의 공차 등급 비교

항목	일반급	정밀급	고정밀급	초정밀급
구경 크기 (diameter)	0.1~0.3 m	0.3~1 m	1~3 m	3 m 이상
표면 형상 (PV)	$\lambda/2 \sim \lambda/4$	$\lambda/4 \sim \lambda/10$	$\lambda/10 \sim \lambda/20$	$\lambda/20 \sim \lambda/50$
표면 형상 (RMS)	0.5~1 μm	100~500 nm	20~100 nm	< 10 nm
표면 품질 (scratch & dig)	80-50, 60-40	40-20	20-10	10-5, 5-2
표면 거칠기 (surface roughness)	< 100 Å	< 50 Å	< 20 Å	< 10 Å
광축 편심 (centration)	≤ 5 arcmin	≤ 1 arcmin	≤ 30 arcsec	≤ 10 arcsec

2) 조립 공차

(1) 카메라 렌즈

여러 개의 렌즈로 구성된 카메라 광학계는 개별 렌즈의 정밀도도 중요하지만, 조립 과정에서의 공차 관리가 최종 영상의 품질을 결정한다. 조립 공차가 너무 크면 초점이 맞지 않거나 해상도가 저하되며, 색수차가 증가할 수 있다. 반대로, 공차를 지나치게 엄격하게 설정하면 조립 및 검사 비용이 급격히 상승할 수 있다.

렌즈 조립 공차는 광축 정렬, 중심 위치, 렌즈 간 거리, 기울기, 파면 오차 등으로 구성되며, 최종 광학계 성능지표인 MTF(Modulation Transfer Function)와 직접적인 관계가 있다. 표 2-25는 카메라 렌즈의 조립 공차를 세 등급으로 구분하여 비교한 것이다.

광축 정렬은 렌즈가 광축과 얼마나 정확하게 정렬되었는지를 나타내며, 렌즈 간 간격이 일정하지 않을 경우 초점거리와 색수차 보정 성능이 변한다. 일반 카메라(CCTV, 스마트폰)는 ±10 μm 수준의 중심 정렬 공차로 충분하지만, 산업용 고정밀 렌즈는 ±1 μm 이하의 정밀도가 요구된다.

카메라 렌즈의 조립 공차는 광학계 성능을 결정하는 핵심 요소이며, MTF는 최종적인 광학 성능을 평가하는 데 가장 중요한 지표 중 하나이다. MTF는 렌즈가 공간주파수(해상도)에 따라 얼마나 선명하게 이미지를 전달할 수 있는지를 나타내는 지표로, 조립 공차가 엄격하게 관리되지 않으면 MTF 성능이 크게 저하된다.

표 2-25 카메라 렌즈의 조립 공차 등급 비교

항목	일반급	정밀급	고정밀급
광축 정렬 (optical axis alignment)	±10 arcmin	±3 arcmin	±30 arcsec
중심 위치 공차 (centration tolerance)	±10 μm	±5 μm	±1 μm
렌즈 간 거리 공차 (spacing tolerance)	±0.1 mm	±0.05 mm	±0.01 mm
렌즈 기울기 (tilt tolerance)	≤0.5°	≤0.1°	≤0.01°
하우징 기계적 공차 (housing tolerance)	±0.05 mm	±0.02 mm	±0.005 mm
파면 오차 (wavefront error after assembly)	λ/4 RMS	λ/10 RMS	λ/20 RMS

카메라 렌즈의 조립 공차에서 정렬 공차는 렌즈와 광축 간, 이미지 센서와 광축 간의 정렬을 나타낸다. 광축 정렬이 맞지 않으면 주변부의 MTF가 저하되고, 센서가 기울어지면 비축 MTF가 비대칭이 된다.

중심 위치 공차는 각 렌즈가 기계적 중심과 얼마나 일치하는지를 나타낸다. 중심 정렬 오류가 발생하면 비대칭적 광학 수차(왜곡)가 증가하여 MTF가 저하된다. 렌즈 간격이 틀어지면 초점이동과 색수차가 발생하며, 렌즈 간 거리 오차가 ±0.02 mm를 초과하면 해상도가 저하된다. 고정밀 렌즈(우주 및 국방 분야)는 ±0.005 mm 이하로 정렬되어야 한다. 렌즈 또는 이미지 센서가 기울어지는 오차가 발생하면 초점면이 틀어져, 한쪽은 선명하고 다른 쪽은 흐려지는 현상이 발생한다.

광학 설계의 최종값은 파면 오차와 MTF로 이루어진다. 파면 오차 측정은 레이저 간섭계를 사용하므로 제한된 파장에서만 성능을 확인할 수 있지만, MTF는 원하는 파장을 선택할 수 있고, 축상 및 비축에서 동시에 측정할 수 있으므로 매우 객관적이고 신뢰도가 높은 측정법이다. 최근에는 모든 광학계의 최종 성능을 MTF 측정으로 평가하고 있다.

(2) 고해상도 위성 카메라

고해상도 위성 카메라는 대구경 비구면 거울과 수차 보정용 렌즈들로 구성된다. 특히, 수백 km 상공에서 1 m 이하 해상도를 제공해야 하므로, 조립 공차는 nm 수준까지 관리된다.

표 2-26은 위성 카메라 조립 시 주요 공차 요소를 정리한 것이다. 고해상도 군사 및 정찰 위성 카메라는 ±5 μm 이하의 조립 공차가 필요하며, 천문 관측용 우주망원경은 ±1 μm 이하의 정밀도가 요구된다.

위성 카메라의 조립 공차를 이러한 극한 수준으로 유지하기 위해서는 초정밀 정렬 기술 및 검사 방법이 필수적이다. 모든 부품은 센서를 활용한 실시간 정렬 방식으로 ±1 μm 이하의 정밀도를 확보해야 하며, 우주 환경에서 변형을 최소화하기 위해 진동 시험과 우주 환경 시험도 진행된다.

표 2-26 고해상도 위성 카메라의 조립 공차

항목	내용	공차
광축 정렬 (optical axis alignment)	거울이 광축과 정렬되는 정도	≤10 arcsec
중심 위치 공차 (centration tolerance)	광학부품의 중심과 기계적 축의 일치 정도	±1 μm
거울 간 거리 공차 (element spacing tolerance)	개별 거울의 간격 차이	±5 μm
기울기 공차 (tilt tolerance)	거울이 기울어지는 정도	≤0.01°
파면 오차 (wavefront error after assembly)	조립 후 전체 광학계의 파면 오차	λ/20~λ/50 RMS
하우징 기계적 공차 (housing tolerance)	광학부품을 고정하는 기계적 구조의 정밀도	±0.002 mm
열 안정성 공차 (thermal stability tolerance)	온도 변화에 따른 구조물 변형 허용 범위	±1 ppm/℃

reference

1. Marvin J. Weber, "Handbook of Optical Materials", CRC Press (2002).
2. "Optical Glass Catalogue" (2022). (https://www.schott.com/ko-kr/products/optical-glass-p1000267/downloads)
3. Fabian Rupp et al. "The Modern Way of Refractive Index Measurement of Optical Glass at SCHOTT", Proc. SPIE Vol. 11873 (2021).
4. 이윤우 외 "자동 시준형 분광 굴절률 측정장치", 한국광학회지, 5(3) (1994).
5. International Standard ISO 10110 "Preparation of drawings for optical elements and systems" (2019).
6. Hank H. Karow, "Fabrication methods for precision optics", John Wiley & Sons, Inc., New York (1993).
7. F. Preston, "The theory and design of plate glass polishing machine", J. Soc. Glass Technol. 9, 214–256 (1927).
8. Ho-Seok Nam et al. "Modeling of edge tool influence functions for computer controlled optical surfacing process", Int J Adv Manuf Technol (2015).
9. Johnson, K. L. "Contact Mechanics", Cambridge University Press (1985).
10. Songlin Wan et al. "Modeling and prediction of tool influence function under complex edge in sub-aperture optical polishing", Optics Express 29(15), 23582–23596 (2021).
11. QED Technologies (https://qedmrf.com/mrf-polishing)
12. 오한석, "자기유동유체 연마의 원리 및 나노광학 산업에서의 응용", 광학세계, 30–45 (2013).
13. Ming-Ming Lu et al. "Research progress of magnetorheological polishing technology: a review", Adv. Manuf. 12:642–678 (2024).
14. Zhang et al. "Challenges and strategies in high-accuracy manufacturing of the world's largest SiC aspheric mirror", Light: Science & Applications 11:310 (2022).
15. Z. Insepov et al. "Advanced surface polishing using gas cluster ion beams", Nuclear Instruments and Methods in Physics Research B 261, 664–668 (2007).
16. Young-Sik Ghim et al. "Ultra-precision Surface Polishing using Ion Beam Figuring", Proc. SPIE Vol. 8416, 84161O-1 (2012).
17. Zebin Xia et al. "Advances in polishing of optical freeform surfaces: A review", Journal of Materials Processing Tech, 286, 116828 (2020).
18. scia systems (https://www.scia-systems.com/technologies)
19. Examples for Applications of collimators, telescopes, visual and electronic autocollimators (https://www.opticaltest.com/down/application.pdf)

20. Taylor Hobson
(https://store.ametek.co.uk/ultra-high-accuracy-autocollimator-with-ukas-calibration)
21. MÖLLER-WEDEL OPTICAL
(https://moeller-wedel-optical.com/en/product/elcomat-hr)
22. Daniel Malacara, "Optical Shop Testing", Wiley-Interscience (2007).
23. Panasonic Industry
(https://industrial.panasonic.com/kr/products/pt/measuring-system/3d-profilometers)
24. Tom L. Zobrista et al. "Laser tracker surface measurements of the 8.4 m GMT primary mirror segment", Optical Manufacturing and Testing VIII, Proc. SPIE 7426 (2009).
25. BRUKER
(https://www.bruker.com/ko/products-and-solutions/test-and-measurement/stylus-profilometers.html)
26. Peter Eaton and Paul West, "Atomic Force Microscopy", Oxford University Press, New York (2010).
27. International Organization for Standardization. Optics and photonics-Preparation of drawings for optical elements and systems-Part 7: Surface imperfections (ISO 10110-7: 2017) (2017).
28. 황보창권, "박막광학", 다성출판사 (2001).
29. 조현주, "광학박막 실무", 북스힐 (2015).
30. Paul R. Yoder, Jr., "Mounting optics in optical instruments", SPIE Press (2002).
31. U.S Military Performance Specification(1997). General specification governing the manufacturing, assembly, and inspection of optical components for fire control instruments (MIL-PRF-13830B)

Chapter 3

간섭계와 파면 측정

3.1 레이저 간섭계

1) 트와이먼-그린 간섭계

빛은 파동이며 전자기파이다. 두 파동이 동시에 공간의 한 지점에서 만나면, 그 지점에서의 결과적인 진폭은 각 파동 진폭의 합이 된다. 이 진폭의 합은 위상 차이에 따라 다르게 나타나며, 단일 파장을 가진 빛, 즉 단색광의 파동은 다음과 같이 표현된다[1, 2].

$$E(t) = E_0 \cos(\omega t + \phi) \quad \textbf{(3.1)}$$

여기서 $E(t)$는 시간 t에서 전기장의 세기, E_0는 빛의 진폭, ω는 각 주파수($\omega = 2\pi\nu$, ν는 주파수), ϕ는 빛의 위상이다.

그림 3-1은 레이저 광원(파장 λ)을 이용한 트와이먼-그린(Twyman-Green) 간섭계[1]를 보여준다. 광원에서 나온 빛이 2개의 광 $E_1(t)$과 $E_2(t)$로 나뉘었다가 다시 만나면, 중첩된 파동은 다음과 같이 표현된다.

$$\begin{aligned} E(t) &= E_1(t) + E_2(t) \\ &= E_{01}\cos(\omega t + \phi_1) + E_{02}\cos(\omega t + \phi_2) \end{aligned} \quad \textbf{(3.2)}$$

빛의 강도(intensity distribution) I는 전기장의 제곱에 비례하므로, 다음과 같이 표현된다.

$$I \propto |E(t)|^2 = I_1 + I_2 + 2\sqrt{I_1 I_2}\, cos \Delta\phi \quad \textbf{(3.3)}$$

여기서 $I_1 = |E_{01}|^2$이고, $I_2 = |E_{02}|^2$이다. 두 빛의 위상차 $\Delta\phi = \phi_1 - \phi_2$는 파수(wave number) $k = 2\pi/\lambda$와 광로차(OPD)의 곱이다. 즉, 다음과 같다.

$$\Delta\phi = \frac{2\pi}{\lambda} \cdot OPD \quad \textbf{(3.4)}$$

두 빛이 중첩되면 각 빛의 밝기를 더한 밝기 $I_1 + I_2$와 다른 결과가 나타나는 것은, 식 (3.3)의 마지

1 트와이먼-그린 간섭계: 영국의 광학자인 프랭크 트와이먼(Frank Twyman)과 아서 그린(Arthur Green)은 미켈슨 간섭계를 변형해 새로운 정밀 광학부품 검사용 간섭계를 공동 개발하였다.

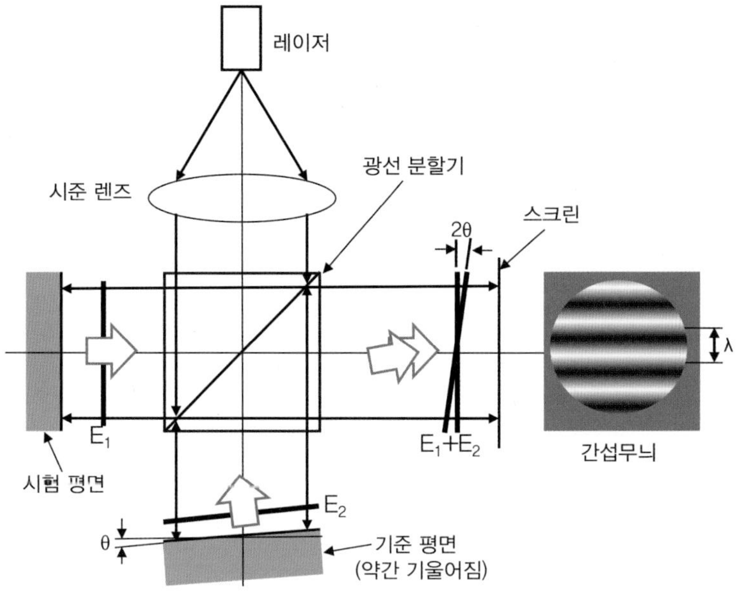

그림 3-1 트와이먼-그린 간섭계

막 항이 간섭 효과를 나타내기 때문이다.

간섭무늬 밝기는 주로 위상차 $\Delta\phi$에 의해 결정된다. 만약 광로차가 파장의 정수배 $OPD = m\lambda$ (m: 정수)이면 위상차는 $\Delta\phi = 2m\pi$이므로 보강간섭이 일어나 밝은 무늬가 나타나며,

$$I_{max} = I_1 + I_2 + 2\sqrt{I_1 I_2} \tag{3.5}$$

$OPD = (m + \frac{1}{2})\lambda$이면 위상차는 $\Delta\phi = (2m+1)\pi$이므로 소멸간섭이 일어나 어두운 무늬가 나타난다.

$$I_{min} = I_1 + I_2 - 2\sqrt{I_1 I_2} \tag{3.6}$$

따라서 간섭무늬의 강도 분포는 광로차에 따라 사인파 모양(sinusoidal)으로 나타난다.

간섭무늬의 선명도(contrast 또는 visibility) V는 다음과 같다.

$$V = \frac{I_{max} - I_{min}}{I_{max} + I_{min}} = \frac{2\sqrt{I_1 I_2}}{I_1 + I_2} \tag{3.7}$$

따라서 식 (3.3)이 가시도를 포함하면 다음과 같이 표현된다.

$$I = I_0[1 + V\cos(\Delta\phi)] \tag{3.8}$$

여기서 $I_0 = I_1 + I_2$이다. 만약 두 빛의 진폭이 같다면 $V = 1$이므로 중첩된 빛의 강도는 다음과 같다.

$$I = I_0[1 + \cos(\Delta\phi)] = 2I_0\cos^2(\frac{\Delta\phi}{2}) \tag{3.9}$$

두 빛의 밝기가 서로 같으면 최댓값 $I_{max} = 2I_0$은 각 빛의 4배 밝기가 되며, 최솟값은 0이다. 따라서 선명도는 1이 된다. 실제 간섭계는 간섭무늬의 선명도를 높이기 위해 두 파의 밝기가 같도록 장치를 구성한다.

그림 3-2는 간섭무늬의 선명도를 비교한 것이다. 선명도는 간섭무늬의 구조가 얼마나 뚜렷하고 명확하게 나타나는지를 의미한다. 선명도가 높다는 것은 간섭무늬의 대비가 강하고 패턴이 명확히 보인다는 것을 의미하며, 선명도가 낮다는 것은 간섭무늬가 흐릿하거나 구분이 어려운 경우를 말한다.

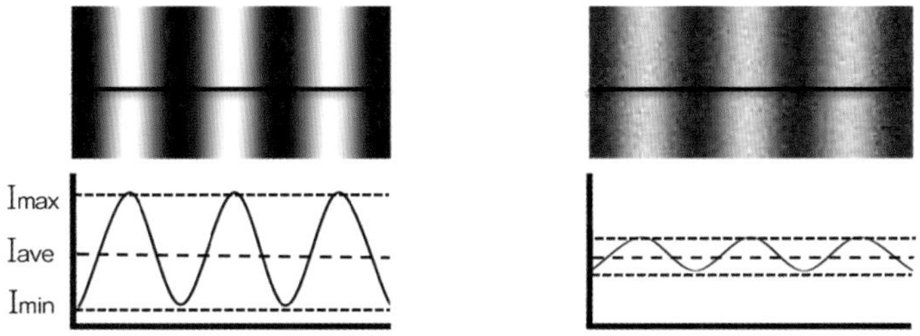

(a) 선명도가 높은 간섭무늬($V = 0.8$)　　(b) 선명도가 낮은 간섭무늬($V = 0.3$)

그림 3-2 간섭무늬의 선명도 비교

간섭무늬 선명도를 결정하는 주요 요인으로는 측정면의 거칠기(roughness), 광원의 선폭, 위상 일관성(coherent), 편광 상태, 조도 분포, 온도 변화나 진동, 공기 흐름 등의 실험 환경 그리고 간섭무늬를 관찰하는 장치나 검출기의 해상도 등이 있다. 특히, 간섭이 지속되도록 일정한 위상차를 유지하는 거리의 한계를 나타내는 가간섭 길이(coherence length)가 길어야 한다.

그림 3-3은 시험면의 상태에 따른 정반사(specular reflection)와 난반사(diffuse reflection)를 보여준다. 거울이나 연마면 같은 매끄러운 표면에서는 반사법칙이 적용되지만, 거친 표면에서는 여러 방향으로 산란하는 난반사(확산반사)를 한다. 이로 인해 간섭계로 되돌아오는 빛의 양이 매우 적어져 간섭무늬의 선명도가 낮아진다.

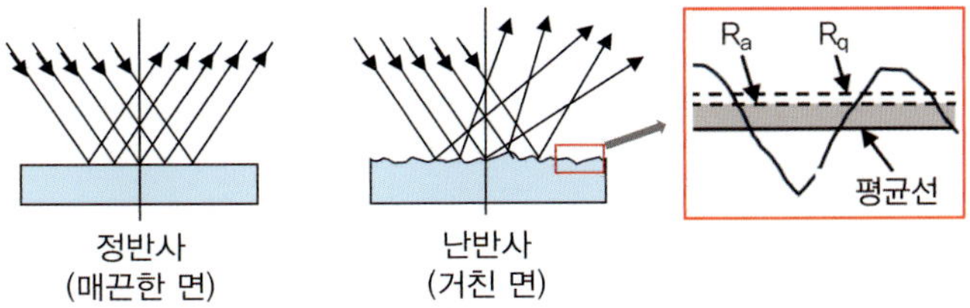

그림 3-3 광학면의 정반사와 난반사

렌즈나 거울의 연삭 공정에서는 간섭계를 사용할 수 없으므로 접촉식 측정법을 적용한다. 연마 과정에서는 레이저 포인터나 밝은 빛을 사용하여 반사 특성에 의한 연마 수준을 확인하고 간섭계를 사용한다. 연마 수준이 높을수록 간섭무늬의 선명도도 더욱 높아진다.

확산반사를 하는 산란 표면은 국제표준규격 ISO 10110−8(surface texture)에 따라 평균선에 대한 산술평균 거칠기 R_a와 제곱평균(RMS) 거칠기 R_q에 의해 특성을 나타낸다. 산란에 의한 간섭무늬 선명도는 이상적인 반사면을 기준으로, 표면 거칠기와 다음과 같은 관계가 있다.

$$V = V_0 \cdot e^{-\left(\frac{4\pi R_q}{\lambda}\right)^2} \tag{3.10}$$

여기서 V_0는 이상적인 반사면에서의 선명도, λ는 사용된 광원의 파장이다.

표 3−1은 거칠기에 따른 선명도를 나타낸 것이다. 거칠기 R_q가 증가할수록 간섭무늬는 흐릿해진다. 일반적으로 R_q가 파장의 1/4 이상이면 간섭무늬는 거의 보이지 않는다.

표 3-1 표면 거칠기와 간섭무늬 가시도의 관계

거칠기 R_q	가시도	명암 차이
1 nm	0.99	선명함
5 nm	0.80	약간 흐려짐
10 nm	0.50	흐려짐
50 nm	0.0002	거의 보이지 않음

그림 3−4는 레이저와 백색광의 선폭에 의한 광로차와 간섭무늬의 선명도를 보여준다. 주파수 안정화 레이저는 가간섭 길이가 수백 m 이상이지만, 백열등은 μm 수준이다. 따라서 백색광을 사용하면 기준 파면(reference wavefront)과 시험 파면(test wavefront)의 광로차가 거의 없을 때 간섭무늬가 나타난다.

간섭무늬는 기준 파면과 시험 파면의 광로차가 같은 지점, 즉 위상이 같은 지점들을 연결한 무늬이다. 이는 등고선을 확인하는 형태로, 높낮이 변화를 직관적으로 파악할 수 있다. 간섭무늬 형태는 그 파면의 위상차를 나타내므로 시험면의 형상에 따라 다양한 모양으로 나타난다.

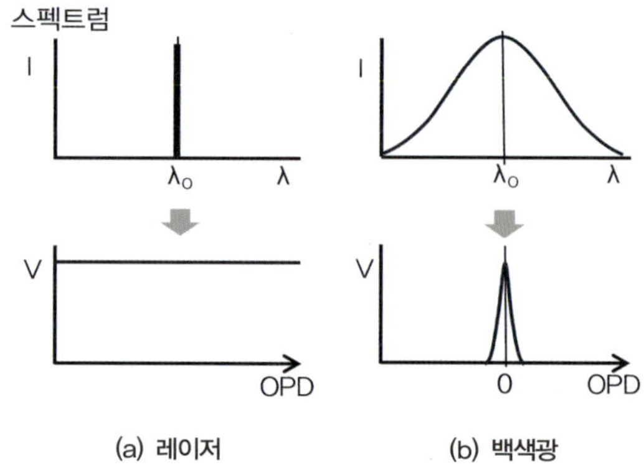

그림 3-4 광원의 선폭과 광로차에 의한 간섭무늬 선명도

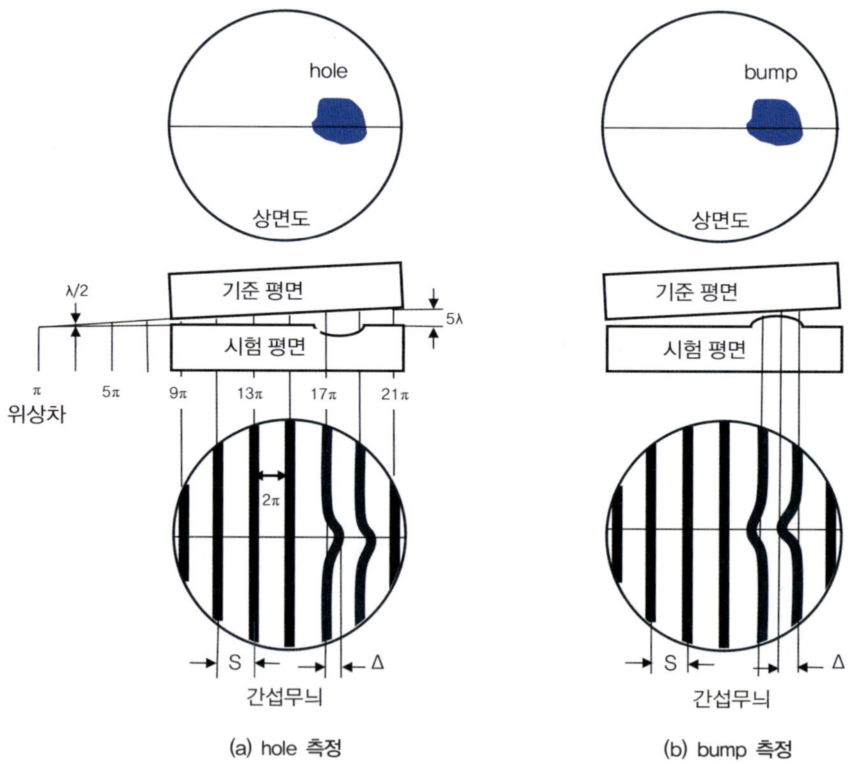

그림 3-5 간섭무늬 해석

그림 3-5는 시험면의 형상 오차를 간섭무늬로부터 구하는 과정을 보여준다. 시험면에 오목(hole) 또는 볼록(bump)의 변형이 있으면, 직선 간섭무늬는 변형 위치에서 변형량에 비례하여 휘어진다. 이때 오목과 볼록의 형태에 따라 휘어지는 방향이 달라진다. 즉, 간섭무늬 간격에 대한 상대적인 변형량을 나타내는 것이다. 트와이먼-그린 간섭계의 경우, 시험면에서 반사된 파면의 위상은 변형의 2배이므로 실제 간섭무늬 간격에 대한 변형은 $\lambda/2$가 된다. 따라서 오목과 볼록 변형의 높이는 다음과 같이 주어진다.

$$Distortion(Height\,Error) = \left(\frac{\Delta}{S}\right)\cdot\left(\frac{\lambda}{2}\right) \tag{3.11}$$

이 값은 시험면의 전체에서 가장 높고 가장 낮은 곳의 높이차를 나타내며, 표면 형상의 PV값을 나타낸다.

그림 3-6은 식 (3.9)를 이용해 간섭무늬의 변형량을 계산한 결과를 보여준다. 각 위치에서의 세부적인 변형뿐만 아니라, 전체 면적에 대한 변형도 즉시 구할 수 있다. 일반적으로 초정밀 간섭계의 기준 평면 형상은 $\lambda/20$ PV 이하, 기준 구면 형상은 $\lambda/10$ PV 이하이다.

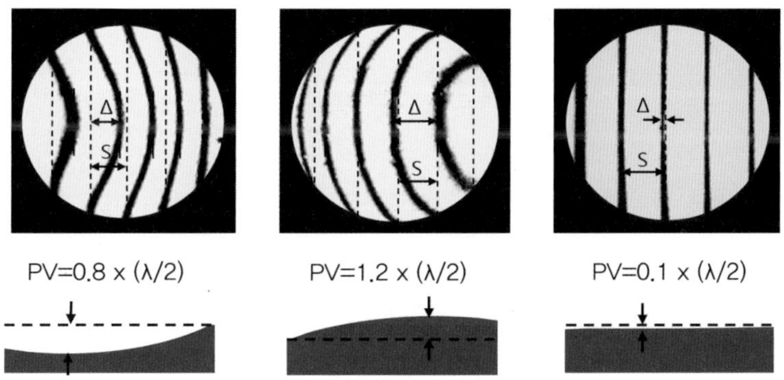

그림 3-6 간섭무늬 변형에 의한 형상 변화

2) 피에조 간섭계

그림 3-7은 레이저 광원의 피에조(Fizeau)[2] 간섭계로, 기준면과 시험면에서 각각 반사된 2개의 광 $E_1(t)$과 $E_2(t)$가 같은 경로를 지나 중첩되어 간섭무늬를 만든다. 간섭무늬 간격이 나타내는

2 히폴리트 피에조(Hippolyte Fizeau): 1849년 빛의 속도를 실험으로 최초 측정한 프랑스 물리학자이다.

변형은 트와이먼-그린 간섭계와 동일한 $\lambda/2$이다.

피에조 간섭계는 두 파면이 같은 경로를 지나므로 트와이먼-그린 간섭계와 비교하면 온도 변화나 진동에 의한 외부 영향에 덜 민감하다. 또한 시험면과 기준면이 직접 간섭하므로 정렬이 비교적 쉽다.

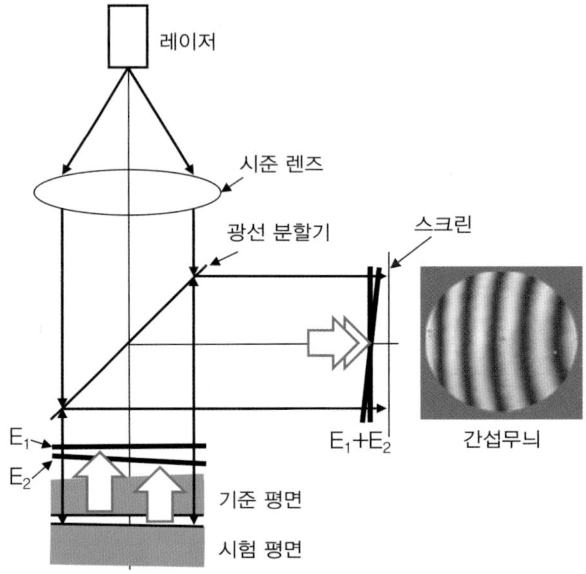

그림 3-7 피에조 간섭계

그림 3-8은 기준면과 시험면 사이의 공기층으로부터 발생하는 원형의 띠 모양 간섭무늬(Newton's ring)를 통해 두 표면 간의 편차를 보여준다. 간섭무늬가 많을수록 표면 편차는 크다. 밝은 무늬와 어두운 무늬의 개수 합계가 아닌 각 링의 개수가 파면 오차의 2배에 해당한다.

기준면과 시험면의 조합에 따라 시험면의 오목과 볼록 형상을 결정할 수 있다. 그림 3-8에서 기준면과 시험면의 간격을 좁혔을 때 (a) 원형의 간섭무늬가 중앙으로부터 외곽으로 퍼져 나가면 시험면이 볼록한 형상이고, (b) 원형의 간섭무늬가 외곽으로부터 중앙으로 몰려들어 오면 시험면이 오목한 형상이다. (c) 기준 오목면과 볼록 시험면의 경우에도 (a)와 마찬가지로 중앙에서 외곽으로 간섭무늬가 퍼져 나간다. 즉, 기준면과 시험면의 광로차가 최소가 되는 위치를 중심으로 간섭무늬가 퍼지는 것이다.

기준면이 시험면 위에 위치할 경우, 기준면의 어느 한 지점을 누르거나, 기준면이 간섭계에 고정되어 있으면 시험면을 기준면 방향으로 이동시키면서 간섭무늬의 이동 방향을 관찰함으로써 시험면의 형상을 파악할 수 있다.

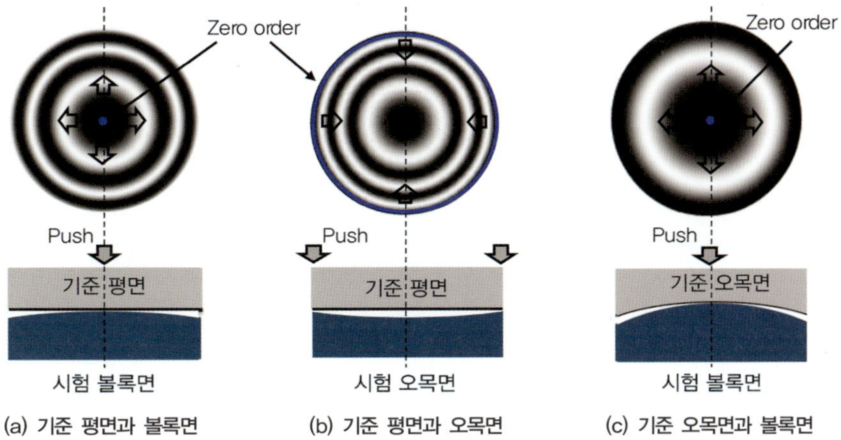

그림 3-8 간섭무늬 변화에 의한 형상 판별

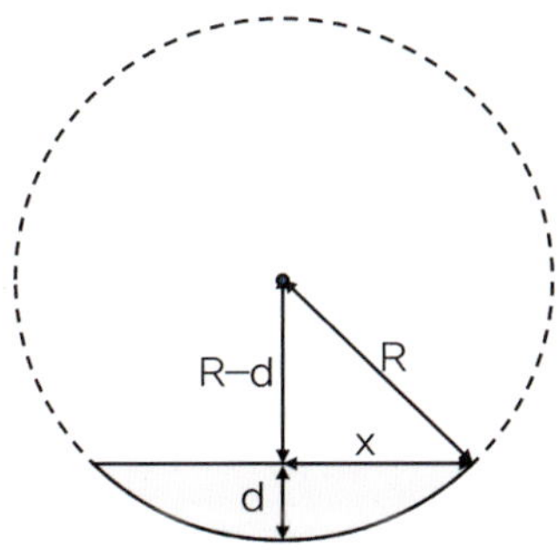

그림 3-9 구면의 곡률반경 계산

기준면이 평면일 경우, 시험 구면의 곡률반경을 측정할 수 있다. 그림 3-9에서 평면과 구면 사이의 간격이 d이고 광원의 파장이 λ일 때, 구면의 곡률반경 R은 다음과 같이 구할 수 있다.

$$R^2 = (R-d)^2 + x^2$$

$$R \cong \frac{x^2}{2d} \ (R \gg d\text{인 경우}) \tag{3.12}$$

두께 d에 의한 광로차는 $2d$이므로 밝은 무늬에 의한 곡률반경은 다음과 같이 계산되며,

$$R = \frac{x_m^2}{m\lambda} \ (m = 0, 1, 2 \ldots) \tag{3.13}$$

어두운 무늬에 의한 곡률반경은 다음과 같이 계산된다.

$$R = \frac{x_m^2}{(m+1/2)\lambda}\ (m = 0, 1, 2...) \tag{3.14}$$

따라서 시험 구면의 반경 x를 측정하면 곡률반경을 구할 수 있다. 간섭무늬 사이의 간격은 $x_{m+1} - x_m = \sqrt{R\lambda}(\sqrt{m+1} - \sqrt{m})$가 된다.

전통적으로 광학 가공 현장에서는 거울의 평면도와 렌즈의 곡률을 측정하기 위해 나트륨 또는 수은 램프를 사용하는 뉴턴 링 간섭계를 많이 사용한다. 표면이 균일하지 않거나 결함이 있을 경우, 원형 간섭무늬가 왜곡된다. 또한 간섭무늬의 개수를 통해 곡률반경을 쉽게 측정할 수 있으므로 제작 과정에서 광학부품의 품질을 검증하는 데 유용하다.

3) 가로 층밀리기 간섭계

그림 3-10은 레이저 광원의 가로 층밀리기 간섭계(LSI, Lateral Shearing Interferometer)를 보여준다. 쐐기판의 앞면과 뒷면에서 반사된 두 빛의 파면이 중첩되어 간섭무늬를 만든다. 출사동에서 앞면에서 반사된 파면 $W(x, y)$과 뒷면에서 반사되어 x축 방향으로 s만큼 층밀리기한 파면 $W(x-s, y)$이 겹치면 광로차에 의한 층밀리기 간섭무늬 $\Delta W(x, y)$가 생긴다.

$$\begin{aligned} \Delta W(x, y) &= W(x, y) - W(x-s, y) \\ &= \frac{\delta W(x, y)}{\delta x} \cdot s = m\lambda \end{aligned} \tag{3.15}$$

여기서 λ는 파장, m은 간섭무늬의 차수이다. 층밀리기 간섭무늬는 파면 $W(x, y)$의 x축에 대한 평균적인 기울기이며, s는 기울기의 크기이다. 층밀리기 크기가 클수록 기울기가 크게 되어 간섭무늬가 많이 생기지만, 겹치는 부분은 작아지므로 파면 정보를 잃게 된다.

파면 $W(x, y)$의 3차원 위상정보를 구하려면 x축과 y축에 대한 파면의 기울기를 함께 측정해야 한다. $W(x, y)$의 성분들은 식 (3.15)를 적분하여 구한다.

$$W_x(x, y) = \frac{1}{s}\int \Delta W(x, y)dx + c \tag{3.16}$$

$$W_y(x, y) = \frac{1}{s}\int \Delta W(x, y)dy + c \tag{3.17}$$

트와이먼-그린 간섭계와 피에조 간섭계는 기준면과 비교하여 간섭무늬를 만들지만, 가로 층밀리기 간섭계는 입사한 파면이 자체 기준이 되므로 기준면이 필요 없다. 초정밀 연마된 기준면이 없어도 쐐기판이나 평판을 사용하여 간단하게 간섭계를 구성할 수 있으므로, 입사광의 평행광 시험이나 형상 변화가 큰 대상물의 파면 오차 측정에 널리 사용된다.

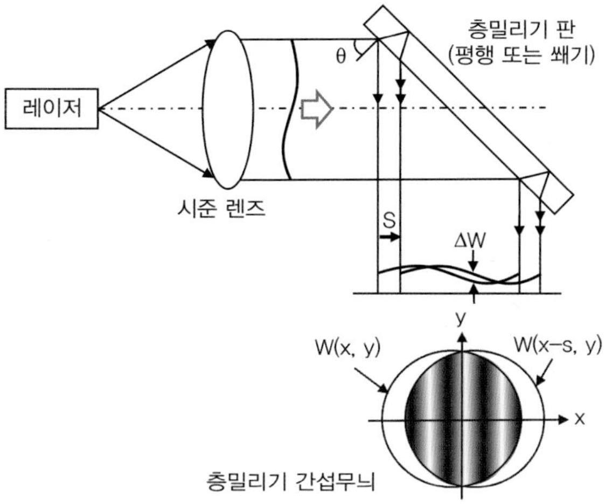

그림 3-10 가로 층밀리기 간섭계

(1) 시준 시험(collimation test)

입사광이 초점종이동 오차를 가지며, 쐐기각이 β, 쐐기 방향이 x축에 대해 ϕ인 유리판에 입사할 경우, 두 파면의 광로차 $\Delta W(x,y)$는 다음과 같이 표현할 수 있다[3].

$$\begin{aligned}\Delta W(x,y) &= W(x,y) - W(x-s,y) + 2n\beta_x x + 2n\beta_y y \\ &= -Ds^2 + (2Ds + 2n\beta_x)x + 2n\beta_y y = m\lambda\end{aligned} \tag{3.18}$$

파면 $W(x,y)$는 자이델 수차에서 초점종이동에 의해 다음과 같이 표현된다.

$$W(x,y) = D(x^2 + y^2) \tag{3.19}$$

여기서 D는 초점종이동 오차 계수를 나타낸다. 또한 β_x와 β_y는 β의 성분이며, 다음과 같이 표현된다.

$$\beta_x = \beta\cos\phi, \quad \beta_y = \beta\sin\phi \tag{3.20}$$

x와 y축 방향에 대한 간섭무늬 간격 b는 다음과 같이 구할 수 있다.

$$b_x = \frac{\lambda}{|\delta\Delta W/\delta x|}, \quad b_y = \frac{\lambda}{|\delta\Delta W/\delta y|} \tag{3.21}$$

여기서 $\delta\Delta W/\delta x$와 $\delta\Delta W/\delta y$는 각각 x와 y 방향에서 광로차 변화를 나타낸다. 그림 3-10의 층밀리기 판이 완전 평행 평판이면 $\beta = 0$이고, 쐐기판의 굴절률이 n, 두께가 t, 입사각이 θ이면 층밀리기 크기 s는 다음과 같다.

$$s = \frac{t\sin(2\theta)}{\sqrt{n^2 - \sin^2\theta}} \tag{3.22}$$

s가 작고 $\beta = 0$일 경우, 식 (3.18)은 다음과 같이 근사된다.

$$2Dsx = m\lambda \tag{3.23}$$

이 식은 x축 방향에 수직이고 y축 방향으로 등간격인 직선 간섭무늬가 나타남을 보여준다. x축에서 간섭무늬 간격은 다음과 같다.

$$b_x = \frac{\lambda}{2Ds} \tag{3.24}$$

즉, 간섭무늬 간격은 초점종이동 오차 크기에 반비례한다. 만약 초점종이동 오차가 없다면($D = 0$), 두 파면이 겹친 부분에서는 간섭무늬가 나타나지 않고 전체적으로 균일한 밝기가 나타난다. 따라서 간섭무늬 간격 b_x를 통해 입사 파면의 시준 정도를 알 수 있다. 그러나 초점종이동 오차가 매우 작아 간섭무늬가 1개 이하로 나타나는 경우에는 정확한 시준점을 찾기 어렵다.

쐐기판 방향이 y축인 경우, $\beta_x = 0, \beta_y = \beta$이므로 식 (3.18)은 다음과 같이 표현된다.

$$2Dsx + 2n\beta y = m_1\lambda \tag{3.25}$$

이 식은 x축 또는 y축 방향으로 전혀 평행하지 않은 직선의 간섭무늬를 나타내며, D와 β의 크기에 따라 무늬 방향이 변한다. 초점종이동 오차가 없는 경우, 식 (3.25)는 다음과 같이 단순화된다.

$$2Dsx = m_1\lambda \tag{3.26}$$

여기서 m_1은 간섭무늬 차수이다. 즉, 두 파면이 겹친 부분에서 x축에 평행한 직선 간섭무늬가 생긴다. 간섭무늬의 간격 b_1과 회전각 α는 다음과 같이 표현된다.

$$b_1 = \frac{\lambda}{2\{(Ds)^2 + (n\beta)^2\}^{1/2}}, \quad \alpha = -\tan^{-1}\left(\frac{Ds}{n\beta}\right) \tag{3.27}$$

간섭무늬 회전각 α는 D에 비례하고 β에 반비례한다. $D = 0$일 경우, $b_1 = \lambda/2n\beta$, $\alpha = 0$이 된다.

한편, 쐐기판 방향이 x축인 경우, $\beta_x = \beta, \beta_y = 0$이므로 식 (3.18)은 다음과 같이 표현된다.

$$(2Ds + 2n\beta)x = m_2\lambda \tag{3.28}$$

여기서 m_2은 간섭무늬 차수이다. 두 파면이 겹친 부분에서 y축에 평행한 직선의 간섭무늬가 나타나며, 그 간격 b_2는 다음과 같다.

$$b_2 = \frac{\lambda}{2(Ds + n\beta)} \tag{3.29}$$

만약 $D = 0$이면 $b_2 = \lambda/2n\beta$이 된다.

그림 3-11은 쐐기각 크기와 방향에 따라 초점종이동 오차로 인해 발생하는 간섭무늬의 변화를 보여준다. 간섭무늬의 회전과 간격을 통해 입사광의 시준 정도를 측정할 수 있다.

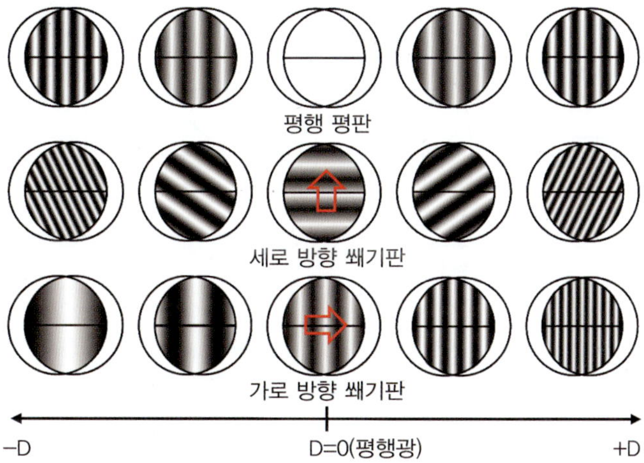

그림 3-11 시준 시험을 위한 가로 층밀리기 간섭무늬

(2) 양방향 층밀리기 간섭계

그림 3-12는 서로 반대 방향으로 층밀리기하여 간섭무늬를 만드는 양방향 층밀리기 간섭계를 보여준다[4]. 렌즈에 의해 시준되어 쐐기판 P에 입사한 빛의 일부분은 앞면과 뒷면에서 각각 반사되어 x축 방향으로 층밀리기하고, 나머지는 투과한다.

반사된 빛은 거울 M1에서 반사되어 간섭무늬를 형성하고, 투과된 빛은 거울 M2에서 반사되어 쐐기판에 재입사하면서 −x 방향으로 층밀리기한다. 이처럼 서로 반대 방향으로 생긴 두 간섭무늬가 중첩되지 않도록 위쪽과 아래쪽의 절반을 차단한다.

쐐기 방향이 y축 방향이고 초점종이동 오차가 매우 작아 회전각 α도 매우 작을 경우, 두 간섭무늬의 사잇각은 다음과 같이 표현된다.

$$2\alpha = \frac{2Ds}{n\beta} \tag{3.30}$$

$D=0$일 때 두 간섭무늬가 평행하다.

쐐기 방향이 x축 방향이면 두 간섭무늬의 간격 변화는 다음과 같다.

$$\frac{\Delta d}{d} = \frac{2Ds}{n\beta} \tag{3.31}$$

여기서 $\Delta d = |d_1 - d_2|$, $d = (d_1 + d_2)/2$이다. $D=0$이면 두 간섭무늬의 간격은 같다.

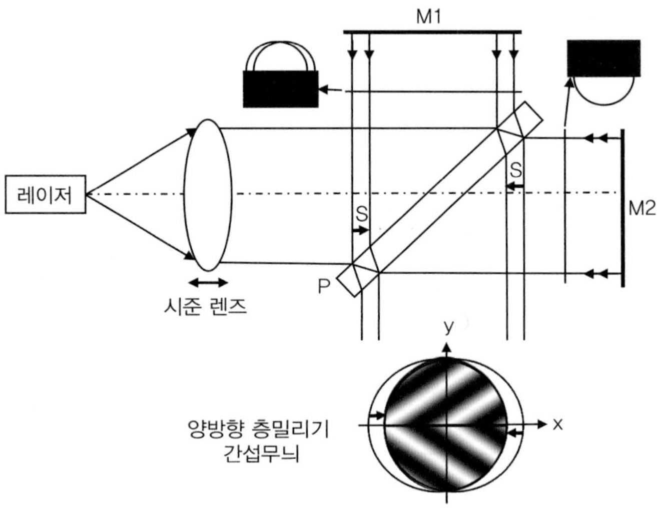

그림 3-12 양방향 가로 층밀리기 간섭계

그림 3-13은 시준 시험을 위한 양방향 층밀리기 간섭무늬를 보여준다. 이 간섭무늬는 서로 다른 방향으로 회전하거나 간격이 변화하므로 자체 기준을 갖는다. 1개의 쐐기판에 대해 서로 다른 방향으로 층밀리기한 2개의 간섭무늬를 사용함으로써, 초점종이동 오차를 두 배의 분해능으로 측정할 수 있다.

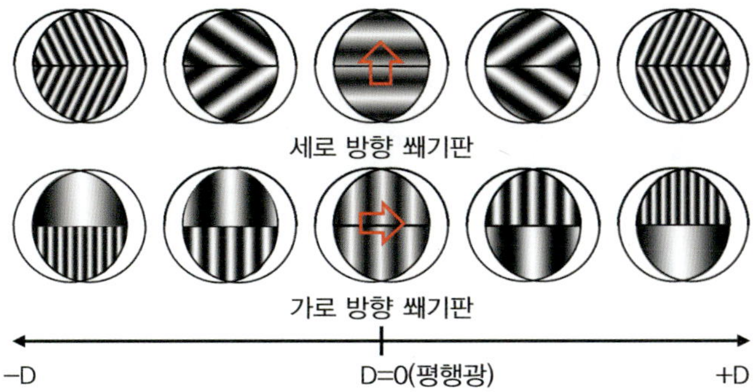

그림 3-13 시준 시험을 위한 양방향 층밀리기 간섭무늬

(3) 회절격자를 이용한 가로 층밀리기

쐐기판을 사용하지 않고 파면을 가로 방향으로 층밀리기하는 방법에는 회절격자 또는 편광소자를 활용하는 방식이 있다[4].

그림 3-14는 회절격자를 이용한 세 가지 층밀리기 방법을 보여준다. 회절 차수 간의 파면을 겹쳐 간섭무늬를 생성하며, 층밀리기 크기는 회절격자의 주기에 의해 정해진다. 그림 3-14(a)에서는 1차원 회절격자를 사용하며, 다른 방향에 대한 층밀리기는 회절격자를 90° 회전시킨다. 그림 3-14(b)에서는 주기가 같은 회절격자를 2개 겹쳐 4장의 층밀리기 간섭무늬를 생성한다. 무늬가 복잡하므로 푸리에 변환을 사용하여 주파수 성분을 선택하고 파면을 복구한다. 그림 3-14(c)에서는 공간 광변조기를 사용하여 고속으로 두 방향의 층밀리기 간섭무늬를 순차적으로 만든다.

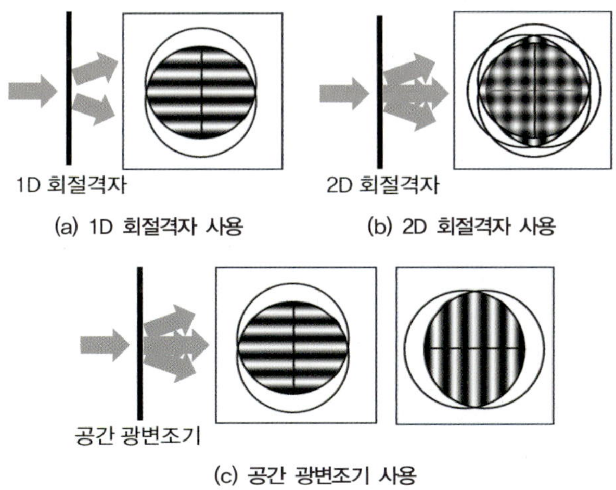

(a) 1D 회절격자 사용
(b) 2D 회절격자 사용
(c) 공간 광변조기 사용

그림 3-14 회절격자를 이용한 가로 층밀리기

편광 기반 층밀리기는 2개의 복굴절 결정판으로 구성된 사바르(Savart) 판과 2개의 복굴절 결정 쐐기로 만든 울러스턴(Wollaston) 프리즘을 사용한다. 이 장치는 파면을 2개의 편광 상태로 분리한 후, 편광 차이에 의해 층밀리기한다. 층밀리기 크기는 일반 광선(ordinary ray)과 비정상 광선(extraordinary)의 굴절률, 두께 등에 의해 결정된다.

4) 백색광 간섭계

그림 3-15는 레이저 대신 백색광을 사용한 현미경 간섭계를 보여준다. 현미경 대물 렌즈에 입사한 빛은 평면 광선 분할기에서 기준광과 시험광으로 나뉜다. 반사된 기준광은 기준 평면에서 반사된 후, 다시 광선 분할기에서 반사된다. 투과한 시험광은 시료에 반사되어 광선 분할기에서 기준광과 합쳐진다. 두 빛의 광로차가 없는 지점에 평면 시료를 광축에 수직으로 정확하게 정렬하면, 그림과 같이 다양한 색상의 동심원 간섭무늬가 형성된다[5].

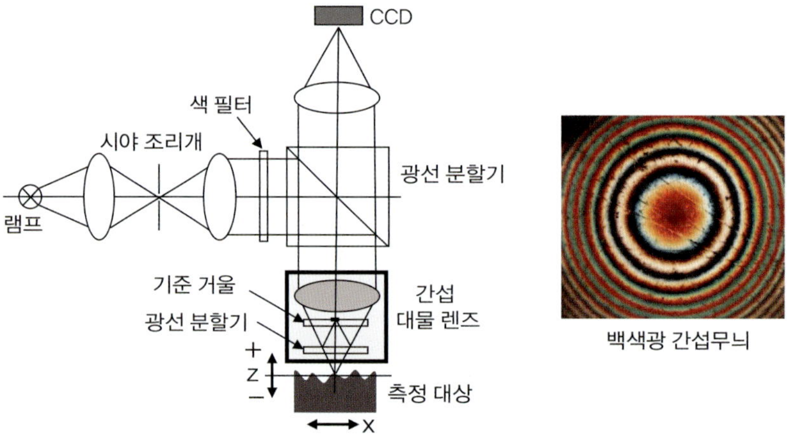

그림 3-15 백색광 현미경 간섭계와 간섭무늬

시료의 한 지점에서 간섭무늬의 강도 I는 단색광에 대한 식 (3.8)을 광원의 파장에 대해 적분한 형태로 나타낼 수 있다.

$$I = \int_{\lambda_{min}}^{\lambda_{max}} I_0 \left[1 + V(z) \cos\left(\frac{2\pi}{\lambda} OPD \right) \right] d\lambda \tag{3.32}$$

시료의 높이가 $h(x)$이면 $OPD = h(x) - z$이고, 광원의 중심 파장이 λ_c이면 식 (3.32)는 다음과 같이 근사된다.

$$I(x,z) \approx I_0(x)\left[1 + V(x,z)\cos\left\{\frac{4\pi}{\lambda_c}(h(x) - z)\right\}\right] \tag{3.33}$$

따라서 광로차에 의한 간섭무늬 강도는 그림 3-16과 같이 나타난다. 광로차가 0이 되는 지점에서 가시도가 최대가 되며, 광로차가 커져 광원의 평균 가간섭 길이를 벗어나면 강도가 급격히 낮아져 간섭무늬가 형성되지 않는다.

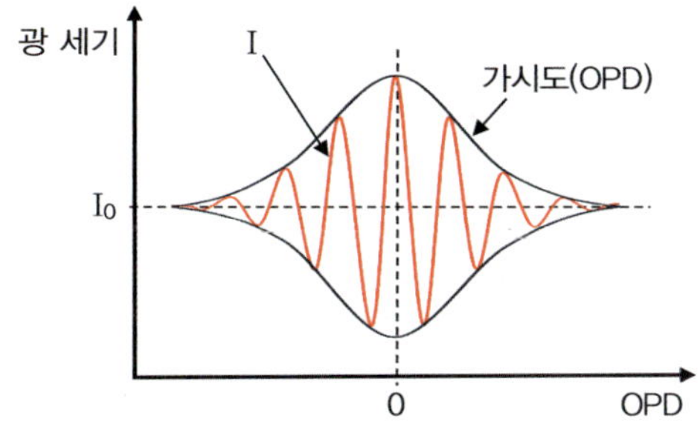

그림 3-16 광로차에 의한 백색광 간섭무늬 밝기와 가시도

백색광 현미경 간섭계는 대물 렌즈나 시료를 상하로 이동시키면서 위상의 최대 정점이나 가시도의 최대 지점을 찾으면, 그 지점을 기준으로 간섭무늬로부터 시료의 형상을 측정할 수 있다. 특히, 대물 렌즈의 배율에 따라 시료의 미세한 형상 정보를 확대해 측정할 수 있으므로 다양한 배율의 간섭계가 사용되고 있다.

그림 3-17은 대표적인 세 가지 현미경 간섭계를 보여준다. 미라우(Mirau) 간섭계는 10배에서 50배의 대물 렌즈를 사용하며, 마이켈슨(Michelson) 간섭계는 저배율 렌즈를 사용한다. 리닉(Linnik)

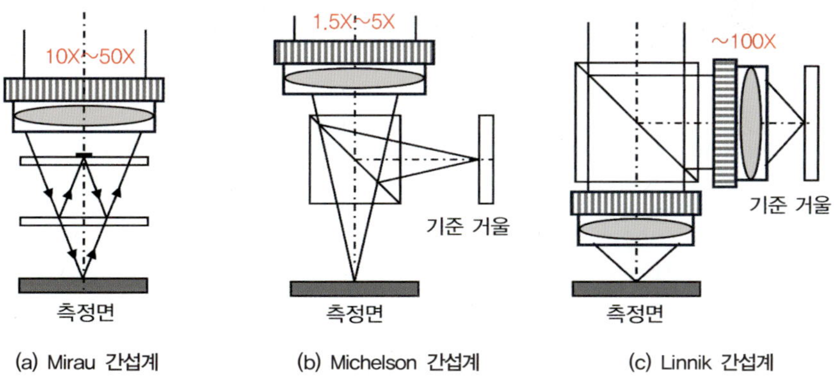

그림 3-17 백색광 현미경 간섭계의 종류

간섭계는 최대 100배까지의 고배율 렌즈를 사용한다. 현미경 대물 렌즈의 초점 크기(spot size)는 회절 한계에 의해 제한되며, 레일리 기준(Rayleigh criterion)에 따라 가시광에서 10배($NA=0.25$)이면 2.44 μm, 50배($NA=0.5$)이면 1.22 μm, 100배($NA=1.25$, 유침 렌즈)이면 0.48 μm 정도이다.

백색광 현미경 간섭계는 nm 수준의 정밀도로 비접촉 표면 형상과 두께를 측정할 수 있으며, 특히 광학면의 거칠기 측정 표준장비로 사용된다. 그러나 반사율이 낮은 표면이나 곡률반경이 작은 시료 측정에는 제한이 있다.

그림 3-18은 곡률반경이 작은 시료의 초점이동에 의한 백색광 간섭무늬 변화와 미세 구조물의 3차원 측정 결과를 보여준다. 초점이동으로 여러 부분을 나누어 측정하면 데이터를 합쳐 전체 형상을 구할 수 있다. 간섭계의 높이 측정 한계는 파장의 $\lambda/2$이지만, 그림과 같이 대물 렌즈나 시료를 수직으로 이동하면서 측정하면 이동거리만큼 높이 측정 한계를 확대할 수 있다. 이러한 간섭계를 수직 주사 백색광 간섭계(VSWLI, Vertical Scanning White Light Interferometer)라고 한다.

표면이 거친 시료는 레이저 간섭계로 측정하기 어렵지만, 백색광 간섭계로는 충분히 측정할 수 있다. 따라서 연마된 광학면뿐만 아니라 가공 중인 금속, 플라스틱, 고무 등의 형상도 수 mm의 범위에서 nm 분해능으로 측정할 수 있다.

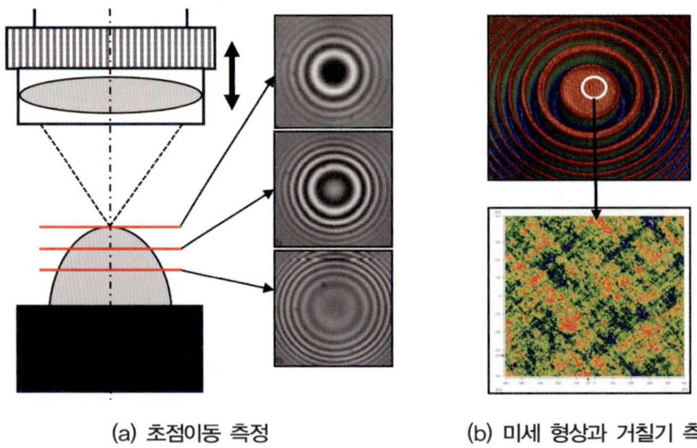

그림 3-18 초점이동에 의한 간섭무늬 변화 및 미세 형상과 표면 거칠기 측정

5) 광학면의 형상 표기

간섭계를 이용한 파면 오차 측정은 기준 평면이나 구면과 비교하여 상대적인 차이를 나타낸다. 따라서 평면과 구면의 측정 결과를 시각적으로 명확히 표현하고 분석하기 위해 평면도(flatness)를 사용한다.

평면도는 그림 3-19와 같이 PV(Peak to Vally)와 RMS(Root Mean Square)로 나타낸다. PV는 측정된 표면에서 가장 높은 점과 가장 낮은 점 사이의 높이차를 나타내며, RMS는 측정된 표면의 평균적인 편차를 나타낸다. PV는 전체적인 형상 편차를 나타내는 직관적인 지표이지만, 국소적 결함에 매우 민감하다. 반면, RMS는 국소적 결함에 덜 민감하며, 전체 형상을 고려한 안정적이고 신뢰성 있는 지표를 제공한다.

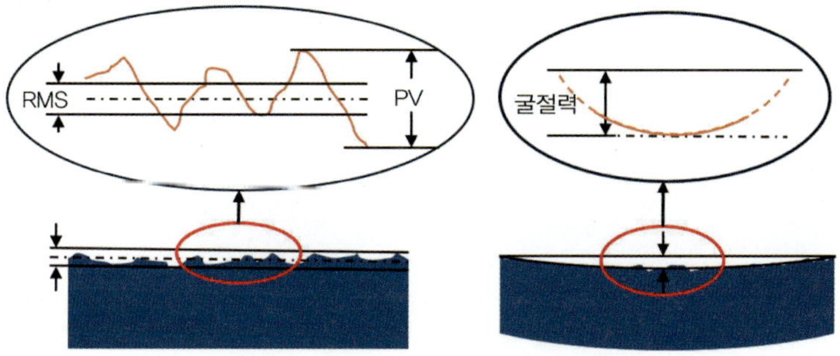

(a) 평면도(PV & RMS)　　(b) 굴절력(power)

그림 3-19 광학면의 평면도와 굴절력

광학면의 평면도는 1λ PV는 일반급, λ/4 PV는 정밀급, λ/20 PV는 초정밀급으로 분류된다. RMS 기준으로는 500 nm RMS 이상이면 일반급, 50~100 nm RMS이면 정밀급, 20 nm RMS이면 고정밀급으로 분류된다. 경험적으로 정밀급 광학면에서는 PV가 RMS보다 4~5배 정도 크며, 경우에 따라 그 차이는 더 커질 수 있다.

곡면의 평균 곡률을 나타내는 굴절력(power)은 구면 또는 비구면의 전체적인 구면성(sphericity)을 평가하는 지표이다. 이는 측정 표면이 완벽한 평면이 아니더라도, 구면의 중심과 얼마나 일치하는지를 보여준다. 일반적으로 구면의 반경이나 곡률반경의 단위로 표현되며, 기준면과의 편차는 뉴턴링의 수가 많을수록 더욱 커진다.

한편, 측정 표면의 전체 형상에서 이상적인 곡면(구면 또는 평면)으로부터의 국소적 편차를 나타내는 불규칙성(irregularity)은 곡률의 전반적인 편차(power)를 제외한 고주파 성분의 국소적 변화를 분석한 것이다. 이는 power와 함께 광학면의 정량적 분석에 사용된다.

그림 3-20은 상용 레이저 간섭계로 측정한 PV, RMS, power의 값을 보여준다. 광원으로는 He-Ne 레이저를 사용했으며, 파장은 632.8 nm이다. 위쪽 그림은 가장 높은 지점과 가장 낮은 지점의 높이차를 중심으로 나타낸 것이며, 아래쪽 그림은 평균값을 0으로 하여 형상 변화를 나타낸 것이

다. 여기서 power는 최적 구면에 대한 곡률을 의미한다.

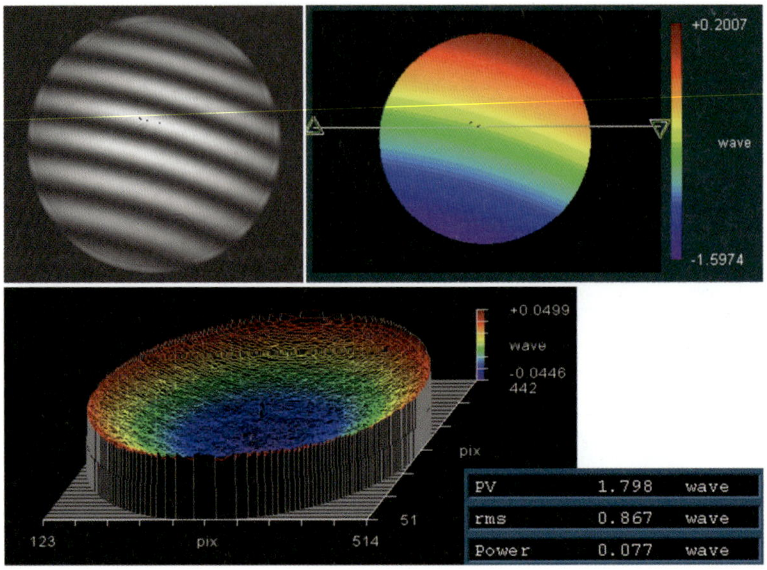

그림 3-20 간섭무늬에 의한 형상 측정값 표기

최근에는 백만 이상의 고화소 CCD를 사용하여 간섭무늬를 측정하고, 다양한 수학적 기법으로 절대 측정에 의한 계통 오차(systematic error)를 제거함으로써, 측정 반복도가 크게 향상되었다.

그러나 광학적 특성상 온도, 압력, 진동 등 외부 환경에 매우 민감하다. 따라서 측정 결과가 소수점 이하 셋째 자리까지 표시되더라도, 실제 유효숫자는 간섭계의 사양과 측정 조건을 함께 고려하여 판단해야 한다.

3.2 위상이동 간섭법

전통적인 간섭무늬 분석법은 무늬의 중심을 찾아 직진성을 판단하는 것이 기본이며, 중심을 얼마나 정밀하게 찾는지가 분석 정밀도를 결정한다. 그러나 전자식 검출기를 사용하더라도 무늬 밝기의 최대점 또는 최소점을 정밀하게 찾는 것은 어렵다. 간섭무늬 전체의 강도 변화, 검출기의 공간적인 감도 변화 및 고유 잡음 등에 의해 영향을 받을 수 있기 때문이다.

무늬 중심을 정확하게 측정하려면 무늬 간격이 넓을수록 좋다. 그러나 간격이 넓어지면 얻을 수 있는 무늬 수가 줄어든다. 반대로, 측정 개수를 늘리기 위해 간섭무늬에 큰 기울기를 적용하면 무늬 중심의 측정 정밀도가 떨어진다. 또한 간섭무늬 분석 프로그램들이 규칙적인 격자 모양으로 표본을 취하기 때문에 무늬 중심을 격자 위로 그리기 위해서는 내삽법(interpolation)을 사용해야 한다. 이와 더불어 간섭무늬의 부호(오목 또는 볼록)도 결정해야 한다.

반면에, 위상이동법은 간섭무늬 형태와 관계없이 모든 무늬의 분석에 사용할 수 있다. 간섭무늬 측정 시 다른 측정점의 데이터가 필요하지 않고 차례로 계산되므로, 어떤 형태의 표본 격자에서도 분석할 수 있고 내삽도 필요 없다.

간섭계에서 기준 파면과 시험 파면의 차이를 나타내는 위상(phase)은 간섭무늬로부터 앞 절에서 설명한 방법으로 직접 구하는 경우, 정밀도의 한계는 $\lambda/10$ 수준이다. 이 위상정보를 바탕으로 수차계수를 계산하는 과정은 고도의 숙련과 많은 시간이 요구된다. 그러나 최근에는 간섭무늬 영상의 취득부터 수차계수의 산출까지 전 과정을 전산화하였으며, 위상이동 간섭법(PSI, Phase Shifting Interferometry)이라는 새로운 해석법이 사용되고 있다.

위상이동 간섭법은 간섭계에서 간섭하는 두 파면 사이에 시간적·공간적으로 변화하는 위상을 포함하며, 이로부터 위상정보를 구하는 기법이다. 피에조 간섭계, 트와이먼-그린 간섭계의 경우, 어느 한 점에서 기준면에 대한 시험면의 오차를 $h(x,y)$라고 하면, 이 점에서의 위상 변화는 다음과 같이 표현된다.

$$\phi(x,y) = \frac{4\pi}{\lambda} h(x,y) \tag{3.34}$$

즉, 기준면과 시험면에서 반사한 파면의 위상에 부가적인 위상 차이가 발생한다. 인위적으로 추가의 위상 $\alpha(t)$를 부가할 경우, 그 부호에 따라 새 위상은 다음과 같이 나타낼 수 있다.

$$\phi'(x,y) = \frac{4\pi}{\lambda}h(x,y) + \alpha(t) = \phi(x,y) + \alpha(t) \quad \textbf{(3.35)}$$

따라서 간섭무늬의 임의의 한 점에서 얻어지는 식 (3.3)의 밝기는 다음과 같다.

$$\begin{aligned} I(x,y) &= I_1(x,y) + I_2(x,y) + 2\sqrt{I_1 I_2}\cos\{\phi(x,y) + \alpha(t)\} \\ &= I_0(x,y)[1 + V\cos\{\phi(x,y) + \alpha(t)\}] \end{aligned} \quad \textbf{(3.36)}$$

여기서 $I_0(x,y)$는 두 파면 세기의 합이므로 배경 밝기이며, V는 식 (3.7)의 선명도를 의미한다. 식 (3.36)은 위상이동 간섭법의 기본 관계식으로, α를 통해 간섭무늬 각 점의 밝기가 어떻게 변하는지를 알 수 있다. 따라서 이 식은 관련된 미지수들을 구하는 데 근거가 된다.

1) 시간 위상이동

시간 위상이동(Temporal Phase Shifting)은 레이저 간섭계에서 시간 경과에 따라 기준 파면 또는 시험 파면의 위상을 단계적으로 변화시키며, 각 단계에서 간섭무늬를 기록하여 위상정보를 추출하는 기술이다. 두 파면의 위상 차이에 따라 밝기 분포가 달라지는 간섭무늬는, 기준 파면의 광경로나 파장을 일정한 간격(예: 90° 또는 120°)으로 변화시키면서 시간상으로 여러 간섭무늬를 측정하여 얻는다. 이렇게 측정된 간섭무늬 데이터를 삼각함수적 관계를 활용해 분석함으로써 위상정보를 추출한다. 위상정보는 표면 형상, 두께, 굴절률 등과 연관되므로 이를 바탕으로 3D 형상이나 물리적

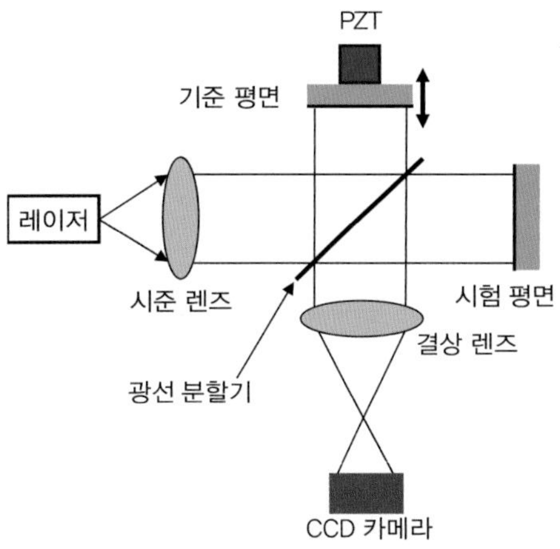

(a) 트와이먼-그린 위상이동 간섭계

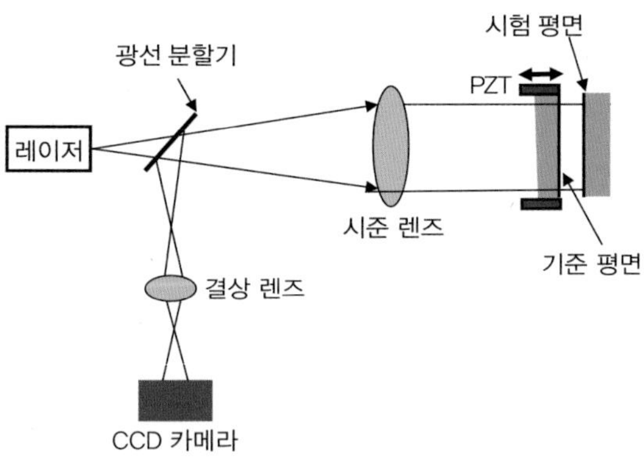

(b) 피에조 위상이동 간섭계

그림 3-21 위상이동 간섭계

특성을 복원할 수 있다.

시간상에서 위상을 이동시키기 위해 기준 거울에 모터나 압전 전기장치(PZT, Piezoelectric Transducer)를 사용하여 기준 파면의 경로를 nm 수준으로 조정하는 거울이동, 파장 가변 광원(tunable laser)을 사용하여 광로차를 변화시키는 파장 변화, 전기광학 변조기(electro-optic modulator)를 사용하여 전압 변화에 따라 광학 위상을 시간상으로 조정하는 전기광학 위상변조, 공간 광변조기(spatial light modulator)를 사용하여 위상을 디지털 방식으로 변조하는 방식이 사용된다.

이 중 가장 널리 사용되는 방식은 PZT를 사용하는 거울이동 방식이며, 그림 3-21은 대표적인 위상이동 간섭계를 보여준다. 위상이동은 3단계, 4단계, 5단계, 다단계 방법이 사용된다.

식 (3.34)에서 시험면의 형상에 대한 정보 $h(x,y)$는 $\phi(x,y)$에 포함되어 있다. 이 식은 간섭무늬의 각 위치(x,y)마다 하나의 측정값 $I(x,y)$와 3개의 미지수 $I_0(x,y)$, V, $\phi(x,y)$로 이루어져 있다. 외부에서 조정할 수 있는 $\alpha(t)$를 일정한 각도 $\pi/2$ 또는 $2\pi/3$만큼 3~5번 증가시키면서 $I(x,y)$를 측정하고, 이로부터 연립 관계를 구성하여 미지수를 구한다[6, 7].

예를 들어, 위상차를 $\pi/2$씩 변화시키는 4단계 방법에서는 그림 3-22에 나타난 4장의 간섭무늬를 사용한다. 한 점에서 밝기 변화는 다음과 같다.

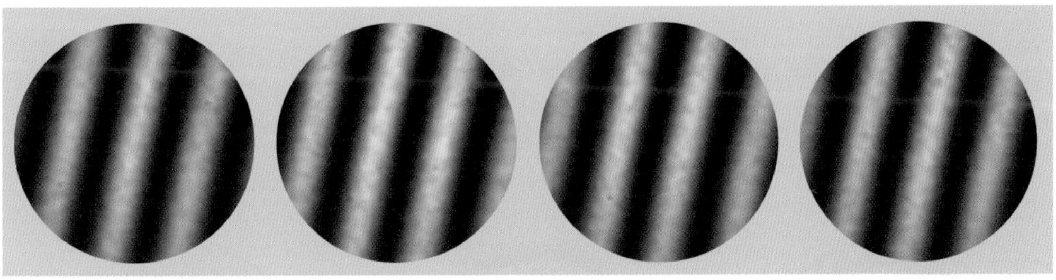

0 π/2 π 3π/2

그림 3-22 π/2의 위상이동에 따른 간섭무늬 변화

$$I_1(x,y) = I_0(x,y)[1 + V\cos\{\phi(x,y) + 0\}] \tag{3.37}$$

$$I_2(x,y) = I_0(x,y)[1 + V\cos\{\phi(x,y) + \pi/2\}] \tag{3.38}$$

$$I_3(x,y) = I_0(x,y)[1 + V\cos\{\phi(x,y) + \pi\}] \tag{3.39}$$

$$I_4(x,y) = I_0(x,y)[1 + V\cos\{\phi(x,y) + 3\pi/2\}] \tag{3.40}$$

이 식은 미지수의 수보다 식의 수가 더 많지만, 측정 오차의 영향을 감소시키는 효과가 있으므로 모두 사용한다.

4개의 식에 삼각함수 공식을 적용하면 다음 식을 얻을 수 있다.

$$I_4 - I_2 = 2I_0 V \sin[\phi(x, y)] \tag{3.41}$$

$$I_1 - I_3 = 2I_0 V \cos[\phi(x, y)] \tag{3.42}$$

두 식으로부터 위상 $\phi(x, y)$는 다음과 같이 표현된다.

$$\phi(x, y) = \tan^{-1}\left[\frac{I_4 - I_2}{I_1 - I_3}\right] \tag{3.43}$$

위상값은 $\tan^{-1}$ 함수의 특성상 $-\pi$에서 π 사이로 제한된다. 인접한 위치 간의 위상차가 크게 되면 데이터가 왜곡될 수 있으므로, 위상값은 연속적이고 점진적인 형태로 복원해야 한다.

간섭무늬의 변조를 나타내는 $V(x, y)$는 위 식들을 이용하면 다음과 같이 표현된다.

$$V(x, y) = \frac{2\left[(I_4 - I_2)^2 + (I_1 - I_3)^2\right]^{1/2}}{I_1 + I_2 + I_3 + I_4} \tag{3.44}$$

여기서 분자는 변조항이며, 분모는 평균 밝기를 의미한다.

그림 3-23은 위상 복원(phase unwrapping) 과정을 나타낸 것이다. 측정된 위상 데이터는 2π 범

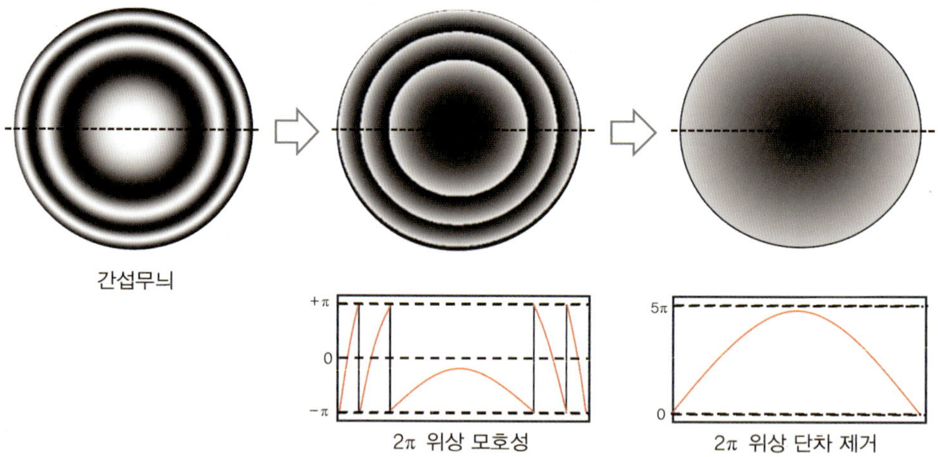

그림 3-23 간섭무늬 위상의 복원 과정

위에서는 서로 연속되지만, 2π 이상의 차이가 나면 불연속이 된다. 따라서 위상의 불연속점을 찾아 이를 제거하고 연속적인 위상으로 복원해야 한다. 위상은 공간적으로 변화하므로 위상 불연속점을 여러 방향에서 계산하는 최소제곱법(least squares method)이나 다중 그리드 방법(multi-grid method) 같은 2차원 알고리즘이 사용된다. 시간 변화에 의한 3차원 위상을 복원하려면 시간 변수를 포함하는 3차원 알고리즘을 사용해야 한다.

빛의 세기를 구하는 식 (3.36)에는 3개의 미지수가 포함되므로, 이를 풀기 위해서는 최소한 3개의 식이 필요하다. 따라서 3단계 방법에서는 등간격 위상 3개를 사용한다.

$$\delta_i = -\alpha, 0, \ \alpha; \ i = 1, 2, 3 \tag{3.45}$$

이 위상을 사용하면 다음과 같이 빛의 세기를 구할 수 있다.

$$\begin{aligned} I_1(x,y) &= I_0(x,y)[1 + V cos\{\phi(x,y) - \alpha\}] \\ &= I_0(x,y)[1 + V\{\cos\phi(x,y)\cos\alpha + \sin\phi(x,y)\sin\phi\}] \end{aligned} \tag{3.46}$$

$$I_2(x,y) = I_0(x,y)[1 + V cos\{\phi(x,y)\}] \tag{3.47}$$

$$\begin{aligned} I_3(x,y) &= I_0(x,y)[1 + V cos\{\phi(x,y) + \alpha\}] \\ &= I_0(x,y)[1 + V\{\cos\phi(x,y)\cos\phi - \sin\phi(x,y)\sin\alpha\}] \end{aligned} \tag{3.48}$$

따라서 이 3개 식을 사용하면 다음과 같이 위상 $\phi(x,y)$를 구할 수 있다.

$$\phi(x,y) = \tan^{-1}\left\{\left[\frac{1-\cos\alpha}{\sin\alpha}\right]\frac{I_1 - I_3}{2I_2 - I_1 - I_3}\right\} \tag{3.49}$$

또한 간섭무늬의 각 점에서 변조 $V(x,y)$는 다음과 같다.

$$V(x,y) = \frac{\left\{\{[1-\cos\alpha](I_1 - I_3)\}^2 + [\sin\alpha(2I_2 - I_1 - I_3)]^2\right\}^{1/2}}{[I_1 + I_3 - 2I_2\cos\alpha]\sin\alpha} \tag{3.50}$$

위상이동 간격이 $\alpha = \pi/2$일 경우 위상은 다음과 같이 계산되며,

$$\phi(x,y) = \tan^{-1}\left(\frac{I_1 - I_3}{2I_2 - I_1 - I_3}\right) \tag{3.51}$$

$\alpha = 2\pi/3$이면 다음과 같다.

$$\phi(x,y) = \tan^{-1}\left(\sqrt{3}\,\frac{I_1 - I_3}{2I_2 - I_1 - I_3}\right) \tag{3.52}$$

또한 90° 간격으로 $\alpha = \pi/4, 3\pi/4, 5\pi/4$일 경우는 다음과 같이 계산된다.

$$\phi(x,y) = \tan^{-1}\left(\frac{I_3 - I_2}{I_1 - I_2}\right) \tag{3.53}$$

2) 순간 위상이동

시간 위상이동법은 PZT에 의한 위치 오차가 발생하며, 측정된 간섭무늬들 사이에 시차가 있기 때문에 난기류나 진동 같은 환경적인 요인에 매우 민감하다는 단점이 있다. 이러한 문제를 극복하기 위해 측정광을 여러 개로 진폭 분할하고 위상이동 간섭무늬들을 동시에 측정하는 공간 위상이동법이 제안되었다. 이미지 센서의 신호 처리가 고속으로 이루어지므로, 이를 순간 위상이동(Instantaneous Phase Shifting) 간섭이라고 한다[7, 8].

그림 3-24는 편광자와 회절격자를 이용한 순간 위상이동 간섭계를 보여준다. (a)에서는 편광 광선 분할기, $\lambda/2$ 편광판, $\lambda/4$ 편광판을 사용하여 수직으로 선편광된 기준 파면과 시험 파면을 공간적으로 $0, \pi/2, \pi, 3\pi/2$의 4단계로 위상을 이동시켜, 각각의 CCD 신호를 이용해 한 번에 $\phi(x,y)$를 측정한다. (b)에서는 서로 수직 방향으로 선편광된 기준 파면과 시험 파면을 회절격자를 사용하여 $+1$, 0, -1차의 파면으로 분리한 후 $\lambda/4$ 편광판을 $+1$차와 -1차에 삽입하고, 선편광자를 사용하여 각각의 CCD에 간섭무늬를 투사한다. 그러나 여러 개의 CCD를 사용하면 구조가 복잡하여 정렬과

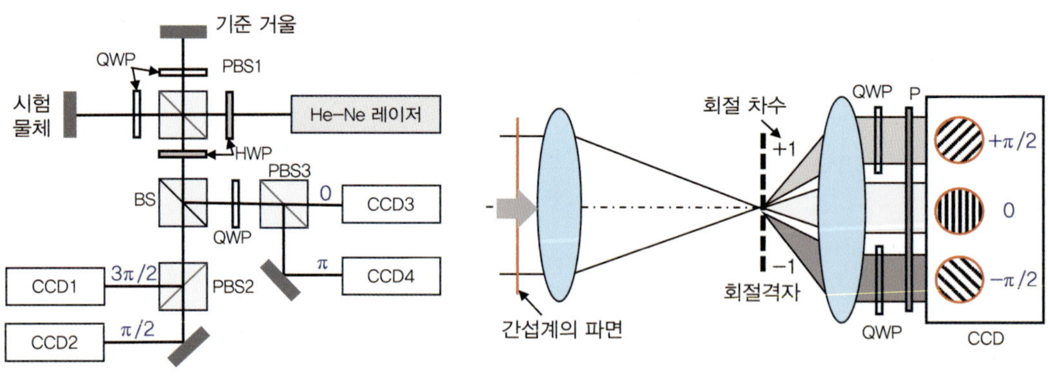

(a) 편광자를 이용한 위상이동

(b) 회절격자를 이용한 위상이동

그림 3-24 편광자와 회절격자를 이용한 순간 위상이동 간섭계

조정이 어렵고, CCD 화소를 모두 통과시켜 공간적으로 $+\pi/2$, 0, $-\pi/2$의 3단계 위상이동 간섭무늬를 만들 수 있다. 또한 여러 CCD에 대응하는 간섭무늬의 위치가 서로 다르면 측정 정밀도에 큰 영향을 미치며, 광학계 구조가 복잡하여 소형화가 어렵고 비용이 고가인 단점이 있다.

그림 3-25는 1개의 CCD를 사용하는 순간 위상이동 간섭계를 보여준다. (a)에서는 홀로그래피 광학소자를 사용하여 파면을 4개로 나눈 후, 편광 방향이 서로 다른 편광자 판을 사용하여 측정한다. 이 방식은 4단계 위상이동 간섭무늬를 CCD 하나로 동시에 측정할 수 있다. CCD의 화소 수가 $m \times n$이면 간섭무늬의 최대 데이터는 $m/2 \times n/2$이다.

(b)에서는 홀로그래피 광학소자를 사용하지 않고 간섭무늬를 직접 측정한다. 편광 방향이 서로 다른 마이크로 편광자를 각각의 화소에 부착한 CCD를 사용하며, 4개의 화소가 하나의 측정점이 되어 $m/2 \times n/2$의 위상정보를 구한다. 이때 간섭계에 입사하는 기준 파면과 시험 파면의 편광

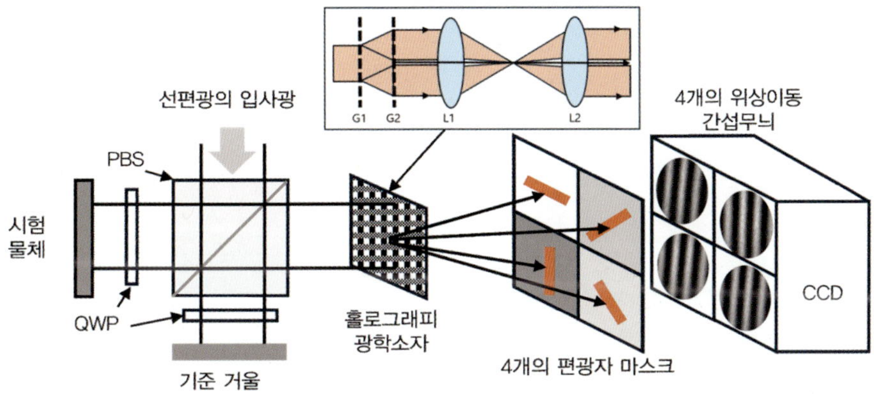

(a) 4개의 편광자 마스크를 이용한 위상이동

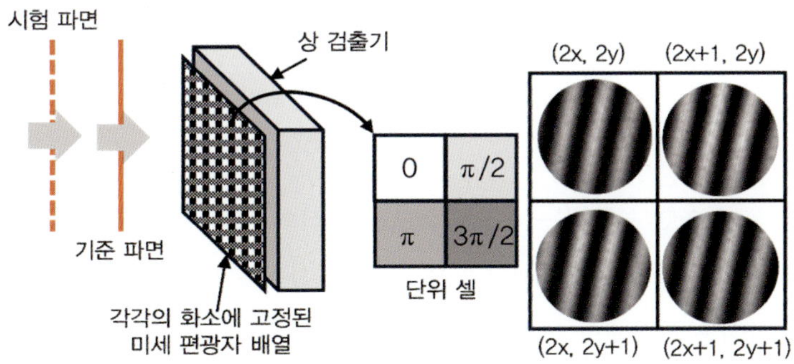

(b) 화소의 미세 편광자 배열을 이용한 위상이동

그림 3-25 마이크로 편광자를 이용한 순간 위상이동 간섭계

방향은 서로 반대이다.

단일 CCD를 사용하는 방식은 여러 개의 CCD를 사용하는 방식에 비해 공간 해상도는 낮지만, 광학계가 단순하여 소형화가 용이하다. 또한 단일 숏 방식이기 때문에 외부 영향을 최소화하는 고속 측정이 가능하다. 최근에는 고화소 카메라를 사용하여 수 μm 수준의 공간 분해능과 sub-nm의 위상 분해능을 구현할 수 있다. 초당 1,000프레임 이상의 고속 카메라를 사용하면 매우 빠른 측정이 가능하여 진동 및 동적 특성을 분석할 수 있다. 이러한 측정 능력은 전통적인 광학부품 검사뿐만 아니라 반도체와 디스플레이, 실시간 세포나 조직의 변형검사 같은 첨단산업 및 연구 분야에서 수요가 빠르게 증가하고 있다.

그림 3-26은 시간 위상이동 간섭계와 순간 위상이동 간섭계로 측정한 광학면의 형상 측정 결과를 보여준다. 무진동 테이블을 사용하지 않고 측정했으며, 시간 위상이동 간섭계의 결과에는 외부 진동의 영향이 나타난다. 반면, 순간 위상이동 간섭계는 고속 측정이 가능하므로 진동의 영향을 거의 받지 않는다. 따라서 진동이 심한 광학가공실에서도 고가의 무진동 테이블 없이 초정밀 측정을 할 수 있다.

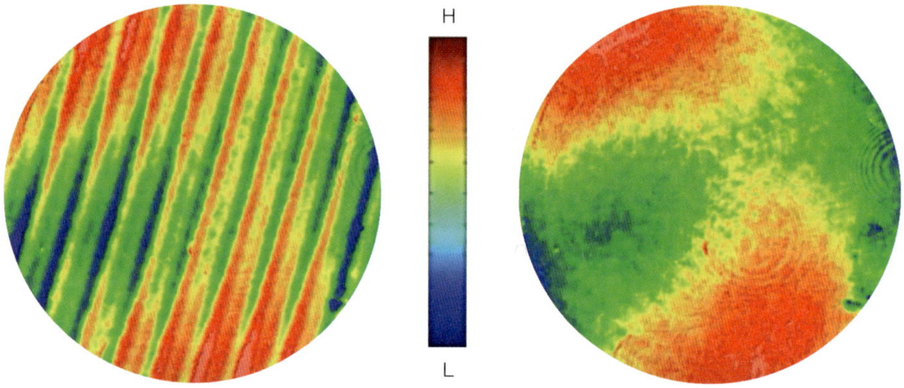

(a) 시간 위상이동 간섭계 측정　　　(b) 순간 위상이동 간섭계 측정

그림 3-26 위상이동 간섭계의 측정 결과 비교

그림 3-27은 고속으로 구동되는 하드디스크 플래터의 형상 측정 결과를 보여준다. 매우 짧은 노출 시간을 활용하여, 진동하는 물체의 표면 형상과 진동 모드를 매우 정확하게 측정할 수 있다.

표 3-2는 위상이동 간섭계의 특성을 비교한 것이다. 순간 위상이동 간섭계가 CCD의 1/4만을 사용하므로 공간 분해능은 상대적으로 낮지만, 시간 분해능이 높아 빠르게 변화하는 동적 현상에서도 실시간 측정이 가능하다. 가격은 매우 고가이지만, nm 수준의 정밀도로 형상을 실시간 측정할 수 있는 유일한 장비이다.

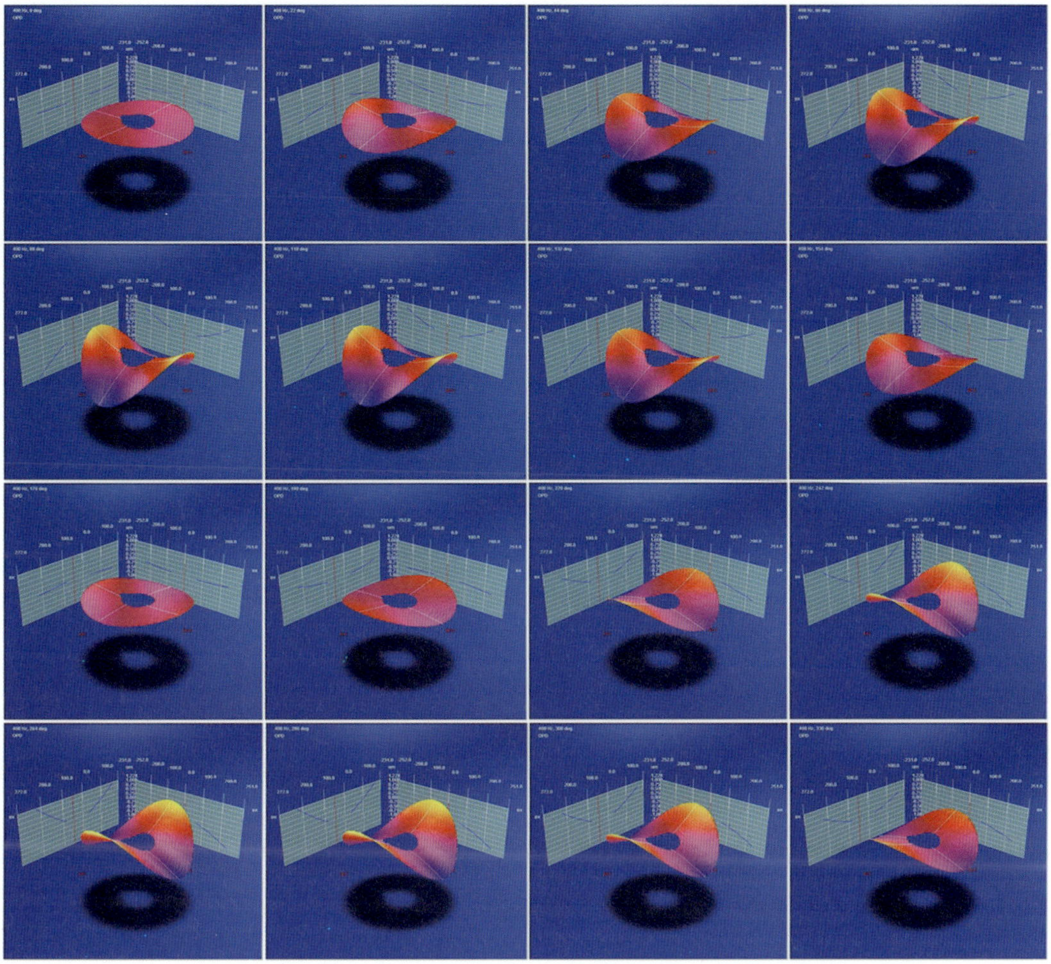

그림 3-27 3 kHz로 구동되는 디스크 플래터의 형상 측정

출처: 4D Technology(https://4dtechnology.com/products/dynamic-interferometry)

표 3-2 위상이동 간섭계의 특성 비교

특징	일반 위상이동 간섭계	순간 위상이동 간섭계
측정 방식	다단계 위상이동	단일 캡처에서 다중 위상정보 획득
시간 분해능	낮음	높음
측정정확도	높음	보통~높음(설계에 따라 다름)
응용	정적 측정, 고정밀 분석	동적 측정, 실시간 분석
장비 복잡성	비교적 단순	복잡
비용	저가	고가

3) 푸리에 변환 위상이동(Fourier Transform Phase Shifting)

간섭무늬를 푸리에 변환하여 공간주파수 영역에서 원하는 주파수 성분을 선택한 후, 역 푸리에 변환하여 위상정보를 복원할 수 있다. 이 방식은 여러 개의 간섭무늬가 중첩되어 있어도 원하는 파면의 위상을 쉽게 복원할 수 있다는 장점이 있다.

간섭무늬를 x축 방향으로 기울이면 식 (3.36)은 다음과 같이 나타낼 수 있다.

$$\begin{aligned} I(x,y) &= I_0(x,y)\left[1+V\cos\{\phi(x,y)+2\pi f_0 x\}\right] \\ &= I_0(x,y)\left[1+V\cos\phi(x,y)\cos(2\pi f_0 x)-V\sin\phi(x,y)\sin(2\pi f_0 x)\right] \end{aligned} \quad \textbf{(3.54)}$$

여기서 f_0는 기울기에 의해 형성된 직선 간섭무늬의 반송 공간주파수(spatial carrier frequency)이다. 이 식을 복소수로 표현하면 다음과 같다.

$$I(x,y) = I_0(x,y) + c(x,y)\exp(2\pi f_0 x) + c(x,y)^*\exp(-2\pi f_0 x) \quad \textbf{(3.55)}$$

여기서

$$c = \frac{1}{2}I_0 V\exp\{i\phi(x,y)\} = \sqrt{I_1 I_2}\exp\{i\phi(x,y)\},\ c^* = \sqrt{I_1 I_2}\exp\{-i\phi(x,y)\} \quad \textbf{(3.56)}$$

이므로 두 항은 서로 공액 복소수 관계이다.

식 (3.55)를 x축으로 푸리에 변환하면 다음과 같다.

$$G(f_x, y) = A(f_x, y) + C(f_x - f_0, y) + C^*(f_x + f_0, y) \quad \textbf{(3.57)}$$

여기서 G, A, C, C^*는 I, I_0, c, c^*을 x축으로 푸리에 변환한 함수이다. 그림 3-28의 공간주파수 공간에서 $C(f_x - f_0, y)$을 선택한 후, 이를 원점으로 f_0만큼 이동시킨 $C(f_x, y)$을 역 푸리에 변환하면 다음과 같다.

$$F^{-1}\left[C(f_x, y)\right] = c(x,y) = \sqrt{I_1 I_2}\exp\{i\phi(x,y)\} = c_1(x,y) + i\,c_2(x,y) \quad \textbf{(3.58)}$$

여기서 $c_1 = \sqrt{I_1 I_2}\cos\{i\phi(x,y)\}$, $c_2 = \sqrt{I_1 I_2}\sin\{i\phi(x,y)\}$이다. 따라서 위상 $\phi(x,y)$는

$$\phi(x,y) = \tan^{-1}\left[\frac{c_2(x,y)}{c_1(x,y)}\right] \quad \textbf{(3.59)}$$

이며, $-\pi$에서 π값을 가진다.

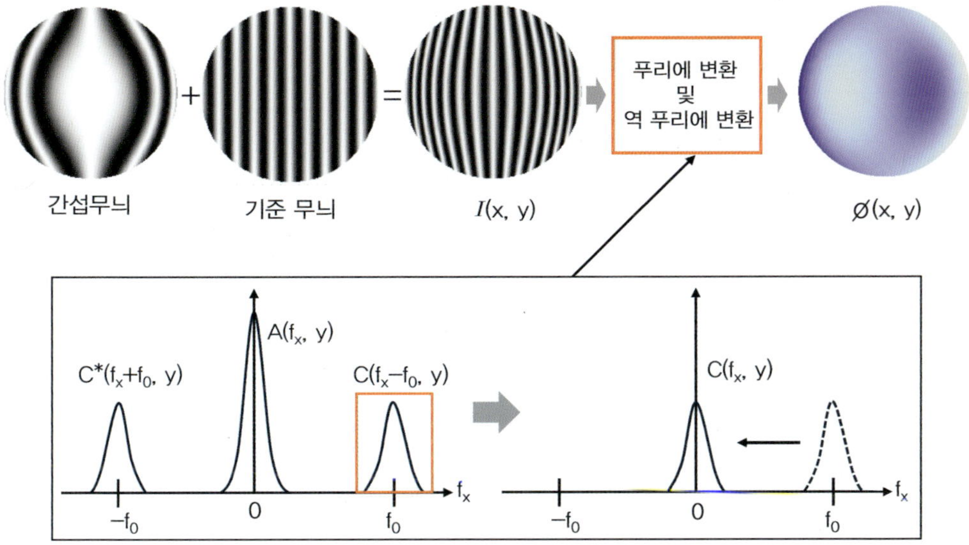

그림 3-28 푸리에 변환을 이용한 간섭무늬의 위상 측정

3.3 간섭무늬 해석

렌즈나 거울의 변형에 의한 간섭무늬로부터 파면 오차를 측정하면, 이를 다양한 형태의 광학수차로 분리하여 렌즈의 성능과 거울의 형상을 정량적으로 분석할 수 있다. 광학수차 분석으로는 자이델 수차 이론(Seidel aberration theory), 제르니케 다항식(Zernike polynomial)을 사용하는 두 가지 방법이 있다. 자이델 수차 이론은 3차 수차를 기반으로 광학계의 기하학적 수차를 구면수차(spherical aberration), 코마(coma), 비점수차(astigmatism), 상면만곡(curvature of field), 왜곡(distortion) 등 다섯 가지 주요 수차로 분류하며, 광학적 의미가 명확하고 직관적이다[9].

반면, 제르니케 다항식은 원형 대칭 영역에서 정규화된 파면 오차를 더 정교하게 직교 방식으로 분석한다. 다항식의 집합을 통해 파면의 고차 성분을 자세히 나타낼 수 있으며, 수차 성분을 명확히 정의하고 정량적으로 비교할 수 있다. 최근에는 초정밀 광학계의 설계, 제작, 평가에 제르니케 다항식이 널리 사용된다. 이 절에서는 제르니케 다항식을 먼저 설명한 후, 자이델 수차와 비교한다.

제르니케 다항식의 표현 체계는 응용 목적에 따라 다양하게 존재하며, 주요 차이점은 정렬 순서, 정규화 방법, 기저함수의 수학적 표현에 있다. 대표적인 표현 체계로는 자이델 수차와 명확히 1:1로 대응되는 Noll 방법[3], 국제 표준화된 ANSI/OSA 방법, 간섭계 분석에 매우 적합한 애리조나대학교의 FRINGE 방법이 있다[10].

이 절에서는 복잡한 제르니케 다항식의 이중 인덱스를 단일 인덱스 Z_j로 정렬한 Noll의 정규직교 방법을 사용하며, 이는 광학계 수차 분석 및 시뮬레이션에 널리 활용된다.

1) 제르니케 다항식

제르니케(Zernike) 다항식은 단위원(unit circle)상에서 정의되며, 그림 3-29의 극좌표(ρ, θ)를 사용하여 원주 방향 $0 \le \theta \le 2\pi$의 삼각함수와 반경 방향 $0 \le \rho \le 1$의 다항식 곱으로 나타낸다. 간섭계로 측정된 극좌표의 파면 오차 $W(\rho, \theta)$는 제르니케 다항식 $Z_j(\rho, \theta)$의 J개의 선형 조합으로 나타낼 수 있다[1, 9, 10].

3 Noll 방법: 1976년 놀(W. J. Noll)이 제안한 제르니케 다항식의 순차적 번호 매기기 방법이다.

$$W(\rho, \theta) = \sum_{j=1}^{J} a_j Z_j(\rho, \theta) \tag{3.60}$$

여기서 a_j은 각 성분에 해당하는 계수이며, 다음과 같이 표현된다.

$$a_j = \frac{1}{\pi}\int_0^{2\pi}\int_0^1 W(\rho, \theta) Z_j(\rho, \theta)\,\rho\, d\rho\, d\theta \tag{3.61}$$

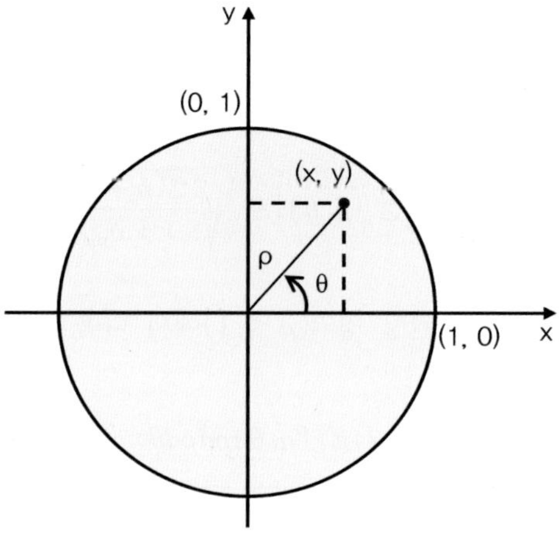

그림 3-29 광학계의 출사동 좌표

간섭계로 측정한 $W(\rho, \theta)$를 제르니케 다항식으로 적합(fitting)하여 a_j를 직접 계산하거나 최소제곱법을 사용하여 행렬로 구한다.

$$Z_n^m(\rho, \theta) = R_n^m(\rho) \cdot \Theta_n^m(\theta) \tag{3.62}$$

여기서 반경 방향 다항식은 다음과 같이 표현된다.

$$R_n^m(\rho) = \sum_{s=0}^{(n-m)/2} \frac{(-1)^s (n-s)!}{s!\left[\frac{(n+m)}{2} - s\right]!\left[\frac{(n-m)}{2} - s\right]!}\rho^{n-2s} \tag{3.63}$$

또한 원주 방향 함수는 다음과 같이 정의된다.

$$\Theta_n^m(\theta) = \begin{cases} \sqrt{2(n+1)}\cos(m\theta) & (m > 0) \\ \sqrt{2(n+1)}\sin(m\theta) & (m < 0) \\ \sqrt{(n+1)} & (m = 0) \end{cases} \tag{3.64}$$

여기서 n은 다항식의 차수이며 $n \geq 0$이고, m은 원주 방향 성분을 나타낸다. 또한 $|m| \leq n$이고 $n-m=$ 짝수이다. 따라서 식 (3.62)는 다음과 같다.

$$Z_j = Z_n^m(\rho, \theta) = \begin{cases} \sqrt{2(n+1)}\, R_n^m(\rho)\cos(m\theta) & (m>0, j\text{는 짝수}) \\ \sqrt{2(n+1)}\, R_n^m(\rho)\sin(m\theta) & (m<0,\ j\text{는 홀수}) \\ \sqrt{(n+1)}\, R_n^m(\rho) & (m=0) \end{cases} \tag{3.65}$$

여기서 j는 1부터 시작하는 모드의 순서이다.

원형 영역($\rho \leq 1$)에서는 다음과 같이 정의된다.

$$R_n^m(1) = 1,\ |Z_j(\rho, \theta)| \leq \sqrt{\frac{2(n+1)}{1+\delta_{m0}}} \tag{3.66}$$

따라서 정규화된 제르니케 다항식은 원형 영역($\rho \leq 1$)에서 다음과 같은 직교 조건을 가진다.

$$\frac{\int_0^{2\pi}\int_0^1 Z_j(\rho,\theta) Z_{j'}(\rho,\theta)\rho d\rho d\theta}{\int_0^{2\pi}\int_0^1 \rho d\rho d\theta} = \delta_{jj'} \tag{3.67}$$

여기서 $\delta_{jj'}$는 크로네커(Kronecker) 델타함수이다.

정규화되지 않은 제르니케 다항식은 극좌표에서 정규화 항을 제거한 형태로 다음과 같이 표현된다.

$$Z_j = Z_n^m(\rho, \theta) = \begin{cases} R_n^m(\rho)\cos(m\theta) & (m>0, j\text{는 짝수}) \\ R_n^m(\rho)\sin(m\theta) & (m<0,\ j\text{는 홀수}) \\ R_n^m(\rho) & (m=0) \end{cases} \tag{3.68}$$

여기서 $|Z_j(\rho, \theta)| \leq 1$이다. 따라서 원형 영역($\rho \leq 1$)에서 직교 조건은 다음과 같다.

$$\frac{\int_0^{2\pi}\int_0^1 Z_j(\rho,\theta) Z_{j'}(\rho,\theta)\rho d\rho d\theta}{\int_0^{2\pi}\int_0^1 \rho d\rho d\theta} = \frac{1+\delta_{m0}}{2(n+1)}\delta_{jj'} \tag{3.69}$$

제르니케 다항식은 극좌표에서 정의되는 함수들로, 각각은 특정수차 성분을 나타낸다. 다항식들은 직교성을 가지고 있어, 서로 다른 n과 m값에 해당하는 다항식은 서로 독립적이다. 즉, 각 다항식의 계수는 서로 간섭하지 않고 독립적으로 계산될 수 있다. 따라서 파면 오차를 제르니케 다항식으로 분해하면 각 수차 성분을 분리하여 분석할 수 있다.

2) 제르니케 다항식과 파면 모양

표 3-3은 Noll 방법에 따른 37개의 정규 직교 제르니케 다항식의 세부 수식과 그 물리적 의미를 나타낸 것이다[9, 10]. 처음 4개 항은 강체 변형의 운동 성분을 표시하는 것으로, 각각 piston, x-tilt, y-tilt, defocus를 의미한다. 거울 형상 변형을 측정할 때, piston은 표면의 평균 높이 변화, x-tilt와 y-tilt는 표면 기울기의 좌우 또는 상하 경사, defocus는 축 대칭의 초점 변화를 의미한다. 이는 정렬에 관한 수차이므로 측정 결과에서 제거해야 한다.

5차(Z_5)까지는 독립적인 수차를 나타내지만, 6차 이상은 고차수차와 물리적 의미가 없는 항으로 구성된다. 구면수차($Z_4^0, Z_6^0, Z_8^0, \ldots$), 코마($Z_5^1, Z_5^{-1}, Z_7^1, Z_7^{-1}, \ldots$), 비점수차($Z_4^2, Z_4^{-2}, Z_6^2, Z_6^{-2}, \ldots$)는 수차 관련 고차항이다.

제르니케 다항식의 고차계수는 파면의 미세한 변화나 잡음을 나타낼 수 있으며, 이는 일반적으로 수차 분석에서는 의미 없는 물리적 왜곡이나 잡음으로 간주되기도 한다. 특히, 저차수차를 초과하는 항들은 수차 성분과 직접적인 관련이 없거나, 시스템 성능평가에 기여하지 않는 경우가 많다.

그림 3-30은 표 3-3의 다항식 성분을 파면 형태로 시각화한 것이다. 이를 통해 각 성분의 세기와 모양을 시각적으로 분석할 수 있으며, 높이와 형태는 파면의 왜곡 정도를 나타낸다. 수차와 직접 관련되는 저차항과 고차항으로 나누고, 기존의 자이델 수차에 관련 항들을 연결하였다.

그림 3-31은 그림 3-30의 파면 오차를 간섭무늬로 나타낸 것이다. 다항식 계수에 따라 간섭무늬의 모양과 강도가 어떻게 변하는지 직관적으로 파악할 수 있다. 이 그림을 통해 파면에서 발생하는 수차가 간섭무늬에 미치는 영향을 시각적으로 평가할 수 있으며, 거울의 형상 오차나 광학계의 파면 오차에 의한 간섭무늬를 특정한 수차 성분에 대해 변화시켜 광학계 성능을 최적화할 수 있다.

표 3-3 Noll 방법에 따른 37개의 정규 직교 제르니케 다항식

j	n	m	$Z_j(\rho,\theta)$	수차
1	0	0	1	piston
2	1	1	$2\rho\cos\theta$	x–tilt
3	1	–1	$2\rho\sin\theta$	y–tilt
4	2	0	$\sqrt{3}(2\rho^2-1)$	defocus
5	2	–2	$\sqrt{6}\rho^2\sin2\theta$	45° primary astigmatism
6	3	2	$\sqrt{6}\rho^2\cos2\theta$	0° primary astigmatism
7	3	–1	$\sqrt{8}(3\rho^3-2\rho)\sin\theta$	primary y–coma
8	3	1	$\sqrt{8}(3\rho^3-2\rho)\cos\theta$	primary x–coma
9	3	–3	$\sqrt{8}\rho^3\sin3\theta$	
10	3	3	$\sqrt{8}\rho^3\cos3\theta$	
11	4	0	$\sqrt{5}(6\rho^4-6\rho^2+1)$	primary spherical
12	4	2	$\sqrt{10}(4\rho^4-3\rho^2)\cos2\theta$	0° secondary astigmatism
13	4	–2	$\sqrt{10}(4\rho^4-3\rho^2)\sin2\theta$	45° secondary astigmatism
14	4	4	$\sqrt{10}\rho^4\cos4\theta$	
15	4	–4	$\sqrt{10}\rho^4\sin4\theta$	
16	5	1	$\sqrt{12}(10\rho^5-12\rho^3+3\rho)\cos\theta$	secondary x–coma
17	5	–1	$\sqrt{12}(10\rho^5-12\rho^3+3\rho)\sin\theta$	secondary y–coma
18	5	3	$\sqrt{12}(5\rho^5-4\rho^3)\cos3\theta$	
19	5	–3	$\sqrt{12}(5\rho^5-4\rho^3)\sin3\theta$	
20	5	5	$\sqrt{12}\rho^5\cos5\theta$	
21	5	–5	$\sqrt{12}\rho^5\sin5\theta$	
22	6	0	$\sqrt{7}(20\rho^6-30\rho^4+12\rho^2-1)$	secondary spherical
23	6	–2	$\sqrt{14}(15\rho^6-20\rho^4+6\rho^2)\sin2\theta$	45° tertiary astigmatism
24	6	2	$\sqrt{14}(15\rho^6-20\rho^4+6\rho^2)\cos2\theta$	0° tertiary astigmatism
25	6	–4	$\sqrt{14}(6\rho^6-5\rho^4)\sin4\theta$	
26	6	4	$\sqrt{14}(6\rho^6-5\rho^4)\cos4\theta$	
27	6	–6	$\sqrt{14}\rho^6\sin6\theta$	
28	6	6	$\sqrt{14}\rho^6\cos6\theta$	
29	7	–1	$4(35\rho^7-60\rho^5+30\rho^3-4\rho)\sin\theta$	tertiary y–coma
30	7	1	$4(35\rho^7-60\rho^5+30\rho^3-4\rho)\cos\theta$	tertiary x–coma
31	7	–3	$4(21\rho^7-30\rho^5+10\rho^3)\sin3\theta$	
32	7	3	$4(21\rho^7-30\rho^5+10\rho^3)\cos3\theta$	
33	7	–5	$4(7\rho^7-6\rho^5)\sin5\theta$	
34	7	5	$4(7\rho^7-6\rho^5)\cos5\theta$	
35	7	–7	$4\rho^7\sin7\theta$	
36	7	7	$4\rho^7\cos7\theta$	
37	8	0	$3(70\rho^8-140\rho^6+90\rho^4-20\rho^2+1)$	tertiary spherical

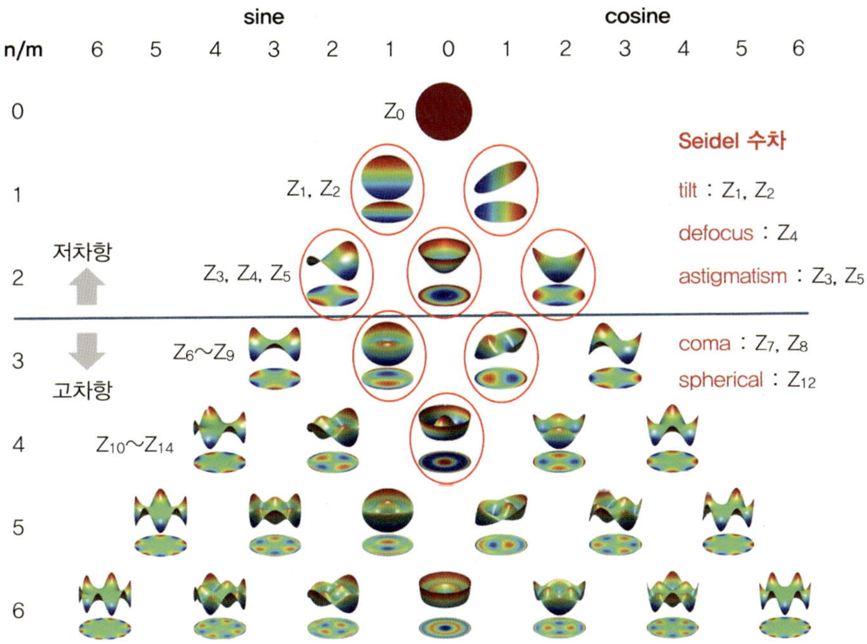

그림 3-30 Noll 방법에 따른 제르니케 다항식의 파면 피라미드[9]

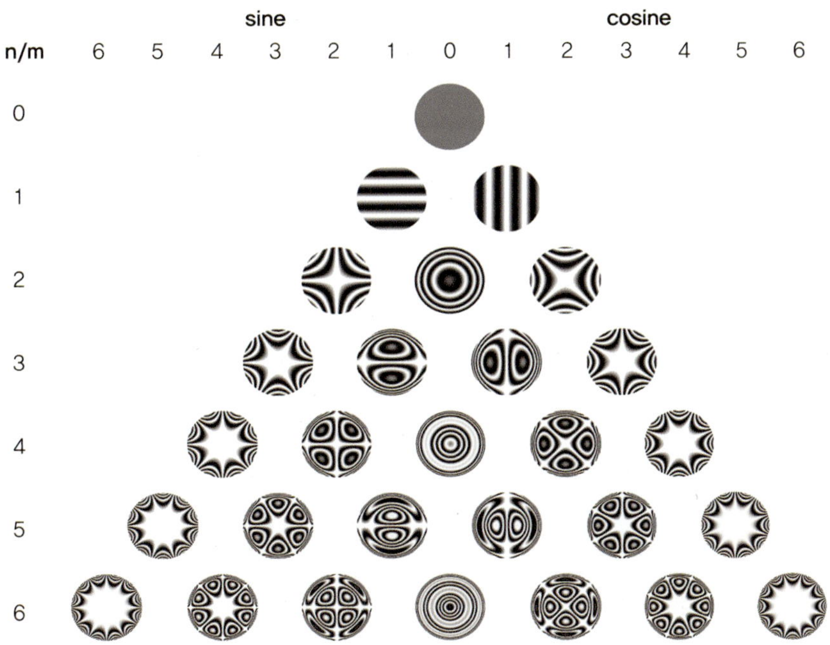

그림 3-31 Noll 방법에 따른 제르니케 다항식의 간섭무늬[9]

3) 파면 맞춤

제르니케 다항식 계수 a_j를 파면 맞춤(wavefront fitting)으로 구하기 위해 식 (3.60)의 ρ와 θ값에 대해 제르니케 다항식을 직각좌표로 변환한다.

$$W(x,y) = \sum_{j=1}^{J} a_j Z_j(x,y) \tag{3.70}$$

이 식을 이산형 및 행렬형으로 변환한 후, 최소제곱법을 사용하여 계수 a를 구하면 다음과 같다.

$$A\,a = W \tag{3.71}$$

$$a = (A^T A)^{-1} A^T W \tag{3.72}$$

여기서

$$A = \begin{bmatrix} Z_1(x_1,y_1) & Z_2(x_1,y_1) & \cdots Z_J(x_1,y_1) \\ Z_1(x_2,y_2) & Z_2(x_2,y_2) & \cdots Z_J(x_2,y_2) \\ \vdots & \vdots \ddots & \vdots \\ Z_1(x_K,y_K) & Z_2(x_K,y_K) & \cdots Z_J(x_K,y_K) \end{bmatrix},\ a = \begin{bmatrix} a_1 \\ a_2 \\ \vdots \\ a_J \end{bmatrix},\ W = \begin{bmatrix} W(x_1,y_1) \\ W(x_2,y_2) \\ \vdots \\ W(x_K,y_k) \end{bmatrix} \tag{3.73}$$

이며, K는 단위원 내에 있는 전체 데이터 수이다. 즉, 행렬 A는 $K \times J$ 행렬로, K는 측정된 데이터 포인트의 수, J는 사용된 제르니케 다항식의 수이다. 따라서 파면 오차 W를 측정하면 계수를 구할 수 있다.

그림 3-32는 파면 오차를 37개의 제르니케 다항식으로 분해한 것으로, 각 계수는 파면의 수차 성분을 나타내어, 이를 통해 파면에 미치는 영향을 정량적으로 분석할 수 있다. 8번과 16번의 코마 수차가 매우 큰 것을 알 수 있으며, 10번과 19번은 물리적 의미가 없는 잡음이나 미세한 왜곡을 나타낸다.

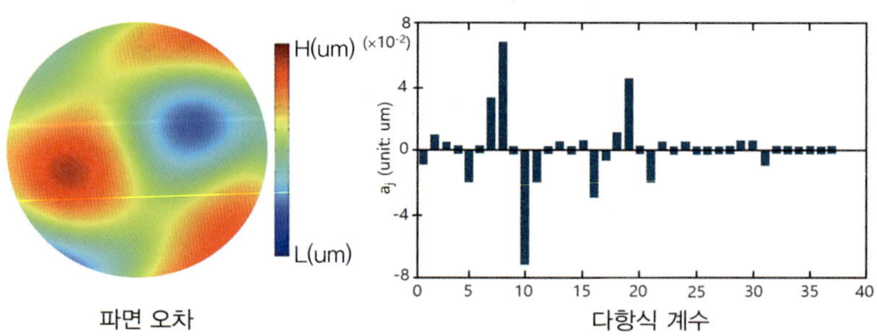

그림 3-32 제르니케 다항식을 이용한 파면 오차의 분해

4) 제르니케 다항식 계수의 특징

제르니케 다항식 기반의 파면 적합에는 몇 가지 유용한 특징이 있다. 첫째, 다항식 계수는 각각 독립적이기 때문에 항의 수를 확대하거나 부분적으로 절단해도 변하지 않는다. 둘째, 피스톤 항을 제외한 모든 항의 평균값은 0이므로 파면 전체의 평균값은 피스톤 계수와 같다. 즉, 표 3-3에서 $Z_1(\rho,\theta)=1$이므로 a_1은

$$a_1 = \frac{1}{\pi}\int_0^{2\pi}\int_0^1 W(\rho,\theta)\,\rho\,d\rho\,d\theta \tag{3.74}$$

이고, 전체 파면의 평균값은

$$\overline{W}(\rho,\theta) = \frac{1}{\pi}\int_0^{2\pi}\int_0^1 W(\rho,\theta)\,\rho\,d\rho\,d\theta = a_1 \tag{3.75}$$

이다. 셋째, 이상적인 기준 파면과 실제 파면의 차이를 표현하는 파면 분산(wavefront variance)은 피스톤 항을 제외한 각각의 확장 계수 합의 제곱으로 표현된다.

$$\begin{aligned}\sigma^2 &= \frac{1}{\pi}\int_0^{2\pi}\int_0^1 \left[\,W(\rho,\theta)-\overline{W}(\rho,\theta)\right]^2 \rho d\rho d\theta \\ &= \overline{W^2}-(\overline{W})^2 = \sum_{j=2}^{\infty} a_j^2\end{aligned} \tag{3.76}$$

σ^2을 최소로 하는 제르니케 급수의 계수 a_j는 측정한 파면 오차를 식 (3.76)에 대입하여 수치적으로 계산하거나, 이산적으로 주어진 파면 데이터를 선형 방정식으로 변환하여 계수를 구할 수 있다.

표 3-3의 제르니케 다항식에서 정렬 오차에 관련된 피스톤(a_1), 회전(a_2, a_3) 초점이동(a_4) 항들은 광학계의 순수한 파면 오차를 구하기 위해 제외한다. 따라서 강체 운동을 제외한 파면 오차 W'는 다음과 같다.

$$W'(\rho,\theta) = W(\rho,\theta) - (a_1 + a_2 Z_2 + a_3 Z_3 + a_4 Z_4) \tag{3.77}$$

또한 거울의 형상 오차 W_{figure}는 다음과 같이 표현된다.

$$W_{figure} = \frac{W'}{2} \tag{3.78}$$

광학계의 정렬 오차가 배제된 파면 오차의 RMS는 다음과 같이 정의된다.

$$RMS = \frac{1}{A}\int_A W'^2 dA \tag{3.79}$$

여기서 A는 거울의 면적이다.

그림 3-33은 위상이동 간섭무늬에서 파면 오차를 구하는 과정을 보여준다. 먼저 위상이동에 의한 간섭무늬에서 위상을 복원한 후, 파면 맞춤에 의한 제르니케 다항식의 계수를 결정한다. 이어서 정렬 오차를 제거하고 순수한 파면 오차를 구한다.

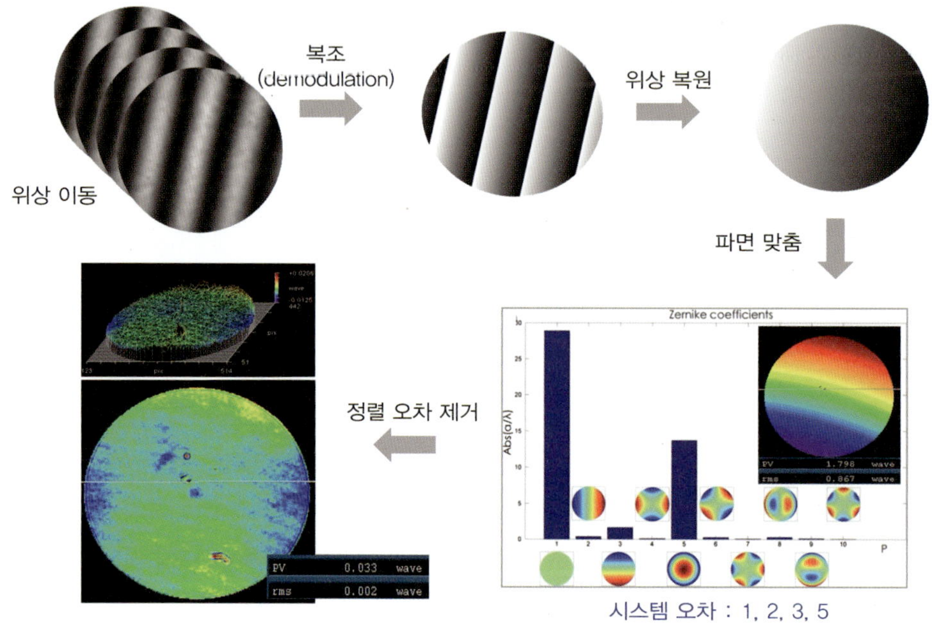

그림 3-33 위상이동 간섭무늬를 이용한 파면 오차 계산 과정

그림 3-34는 초점이동, 비점수차, 코마, 구면수차에 의한 파면 오차를 보여준다. 전체 파면 오차 $W(\rho, \theta)$는 제르니케 다항식의 선형 결합을 의미한다.

$$\begin{aligned} W(\rho,\theta) &= a_4 Z_4 + (a_5 Z_5 + a_6 Z_6) + (a_7 Z_7 + a_8 Z_8) + a_{11} Z_{11} \\ &= a_4 Z_2^0 + (a_5 Z_2^2 + a_6 Z_2^{-2}) + (a_7 Z_3^1 + a_8 Z_3^{-1}) + a_{11} Z_4^0 \end{aligned} \tag{3.80}$$

여기서 첫째 항은 초점이동, 둘째 항은 비점수차, 셋째 항은 코마, 넷째 항은 구면수차를 나타내며, 각각의 계수에 의한 파면수차가 결정되면 전체 파면 오차는 다음과 같이 계산된다.

$$W(\rho,\theta) = \sqrt{W^2_{초점이동} + W^2_{코마} + W^2_{비점수차} + W^2_{구면수차}}$$

$$= \sqrt{(-0.50)^2 + (0.30)^2 + (0.40)^2 + (0.35)^2} = 0.79\ (\mu\text{m})$$

광학 설계에서는 각 수차 성분을 분리하여 특정수차(예: 구면수차, 비점수차 등)를 최소화하는 방향으로 렌즈 설계를 최적화할 수 있다. 또한 이를 통해 렌즈 제조 시 발생할 수 있는 수차를 사전에 예측하고 보정할 수 있다.

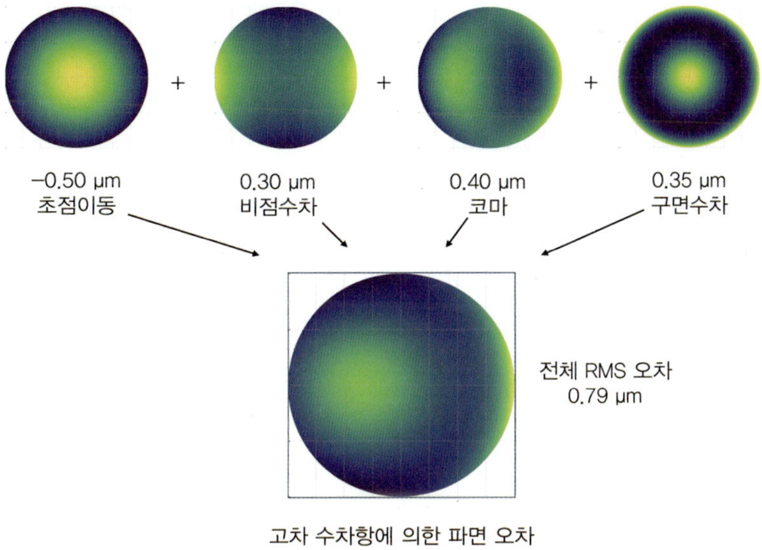

그림 3-34 수차들에 의한 파면 오차

5) 제르니케 다항식 계수와 광학계 정렬

광학계 정렬 오차와 관련된 제르니케 계수는 광학계가 이상적으로 정렬되지 않았을 때 발생하는 파면 왜곡을 설명하는 데 사용된다. 정렬 오차는 렌즈나 광학부품의 기하학적 배치가 정확하지 않을 때 발생하며, 주로 기울기(tilt), 편심(de-center), 중심이동(de-space) 또는 회전(rotation)으로 인해 나타난다. 이와 같은 정렬 오차는 특정한 저차 제르니케 계수에 주로 영향을 미친다.

그림 3-35는 회전대칭형 광학계에 대한 각각의 정렬 오차와 제르니케 계수를 보여준다. 기울기 오차는 광학부품이 광축에 대해 기울어진 경우이며, 파면이 경사면처럼 나타나므로 전체 파면의 선형 경사가 발생한다. 관련된 제르니케 계수는 Z_2와 Z_3이며, x축과 y축 방향에 대해 미세 조정으로 해결한다.

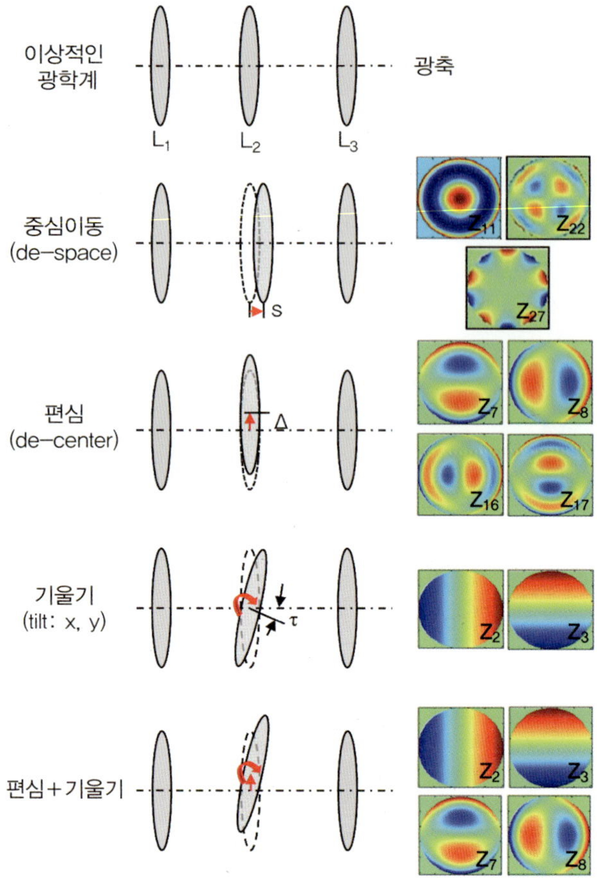

그림 3-35 회전대칭형 광학계에 대한 정렬 오차와 제르니케 계수

편심은 광학부품이 설계된 광축에서 벗어난 경우로, 비대칭 파면 왜곡을 유발한다. 관련된 제르니케 계수는 저차 코마 Z_7, Z_8이며, 중심이동이 큰 경우는 고차 코마 Z_{16}, Z_{17}로 확장된다. 편심을 최소화하기 위해 광학부품의 위치를 정밀하게 조정한다.

중심이동은 렌즈나 광학부품이 축 방향으로 정확히 배치되지 않은 경우이다. 중심과 주변부의 초점 차이가 증가하며, 코마와 구면수차가 동시에 나타날 수 있다. 관련된 제르니케 계수는 구면수차 Z_{11}과 비대칭적 왜곡을 발생시키는 고차 코마 Z_{16}, Z_{17}이다.

회전 오차는 비대칭 렌즈 또는 광학부품이 설계 기준에서 회전한 경우이며, 대칭이 깨져 타원형 또는 비대칭적인 초점 왜곡이 발생한다. 회전으로 인해 수직 및 수평 방향의 초점 위치가 달라진다. 관련된 제르니케 계수는 저차 비점수차 Z_5, Z_6이며 오차가 크면 고차 비점수차 Z_{12}, Z_{13}으로 확장된다.

광학부품의 기울기와 광축 이탈이 함께 발생하면 비점수차가 발생한다. 기울기가 큰 경우에는 중심이동으로 인한 코마 효과가 비대칭적으로 변형된다. 기울기와 광축 이탈의 상호작용으로 인해 고차 코마 Z_{16}, Z_{17}과 고차 비점수차 Z_{12}, Z_{13}이 더 두드러지게 나타날 수 있다.

실제 광학계 정렬에서는 정렬 오차가 시스템 성능에 미치는 영향을 정량적으로 나타내는 정렬 민감도(alignment sensitivity)를 활용한다. 이는 특정 광학부품의 위치나 각도 변화가 파면 오차나 시스템 성능지표(파면 오차, MTF, 스트렐 비율 등)에 얼마나 큰 영향을 미치는지를 평가하는 데 사용된다.

일반적으로 제르니케 다항식을 기반으로 정렬 민감도를 분석하고, 특정 정렬 오차가 계수에 미치는 영향을 계산한다. 정렬 민감도가 가장 높은 부품을 시각화하여 정렬 우선순위를 설정한다. 민감도가 높은 부품은 작은 정렬 오차에도 시스템 성능에 큰 영향을 미치므로 우선적으로 정렬한다

6) 자이델 수차

광학계 성능은 그림 3-36의 출사동에서 이상적인 기준 파면과 왜곡된 실제 파면의 광로차에 의한 파면수차로 나타낸다. 회전대칭 광학계의 파면수차 $W(\rho, \theta)$는 출사동의 극좌표(ρ, θ)와 상평면에서 점$(r, \phi = 0)$에 의한 4개의 변수로 테일러(Taylor) 급수 전개하면 다음과 같다[10].

$$\begin{aligned} W(\rho, \theta) &= \sum_{l, n, m} W_{lnm} r^l \rho^n (\cos\theta)^m \\ &= W_{111} r\rho\cos\theta + W_{020}\rho^2 \\ &\quad + W_{040}\rho^4 + W_{131} r\rho^3\cos\theta + W_{222} r^2\rho^2\cos^2\theta + W_{220} r^2\rho^2 + W_{311} r^3\rho\cos\theta \\ &\quad + \text{고차항} \end{aligned} \tag{3.81}$$

여기서 W_{lnm}는 수차를 나타내는 계수이다. 이 식에서 첫 번째 항은 초점횡이동수차(W_{111}), 두 번째 항은 초점종이동수차(W_{020})이며, 세 번째 항부터 일곱 번째 항까지($1+n=4$일 때)가 자이델 수차이다. 세 번째 수차부터 차례로 구면수차(W_{040}), 코마(W_{131}), 비점수차(W_{222}), 상면만곡(W_{220}), 왜곡(W_{311})이라고 한다. 왜곡을 제외한 네 가지 수차는 상의 선명도에 영향을 주어 해상도를 저하시킨다.

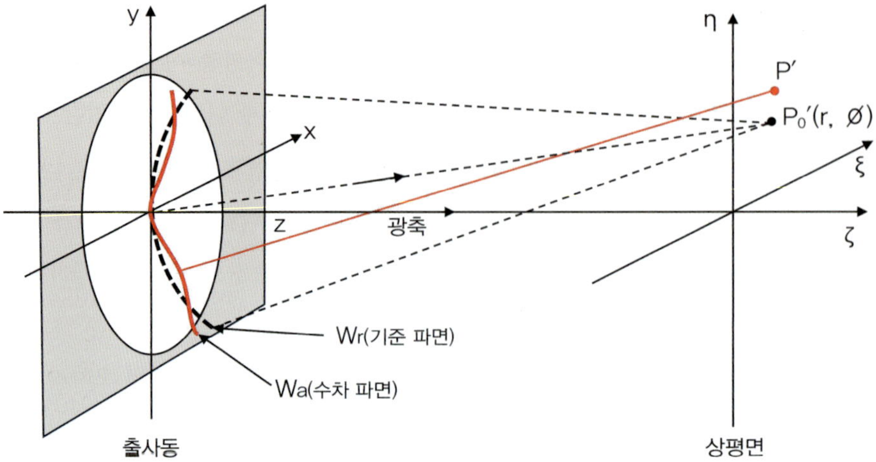

그림 3-36 출사동에서 기준 파면(W_r)과 수차를 가진 파면(W_a)

기하광학의 광선 추적에 의한 렌즈 공식에서 sine 함수를 급수 전개하여 세 번째 항까지 근사하면, 다음과 같다.

$$\sin\alpha \approx \alpha - \frac{\alpha^3}{3!} + \frac{\alpha^5}{5!} - \cdots \tag{3.82}$$

셋째 항(급수에서 실제 5차 항) 이상은 계산이 매우 복잡하므로, 첫째와 둘째 항만을 사용하여 수차를 표시한다. 첫째 항(1차 항)만을 사용하면 근축광선(paraxial ray)에 의한 이상적인 가우스 상점에 상이 맺히므로 수차는 발생하지 않으며, 초점이동만 생긴다. 둘째 항(3차 항)만을 사용하면 단색광에 의한 3차 수차(third-order aberrations)가 나타나며, 이를 자이델 수차라고 한다. 표 3-4에 이러한 수차들을 자세히 나타냈다.

표 3-4 1차와 3차 수차

차수	계수 기호	수차 항	수차	의미
1차 (근축광선)	W_{111}	$r\rho\cos\theta$	초점횡이동수차	–
	W_{020}	ρ^2	초점종이동수차	–
3차 (자이델 단색수차)	W_{040}	ρ^4	구면수차	동심 파면 변형
	W_{131}	$r\rho^3\cos\theta$	코마	비대칭 꼬리 모양
	W_{222}	$r^2\rho^2\cos^2\theta$	비점수차	축 방향 초점 차이
	W_{220}	$r^2\rho^2$	상면만곡	곡면 초점면
	W_{311}	$r^3\rho\cos\theta$	왜곡	위치 변형(직선→곡선)

고정된 상점을 가정하면 r^l 항은 상수로 흡수되므로, 식 (3.81)에서 고차항을 무시하면 자이델 수차는 다음과 같이 단순하게 표현된다.

$$W(\rho, \theta) = W_{11}\rho\cos\theta + W_{20}\rho^2 + W_{22}\rho^2\cos^2\theta + W_{31}\rho^3\cos\theta + W_{40}\rho^4 \quad \textbf{(3.83)}$$

회전대칭 광학계의 파면수차는 제르니케 다항식을 사용해 전개할 수 있으며, 그 결과를 자이델 수차와 대응시킬 수 있다. 파면수차를 9개의 제르니케 다항식의 선형 조합으로 나타내면 다음과 같다.

$$\begin{aligned} W(\rho, \theta) &= \sum_{j=1}^{9} a_j Z_j(\rho, \theta) \\ &= a_1 + a_2\rho\cos\theta + a_3\rho\sin\theta + a_4(2\rho^2 - 1) + a_5\rho^2\cos2\theta + a_6\rho^2\sin2\theta \\ &\quad + a_7(3\rho^3 - 2\rho)\cos\theta + a_8(3\rho^3 - 2\rho)\sin\theta + a_9(6\rho^4 - 6\rho^2 + 1) \end{aligned} \quad \textbf{(3.84)}$$

여기서 $Z_j(\rho, \theta)$는 정규화된 제르니케 다항식이며, a_j는 해당 계수이다. 다항식을 위상과 함께 단순한 형태로 묶으면 다음과 같다.

$$W(\rho, \theta) = a_p + a_t\rho\cos(\theta - \phi_t) + a_d\rho^2 + a_a\rho^2\cos^2(\theta - \phi_a) + a_c\rho^3\cos(\theta - \phi_c) + a_s\rho^4 \quad \textbf{(3.85)}$$

여기서 각 계수와 위상각을 표 3-5에 나타냈다. 식 (3.85)는 식 (3.84)와 유사한 형태이므로, 자이델 수차를 제르니케 다항식의 계수로 변환할 수 있다.

간섭계를 이용한 파면 측정은 하나의 시야각에 대한 정보만 제공하므로, 상면만곡은 초점이동과, 왜곡수차는 기울기와 유사하게 나타난다. 그러나 식 (3.85)는 자이델 수차를 정확히 표현한 것은 아니다. 따라서 제르니케 다항식의 계수를 통해 자이델 수차를 정확히 구하려면, 여러 시야각에 대한 파면을 측정해야 한다.

표 3-5 자이델 수차와 제르니케 계수의 관계

수차	계수	위상
피스톤	$a_p = a_1 - a_4 + a_9$	–
기울기	$a_t = \sqrt{(a_2 - 2a_7)^2 + (a_3 - 2a_8)^2}$	$\phi_t = \arctan[(a_3 - 2a_8)/(a_2 - 2a_7)]$
초점이동수차	$a_d = 2a_4 - 6a_9 \pm \sqrt{a_5^2 + a_6^2}$	–
비점수차	$a_a = \mp 2\sqrt{a_5^2 + a_6^2}$	$\phi_a = \dfrac{\arctan(a_6/a_5)}{2}$
코마	$a_c = 3\sqrt{a_7^2 + a_8^2}$	$\phi_c = \arctan(a_8/a_7)$
구면수차	$a_s = 6a_9$	–

3.4 간섭계를 이용한 절대 측정

레이저 간섭계는 기준 평면과 시험 평면 또는 기준 구면과 시험 구면을 비교하여 형상을 측정하는 매우 정밀한 비접촉식 광학장비이다. 그러나 기준 평면이나 구면은 마운트 또는 중력에 의해 불가피하게 변형된다. 특히, 고출력 레이저, 우주 광학, 싱크트론 가속기, 극자외선 노광기와 같은 첨단 광학장치에서는 nm 이하의 초정밀 측정을 요구하므로, 기존의 상대 측정 방식만으로는 이를 충족하기 어렵다.

기준 평면과 구면의 영향을 체계적으로 제거하고 교정하는 절대 측정은 1970년대부터 제안되었으나, 당시에는 방대한 파면 오차 계산에 어려움이 있었다. 최근에는 고성능 컴퓨터에 의해 계산 속도가 획기적으로 향상되고, 제르니케 다항식에 의한 간섭무늬 분석기술이 발전하면서 레이저 간섭계의 측정 정확도가 비약적으로 향상되었다.

간섭계 교정과 체계적인 오차 제거를 위해, 평면의 절대 측정에는 3개의 평면을 사용하는 three-flat test 방법, 구면의 절대 측정에는 간섭계의 파면 오차를 제거하는 3회 측정법이 사용된다. 절대 측정은 기준면 오차를 측정 결과에서 분리하여 간섭계의 절대면을 얻을 수 있으므로, sub-nm 정밀도의 표면 형상을 측정할 수 있다. 또한 측정 결과에 영향을 미치는 측정 불확도를 분석하여 측정 신뢰도를 확보한다.

1) 평면 절대 측정

간섭계를 사용하여 2차원 평면도를 구하는 three-flat test에는, 제르니케 다항식을 사용하여 측정 파면에 대한 회전 비대칭 오차를 분리하는 Fritz 방법과 하나의 평면을 방위각 360°에 대해 N번의 균등한 간격으로 회전시켜 측정하고, 그 평균값을 구해 비회전 대칭 오차를 제거하는 Griesmann 방법 등이 있다[11-13]. 여기서는 측정 불확도가 상대적으로 작은 Griesmann 방법을 사용하였다.

기본적인 three-flat test는 그림 3-37과 같이 간섭계, 투과 평면(transmission flat), 반사 평면(reflection flat)을 한 쌍으로 구성하며, 그림 3-38과 같이 네 가지 조합인 BA, CA, CB, BA^{r}를 비교하여 각 평면의 평면도를 측정한다.

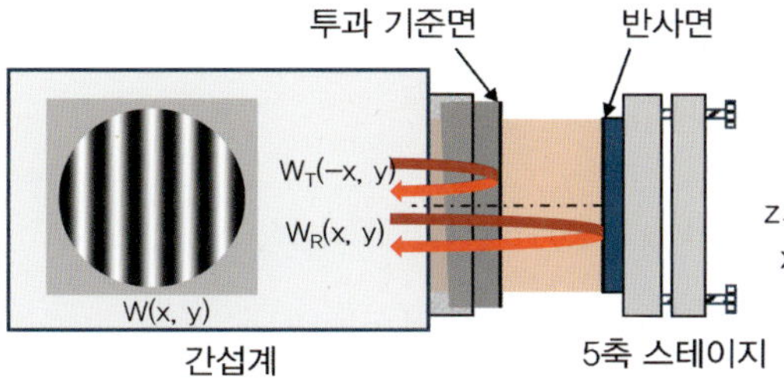

그림 3-37 간섭계의 투과 및 반사 평면과 파면

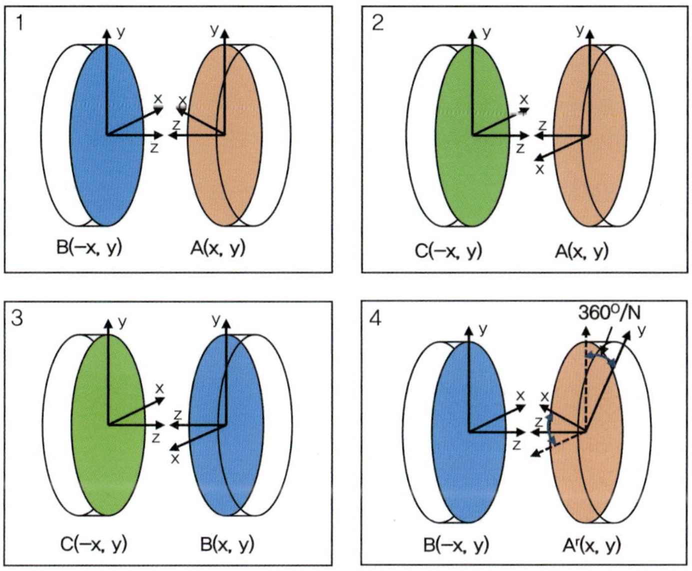

그림 3-38 three-flat test에서 평면들의 조합

간섭계에서 나오는 평행광은 투과 평면과 반사 평면을 통과하며, 각 표면에서 광 일부가 반사되어 되돌아온다. 되돌아온 광 정보는 간섭계 검출기에서 겹친 파면 $W(x, y)$으로 나타나며, 식 (3.86)과 같이 투과 평면에서 반사된 파면 $W_T(-x, y)$와 반사 평면에서 반사된 파면 $W_R(x, y)$의 합으로 표현할 수 있다. W_T에서 x의 부호가 반대인 이유는, 그림 3-37에서와 같이 투과 평면은 반사 평면과 y중심축을 기준으로 좌우 반전되어 있기 때문이다.

$$W(x, y) = W_T(-x, y) + W_R(x, y) \tag{3.86}$$

식 (3.86)을 바탕으로 광학 평면 전체에 대한 평면도를 얻기 위해 N-position averaging 방법이 추가된 네 가지 측정 조합(BA, CA, CB, BA^r)을 구성한다. 그림 3-38은 네 가지 조합으로 측정하는 과정을 시각화한 것이며, 각 측정 조합에 대한 측정값 $W_1(x,y), W_2(x,y), W_3(x,y), W_4(x,y)$는 식 (3.87)과 같이 표현할 수 있다.

$$\begin{cases} W_1(x,y) = W_A(x,y) + W_B(-x,y) \\ W_2(x,y) = W_A(x,y) + W_C(-x,y) \\ W_3(x,y) = W_B(x,y) + W_C(-x,y) \\ W_4(x,y) = \dfrac{1}{N}\sum_{k=0}^{N-1}[W_A(x,y)]^{k\Delta\phi} + W_B(-x,y) \\ \qquad\qquad \approx W_A^R(x,y) + W_B(-x,y) \end{cases} \tag{3.87}$$

여기서 우변의 W_A, W_B, W_C는 평면 A, B, C의 파면을 의미하며, 반사 평면, 투과 평면 순으로 기재한다. 투과 평면과 반사 평면은 장착 시 y중심축 기준으로 좌우 반전되므로, 투과 평면에는 음의 x부호를 적용하였다. 또한 N은 회전 횟수, $\Delta\phi$는 방위각 회전 각도 $\Delta\phi = 2\pi/N$, R은 방위각 회전에 대한 평균 연산자이다. 평면 A가 방위각으로 회전할 때 변화하는 성분이 없으므로, 회전에 의한 영향도 없다.

평면의 파면은 y중심축을 기준으로 좌우 대칭인 성분(even)과 비대칭인 성분(odd)으로 식 (3.84)와 같이 분리할 수 있으며, 이를 거울 대칭이라고 부른다.

$$\begin{cases} W^e(x,y) = [W(x,y) + W^m(x,y)]/2 \\ W^o(x,y) = [W(x,y) - W^m(x,y)]/2 \end{cases} \tag{3.88}$$

여기서 $W^e(x,y)$는 파면의 짝대칭 성분(even symmetry), $W^o(x,y)$는 파면의 홀대칭 성분(odd symmetry), $W^m(x,y)$은 거울 대칭을 의미한다.

식 (3.88)을 바탕으로, 각 측정값 $W_1(x,y), W_2(x,y), W_3(x,y), W_4(x,y)$를 y중심축 기준으로 짝대칭과 홀대칭 성분으로 분리할 수 있다.

$$\begin{cases} W_1^e(x,y) = W_A^e(x,y) + [W_B^e(-x,y)]^m = W_A^e(x,y) + W_B^e(x,y) \\ W_2^e(x,y) = W_A^e(x,y) + [W_C^e(-x,y)]^m = W_A^e(x,y) + W_C^e(x,y) \\ W_3^e(x,y) = W_B^e(x,y) + [W_C^e(-x,y)]^m = W_B^e(x,y) + W_C^e(x,y) \\ W_4^e(x,y) = [W_A^e(x,y)]^R + [W_B^e(-x,y)]^m = W_A^R(x,y) + W_B^e(x,y) \end{cases} \tag{3.89}$$

$$
\begin{cases}
W_1^o(x, y) = W_A^o(x, y) + \left[\, W_B^o(-x, y) \right]^m = W_A^o(x, y) - W_B^o(x, y) \\
W_2^o(x, y) = W_A^o(x, y) + \left[\, W_C^o(-x, y) \right]^m = W_A^o(x, y) - W_C^o(x, y) \\
W_3^o(x, y) = W_B^o(x, y) + \left[\, W_C^o(-x, y) \right]^m = W_B^o(x, y) - W_C^o(x, y) \\
W_4^o(x, y) = \left[\, W_A^o(x, y) \right]^R + \left[\, W_B^o(-x, y) \right]^m = 0 - W_B^o(x, y)
\end{cases}
\tag{3.90}
$$

여기서 좌변은 각 측정값 파면에 대한 짝대칭과 홀대칭 성분을, 우변은 각 투과 평면과 반사 평면 파면에 대한 짝대칭과 홀대칭 성분의 조합을 의미한다.

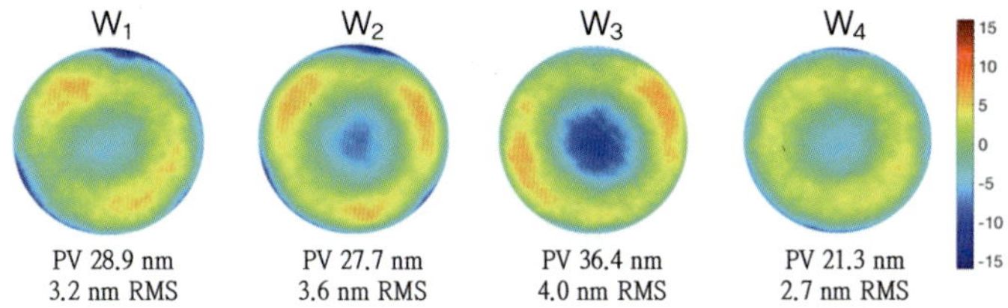

(a) 측정 파면 오차

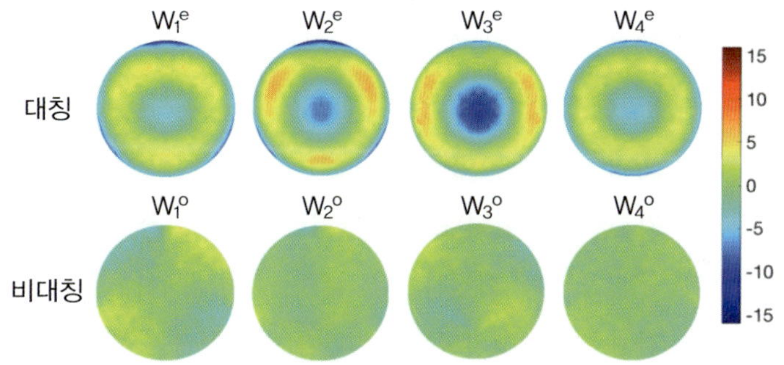

(b) 대칭과 비대칭 파면 오차 분리

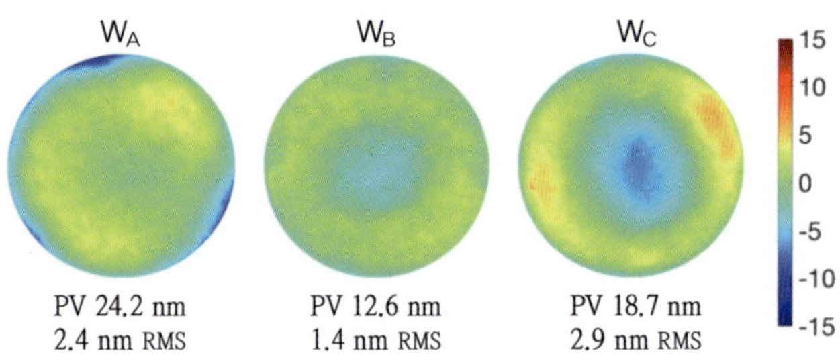

(c) 최종 평면도

그림 3-39 지름 4인치인 세 평면의 평면도 측정 결과

식 (3.89)와 (3.90)으로부터 평면 A, B, C에 대해 측정값 파면의 짝대칭과 홀대칭 성분의 조합으로 표현하면, 식 (3.91)과 같이 각 광학 평면의 평면도 W_A, W_B, W_C를 구할 수 있다.

$$\begin{cases} W_A = (W_1^e + W_2^e - W_3^e + 2W_1^o - 2W_4^o)/2 \\ W_B = (W_1^e - W_2^e + W_3^e - 2W_4^o)/2 \\ W_C = (-W_1^e + W_2^e + W_3^e + 2W_1^o - 2W_2^o - 2W_4^o)/2 \end{cases} \tag{3.91}$$

그림 3-39는 지름 4인치인 세 평면의 측정 결과를 보여준다. 각 조합의 파면 오차를 측정하고, 이로부터 대칭 성분을 분리하였다. 최종 평면도는 각각 2.4 nm RMS, 1.4 nm RMS, 2.9 nm RMS이다.

2) 구면 절대 측정

구면 형상 절대 측정 기술은 위상이동 간섭계의 측정 능력을 향상시켜, 최소 $\lambda/10$ PV 수준의 초정밀 광학계 개발에 필수 장비로 사용되고 있다. 이 기술은 젠슨(Jensen)에 의해 제안되어 브루닝(Bruning)과 와이언트(Wyant)[4] 등에 의해 발전되었다. 간섭계의 광학계와 기준 구면의 형상에 상관없이 구의 절대적인 형상을 제공하므로 널리 사용되고 있다. 다만, 시험 구면이 회전하더라도 간섭무늬가 변하지 않도록 매우 정밀한 정렬이 요구된다.

그림 3-40은 시험 구면 형상을 절대 측정하기 위해 수행되는 세 가지 측정 과정을 보여준다. 첫 번째 측정에서는 광축을 기준으로 시험면과 기준 구면의 곡률중심을 일치시킨다. 두 번째 측정에서는 광축을 기준으로 시험 구면을 180° 회전시킨다. 세 번째 측정에서는 시험 구면을 기준 구면의 곡률 중심에 두고, cat's eye 간섭무늬가 생기도록 정렬한다. 이 세 가지 측정값은 수학적으로 다음과 같이 표현할 수 있다[14-16].

$$W_1 = W_R + W_T + W_S \tag{3.92}$$

$$W_2 = W_R + W_T + W_S^{180} \tag{3.93}$$

$$W_3 = W_R + (W_T + W_T^{180})/2 \tag{3.94}$$

4 제임스 와이언트(James C. Wyant): 현대 광학 분야에서 위상이동 간섭계 및 정밀 파면 측정 기술을 개발하고, 학계와 산업계를 아우르며 광학계의 정밀 측정에 혁신을 이끈 세계적인 광학자이다. 2019년에는 그의 업적을 기려 미국 애리조나대학교에 James C. Wyant College of Optical Sciences가 설립되었다.

여기서 W는 파면, W_R은 간섭계 기준 암의 파면, W_T는 시험 암의 파면, W_S는 시험면의 파면을 의미한다. 또한 파면 위의 180은 측정한 파면의 180° 회전을 나타낸다. 이 세 가지 측정값을 사용한 시험면의 파면은 다음과 같이 표현된다.

$$W_S = (W_1 + W_2^{180} - W_3 - W_3^{180})/2 \tag{3.95}$$

이는 세 가지 측정값을 덧셈, 뺄셈, 180° 회전 연산으로 간단히 계산할 수 있다.

간섭계의 계통 오차는 다음과 같이 표현된다.

$$(W_R + W_T) = (W_1 - W_2^{180} + W_3 + W_3^{180})/2 \tag{3.96}$$

곡률반경이 비슷한 여러 개의 구면을 연속해서 측정하는 경우, 식 (3.96)에 의한 계통 오차를 측정값에서 빼면 절대적인 형상을 알 수 있다. 그러나 곡률반경 차이가 클 경우에는 새로운 기준 파면을 설정해야 한다. 이 기술은 트와이먼-그린 간섭계, 피에조 간섭계에서 사용된다.

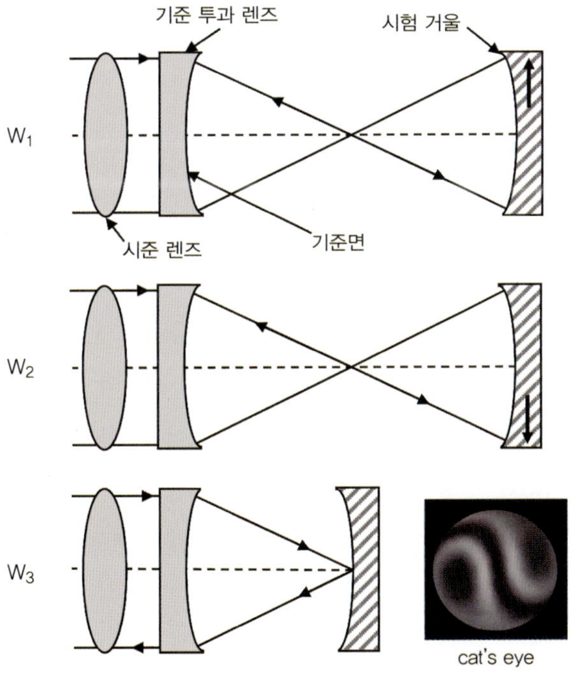

그림 3-40 구면 형상의 절대 측정장치

3) 거칠기 절대 측정

와이언트(J. C. Wyant)가 개발한 절대 표면 거칠기 측정법은 간섭계를 활용하여 초정밀 표면의 거칠기를 측정하는 방식이다. 특히, RMS 거칠기가 1 Å 이하인 극도로 매끄러운 표면(super smooth surfaces)에서 일반적인 간섭계 측정의 한계를 극복하는 방법이다. 간섭계를 사용하므로 표면에 손상을 주지 않고, 비접촉식으로 측정할 수 있다.

와이언트는 거칠기 측정 시 기준면의 영향을 줄이고, 정확한 절대 거칠기를 측정하기 위해 평균화 방법(averaging method)과 차분 방법(differential method)을 제안하였다[17].

(1) 평균화 방법

간섭계를 이용한 표면 거칠기 측정은 기준면의 미세한 결함도 측정 데이터에 포함되기 때문에, 기준면의 영향을 최소화하기 위해 여러 번 측정한 데이터를 평균화하여 오차를 보정한다.

거울의 한 지점에서 측정된 결과는 시험면과 기준면의 거칠기를 모두 포함하므로 다음과 같이 표현되며,

$$meas(x) = mirror(x) + ref(x) \tag{3.97}$$

RMS 거칠기 σ_{meas}는 다음과 같다.

$$\sigma_{meas} = \sqrt{\sigma_{test}^2 + \sigma_{ref}^2} \tag{3.98}$$

여기서 σ_{test}는 시험면, σ_{ref}는 기준면의 RMS 거칠기이다.

측정 과정은 '시험면 준비 → N번 간섭 측정 → 데이터 평균화' 순으로 진행된다. 먼저, 측정하려는 초정밀 광학거울을 간섭계의 측정 경로에 배치한다. 이때 표면의 위치를 바꾸거나 기준면을 다른 위치로 이동시켜, 기준면의 결함이 시험면의 위치와 상관없이 반영되도록 한다. 이렇게 수집한 간섭 데이터를 평균화하면, 기준면의 영향을 줄일 수 있다.

평균화된 데이터로부터 기준면의 영향을 제거한 시험면의 절대 거칠기는 다음과 같이 표현된다.

$$\sigma_{test} = \sqrt{\sigma_{meas-ref}^2 + \sigma_{error}^2} \tag{3.99}$$

여기서 $\sigma_{meas-ref}$는 측정한 시험면의 RMS 거칠기, σ_{error}는 N번 측정하여 평균한 RMS 거칠기 $\sigma_{mirror}/\sqrt{N}$이다.

이 방법의 장점은 기준면의 거칠기나 오차를 상쇄하여, 시험면의 절대 거칠기를 정확히 측정할

수 있다는 점이며, 간섭계의 높은 민감도를 활용해 nm 또는 pm 수준의 정밀도를 제공한다.

(2) 차분 방법

기준면의 영향을 최소화하기 위한 또 다른 방법으로, 동일한 표면을 두 번 측정한 후, 그 차분(difference)을 계산하여 절대적인 RMS 거칠기를 추정하는 차분 방법이 있다.

측정 과정은 '첫 번째 간섭 측정→표면 재배치→두 번째 간섭 측정→차분 계산' 순으로 진행된다. 시험면의 첫 번째 위치에서 간섭 패턴을 측정한 후, 시험면을 상관 길이(correlation length)보다 큰 거리로 이동시킨다.

상관 길이는 표면 거칠기의 특성을 나타내는 길이로, 이보다 멀리 이동하면 두 측정 데이터 간 상관성을 줄일 수 있다. 이동된 위치에서 동일 표면의 두 번째 간섭 패턴을 측정한 후, 두 측정 간섭 패턴의 차이를 계산하여 차분 데이터를 얻는다. 차분 데이터의 RMS값은 표면 거칠기를 $\sqrt{2}$로 나눈 값에 해당한다.

$$\sigma_{test} = \frac{\sigma_{difference}}{\sqrt{2}} \tag{3.100}$$

여기서 $\sigma_{difference}$는 두 번 측정한 데이터의 차이값에 대한 RMS 거칠기이다.

이 방법의 장점은 기준면 없이도 절대 거칠기를 측정할 수 있고, 간섭 패턴 분석을 통해 높은 정밀도를 유지할 수 있다는 점이다.

3.5 간섭계 응용

1) 평면 측정

광학 평판 형상의 측정은 그림 3-41과 같이 레이저 간섭계에 쐐기 모양의 기준 평판을 사용하여 비교·측정한다. 시험 평판은 5축 자유도의 장치에 고정되어 있으며, 기준면과 시험면에서 반사된 파면이 서로 겹치도록 정렬하여 간섭무늬를 형성한다.

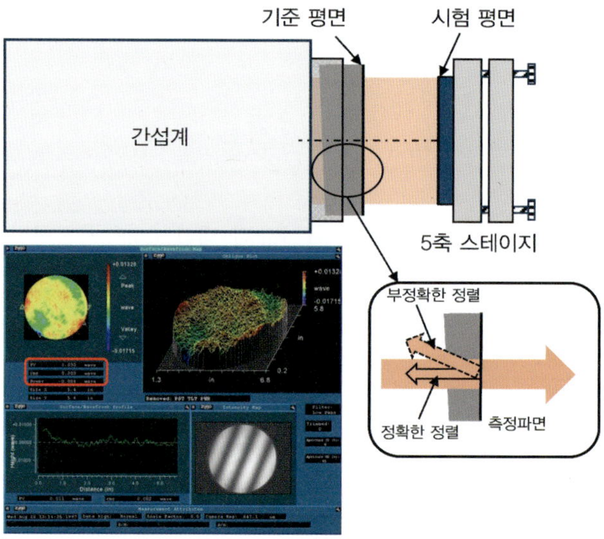

그림 3-41 간섭계를 이용한 평판의 평면도 측정

두 면이 완벽하게 정렬되면 간섭무늬가 사라져 전체가 밝거나 어두운 모양이 된다. 따라서 기준면을 약간 기울여 그림과 같이 직선 줄무늬를 여러 개 만들어 측정한다. 위상이동 방법으로 간섭무늬를 자동 해석할 수 있는 상용 디지털 간섭계(Zygo)는 그림과 같이 측정면의 3차원 형상과 PV, RMS, power값을 계산하여 제공한다.

기준 평판은 무반사 코팅을 하지 않으면 약 4 %의 빛을 반사한다. 반면, 코팅된 시험용 거울의 반사율은 90 % 이상이므로, 두 반사파의 광 세기가 비슷해져야 간섭무늬의 대비도가 높아진다. 이를 위해 기준면과 시험면 사이에 펠리클(pellicle) 필름으로 만든 감쇠 필터를 사용한다.

(1) 대구경 측정

일반적인 간섭계 구경의 크기는 4인치(약 100 mm)이며, 구경이 큰 평판의 평면도를 측정하려면 광선 확대기를 사용해야 한다.

그림 3-42는 대구경 간섭계의 단면도를 보여준다. 2개의 포물면 거울을 사용하여 4인치 광선을 여러 배율로 확대한다. 구경이 큰 쐐기형 기준 평판을 압전소자로 시간 위상 이동했으나, 최근에는 화소에 마이크로 편광자를 붙인 CCD를 사용하는 순간 위상이동 방법으로 측정한다.

광선 확대기에서는 거울의 형상 오차와 정렬 오차가 함께 작용하여 코마나 비구면 수차가 발생한다. 따라서 파면 오차를 보정함으로써 측정 정확도를 높이는 것이 중요하다. 대구경 기준 평판의 정밀도는 전체 간섭계의 성능과 측정 정확도에 직접적인 영향을 미친다. 그러나 구경이 클수록 자체 중력으로 왜곡이 발생할 수 있으므로, 두께를 최적화하거나 변형을 방지할 수 있는 에어 플로팅 장치 같은 최적화된 지지 구조체가 필요하다.

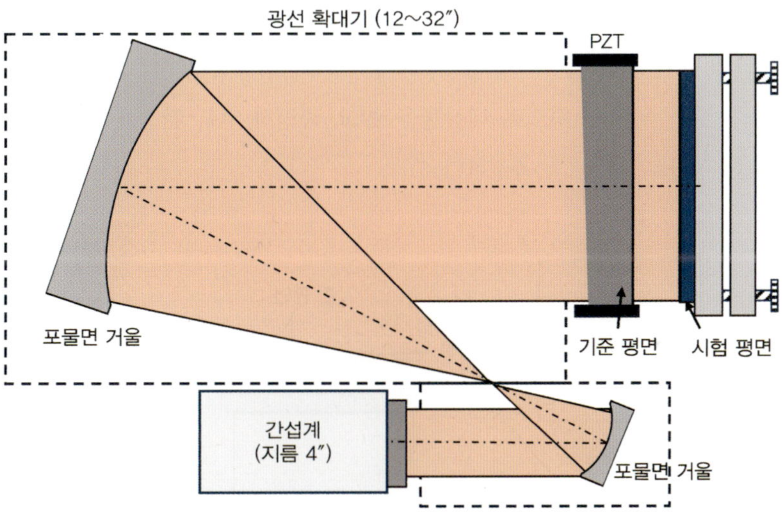

그림 3-42 광선 확대기를 이용한 대구경 간섭계

그림 3-43은 구경 24인치의 상용 간섭계(Zygo)를 보여준다. 구경이 클수록 광학 평판이 무거워져 전용 이동장치 및 정렬장치가 필요하다. 또한 비용이 매우 고가이기 때문에 특수한 목적의 제한된 연구실에서만 사용된다.

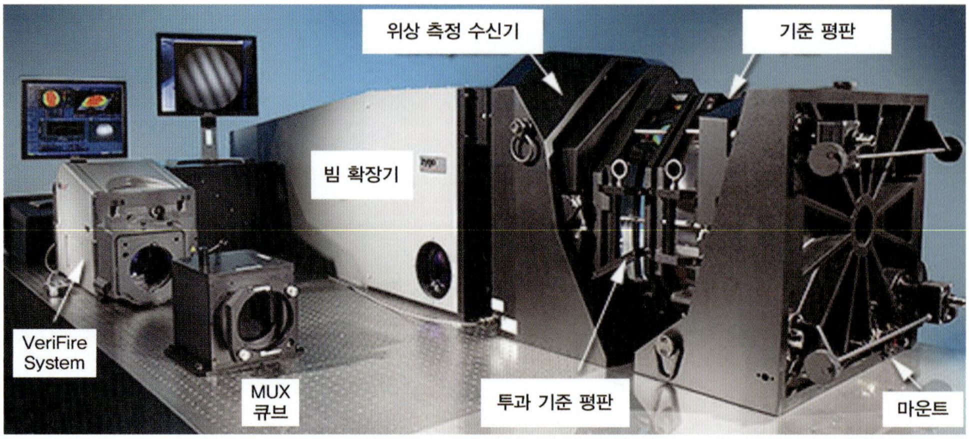

그림 3-43 Zygo의 24인치 간섭계

(2) 얇은 평면 측정

두께가 얇은 유리판이나 반도체 웨이퍼는 수직으로 세워 측정할 경우, 고정 부위의 응력으로 인해 간섭무늬가 크게 왜곡된다. 따라서 그림 3-44와 같이 간섭계를 수직으로 정렬한 상태에서 평면도가 우수한 기준 평판 위에 수평으로 대상물을 놓고 측정하거나, 간섭계를 위쪽으로 정렬한 후 쐐기 모양의 기준 평판 위에 놓고 측정한다.

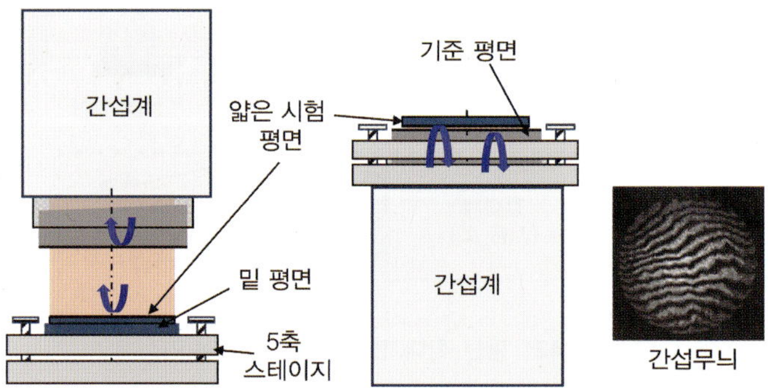

그림 3-44 얇은 평판의 평면도 측정

시험 평판의 두께가 얇으면 앞면과 뒷면에서 반사된 파면이 서로 겹쳐 여러 개의 무늬가 나타날 수 있다. 이를 방지하기 위해 시험 평판의 뒷면에 유리판과 굴절률이 동일한 액체를 바르거나 테이프를 붙인다.

그림 3-45는 가간섭 길이가 짧은 광원을 사용하는 간섭계(unequal path interferometer)로, 기준면

과 시험면의 광로는 다르지만 광로차를 거의 없도록 조정할 수 있다. 시험면에서 반사된 광과 기준면에서 반사된 빛의 광로차가 0이 되도록 거울 1을 조정하여 정확한 위치를 찾으면, 선명한 간섭무늬를 얻을 수 있다.

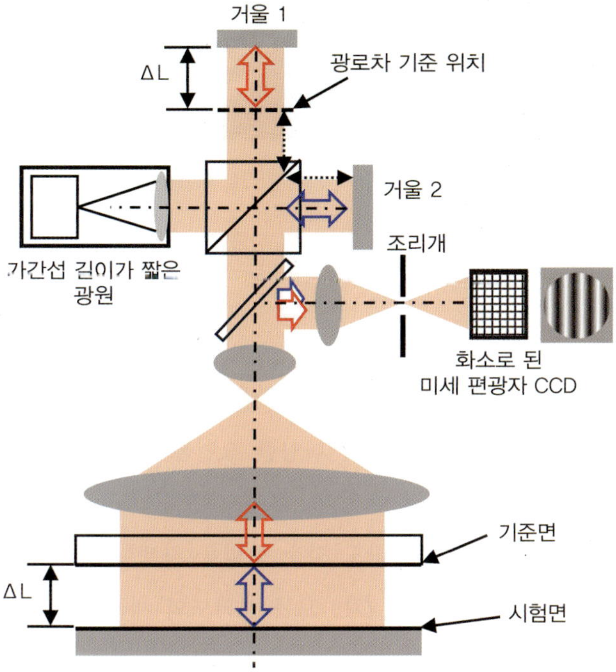

그림 3-45 가간섭 길이가 짧은 광원의 광로차 조정 간섭계

광원으로는 가간섭 길이가 수십 μm인 LED(Light Emitting Diode)나 수십 mm인 LD(Laser Diode)를 사용한다. 광원이 매우 밝으므로 광선을 확대해 큰 면적의 평판 형상을 충분히 측정할 수 있다. 특히, 얇은 평판을 측정하는 경우 광로차 조정에 의해 앞면이나 뒷면을 선택할 수 있어, 두께 오차를 측정할 수 있다.

그림 3-46은 가간섭 길이가 긴 레이저에 의해 다중반사로 인한 간섭무늬들이 겹쳐 나타나는 선명한 간섭무늬를 보여준다. 일반적으로 측정 대상이 멀리 있을수록 가간섭 길이가 긴 레이저가 간섭무늬를 안정적으로 형성한다. 그러나 다중반사로 인한 간섭무늬 겹침이나 표면 산란으로 인한 의한 원형의 회절무늬가 배경에 많이 발생할 수 있다.

이러한 잡음광을 줄이고 원하는 면의 형상을 정확하게 측정하기 위해서는 오히려 광로차를 조정할 수 있는 가간섭 길이가 짧은 광원을 사용하는 간섭계가 유리하다.

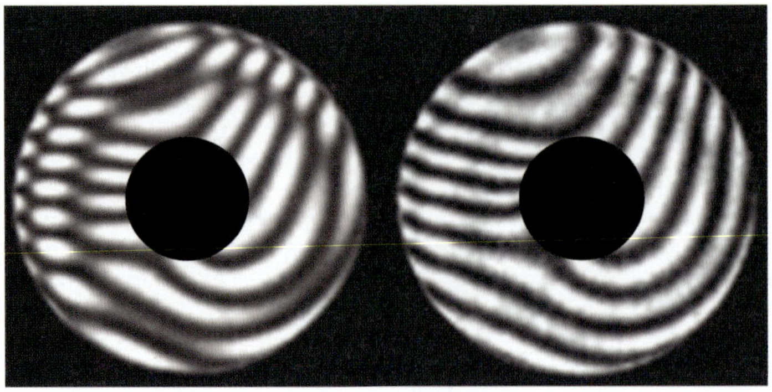

(a) 얇은 유리판의 간섭무늬 겹침　　(b) 가간섭 길이가 짧은 광원의 간섭무늬 겹침

그림 3-46 LD 광원 간섭계의 다중반사 간섭무늬 겹침

(3) 평면도 측정 불확도

레이저 간섭계를 사용하여 평면도를 측정할 때, 측정 불확도(measurement uncertainty)는 측정 결과의 신뢰성을 나타내는 중요한 척도가 된다. 다양한 요인들의 영향을 정량화하고 최소화하려면 측정 시스템과 환경을 체계적으로 분석해야 한다. 표 3-6은 평면도 측정 불확도에 영향을 미치는 주요 요인, 특성, 각각의 요인에 대한 불확도 감소 방법을 자세히 정리한 것이다.

주요 요인에 따른 평면도 측정 불확도 U는 모든 불확도의 제곱합에 대한 제곱근으로 구한다.

$$U = \sqrt{U_{opt}^2 + U_{env}^2 + U_{mech}^2 + U_{data}^2} \tag{3.101}$$

표 3-6 평면도 측정 불확도 요인과 감소 방법

요인	세부 요인	영향	영향 범위	불확도 감소 방법
광학적 요인	레이저 파장 안정성	레이저 파장의 미세 변동이 측정값에 미치는 영향	±0.1~0.5 ppm 수준	고정밀 레이저 사용, 온도 및 전압 안정화 시스템 적용
	광경로 길이	간섭 경로 길이가 길어질수록 외부 요인의 영향을 크게 받음	nm~μm 수준	짧은 경로 유지, 고정밀 거울 사용
환경적 요인	온도	온도가 굴절률에 영향을 미쳐 측정값을 변화시킴	길이 측정의 ±1 ppm/℃	환경 제어(항온실), 온도 보정 알고리즘 도입
	압력 및 습도	공기 밀도 변화가 레이저 경로에 영향을 줌	±0.5~2 ppm	환경 모니터링 및 실시간 보정
기계적 요인	진동 및 소음	간섭무늬의 안정성을 저하함	nm 이상 불확도 증가	진동 차단 시스템(방진대, 공압 시스템) 사용
	기준면 정밀도	기준면의 평면도가 낮으면 측정 불확도가 감소	nm 수준 이상 영향	초정밀 표면의 기준 거울 사용
측정 및 데이터 처리	위상변조 기술 정확도	위상변조 및 간섭무늬 분석 알고리즘의 한계	nm~μm 수준	고급 위상 계산 알고리즘 및 데이터 평균화 적용
	분석 S/W	간섭 데이터를 처리하는 소프트웨어의 오차	nm~μm 수준	최신 알고리즘 업데이트 및 소프트웨어 교정 수행

여기서 U_{opt}는 광학적 요인에서 레이저 파장 안정성, U_{env}는 환경적 요인, U_{mech}는 기계적 요인, U_{data}는 데이터 처리 과정에서 발생하는 불확도이다. 표 3-7은 측정 불확도를 수준별로 비교한 것이다. 전문 연구실은 산업체보다 100배 정도 낮은 수준의 측정 불확도를 유지하고 있다.

표 3-7 평면도 측정 불확도 비교

측정 조건	평면도 불확도(U)	예시
이상적인 조건(전문 연구실 환경)	0.1~1 nm	고급 연구용 레이저 간섭계, 완벽한 환경 제어
일반 실험실	1~10 nm	표준 환경 관리(온도, 진동, 습도 보정)
산업 환경	0.01~0.1 μm	공정 모니터링용 간섭계, 일부 환경 보정 적용

2) 구면 측정

구면 형상 측정은 그림 3-47과 같이 간섭계의 기준 구면과 비교하여 측정한다. 오목 구면은 간섭계 투과 기준구(TRS, Transmission Reference Sphere)의 지름보다 큰 구면을 측정할 수 있지만, 볼록 구면은 기준구의 지름에 제한을 받는다. 이는 기준구의 파면이 시험면을 완전히 덮을 수 있어야 전 면적을 측정할 수 있기 때문이다. 따라서 기준구의 f/#는 시험면의 곡률반경 R과 유효 지름의 비를 나타내는 R/#보다 같거나 작아야 한다. 미국 Zygo사는 4인치용 간섭계의 기준구는 f/0.65, f/0.75, f/1.5, f/3.3, f/7.2, f/11을 판매하고 있으며, 이들의 파면수차는 $\lambda/10$ PV 이하이다.

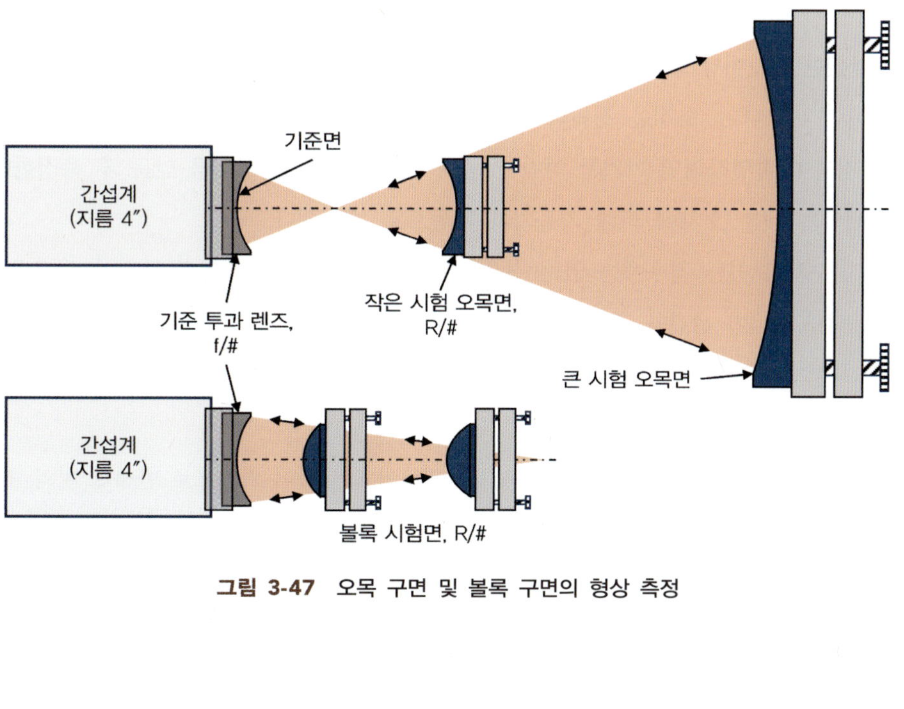

그림 3-47 오목 구면 및 볼록 구면의 형상 측정

그림 3-48은 기준구의 f/#와 시험면의 R/# 간의 관계를 보여준다. 오목 구면의 경우, f/#가 R/#와 같으면 시험면의 전체 면적을 측정할 수 있지만, f/#가 더 크면 중심 부분만 측정할 수 있으므로 반드시 f/#가 R/#보다 작거나 같아야 한다.

볼록 구면의 경우에는 시험면의 곡률반경이 기준구의 초점거리보다 짧을 경우에만 측정이 가능하다. 다만, 최대 지름은 기준구보다 작아야 한다. 이는 기준구의 유효 지름이 구면을 감싸는 마운트 구조로 인해 실제 구경보다 작기 때문이다. 시험 구면의 지름과 곡률반경에 따라 적합한 기준구를 선택해야 한다.

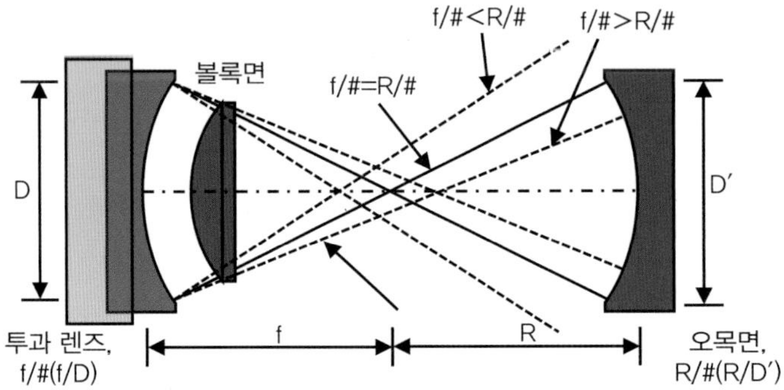

그림 3-48 기준 구의 f/#와 측정 구면의 R/#의 관계

그림 3-49는 구면 측정 시 정렬에 따른 간섭무늬의 변화를 보여준다. 간섭무늬는 수차가 없는 이상적인 구면과 구면수차가 있는 경우로 나누었다. 수차가 없는 경우, 초기 정렬에서는 기울기와 초점이동(곡률반경 벗어남)으로 인해 기울어진 여러 개의 원 무늬가 보인다. 광축에 맞춰 정렬하면 동심원 무늬만 나타나며, 초점을 정확하게 맞추면 전체가 밝거나 어두운 널 무늬가 형성된다. 이 지점을 더 정확히 확인하려면 기기를 약간 기울여 서너 개의 직선무늬를 만든 후 측정한다. 최종 측정 결과에서는 계통 오차에 의해 기울기가 자동으로 제거된다.

한편, 구면수차가 있는 경우에는 없는 경우보다 더 많은 기울어진 원형 무늬가 생기며, 광축에 정렬하면 동심원 무늬가 생긴다. 초점이 일치하면 구면수차로 인해 바깥쪽에 여러 개의 동심원 무늬가 생긴다. 시험면을 약간 기울이면 중심부 간섭무늬는 변화하지만, 바깥 부분에는 여전히 원 무늬가 있다.

곡률반경이 일정할 때, 구경이 클수록 가장자리에서의 입사각이 커지므로 반사된 빛의 초점 위치 차이가 더욱 커지게 된다. 구면수차는 구경 D의 4제곱에 비례하므로 빠르게 증가하며, 구면이 클수록 구면수차가 비약적으로 커지므로 원형의 간섭무늬 수가 많아진다.

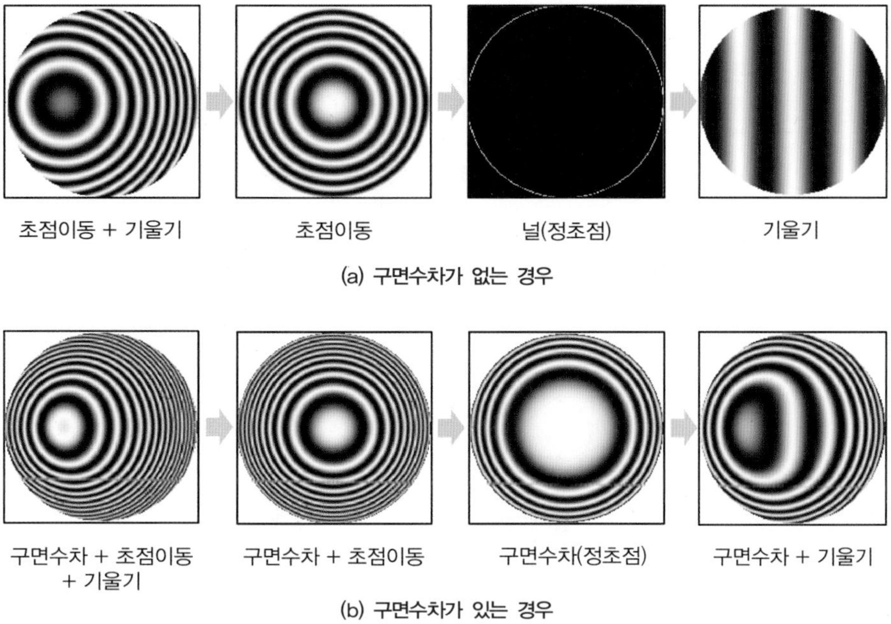

그림 3-49 구면의 형상 측정을 위한 정렬

(1) 곡률반경 측정

곡률반경은 그림 3-50에서 시험 구면의 곡률중심부터 표면까지의 거리이다. 레이저 간섭계의 수렴광선이 시험 구면과 한 지점에서 만나는 위치가 곡률중심이며, 이 지점을 cat's eye라고 한다. 시험 구면을 이동시켜 시험면에서 반사되어 수렴하는 광선이 곡률중심과 일치하는 지점을 공통 초점이라고 하며, 곡률반경 R은 이 두 지점 사이의 거리를 나타낸다.

cat's eye 위치에서는 빛이 한 점에서 정확히 반사되어, 고양이 동공처럼 보이는 대칭적이고 선명한 간섭무늬가 나타난다. 그러나 곡률 중심에서 벗어나면 간섭무늬가 비대칭이 되거나 흐려진다.

공통 초점에서는 전체가 밝거나 어두운 무늬가 나타나며, 정확한 위치에서 벗어나면 동심원의 간섭무늬가 나타난다. 시험 구면은 완전한 구면이 아니므로 간섭무늬를 통해 형상 오차가 최소가 되는 위치를 확인한다.

레이저 간섭계는 형상 오차를 정확하게 측정할 수 있어, 두 위치 간 거리를 nm 수준으로 결정할 수 있다.

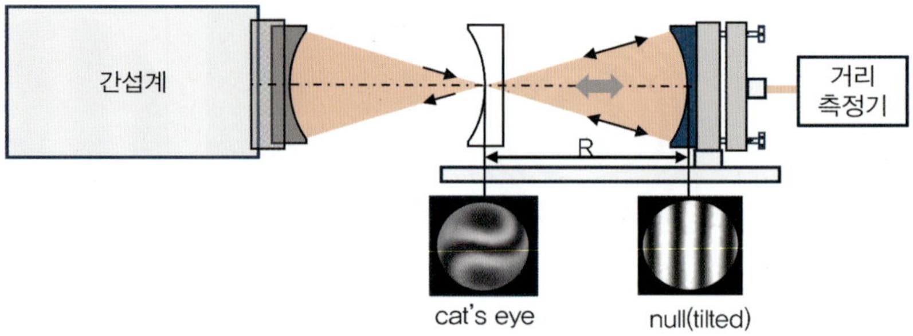

(a) 오목 구면 측정

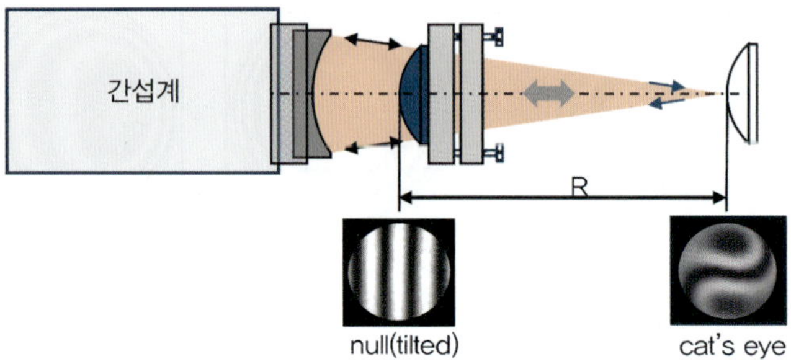

(b) 볼록 구면 측정

그림 3-50 간섭계를 이용한 곡률반경 측정

두 지점의 거리 측정에는 디지털 측정기나 레이저 거리 측정기를 사용한다. 그림 3-51은 곡률반경 측정장치에 자주 사용되는 거리 측정기이다. 디지털 거리 측정기의 분해능은 1 μm이며, 레이저 거리 측정기의 분해능은 2.25 nm이다.

(a) 디지털 거리 측정기(분해능: 1 μm)

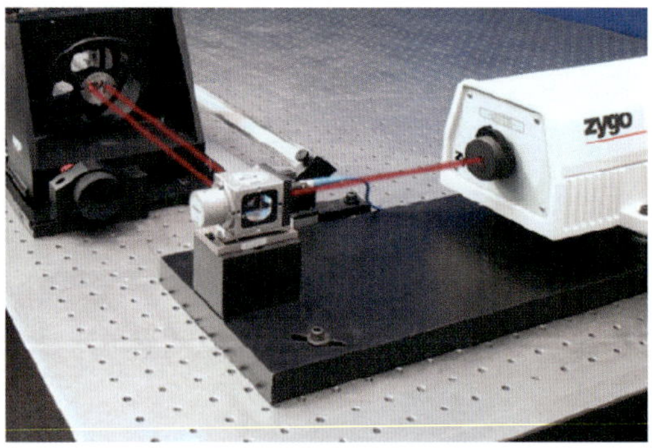

(a) 레이저 거리 측정기(분해능: 2.25 nm)

그림 3-51 곡률반경 측정용 거리 측정기

(2) 곡률반경 측정 불확도

곡률반경 측정에 영향을 미치는 요인에는 cat's eye와 공통 초점에서의 널 오차, 기준구의 구경 오차와 왜곡수차, 레이저 거리 측정기 오차, 시험 구면의 형상 오차, 축 정렬 등이 있다. 곡률반경이 길수록 측정장비의 기준축과 측정축 간의 정렬 불량으로 인해 그림 3-52처럼 아베(Abbe) 오차가 발생한다. 이것은 간섭계와 거리 측정기의 축이 정확히 일치하지 않을 때 발생하며, 측정축과 기준축 사이의 각도 오차를 유발한다. 아베 오차 U_{Abbe}는 다음 식으로 표현된다.

$$U_{Abbe} = d_{actual} - d_{measured} = h \cdot \tan\theta \quad \textbf{(3.102)}$$

여기서 θ는 정렬축 간 각도 차이(라디안 단위), h는 시험 구면의 마운트 높이이다. 예를 들어, θ가 0.0001 rad(약 0.0057°), h는 시험 구면 반경보다 큰 60 mm인 경우, 아베 오차는 약 6 μm이다.

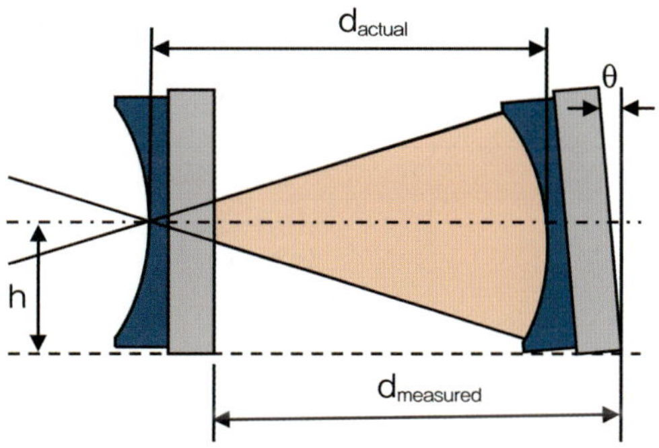

그림 3-52 정렬 불량에 의한 아베 오차

표 3-8은 곡률반경 측정에서 주요 불확도 요인을 나타낸 것이다. 레이저 간섭계의 파면 측정 오차, 거리 측정기의 정밀도, 아베 정렬 오차 그리고 환경 요인에 대해 자세히 분석하였다.

표 3-8 곡률반경 측정의 불확도 분석

불확도 요인	영향	영향 범위	불확도 감소 방법
레이저 간섭계의 정밀도 ($U_{간섭계}$)	간섭계의 표면 높이 측정 정밀도, 표면 중심의 높이 분포 정확도가 곡률반경 계산에 영향을 줌	±0.1~1 nm	고정밀 간섭계 사용, 환경적 영향 최소화
레이저 거리 측정기 정밀도 (U_{slide})	중심거리 측정의 정확도, 측정거리의 상대 오차에 따라 곡률반경 불확도가 결정됨	±1~10 μm	고해상도 slide 사용, 거리 측정 보정 적용
아베 정렬 오차 (U_{Abbe})	간섭계와 radius slide 간의 정렬 불량으로 인해 발생하는 오차, 측정축과 기준축 간의 각도 차이	±6 μm	정렬 자동화, 정렬 오차 실시간 보정 시스템 도입
환경 요인 (U_{env})	온도, 압력, 습도, 진동 등이 간섭계 및 radius slide의 측정 정확도에 영향을 줌	±1~5 ppm 수준	항온/항습 환경 제공, 환경 모니터링 및 실시간 보정

간섭계의 정밀도($U_{간섭계}$) ±1 nm, laser radius slide 정밀도(U_{slide}) ±2 μm, 아베 정렬 오차 (U_{Abbe}) ±6 μm, 환경 요인(U_{env}) ±2 ppm일 때 측정 불확도를 계산할 수 있다. 환경 요인은 slide의 이동거리 500 mm 기준으로 2 ppm이므로 1 μm이다. 따라서 최종 불확도 U는 오차들의 제곱합에 대한 제곱근이므로 다음과 같이 계산된다.

$$U = \sqrt{(0.001)^2 + (2)^2 + (6)^2 + (1)^2} = 6.4\ \mu\text{m}$$

시험 구면의 곡률반경 R이 500 mm일 경우, $\delta R/R$은 0.001 %이다.

표 3-9는 국가 표준기관 같은 전문 연구실과 산업체의 측정 정밀도를 비교한 것이다. 최고 수준의 정밀도와 환경을 보유한 국가 전문 연구실을 기준으로 상대 비교했으며, 산업체는 대량 생산과 실용적 품질 관리를 목표로 하는 환경에 적합하다. 최근에는 초정밀 비구면 광학소자의 수요에 대응하기 위해 일반 실험실과 산업체의 측정 환경 개선에 많은 투자가 이루어지고 있다.

표 3-9 전문 연구실과 산업체의 곡률반경 측정 능력 비교

구분	전문 연구실	일반 실험실	산업체
측정 정밀도	±0.01 % 이하 (nm 수준)	±0.1~±0.5 % (sub-μm 수준)	±0.5~±1 % (μm 수준)
환경 제어	최적 (온도 ±0.01 ℃, 습도 ±1 %, 진동 차단)	중간 (온도 ±1 ℃, 습도 ±5 %, 진동 제어 최소화)	제한적 (온도 ±2~3 ℃, 진동 차단 없음)
측정 대상	비구면, 초정밀 광학부품	정밀 렌즈, 거울	상용 렌즈, 대량 생산 부품
주요 장비/속도	고가(고정밀 장비 및 유지비 포함)/ 느림(정밀도 중심)	중간 수준/중간 (정밀도와 생산성의 균형)	상대적으로 저렴(생산성 중심)/ 빠름(생산 효율 중심)

(3) 대면적 평면 측정

① 경사 입사 방법

빛을 시험 평면에 비스듬히 입사시키면 광경로가 길어져 표면의 미세한 변화까지 감지할 수 있다. 이 방법은 입사각이 커질수록 측정 면적이 넓어지므로, 대면적 표면의 평면도 평가에 유리하다.

그림 3-53과 같이 시험 평면에 각도 θ로 입사하여 반사되면 표면의 높이 변화는 광로차 $2\cos\theta$ 만큼 증폭된다. 반사된 파면을 평면 거울로 반사시키면 시험 평면에서 두 번 반사하므로 광로차는 $4\cos\theta$이다. 따라서 간섭계로 측정한 파면 오차 $W(x, y)$를 $4\cos\theta$로 나누면 시험면의 형상 오차 $S(x, y)$를 구할 수 있다[18, 19].

$$S(x, y) = \frac{W(x, y)}{4\cos\theta} \tag{3.103}$$

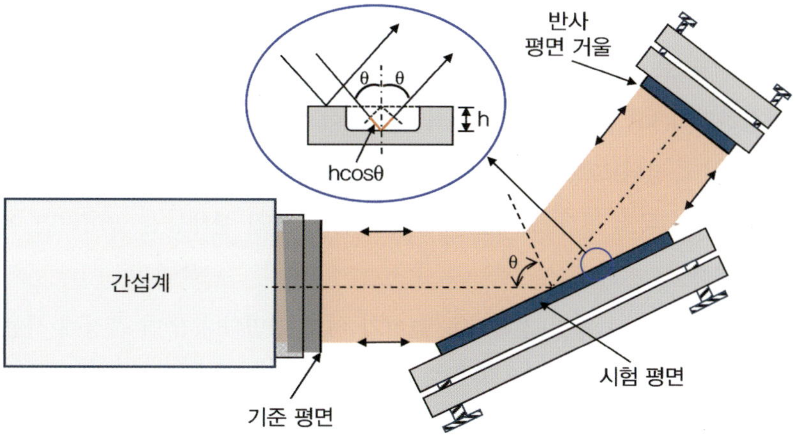

그림 3-53 경사 입사에 의한 평면도 측정

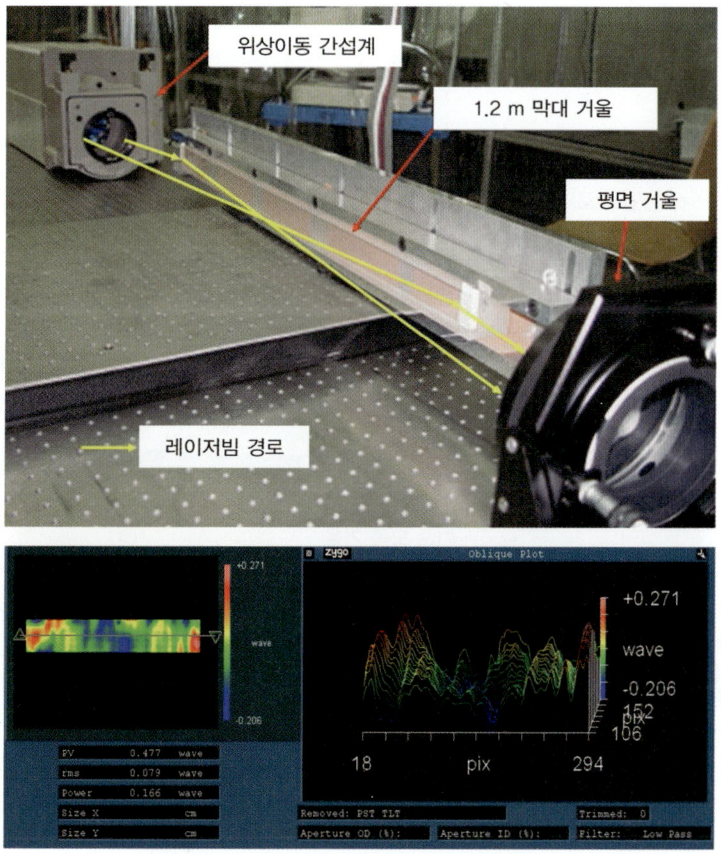

그림 3-54 1.2 m 막대 거울의 형상 측정

그림 3-54는 길이 1.2 m의 막대 거울 형상 측정장치와 그 측정 결과를 보여준다. 측정 자료에서는 피스톤과 기울기를 보정했으며, 최종 형상 오차는 0.477λ PV로, 이는 측정 레이저의 파장인 623.8 nm로 환산하면 0.301 μm이다. 막대 거울의 길이는 1.2 m이지만, 간섭계의 CCD에서는 약 500개의 화소에 걸쳐 측정되므로, 화소 1개는 약 2.4 mm의 평균 길이를 나타낸다. 따라서 이보다 짧은 길이에서 발생하는 국소 형상 오차는 측정이 어렵다. 공간 분해능을 높이려면 여러 부분으로 나누어 측정해야 한다.

최근에는 경사 입사 방법의 측정 정확도를 높이기 위해 평면이나 구면 측정에 사용되는 three-mirror test와 유사한 절대 측정 방법이 사용되고 있다. 시험 평면이 없는 상태에서 기준 반사 거울을 일정 각도로 회전시키며 파면 오차를 측정하고, 이를 통해 간섭계의 자체 계통 오차를 제거한다.

경사 입사 측정은 높은 민감도로 정밀한 측정이 가능하지만, 경사 각도가 클수록 반사율 감소로 인해 신호 대 잡음비가 저하될 수 있다. 또한 대면적 표면의 정렬이 어렵고, 측정에 시간이 오래 걸릴 수 있다.

② 리치-커먼 시험

형상 오차를 정확히 알고 있는 곡률반경이 큰 오목 구면을 사용하면, 그림 3-55와 같이 대구경의 평면 형상을 자동 시준법으로 측정할 수 있다. 간섭계를 이용하여 기준 구면과 시험 평면 사이의 형상 차이를 평가함으로써 평면의 왜곡을 정확하게 파악할 수 있다[20].

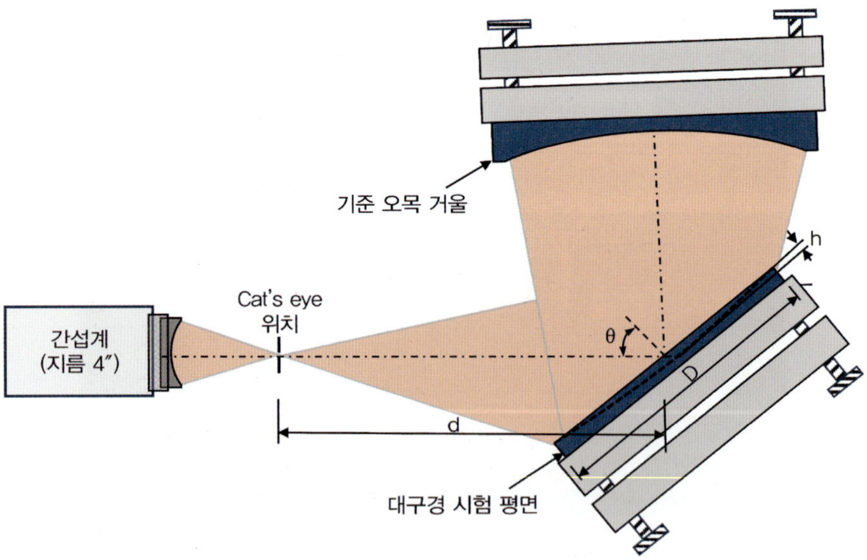

그림 3-55 대구경 평면 측정을 위한 리치-커먼 시험장치도

시험면이 완전한 평면이 아니고 곡률반경 r을 가지며, 시험면의 입사 각도가 θ일 때, 비점수차에 의해 구면 중심에서 표면까지의 높이 h는 다음과 같이 표현된다.

$$h = \frac{D^2}{8r} = \frac{D^2 \cos\theta}{16d(1 + d/\delta d)\sin^2\theta} \approx \frac{D^2\,\delta d \cos\theta}{16d^2 \sin^2\theta} \tag{3.104}$$

여기서 D는 시험 평면의 구경, d는 시험 평면의 중심에서 간섭계 기준구의 초점까지 거리, δd는 자오면의 비점수차로, 구결면 초점에서 자오면 초점까지의 거리를 의미한다.

입사각이 45°일 경우, 식 (3.104)는 다음과 같이 된다.

$$h = \frac{D^2\,\delta d}{11.3d^2} \tag{3.105}$$

최적 입사각은 54°45′이며, 측정 현장에서는 54°를 주로 사용한다.

리치-커먼(Ritchey-Common) 시험은 소구경 간섭계로 대구경 구경의 오목 구면을 측정할 수 있어 전통적으로 널리 사용되어 왔다. 전체 광학계 구성은 비교적 단순하지만, 시험면의 입사 각도에 따라 정렬이 민감하므로 주의해야 한다. 시험 평판은 일반적으로 코팅되지 않은 상태에서 측정하며, 기준 구면에는 반사율이 95 % 이상인 코팅을 적용하여 대비도가 높은 간섭무늬를 만든다. 반대로, 반사 코팅된 평면을 시험하는 경우에는 기준 구면에 반사 코팅을 하지 않는다.

리치-커먼 시험은 큰 평면이 필요 없고, 시험 평면의 곡률 변화가 비점수차에 매우 민감하여 전체 변형을 쉽게 측정할 수 있다. 그러나 평면의 변형이 입사각의 cos만큼 감소하므로, 미세한 불규칙성(irregularities)을 측정하기는 어렵다.

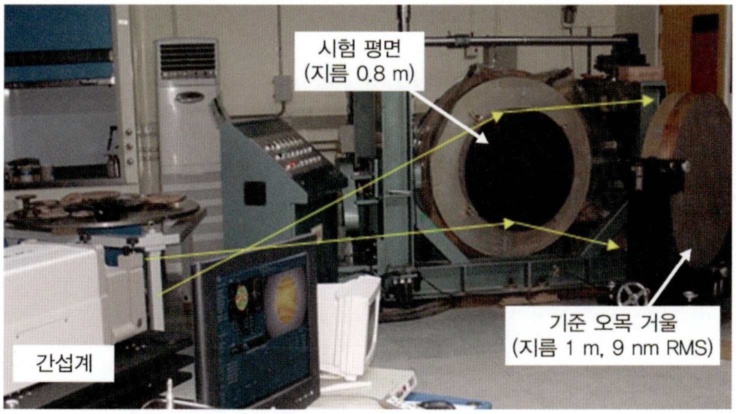

그림 3-56 구경 0.8 m 평면의 형상 오차 측정

그림 3-56은 구경 1 m인 구면 거울을 이용하여 구경 0.8 m 평면의 형상을 측정하는 모습이다. 연마기에 평면이 고정되어 있으며, 수직으로 정렬하여 측정한다. 비점수차에 의한 영향을 확인하기 위해 시험 평면을 회전할 수 있으며, 간섭계 없이도 조명하는 점광원 위치에 평판을 두고 상면을 만들면 비점수차를 확인할 수 있다. 시험면과 기준 구면에서 반사된 상이 이상적으로 되반사되어 한 점에 모이더라도 쌍곡면인 경우가 많으므로, 시험 평면을 90° 간격으로 회전시키면서 반복 측정한다. 기준 구면의 형상 오차는 9 nm RMS이며, 연마된 평면의 형상 오차는 11 nm RMS이다.

그림 3-57은 시험 평면이 광축에 대해 x방향으로 θ각도로 기울어졌을 때, 반사된 파면이 타원 모양으로 축소되는 모습을 보여준다. 왼쪽 그림의 점 0에서 볼 때, 실선은 축소된 시험 평면을 나타낸다. 따라서 측정된 파면 오차의 출사동 좌표 (x_p, y_p)는 원형 시험 평면의 좌표 (x_s, y_s)와 다음과 같은 관계가 있으므로 변환해야 한다.

$$x_s = \frac{d \cdot x_p}{d \cdot \cos\theta - x_p \cdot \sin\theta}, \quad y_s = \frac{y_p \cdot (d + x_s \cdot \sin\theta)}{d} \tag{3.106}$$

여기서 d는 시험 평면의 중심에서 간섭계 기준구의 초점까지 거리이다. 좌표 변환을 간단히 하기 위해 $y_s \approx 0$으로 근사한다.

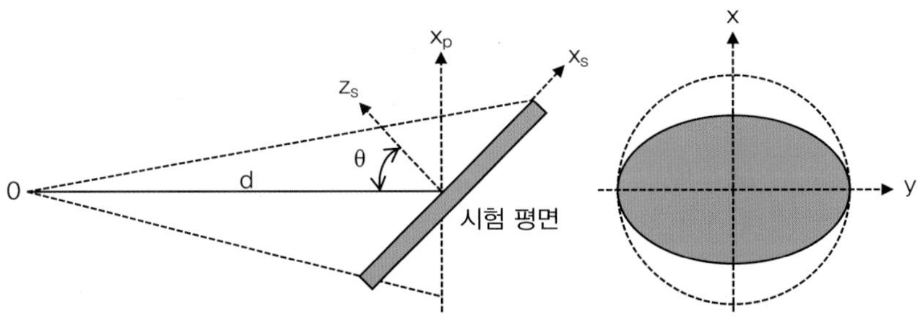

그림 3-57 경사 입사에 의한 시험 평면의 축소

그림 3-55에서 전체 광학계의 파면 오차 $W(x_p, y_p)$는 시험 평면의 형상 오차 $S(x_s, y_s)$에 의해 변하게 된다. 시험 평면에 두 번 경사 입사하므로 다음과 같은 관계가 있다.

$$S(x_s, y_s) = T\left[\frac{W(x_p, y_p)}{4 \cdot \cos\phi}\right] \tag{3.107}$$

여기서 $T[\cdot]$는 좌표 변환 연산자, ϕ는 시험 평면의 각 위치에서 광축에 대한 입사각이다. 리치

(Ritchey) 각도 θ와의 관계는 다음과 같다.

$$\cos\phi = \frac{d\cos\theta - \mathrm{x_s}\sin\theta}{\sqrt{d^2 + x_p^2 + y_p^2}} \tag{3.108}$$

구면파가 입사하므로 시험 평면의 각 위치에서 광축에 대한 각도는 위치마다 달라진다.

4) 투과파면 측정

(1) 광학유리의 불균질성 측정

광학유리는 원료를 고온에서 용융한 후, 내부 응력을 해소하기 위해 열처리 과정을 거친다. 이러한 과정에서 광학 성능에 영향을 미치는 미세한 균질성 문제가 발생한다. 광학유리의 굴절률 분포, 표면과 내부의 미세 결함, 응력 등의 광학적 불균질성(optical inhomogeneity)은 품질 관리를 위한 가장 기본적인 측정 항목이다. 광학유리나 플라스틱의 균질성에 대한 정확한 데이터가 없으면, 새로운 초정밀 광학계를 개발하는 일은 거의 불가능하다. 렌즈의 표면 형태 사양에 따라 광학부품을 제작하는 능력도 중요하지만, 유리 자체의 품질, 즉 불균질성은 궁극적으로 응용 분야에서 성공과 실패 여부를 좌우할 수 있다.

광학소재의 불균질성을 측정하는 데는 두 가지 기술이 사용된다. 첫째, 정밀하게 매칭된 평판과 시험 유리의 굴절률과 일치하는 기름(검은 페인트, 마커 잉크, 바셀린)을 사용하는 방법이다. 둘째, 빛이 투과될 수 있도록 시험 유리판을 연마하여 측정하는 방법이다. 두 가지 방법에는 각각 장단점이 있으며, 일반적으로 서로 다른 상황에서 사용된다. 여기서는 두 번째 방법을 먼저 설명한다.

그림 3-58은 레이저 간섭계를 사용하여 표면이 연마된 유리 평판의 불균질성을 측정하는 장치를 보여준다. 시험 평판을 그림과 같이 투과시켜 반사된 파면 오차 W_1, 앞면에서 반사된 파면 오차 W_2, 뒷면에서 반사된 파면 오차 W_3, 시험 평판이 없는 경우의 파면 오차 W_4를 각각 측정하면, 시험 평판의 파면 오차 $W(x,y)$는 다음과 같이 계산된다[1].

$$W(x,y) = \frac{1}{2}\left[n(W_1 - W_4) - (n-1)(W_3 - W_2)\right] \tag{3.109}$$

이러한 네 번의 측정을 통해 간섭계의 계통 오차를 제거하고, 시험 평판의 파면 오차를 정확하게 측정할 수 있다. 또한 평판의 두께를 알 경우, 소재의 굴절률도 구할 수 있다.

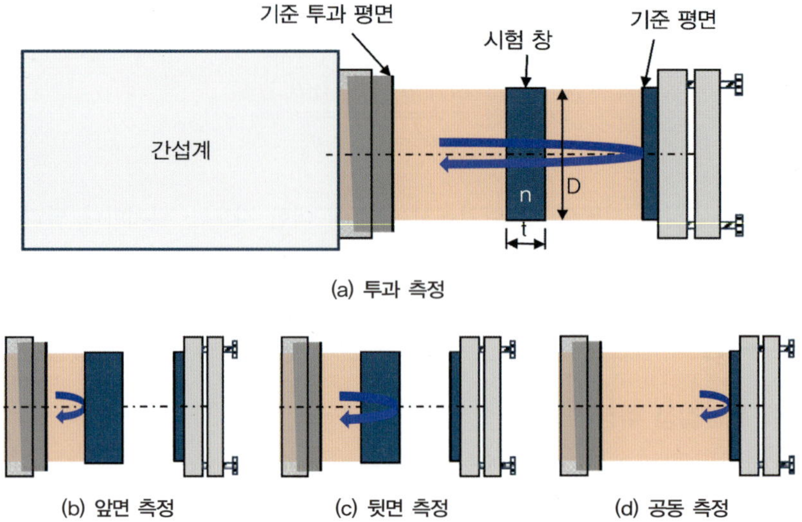

그림 3-58 간섭계를 이용한 광학 소재의 불균질성 측정

시험 평판의 표면을 연마하지 않고 측정하려면, 그림 3-59와 같이 이미 연마된 2개의 평판 사이에 시험 평판을 두고 굴절률 매칭 기름을 주입한다. 이를 통해 시험 평판과 측정 보조용 평판 사이의 틈을 채워 표면에서 빛의 확산을 효과적으로 제거하고 투과시킨다.

앞의 방법과 마찬가지로, 보조 평판의 투과 파면과 앞면 · 뒷면에 대한 파면 오차를 네 번 측정하면 시험 평판의 파면 오차를 얻을 수 있다[21].

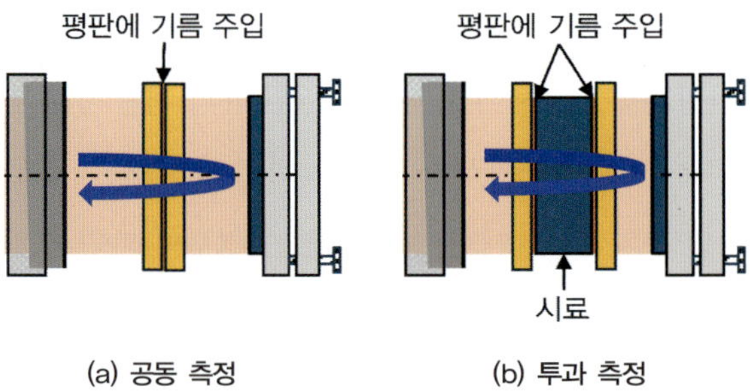

그림 3-59 연마하지 않은 광학 평판의 불균질성 측정

식 (3.109)의 파면 오차는 시험 평판의 두께 변화 δt에 의해 다음과 같이 계산된다.

$$W(x, y) = 2(n-1)\delta t \quad \textbf{(3.110)}$$

만약 시험 평판이 완전한 평행 평판이라면 두께 변화가 없으므로, 굴절률 변화에 의해 파면 오차가 발생한다. 따라서 두께 t를 알고 있다면, 굴절률 변화 Δn는 다음과 같이 구할 수 있다.

$$\Delta n = \frac{W(x,y)}{2t} \tag{3.111}$$

광학유리의 균질성 등급은 ISO 10110에 따라 0에서 5까지 여섯 등급으로 구분되며, 최고 등급인 5등급은 굴절률 변화가 $\pm 0.5 \times 10^{-6}$이다. 그림 3-60은 Shott사에서 발행한 자료로, 광학유리의 굴절률 분포를 측정한 사진이다. 이는 굴절률 변화가 매우 작지만, 내부에 구조적 결함이 있을 경우 굴절률 변화가 크게 나타난다.

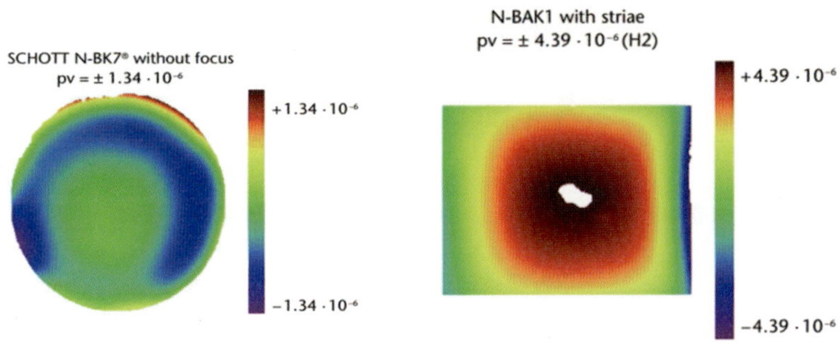

(a) 구경 260 mm의 N-BK7　　(b) 구경 159 mm, 내부에 구조적 결함 존재

그림 3-60 광학유리의 굴절률 균질성 측정

출처: Shott Technical Information, TIE-26 (2004).

(2) 쐐기각 측정

광학 쐐기판의 기울기 각도는 그림 3-61(a)와 같이 간섭계 광로의 한편에 두고 파면 오차를 측정하면, (b)와 같이 서로 기울어진 두 간섭무늬가 나타난다. 쐐기판의 기울기인 쐐기각 α는 두 간섭무늬의 기울기 차에 의해 다음과 같이 계산된다.

$$\alpha = \frac{tilt\ difference}{2(n-1)} \tag{3.112}$$

그림 3-61(b)에서 간섭무늬 1의 수직 방향은 x축에 대해 θ만큼 기울어져 있고, 간섭무늬 2의 수직 방향은 x축 방향이다. 각각의 무늬 간격이 d_1, d_2이면 기울기 차 $\delta\beta$는 다음과 같다.

$$\delta\beta = \sqrt{(\beta_{x1} - \beta_{x2})^2 + (\beta_{y1} - \beta_{y2})^2} \tag{3.113}$$

여기서

$$\beta_{x1}=\frac{\lambda\sin\theta}{d_1},\ \beta_{y1}=\frac{\lambda\cos\theta}{d_1}$$

$$\beta_{x2}=\frac{\lambda\sin(90^\circ)}{d_2}=\frac{\lambda}{d_2},\ \beta_{y2}=\frac{\lambda\cos(90^\circ)}{d_2}=0 \tag{3.114}$$

이다.

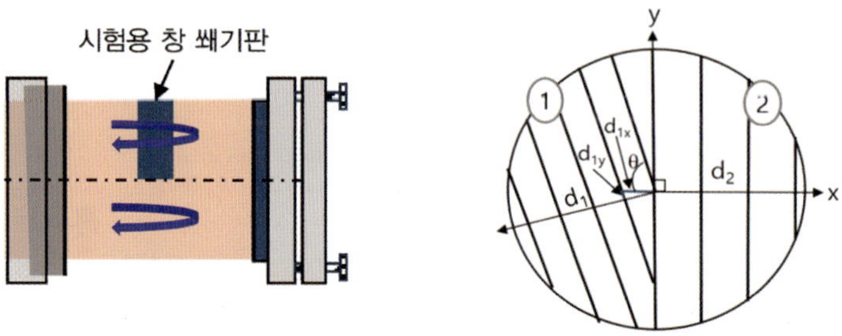

(a) 측정장치도 (b) 간섭무늬의 기울기

그림 3-61 광학 쐐기판 측정

두 간섭무늬가 평행하면, 즉 y축 방향이면 식 (3.113)은 다음과 같다.

$$\delta\beta=\frac{\lambda}{d_1d_2}\sqrt{d_1^2+d_2^2} \tag{3.115}$$

따라서 식 (3.112)에 의해 시험 쐐기각은 다음과 같이 계산된다.

$$\alpha=\frac{\lambda\sqrt{d_1^2+d_2^2}}{2(n-1)d_1d_2} \tag{3.116}$$

즉, 간섭무늬 간격을 알면 쐐기각을 구할 수 있다.

원형의 쐐기판을 그림 3-62(a)처럼 중앙에 정렬하면, 반사하는 기준 평면과 쐐기판의 전체 간섭무늬 (b)를 측정할 수 있다. 쐐기판 간섭무늬와 기준 평면에 대한 파면을 각각 측정하고, 식 (3.108)과 (3.109)를 사용하여 쐐기각을 구할 수 있다. (c)는 Zygo 간섭계를 사용하여 측정한 결과이다.

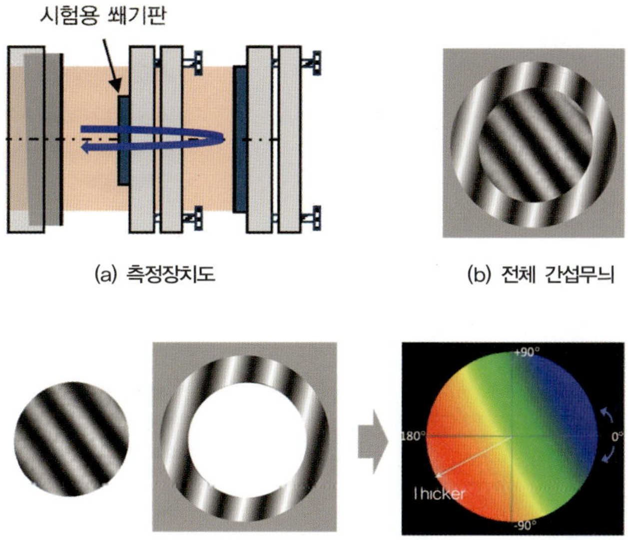

(a) 측정장치도　(b) 전체 간섭무늬

(c) 각각의 간섭무늬와 측정 결과

그림 3-62 쐐기각 측정

(3) 프리즘 시험

직각 프리즘의 각도 측정 방법에는 그림 3-63과 같이, 빛이 프리즘에 한 번 입사하는 단일 경로 방법과 기준 평판에서 반사된 후, 프리즘에 두 번 입사하는 이중 경로 방법이 있다. 직각 프리즘의 쐐기각 오차 ε는 반사된 빛을 θ만큼 편향시키므로 프리즘의 굴절률이 n이면 다음과 같이 계산된다.

$$\varepsilon = \frac{\theta}{2n} \tag{3.117}$$

두 간섭무늬의 기울기 차이 $\Delta\beta$는 간섭무늬의 간격 S_{y1}과 S_{y2}에 의해 다음과 같이 계산된다.

$$\varepsilon = \frac{\Delta\beta}{4n} = \frac{|\lambda/S_{y1} - \lambda/S_{y2}|}{4n} \tag{3.118}$$

여기서 λ는 광원의 파장이다.

빛이 프리즘에 두 번 입사하면 광로차가 두 배가 되어, 미세한 변화를 더 정확하게 감지할 수 있다. 그러나 반사광이 들어오는 광경로가 올바르게 정렬되도록 해야 하므로 구성은 다소 복잡하다. 프리즘의 쐐기각 오차 ε는 다음과 같다.

$$\varepsilon = \frac{\theta}{4n} \tag{3.119}$$

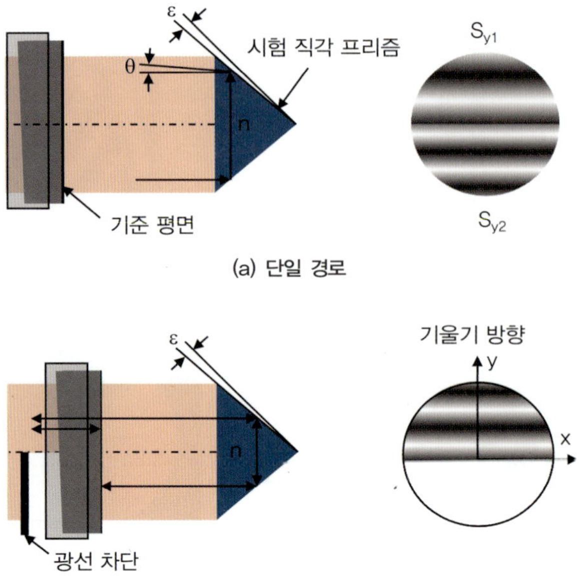

그림 3-63 직각 프리즘 측정

(4) 코너 큐브 시험

코너 큐브(corner cube)는 레이저 거리 측정기(laser range finder), 위성의 궤도 측정 및 지상 레이저와의 통신, 지형 측량 및 지도 제작, 군사·국방 분야의 표적 추적 등에 사용되는 초정밀 광학소자이다.

그림 3-64와 같이 코너 큐브는 3개의 반사면이 서로 정확히 90°를 이루며, 초정밀급은 각도 허용오차가 ±1초(arcsec) 이하이다. 반사면의 표면 거칠기와 평면도는 광학 성능에 큰 영향을 미치며, 평면도는 $\lambda/10$ RMS 수준으로 유지되어야 한다.

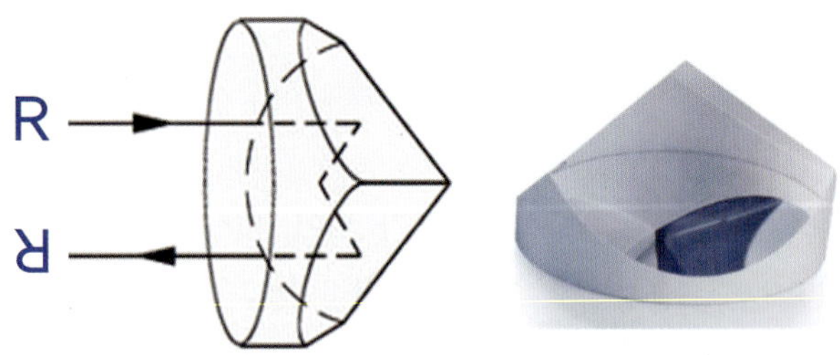

그림 3-64 코너 큐브의 원리와 사진

그림 3-65는 코너 큐브 시험을 위한 측정장치와 간섭무늬를 보여준다. 프리즘 시험과 마찬가지

로, 빛이 한 번 입사하는 단일 경로 방법과 기준 평판에서 반사된 후, 프리즘에 두 번 입사하는 이중 경로 방법이 있다.

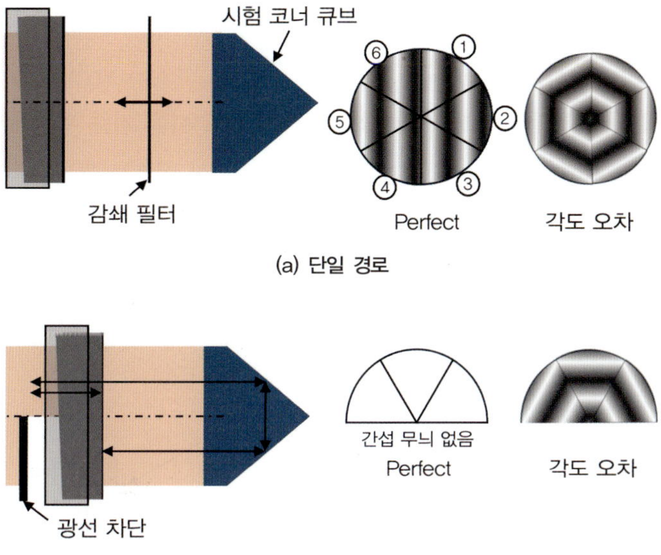

그림 3-65 코너 큐브 측정

단일 경로 방법에서는 되돌아오는 빛의 강도를 줄이기 위해 감쇠 필터(attenuation filter)를 사용한다. 코너 큐브는 3개의 반사면을 가지며, 입사광은 두 번 반사되어 6개의 파면이 생성된다. 면의 각도 오차가 없을 경우, 전체 파면이 연결된 직선 줄무늬가 나타난다.

코너 큐브면 사이의 각도 오차 ε는 인접한 간섭무늬 기울기 차이 $\delta\beta$에 의해 다음과 같이 계산된다.

$$\varepsilon = \frac{\delta\beta}{3.266n} \tag{3.120}$$

여기서, n은 유리의 굴절률이다.

이중 경로 방법에서는 기준 평판에서 반사되어 두 번 입사하고, 빛의 절반이 차단되므로 간섭무늬는 절반만 나타난다. 완벽한 코너 큐브일 경우, 간섭무늬가 나타나지 않는다. 3개의 간섭무늬 사이의 기울기 β는 면의 각도 오차 ε를 나타낸다.

$$\varepsilon = \frac{\beta}{3.266n} \tag{3.121}$$

(5) 렌즈 시험

렌즈나 광학계의 파면 오차 측정에는 그림 3-66과 같이 세 가지 방법을 사용한다. 첫째, 유한거리 초점 정렬 방법으로, 시험 렌즈의 상점 뒤에 기준 렌즈를 배치하여 파면을 반사시킨다. 반사된 파면은 시험 렌즈를 두 번 통과한 후, 기준 파면과 간섭한다. 기준 렌즈의 f/#는 시험 광학계와 같거나 약간 작게 설정하며, 투과 파면의 형상 오차는 λ/10 PV 이하로 유지한다. 둘째, 시험 렌즈의 초점에 정확하게 정렬하여 투과된 파면이 평행하도록 만든 후, 이를 기준 평면에서 반사시키는 방식이다. 셋째, 무한거리 물체에 해당하는 평행광을 사용한다. 시험 렌즈를 투과한 후 초점을 지난 광은 기준 오목 구면에서 반사되어 동일한 광로를 지나간다. 이때 기준 오목 구면의 형상 오차 역시 λ/10 PV 이하로 유지한다.

고해상도 망원경이나 위성 카메라 같은 대구경 광학계는 시험 광학계의 구경보다 큰 간섭계 또는

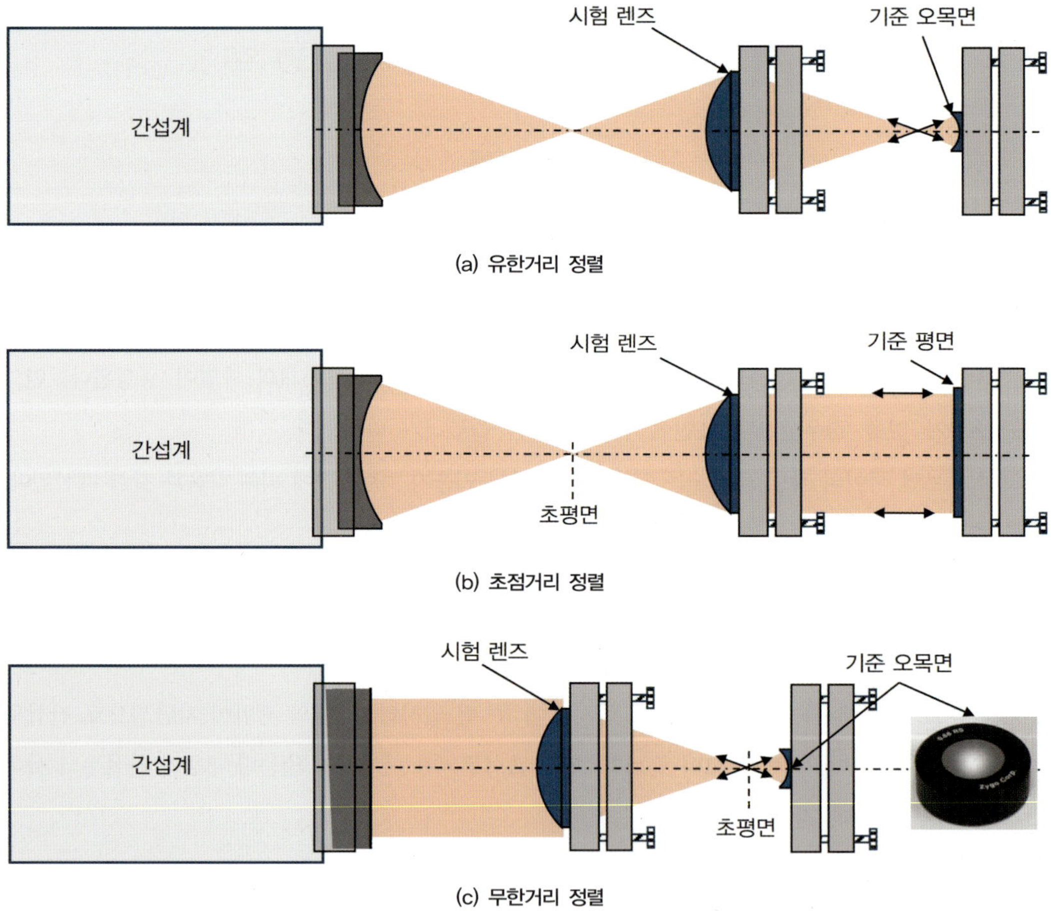

(a) 유한거리 정렬

(b) 초점거리 정렬

(c) 무한거리 정렬

그림 3-66 렌즈의 파면 오차 측정

기준 평면을 사용하는 두 번째 및 세 번째 방법으로 평가한다[22].

그림 3-67은 구경 300 mm 위성 카메라의 파면 오차를 두 번째 방법으로 측정한 결과를 보여준다. 파면 오차를 자이델 수차 또는 제르니케 수차로 분해한 후, 정렬 오차를 제거하여 광학계의 파면 오차를 구할 수 있다. 여러 개의 렌즈나 거울로 구성된 대구경 광학계의 파면 오차도 같은 정렬 방법으로 측정한다.

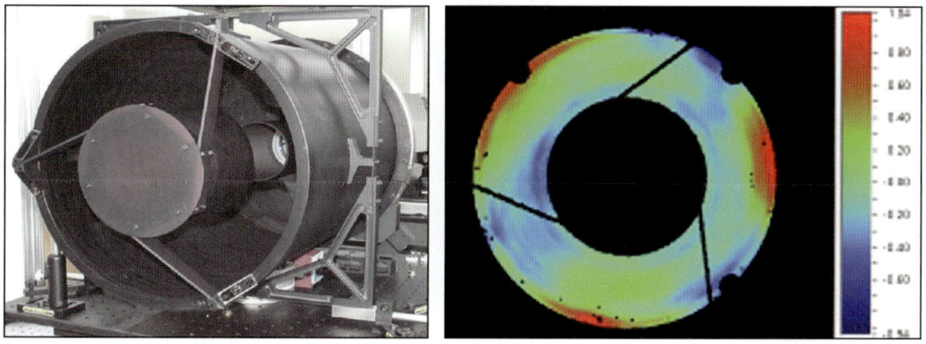

그림 3-67 구경 300 mm 위성 카메라와 파면 오차

5) 광학계 정렬

광학계 정렬은 성능을 최적화하기 위해 렌즈, 거울 등 광학 요소의 위치와 각도를 조정하는 과정이다. 정렬 오차는 광학수차 발생의 주요 원인으로, 이를 최소화하기 위해 간섭계나 파면 센서를 사용하여 파면 오차를 측정한다.

정렬 과정은 제작된 광학계의 파면 오차와 목표 파면 오차의 차이를 보상자로 조정하여 오차 한계 이내로 줄이는 작업이다. 즉, 측정된 파면 오차를 제르니케 다항식으로 분석한 후, 주요 수차를 보상자로 사용하여 정렬 변수인 편심, 경사, 중심이동과 설곗값과의 차이를 계산한다.

시야각이 작은 광학계(예: 0.1° 미만)의 정밀 정렬은 축상 파면 오차를 통해 효율적으로 수행할 수 있다. 그러나 시야각이 큰 광학계나 축에서 벗어난 구성 요소가 있는 비축 광학계 정렬에는 많은 시간이 소요된다.

컴퓨터를 이용한 정렬 방법에는 민감도법(sensitivity method), 감도함수 회귀법(merit function regression), 파면수차 미분법(differential wavefront sampling) 등이 있다[23-25]. 또한 파면수차를 최소화하고 최적의 정렬 상태를 도출하기 위해 경사하강법(gradient descent), 유전 알고리즘(genetic algorithm), 머신 러닝(machine learning) 기반의 정렬 보정 알고리즘이 사용된다[26-28].

(1) 광학계 정렬 방법

민감도법은 각 광학 요소의 위치 변화(편심, 중심이동, 기울기)가 광학계 성능에 미치는 영향을 분석하는 방법이다. 이상적으로 설계된 광학계와 실제 정렬 상태를 비교한 후, 특정 요소를 소량 이동시키거나 회전시켜 파면 오차 또는 MTF의 성능에 미치는 영향을 계산한다. 민감도 표를 사용하여 민감도가 높은 요소부터 조정함으로써 정렬 오차를 줄인다. 이 방법은 간단하고 빠르며, 초기 정렬이 잘된 광학계에 적합하지만, 복잡한 비선형 정렬 문제에는 한계가 있다.

감도함수 회귀법은 광학계의 감도함수(성능지표와 정렬 상태의 관계식)를 정의하고, 측정값과 설곗값 간의 차이를 최소화하는 방법이다. 즉, 설계된 성능 $P_{i,\,ideal}$과 측정된 성능 $P_{i,\,measured}$의 차이를 표현하는 감도함수(MF, Merit Funtion)는 다음과 같이 정의된다.

$$MF = \sum_i w_i (P_{i,\,measured} - P_{i,\,ideal})^2 \tag{3.122}$$

여기서 w_i는 가중 인자이다. 최적화 알고리즘을 통해 감도함수를 최소화하는 정렬 파라미터(편심, 기울기 등)를 계산하여 요소에 적용한다. 이 방법은 다수의 정렬 변수를 동시에 조정할 수 있으며, 설계 성능 목표를 명확히 정의할 수 있다. 그러나 초기 상태에 따라 수렴 속도가 느려질 수 있다.

파면수차 미분법은 파면수차 $W(x, y)$의 기울기를 계산하여 정렬 오차를 보정하는 방법이다. 간섭계 또는 파면 센서를 사용해 획득한 파면 정보를 바탕으로 기울기(미분값)는 다음과 같이 계산된다.

$$\frac{\delta W}{\delta x},\ \frac{\delta W}{\delta y},\ \frac{\delta W}{\delta \theta} \tag{3.123}$$

여기서 x, y, θ는 요소들의 위치와 각도이다. 파면수차를 기반으로 정렬 오차를 보정하기 위한 최적 변수를 계산한다. 이 방법은 수차에 민감하게 반응하므로 고정밀 정렬이 가능하며, 비구면 또는 복잡한 광학계에 효과적이다.

표 3-10은 이러한 광학계 정렬 방법의 특성과 장단점을 비교한 것이다.

표 3-10 광학계 정렬 방법 비교

방법	주요 특성	장점	단점
민감도법	정렬 민감도를 분석하여 조정	간단하고 빠르며 초기 정렬이 잘된 경우 효과적	다수의 요소 정렬에 비효율적
감도함수 회귀법	설곗값과 측정값의 차이 최소화	다수의 요소를 동시에 최적화	초기 상태에 따라 수렴 속도가 느려질 수 있음
파면수차 미분법	파면수차 기울기를 계산하여 보정	고정밀 정렬 가능, 복잡한 시스템에 적합	초기 데이터의 정확성 중요

(2) 정렬 보정 알고리즘

광학계 정렬 보정 알고리즘 중에서 경사하강법(gradient descent)은 정렬 오차를 점진적으로 줄이기 위해 오차함수의 기울기를 따라 정렬 변수를 조정하는 방법이다. 감도함수 또는 파면 오차를 이용해 오차함수 $E(x)$를 정의하고, 각 변수에 대한 기울기 $\nabla E(x)$를 계산하여 오차가 최소화될 때까지 반복한다.

$$x_{new} = x_{old} - \alpha \cdot \nabla E(x) \tag{3.124}$$

여기서 α는 학습률이다. 이 방법은 간단하고 계산 속도가 빠르지만, 지역 최저점(local minimum)에 빠질 가능성이 있다.

유전 알고리즘(genetic algorithm)은 진화 과정을 모방해 최적 정렬 상태를 찾으며, 초기 상태와 무관하게 전역 최적해를 도출하는 데 효과적이다. 정렬 변수를 유전자(chromosome)로 표현하고 초기 변수 집합(개체군)을 생성한다. 이후 각 변수 조합의 성능(적합도 함수)을 평가하고, 적합도가 높은 변수들을 선택해 조합한 후, 일부 변수는 무작위로 변형한다. 이 과정을 반복하여 최종적으로 적합도가 가장 높은 정렬 변수를 도출한다. 이 방법은 복잡한 비선형 문제에 적합하며, 전역 최적해를 찾는 데 효과적이나, 계산량이 많아 처리 시간이 길어질 수 있다.

머신 러닝(machine learning)은 과거 정렬 데이터(입력)와 정렬 보정값(출력)을 학습하여 새로운 정렬 오차에 대한 예측과 보정을 수행한다. 측정된 정렬 상태(편심, 기울기 등)와 그에 대응하는 보정값을 학습한 머신 러닝 모델(예: 신경망)을 기반으로, 새로운 정렬 오차에 대한 보정값을 예측하여 광학계에 적용한다. 이 방법은 복잡한 정렬 관계를 비선형적으로 모델링할 수 있으며 정렬 속도가 매우 빠르다. 그러나 초기 학습에는 많은 데이터가 필요하고, 부족하면 부정확한 결과를 낼 수 있다.

표 3-11은 이러한 광학계 정렬 보정 알고리즘을 비교한 것이다.

표 3-11 광학계 정렬 보정 알고리즘 비교

알고리즘	주요 특성	장점	단점
경사하강법	기울기를 따라 점진적으로 정렬	빠르고 간단	지역 최저점에 빠질 가능성
유전 알고리즘	진화 과정을 모방해 전역 최적해 탐색	비선형 문제와 복잡한 시스템에 적합	계산량이 많아 처리 시간이 길어질 수 있음
머신 러닝	과거 데이터를 학습하여 정렬 예측과 보정 수행	복잡한 관계를 비선형으로 모델링, 매우 빠른 처리 속도	학습 데이터가 충분하지 않으면 부정확할 수 있음

(3) 2개의 거울로 구성된 망원경 정렬

그림 3-68은 지름 900 mm, 시야각 0.14°, f/11의 카세그레인 망원경으로, 부거울(secondary mirror)은 민감도법과 감도함수 회귀법으로 정렬하였다. 주거울(primary mirror)의 원추상수는 -1.013이며, 부거울의 지름은 200 mm, 원추상수는 -2.121, 주거울과 부거울의 거리는 1,392 mm이다. 망원경의 파면 오차를 0.01λ RMS 이하로 낮추기 위한 부거울의 정렬 허용 오차는 편심 0.04 mm, 기울기 0.005°이다.

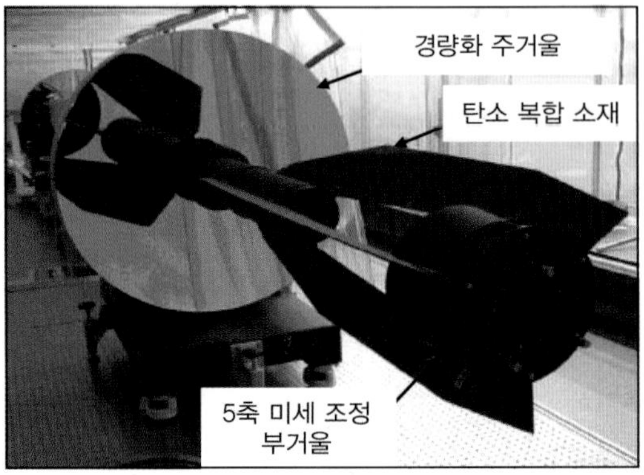

그림 3-68 지름 900 mm 카세그레인 망원경

표 3-12 민감도와 감도함수 회귀법에 따른 정렬 오차

사례	매개변수	불일치	민감도법		감도함수 회귀법	
			계산값	오차	계산값	오차
사례 1	Dx(mm)	0.2	0.180	0.020	0.200	$<10^{-5}$
	Dy(mm)	−0.2	−0.184	−0.016	−0.200	$<10^{-5}$
	Tx(deg)	0.2	0.197	0.003	0.200	$<10^{-5}$
	Ty(deg)	−0.2	−0.204	−0.004	−0.200	$<10^{-5}$
	Df(mm)	0.2	0.201	−0.001	0.200	$<10^{-5}$
사례 2	Dx(mm)	0.5	0.398	0.102	0.500	$<10^{-5}$
	Dy(mm)	−0.5	−0.407	−0.093	−0.500	$<10^{-5}$
	Tx(deg)	0.5	0.483	0.017	0.500	$<10^{-5}$
	Ty(deg)	−0.5	−0.519	0.019	−0.500	$<10^{-5}$
	Df(mm)	0.5	0.508	−0.008	0.500	$<10^{-5}$
사례 3	Dx(mm)	1.0	0.694	0.306	1.000	$<10^{-5}$
	Dy(mm)	−1.0	−0.708	−0.292	−1.000	$<10^{-5}$
	Tx(deg)	1.0	0.948	0.052	1.000	$<10^{-5}$
	Ty(deg)	−1.0	−1.058	0.058	−1.000	$<10^{-5}$
	Df(mm)	1.0	1.032	−0.032	1.000	$<10^{-5}$

부거울의 알려진 정렬 불량(2개의 기울기, 2개의 편심, 중심이동)에 대한 예측 정확도를 추정하였다. 두 방법 모두 5개의 서로 다른 시야(축상 및 4개의 비축 시야)에서 제르니케 다항식의 5개의 저차항(Z_5: astig x, Z_6: astig y, Z_7: coma x, Z_8: coma y 및 Z_9: spherical)을 고려하였다.

감도함수 회귀법에서는 모든 변수에 동일한 가중 인자를 적용했으며, 두 방법의 계산 결과는 표 3-12에 요약되어 있다. 민감도법은 감도함수 회귀법보다 예측 정확도가 낮았으며, 추정 오차는 요소들의 정렬 불량 정도에 따라 증가하였다.

망원경은 실제로 감도함수 회귀법을 이용해 정렬되었다. 그림 3-69는 정렬 결과를, 그림 3-70은 각 정렬 단계에서 축상 시야(중앙 필드)에서 측정한 평균 파면 오차를 보여준다.

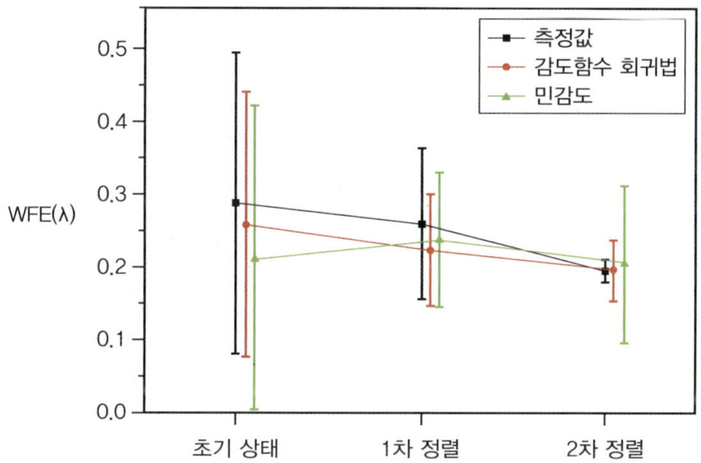

그림 3-69 감도함수 회귀법에 따른 정렬 결과

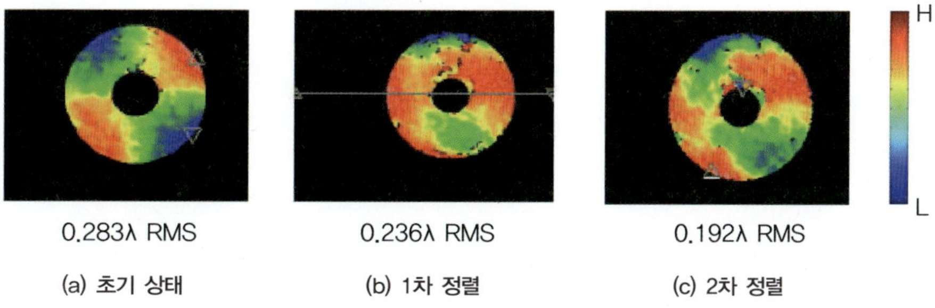

그림 3-70 정렬된 망원경의 광축에서 측정한 파면 오차

1차 정렬 작업(시야 오차와 부거울의 정렬 불량 수정)을 수행한 결과, 평균 파면 오차는 0.236λ RMS이며, 2차 정렬 작업 후에는 0.192λ RMS로 더욱 감소하였다.

감도함수 회귀법은 잘못 정렬된 파면 오차를 나타내는 제르니케 계수로 구성된 감도함수를 활용하며, 정렬 불량 상태를 추정하기 위해 광학 설계 프로그램에서 사용하는 능동감쇠 최소제곱 알고리즘을 통해 감도함수를 최소화한다.

정렬 불량과 시야각 오차가 동시에 존재하는 광시야 광학계의 경우, 감도함수 회귀법은 두 가지를 동시에 추정할 수 있으나, 종래의 민감도법은 시야각 오차를 추정할 수 없다[29].

reference

1. D. Malacara, "Optical Shop Testing", Wiley (2007).
2. Hariharan, P. "Optical Interferometry", Elsevier (2003).
3. Y. W. Lee et al. "Half-aperture shearing interferometer for collimation testing", Optical Engineering 32(11) (1993).
4. Sabrina Velghe et al. "Accurate and highly resolving quadri-wave lateral shearing interferometer, from visible to IR", Proceedings of SPIE 5776 (2005).
5. James C. Wyant, "White Light Interferometry" (http://www.optics.arizona.edu/jcwyant)
6. J. C. Wyant, "Modern Optical Testing", SPIE Press (1992).
7. Ren, Z. & Zuo, C., "Recent advances in phase-shifting interferometry", Optics and Lasers in Engineering 145, 106669 (2021).
8. Fuzhong Bai et al. "Phase Shifting Approaches and Multi-Channel Interferograms Position Registration for Simultaneous Phase-Shifting Interferometry": A Review Photonics 10, 946 (2023).
9. Vasudevan Lakshminarayanan and Andre Fleck, "Tutorial review Zernike polynomials: a guide", Journal of Modern Optics 58(7), 545-561 (2011).
10. Kuo Niu and Chao Tian, "Zernike polynomials and their applications", J. Opt. 24, 123001 (2022).
11. B. S. Fritz, "Absolute calibration of an optical flat," Opt. Eng. 23, 379-383 (1984).
12. J. Grzanna & G. Schulz, "Absolute testing of flatness standards at square-grid points", Opt. Commun. 77, 107-112 (1990).
13. S. Y. Kim et al. "Absolute Test for a 4-inch Flat and Its Measurement Uncertainty", Korean Journal of Optics and Photonics 28(6), 339-345 (2017).
14. A. E. Jensen, "Absolute calibration method for Twyman-Green wavefront testing interferometers", J. Opt. Soc. Am. 63, 1313A (1973).
15. Bruce E. Truax, "Absolute interferometric testing of spherical surfaces", Proc. SPIE 966 (1988).
16. Karl-Edmund Elssner, et al. "Absolute sphericity measurement", Appl. Opt. 28, 4649-4661 (1989).
17. Katherine Creath & James C. Wyant, "Absolute measurement of surface roughness", Appl. Opt. 29(26), 3823-3827 (1990).
18. Maurizio Vannoni, "Absolute flatness measurement using oblique incidence setup and an iterative algorithm. A demonstration on synthetic data", Optics Express 22(3), 3538-3546 (2014).

19. Longbo Xu et al. "Absolute surface form measurement of flat optics based on oblique incidence method", Chinese Optics Letter 16(10), 101201 (2018).
20. S. Zhu & X. H. Zhang, "Ritchey-Common test for a 1.5 m-diameter flat mirror", J. Europ. Opt. Soc. Rap. Public. 9, 14053 (2014).
21. Chiayu Ai & James C. Wyant, "Measurement of the inhomogeneity of a window", Optical Engineering 30(9), 1399 (1991).
22. 이윤우 외, "고해상도 위성 카메라용 대구경 반사경 개발", KRISS/IR-2014-006.
23. Thibault, S., "Sensitivity Analysis in Optical Systems", Optical Engineering 47(3), 033001 (2008).
24. Smith, W. J., "Modern Optical Engineering", McGraw-Hill (2008).
25. Schwider, J. & Greivenkamp, J. E., "Wavefront Aberration Measurement and Correction", Optical Engineering 32(10), 2624-2632 (1993).
26. Fletcher, R., "Practical Methods of Optimization", Wiley (2013).
27. Haupt, R. L. & Haupt, S. E. "Practical Genetic Algorithms", Wiley (2004).
28. Goodfellow, I., Bengio, Y. & Courville, A. "Deep Learning", MIT Press (2016).
29. Seonghui Kim et al. "Merit function regression method for efficient alignment control of two-mirror optical systems", Optics Express 15(8), 5059 (2007).

Chapter 4

비구면 형상 측정

4.1 비구면 특성

1) 비구면 형상 측정법

비구면의 형상 측정(aspheric test)에는 기하학적 방법, 접촉식 측정법, 레이저 거리 측정법, 간섭계 방법이 사용되며, 측정면의 크기와 측정 정밀도에 따라 그림 4-1과 같이 나타낼 수 있다[1-3].

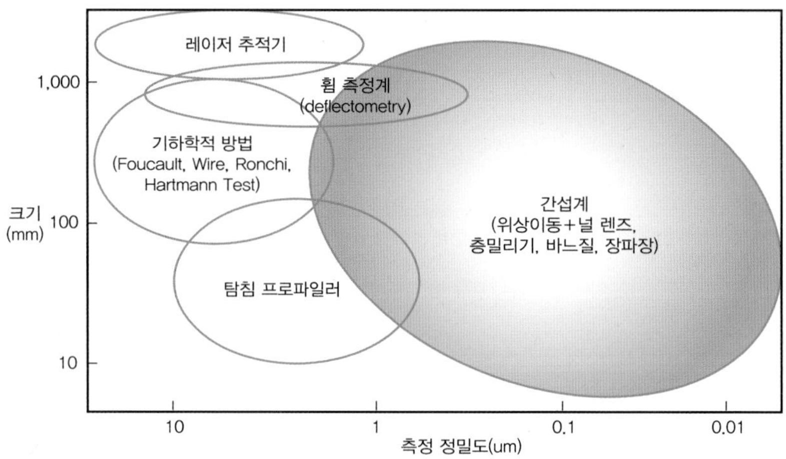

그림 4-1 비구면 형상 측정법의 종류와 특성

푸코(Foucault) 시험 또는 론키(Ronchi) 시험과 같은 기하광학 원리를 이용한 측정법은 과거에 널리 사용되었으나, 현재는 거의 사용되지 않는다. 핀홀 배열이나 마이크로 렌즈를 사용하는 하트만(Hartmann) 및 샤-하트만(Shack-Hartmann) 방법은 대형 비구면 형상 측정에 활용되어 왔으며, 최근에는 성능이 크게 향상되었다[4].

접촉식 프로브를 사용하는 3차원 측정기와 프로파일러는 측정이 쉽고 결과를 바로 확인할 수 있다는 장점이 있다. 그러나 측정 면적에 비해 한정된 수의 측정 데이터를 사용하기 때문에 측정 정밀도는 높지 않다. 탐침 프로파일러(stylus profilometer)는 측정 정밀도가 매우 높지만, 전체 면적이 아닌 1차원만을 측정한다. 또한 접촉에 의해 광학 표면에 스크래치 발생 위험이 있다.

휨 측정계(deflectometry)는 표면에 반사된 빛을 통해 표면의 기울기를 측정하는 방식으로, 비접촉식이며 넓은 영역을 고속으로 측정할 수 있지만, 측정 정밀도는 수 μm 수준이다. 레이저를 이용한 간섭계 측정법은 주로 측정 비구면의 설계 자료를 기반으로 제작한 널(null) 광학계를 이용하여 매우 정확하게 측정할 수 있다[5, 6].

오랫동안 사용된 널 광학계는 기존의 간섭계를 이용하여 높은 정확도로 제작할 수 있는 구면 렌즈와 평면 거울을 조합하여 만들지만, 조립과 정렬이 까다롭다는 단점이 있다. 최근에는 CGH (Computer Generated Hologram) 방법으로 매우 정확한 정렬 기능을 갖춘 널 광학계를 제작함으로써 이러한 문제를 해결하고 있다[7-10].

또한 여러 장의 간섭무늬를 사용하는 바느질(stitching) 방법, 측정 범위를 확대하는 장파장 간섭계를 이용한 측정법도 사용된다[11-16].

이 장에서는 그림 4-2와 같이 비구면을 원추형, 회전대칭형, 자유곡면으로 구분하고, 각 형상에 적용되는 자동 시준법, 널 광학계, 층밀리기 간섭계 등을 자세히 설명한다.

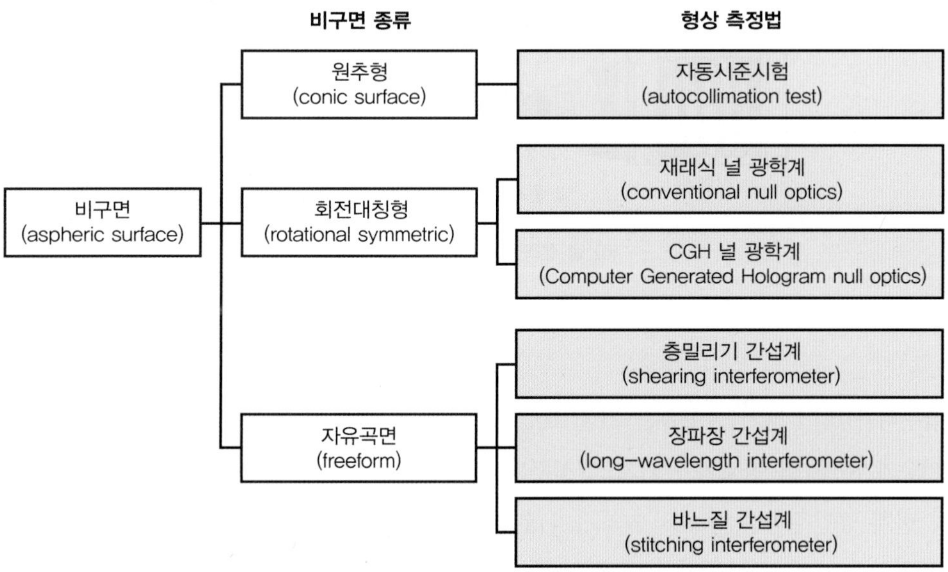

그림 4-2 간섭계를 이용한 비구면 형상 측정법의 종류

2) 비구면 한계 공간주파수

그림 4-3은 구면 거울과 비구면 거울의 형상 측정장치를 보여준다. 구면용 기준 렌즈를 갖춘 간섭계를 그대로 사용하면 광로차가 큰 영역에서 간섭무늬가 많이 생겨 측정이 어려우므로, 널 광학계를 사용하여 간섭무늬 수를 줄이는 방법이 사용된다.

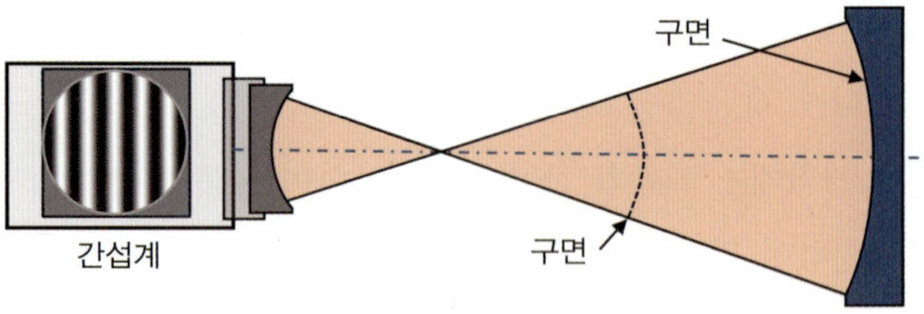

(a) 구면 측정

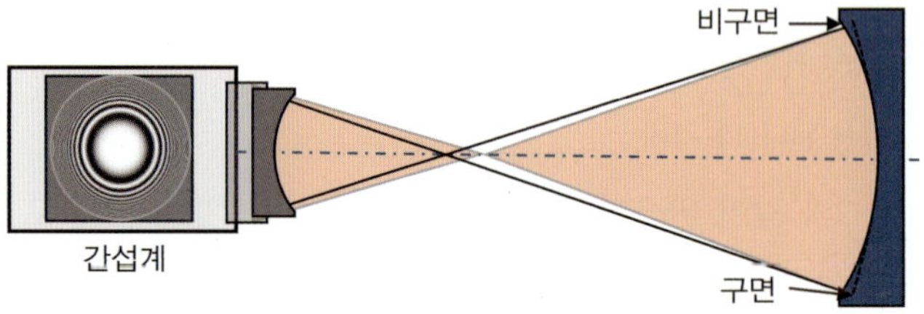

(b) 비구면 측정

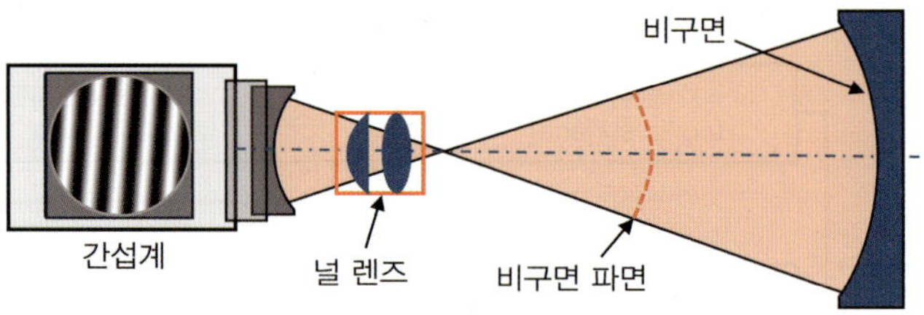

(c) 널 렌즈를 이용한 비구면 측정

그림 4-3 간섭계를 이용한 비구면 형상 측정

간섭무늬가 많이 생기는 이유는 거울 표면의 기울기에 의한 파면 기울기(slope)와 관련이 있다. 파면 기울기가 클수록 광로차가 커져, 간섭무늬가 더욱 조밀해진다. 그러나 이러한 간섭무늬는 영상 센서의 한계 공간주파수(Nyquist frequency)로 인해 고주파 성분을 제대로 측정할 수 없게 된다.

그림 4-4(a)는 구면 간섭계로 측정한 비구면 형상의 간섭무늬와 한계 공간주파수를 보여준다. 영상 센서가 구분할 수 있는 최대 공간주파수 $f_{Nyquist}$는 화소 간격 x_p와 다음 관계가 있다.

$$f_{Nyquist} = \frac{1}{2x_p} \tag{4.1}$$

그림 4-4(b)는 광로차와 파면 기울기(waves/radius)의 관계를 나타낸다. 파면 기울기가 커질수록 광로차가 커져, 간섭무늬 간격은 좁아지고 무늬는 더욱 조밀하게 형성된다. 영상 센서의 한계 공간주파수로 인해 측정하지 못하는 영역은 파면 기울기가 매우 큰 주변부에 해당한다.

실제 측정에서는 기울기가 큰 영역에서 반사광이 광축에서 크게 벗어나 간섭계로 다시 들어오는 양이 줄어들게 된다. 이로 인해 간섭무늬의 중심부는 밝고, 주변부는 어두운 비네팅(vignetting) 현상이 발생한다.

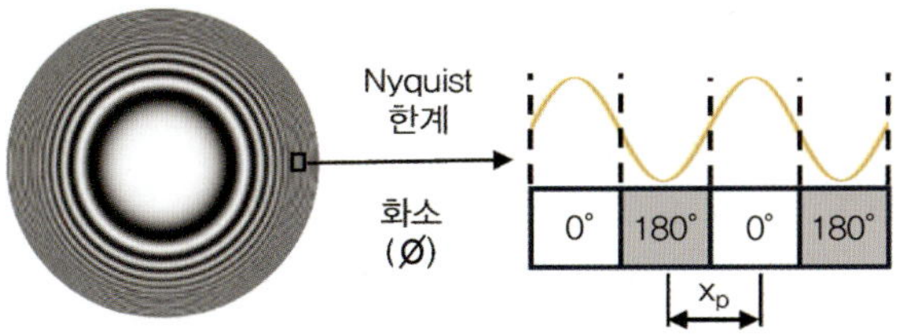

(a) 한계 공간주파수

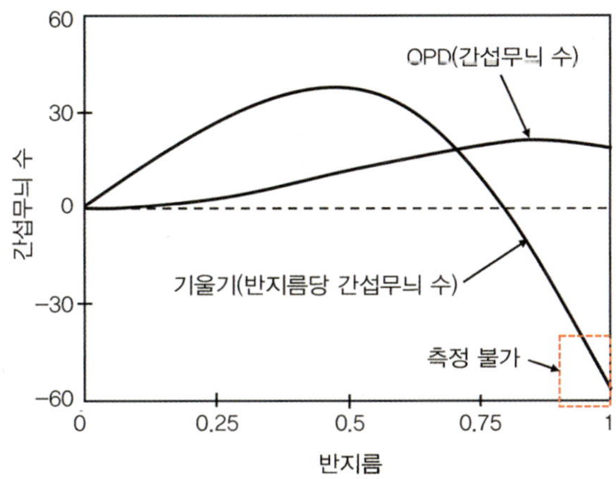

(b) 광로차와 파면 기울기

그림 4-4 비구면 간섭무늬의 측정 한계와 파면 기울기

4.2 원추형 비구면

1) 원추형 비구면 변수

원추형 비구면은 광학계에서 자주 사용되는 회전대칭 비구면으로, 식 (1.38)의 첫 번째 항으로 표현된다. 광학 렌즈나 거울에 널리 사용되는 원추형 비구면을 원추상수 K에 따라 그림 4-5에 나타냈다. 각 초점은 곡률반경 r과 원추상수 K의 함수로, 다음과 같이 계산된다.

$$d_1 = \frac{r}{K+1} \tag{4.2}$$

$$d_2 = \frac{r}{K+1}(2\sqrt{K}) \tag{4.3}$$

$$d_3,\ d_4 = \frac{r}{K+1}(1 \pm \sqrt{-K}) \tag{4.4}$$

$$d_5 = \frac{r}{2} \tag{4.5}$$

$$d_6,\ d_7 = \frac{r}{K+1}(\sqrt{-K} \pm 1) \tag{4.6}$$

여기서 +는 첫 번째 면, −는 두 번째 면을 나타낸다.

원추형 비구면은 기하학적으로 축 대칭이며, 한 초점에서 나온 빛은 다른 초점에 모이거나 평행하게 된다. 따라서 점광원을 초점에 두고 다른 초점에 모인 반사광을 보조 거울로 다시 반사시키면 원래 초점에 다시 모인다. 시험 비구면의 표면 형상이 이상적일 경우, 반사광은 같은 경로를 따라 되돌아온다. 초점에서 반사광의 위치와 각도는 표면 형상의 편차를 나타낸다.

원추형 비구면은 광학계의 성능을 혁신적으로 개선할 수 있는 핵심 형상이다. 중심에서 주변부로의 곡률 변화로 인해 수차 보정 능력이 탁월하며, Zemax 등 광학 소프트웨어를 활용해 정밀 설계가 가능하다. 그러나 제조 및 측정 난이도가 높아 고급 장비와 기술력이 요구된다.

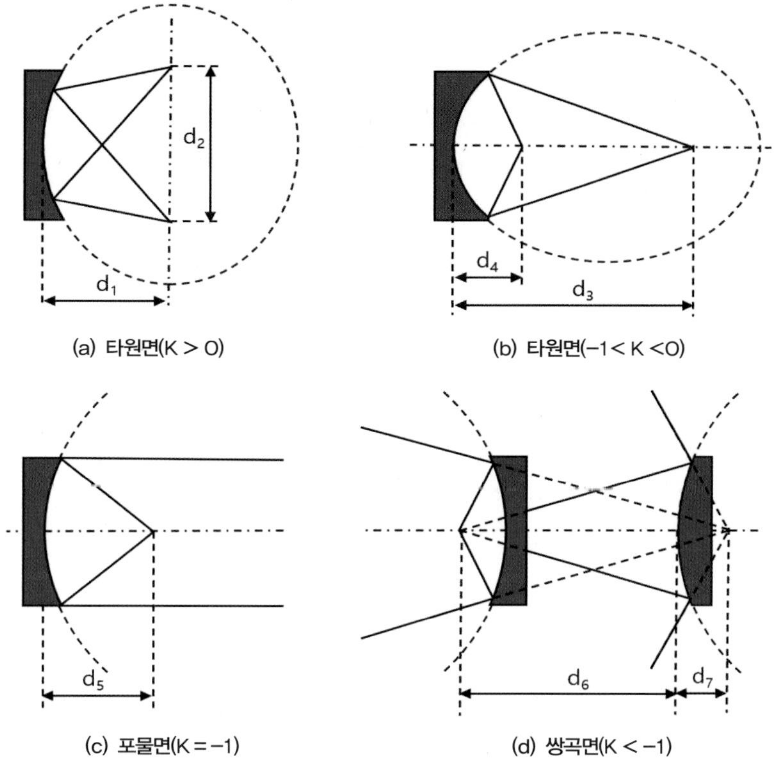

그림 4-5 원추형 비구면의 변수

2) 자동 시준법

그림 4-6은 자동 시준에 의한 포물면의 형상 측정법을 보여준다. 시험 비구면과 크기가 같은 평면을 이용하여 그림 4-6(a)와 같이 정렬한다. 시험 포물면의 초점에서 나온 빛은 반사되어 평행하게 되므로, 평면에서 반사되어 동일한 광로를 지나간다.

시험 포물면의 중심이 뚫려 있는 경우에는 그림 4-6(b)와 같이 정렬하며, 이때 평면 거울에서 두 번 반사되므로 시험 포물면과의 거리가 반으로 줄어든다.

볼록 포물면은 그림 4-6(c)와 같이 평행광을 입사시키고, 반사된 구면파를 기준 오목 거울로 반사시킨다. 기준 오목 거울은 중심이 뚫려 있고 곡률반경이 충분히 길어야 한다. 기준 구면의 중간 부분은 반사되지 않으므로 대응하는 시험 포물면의 중간 부분은 측정할 수 없다.

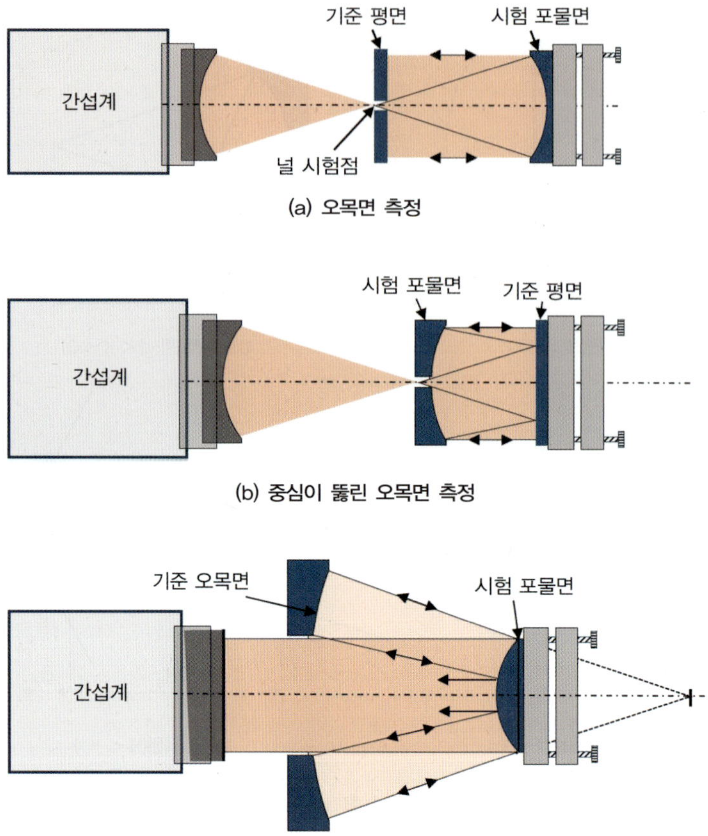

(a) 오목면 측정

(b) 중심이 뚫린 오목면 측정

(c) 볼록면 측정

그림 4-6 자동 시준법을 이용한 포물면 형상 측정

입사하는 구면파나 평면파가 시험면에 두 번 반사되므로 포물면의 형상 오차 $S(x, y)$는 측정한 파면 오차 $W(x, y)$와 다음 관계가 있다.

$$S(x, y) = \frac{1}{4} W(x, y) \tag{4.7}$$

시험 포물면의 형상 오차가 없을 경우, 최종 간섭무늬는 전체가 검게 나타나 널 무늬가 형성된다. 따라서 자동 시준법은 널 시험과 동일한 개념으로 이해할 수 있다. 사용된 기준 평면과 구면의 형상 오차는 각각 측정하여 최종 측정 결과를 보정한다.

그림 4-7(a)는 볼록 쌍곡면 렌즈의 형상 측정법(Cartesian test)을 보여준다. 이때, 굴절률 n과 쌍곡면의 원추상수 K는 다음 관계가 있다.

$$n = \sqrt{-K} \tag{4.8}$$

동일한 조건의 투명한 유리를 사용하여 한 면이 평면이 되도록 한다. 입사한 구면파는 시험 쌍곡면에서 굴절되며, 뒤의 평면에서 반사된다.

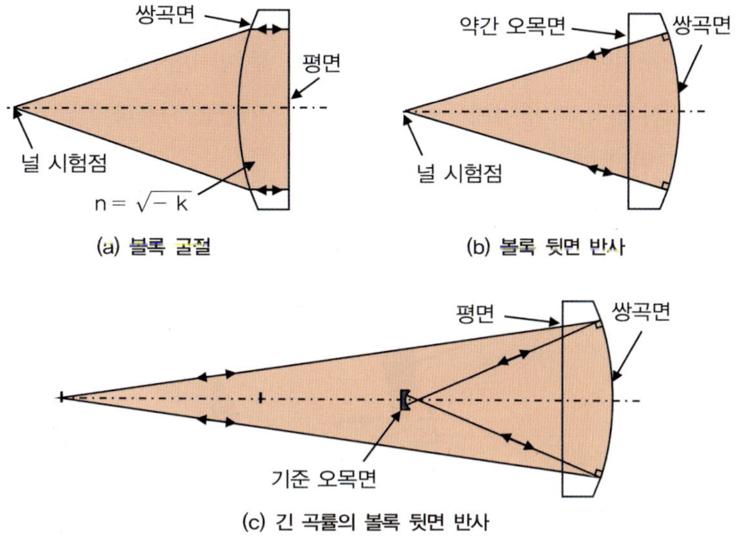

그림 4-7 자동 시준법을 이용한 쌍곡면 렌즈의 형상 측정

그림 4-7(b)와 (c)는 곡률이 긴 구면이나 평면에서 굴절된 후, 시험 쌍곡면의 뒷면에서 반사되는 모습을 보여준다(Meinel test). 곡률이 긴 경우, 평면에서 굴절되어 시험 쌍곡면에서 반사된 파면은 기준 오목 구면을 사용하여 반사되며, 시험 쌍곡면에서 두 번 반사된다.

그림 4-8(a)는 볼록 쌍곡면의 형상 측정법을 보여준다. 이 방식은 기준 오목 거울(Hindle sphere)을 사용하여 시험 쌍곡면에서 반사된 구면파를 다시 반사시킨다. 시험 쌍곡면에서 두 번 반사된 빛은 간섭계로 입사되어 간섭무늬를 형성한다. 기준 오목 거울은 시험 쌍곡면에서 반사된 파면을 모두 반사시킬 수 있도록 구경이 매우 커야 하고, 곡률반경도 충분히 길어야 한다.

시험 쌍곡면의 구경을 D, 기준 구면의 곡률중심까지 거리를 d_1, 먼초점까지의 거리를 d_2라고 하면, 원추상수 K와 다음 관계가 있다.

$$d_1, d_2 = \frac{r}{K+1}(\sqrt{-K} \pm 1) \tag{4.9}$$

이 측정법에 필요한 기준 거울의 최적 구경(D_{HS})은 시험 쌍곡면의 배율 $m = d_1/d_2$과 중간 부분의 가려짐 비율 B에 의해 다음과 같이 계산된다.

$$D_{HS} = \frac{D(m+1)}{mB+1} \tag{4.10}$$

그림 4-8(b)는 빛이 일부 투과하는 기준 투과 구면을 사용하여 볼록 쌍곡면을 측정하는 심프슨-올랜드-메켈 시험(Simpson-Oland-Meckel test)이다. 기준 투과 구면에서 굴절된 빛은 시험 쌍곡면에서 반사되고, 기준 구면에서 다시 반사된다. 시험면에 두 번 반사된 빛은 기준 투과 구면에서 굴절되어 간섭계로 입사된다. 이 방법에서는 매우 큰 기준 거울은 사용하지 않지만, 시험면보다 구경이 큰 기준 투과 구면이 필요하다.

그림 4-8(c)는 구경이 크고 곡률반경이 긴 기준 구면을 사용하여 투과 오목 구면을 시험한다.

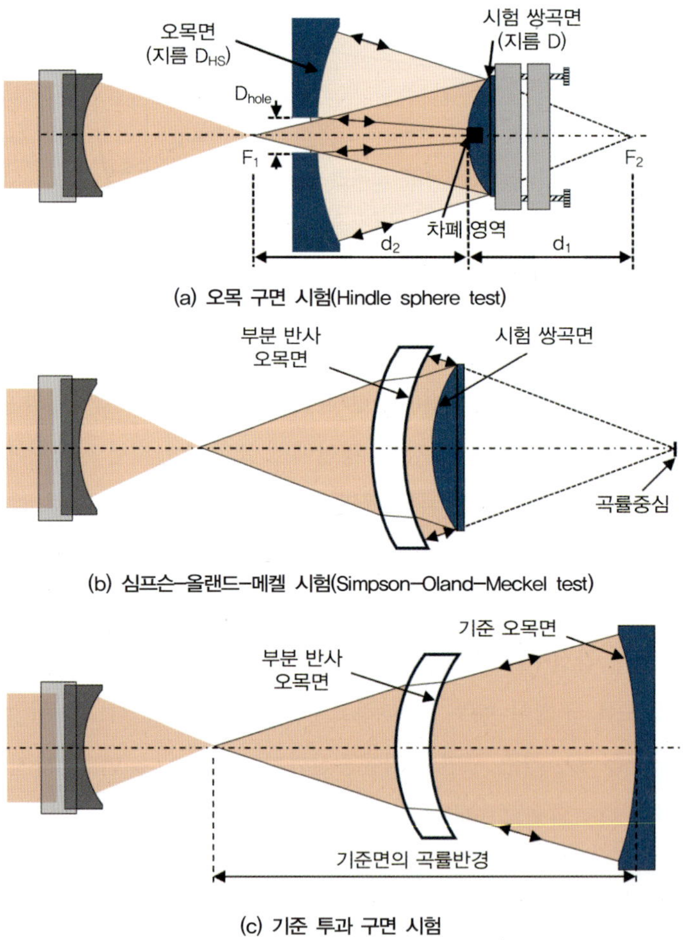

그림 4-8 볼록 쌍곡면 시험

그림 4-9는 타원면의 형상 측정법을 보여준다. 시험 타원면의 먼초점에서 구면파를 입사시키면, 빛은 가까운 초점에 모인다. 기준 볼록 또는 오목 구면으로 반사시켜 시험면에 두 번 반사되도록 한 후 간섭계에 입사시킨다.

반사용 기준 구면이 입사광을 일부 차단하므로, 시험 타원면의 중간 영역은 측정이 불가능하다. 따라서 구경이 작은 기준 구면을 선택해야 한다.

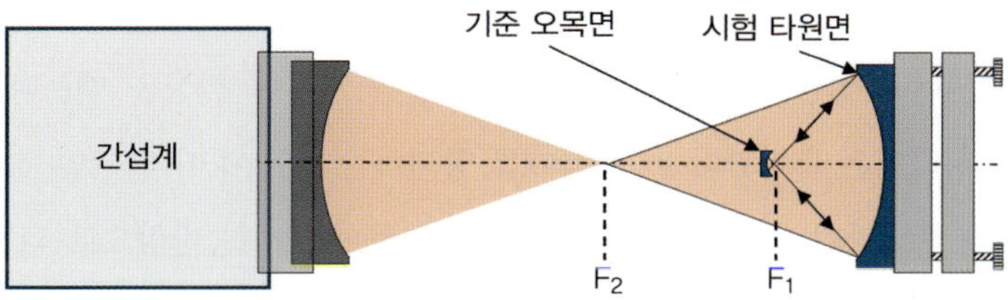

그림 4-9 타원면의 형상 측정

4.3 널 광학계

비구면 검사를 위한 널 광학계는 크게 달 타입(Dall type)과 오프너 타입(Offner type)으로 구분된다. 달 타입은 널 광학계가 양의 배율을 가지며 허상을 맺지만, 시험 비구면을 포함한 전체 광학계는 음의 배율이다. 오프너 타입은 널 광학계가 음의 배율을 가지며 실상을 맺는다.

달 타입과 오프너 타입은 측정광이 널 광학계를 통과하는 횟수에 따라 단일 경로와 이중 경로로 나뉜다. 단일 경로는 측정광이 널 광학계를 한 번만 통과하며 입사한 방향으로 되돌아가지 않으므로 층밀리기 간섭계, 칼날 시험(knife-edge test), 선 시험(wire test) 등에 사용된다. 반면, 이중 경로는 측정광이 널 광학계를 두 번 지나 입사한 방향으로 되돌아가므로 피에조 간섭계, 마하-젠더 간섭계, 트와이먼-그린 간섭계 등에서 사용된다.

단일 경로는 점광원을 광축에서 약간 벗어난 비축 형태로 사용하므로 비축수차의 영향을 받는다. 이중 경로에서는 널 광학계와 시험면이 1:1로 구성되면, 코마와 비점수차가 발생하지 않아 정밀한 측정에 적합하다. 그러나 이중 경로에 의한 널 광학계의 제작 공차가 측정 결과에 더 큰 영향을 미치는 단점이 있다.

이 절에서는 달 타입과 오프너 타입 널 광학계를 정리하고, 타원면과 쌍곡면의 널 광학계 설계에 대해 자세히 설명한다.

1) 달 타입 널 광학계

그림 4-10은 달 타입(Dall type)의 단일 경로와 이중 경로 널 광학계를 보여준다. 그림 4-10(a)는 평면 볼록형 단 렌즈를 사용하여 배율을 변화시켜 곡률반경이 다른 포물면을 측정하는 방법이다. 점광원에서 나온 빛은 널 렌즈에서 굴절된 후, 시험 포물면에서 반사되어 관측자로 향하는 단일 경로이며, 널 렌즈의 자체 굴절능으로 배율을 변화시켜 다양한 포물면을 시험할 수 있다. 그러나 단렌즈를 사용하여 배율만을 변화시키므로 곡률반경이 다른 포물면을 측정할 때 3차 구면수차를 보정할 수 있다.

관측점이 포물면의 곡률중심이면 곡률반경 R과 널 렌즈의 초점거리 f의 비율에 따라 3차 구면수차가 보정되는 렌즈 배율 m은 다음과 같이 표현된다.

$$m = \frac{L_c}{L_o} \tag{4.11}$$

$$\frac{R}{f} = \frac{1}{2}(m-1)^2\left[\frac{n^2(m-1)^2}{(n-1)^2} + \frac{(3n+1)(m-1)}{n-1} + \frac{3n+2}{n}\right] \tag{4.12}$$

여기서 n은 렌즈의 굴절률이며 $m>1$이다. 실제 측정이 가능한 포물면의 곡률반경은 렌즈 초점거리의 10배에서 40배 정도이다. 포물면의 구경이 클수록 렌즈의 구경도 커져야 하므로, 시험 포물면의 f/#가 제한된다.

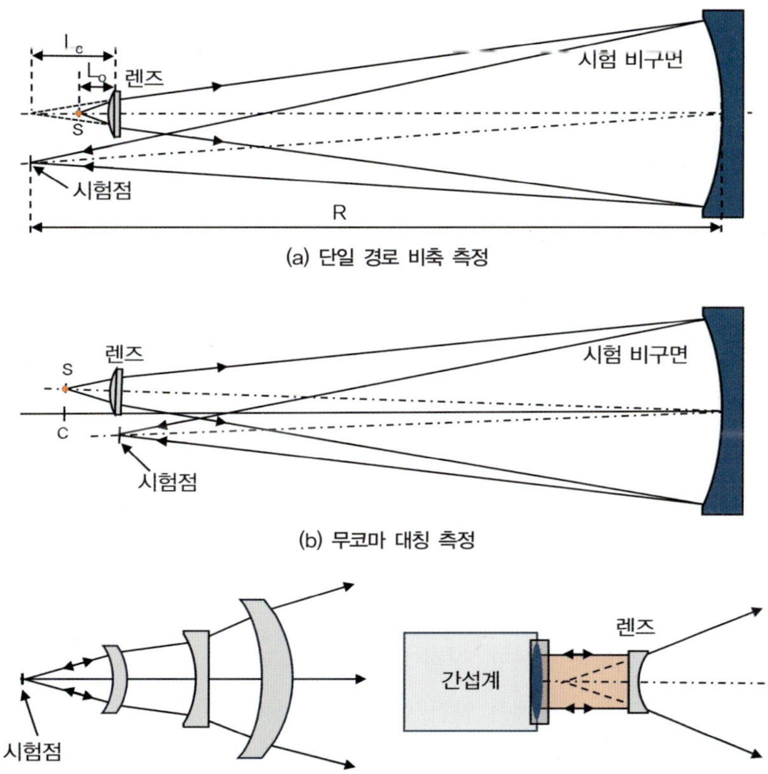

(a) 단일 경로 비축 측정

(b) 무코마 대칭 측정

(c) 3개 렌즈로 구성된 널 광학계

(d) 이중 경로 평행광 측정

그림 4-10 달 타입 널 광학계

단일 경로 측정에서는 광축에서 관측을 할 수 없기 때문에 포물면을 약간 기울여 비축 측정을 하게 되며, 이로 인해 코마수차가 발생하여 측정 정밀도가 저하된다. 이를 보완하기 위해 그림 4-10(b)와 같이 광원과 관측점을 시험면에 대해 대칭으로 배치하고 비축에서 측정하는 방식이 사용된다. 이 경우 점광원이 렌즈의 광축에 있으므로 코마수차는 발생하지 않는다. 포물면의 배율이 -1이 되어 입사하는 주광선이 상하 대칭이 되므로, 포물면에서도 3차 코마수차는 발생하지 않아 전체 광학계는 3차 코마수차가 없는 상태가 된다. 그러나 고차 코마수차와 비점수차가 발생하므로 측정 결과에 영향을 줄 수 있다.

그림 4-10(c)는 단일 경로에서 발생하는 비점수차를 제거하기 위한 이중 경로의 널 광학계를 보여준다. 이는 셰이퍼(Shafer)가 제안한 방식으로, 3개의 렌즈로 구성된 무초점 광학계이다. 원추상수가 양인 편평한 타원체(oblate spheroid), 포물면, 쌍곡면에 모두 적용할 수 있다.

이 널 광학계는 특정 측정점에 대해 구면수차가 보정되어 있다. 따라서 측정점을 광축 방향으로 미세하게 이동하면 다양한 원추 곡면의 구면수차를 측정할 수 있다. 또한 광원과 측정점이 동일하여 광선이 반사 또는 굴절된 후, 다시 원래 위치로 되돌아오는 autostigmatic 방식이다.

그림 4-10(d)는 원추상수가 양인 큰 편평한 타원체를 일반적인 달 타입 광학계로 측정할 수 있도록 변형한 사례이다. 평행광과 평면 오목 렌즈를 사용하는 이중 경로 널 광학계로, 간섭계에서 기준 투과 렌즈를 사용하지 않고 쉽게 측정할 수 있다.

2) 오프너 타입 널 광학계

달 타입 널 광학계는 시험 비구면의 구경이 커질수록 전체 광학계도 커지는 문제가 있다. 오프너(Offner)는 음의 배율을 갖는 소형 널 광학계를 사용하여 시험 비구면 앞에 맺은 실상에서 발산하는 빛을 대구경 시험 비구면에 입사시켜 이 문제를 해결하였다.

그림 4-11(a)는 굴절형 널 광학계를 보여준다. 점광원에서 출사된 빛은 한 번 상을 맺은 후 비구면에 입사한다. 상점 주위에 놓인 구면의 필드 렌즈(field lens)는 널 렌즈의 출사동과 비구면이 공액 관계(conjugate relation)가 되도록 만든다. 상점에 놓인 필드 렌즈는 전체 널 광학계의 3차 구면수차에는 큰 영향을 주지 않으나, 상점에서 약간 이동시키면 5차 구면수차를 줄일 수 있다.

렌즈를 사용하여 초정밀 비구면 측정용 널 광학계를 만들면 설계 자유도가 높아 유리하나, 굴절률이 매우 균일한 소재를 확보하기는 어렵다. 반면, 거울을 사용하면 이러한 문제가 없으므로 초정밀 측정에 적합하다.

그림 4-11(b)는 오목 거울과 구면의 필드 렌즈를 조합한 널 광학계이다. 널 측정점이 거울과 필드 렌즈 사이에 있어 측정하기 어려우므로, 평면 거울을 추가해 수직으로 회전시킨 구조이다.

그림 4-11(c)는 2개의 오목 거울과 1개의 구면 렌즈로 구성된 1:1 배율의 널 광학계이다. 이는 거울이 2개이지만 구면이므로 제작과 정렬이 비교적 쉽고, 구면수차뿐만 아니라 코마와 비점수차도

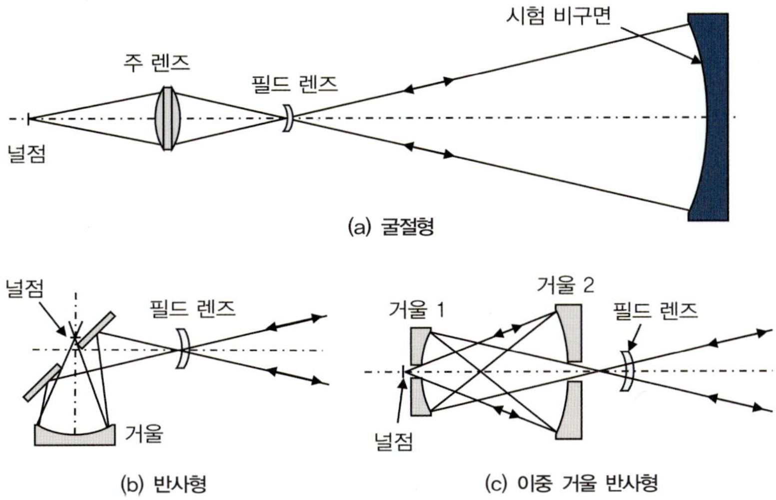

그림 4-11 오프너 널 광학계

효과적으로 제거할 수 있다. 허블 우주망원경의 주거울 측정에 사용되었으며, 초정밀 측정에 널리 사용된다.

표 4-1은 달 타입과 오프너 타입 널 광학계의 설계 방식과 주요 특성을 비교한 것이다. 달 타입은 포물면 거울 검사에 최적화된 간단한 설계로, 주로 망원경의 주거울 시험에 사용된다. 오프너 타입은 반사 광학계의 파면 오차 보정에 강점이 있으며, 고정밀 광학계 시험에 널리 활용된다.

표 4-1 달 타입과 오프너 타입 널 광학계의 주요 특성 비교

특성	달 타입	오프너 타입
설계 방식	단순한 구면으로 구성	정밀한 구면 거울과 렌즈 조합
주요 용도와 특징	• 포물면 반사경 검사에 특화됨 • 제작과 정렬이 쉬움 • 망원경 주거울 시험에 적합	• 광학계 전반적인 파면 오차 보정 • 오프너 설계를 기반으로 함 • 반사형 광학계에서 파면 오차 보정에 사용
주요 응용	• 대형 망원경의 주거울 시험 • 포물면 거울 검사	• 고정밀 광학 시험 • 광학기기 제작 시 오차 보정
장점	• 단순한 설계로 제조가 쉬움 • 포물면 거울 검사에 최적화	• 고정밀 광학계의 전반적인 오차 보정 가능 • 다양한 광학 부품 시험 가능
단점	특정 포물면 형상에만 최적화되어 범용성이 낮음	설계가 복잡하며 정렬이 민감함

3) 쌍곡면과 타원면의 널 광학계 설계

그림 4-12는 우주망원경이나 위성 카메라에 널리 사용되는 비축 3반사 광학계를 보여준다. 중앙 차폐를 제거하여 회절로 인한 성능 저하를 줄이고, 고해상도와 넓은 시야각을 확보할 수 있다. 그러나 비축 오목 비구면 거울을 2개 사용하므로 측정과 조립이 까다롭다.

주거울인 쌍곡면 거울과 세 번째 거울인 타원면 거울의 형상을 정밀하게 측정하기 위해 두 종류의 널 광학계를 설계하였다. 쌍곡면 측정을 위한 널 광학계는 렌즈 두 개로 구성된 autostigmatic 방식이며, 타원면 측정용 널 광학계는 렌즈와 거울을 조합한 혼합 방식으로 설계되었다. 또한 널 광학계 설계 시 렌즈면의 곡률반경, 두께, 정렬 오차 등에 따른 파면의 왜곡 민감도를 0.01 mm 변화에 대한 광로차 변화로 정의하여 분석하였다[5, 6].

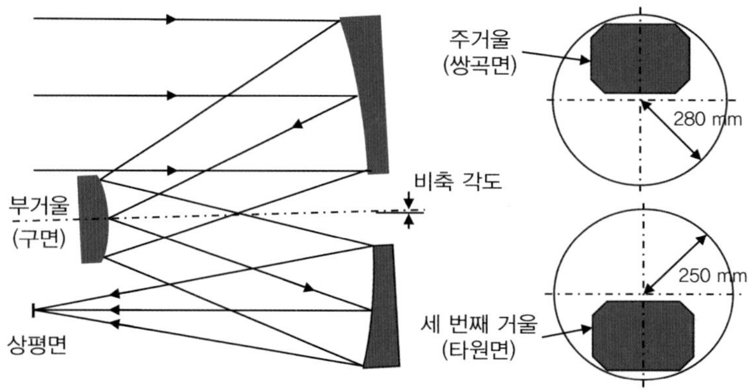

그림 4-12 비축 3반사 광학계의 쌍곡면과 타원면 거울

(1) 쌍곡면 널 광학계

그림 4-13은 쌍곡면을 측정하기 위해 렌즈 2개로 설계한 autostigmatic 방식의 널 광학계를 보여준다. 이는 무한 물점을 갖는 오프너형으로, 쌍곡면의 곡률반경은 3056.65 mm, 원추상수는 1.59658, 지름은 560 mm이다. 설계에서 파면 오차가 $\lambda/100$ PV 이하가 되도록 최적화했으며, 구체적인 설계 자료는 표 4-2에 제시하였다.

표 4-3은 0.01 mm 변화에 따른 널 광학계의 민감도를 나타낸다. 최대 민감도는 R_2의 $\lambda/2.7$, L_1의 $\lambda/4.5$이다. 예를 들어, $\lambda/10$의 광로차를 얻으려면 R_2는 ±2.7 μm, L_1은 ±4.5 μm의 측정 정밀도로 제작 · 정렬해야 한다.

시험 거울에 한 번 반사되므로 형상 오차는 파면 오차의 1/2이다. 만약 $\lambda/5$의 파면 오차를 갖는 널 광학계를 개발하려면 R_2는 ±5.4 μm, L_1은 ±9 μm의 측정 정밀도와 위치 정밀도를 가져야 한다.

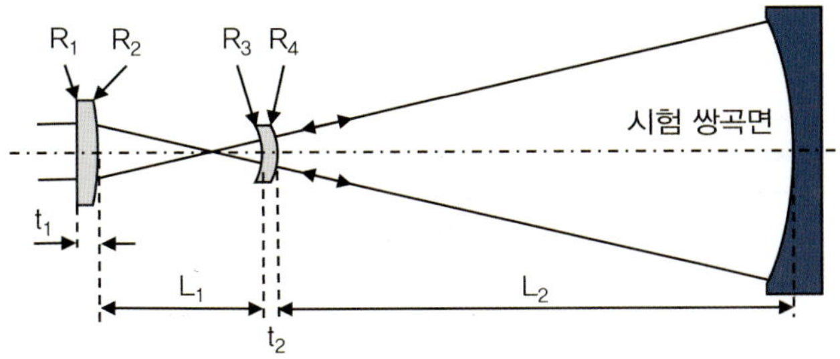

그림 4-13 쌍곡면 측정용 autostigmatic 널 광학계

표 4-2 쌍곡면 측정용 autostigmatic 널 광학계 설계 자료

번호	곡률반경(mm)	두께(mm)	재질	비구면계수
무한 광원	∞	0	air	
1	−151.043	9.78	Schott−BaF50	
2	−23.795	268.43	air	
3	−27.835	14.89	Schott−BaF50	
쌍곡면	−3056.65	3032.31	거울	$K=-1.59658$
5	−27.835	−3032.31	Schott−BaF50	
6	−23.795	−14.89	air	
7	−151.043	−268.43	Schott−BaF50	
8	∞	−9.78	air	

표 4-3 쌍곡면 측정용 autostigmatic 널 광학계 민감도

렌즈 1			L_1	렌즈 2			L_2
R_1	t_1	R_2		R_3	t_2	R_4	
−	−	$\lambda/2.7$	$\lambda/4.5$	$\lambda/10.5$	$\lambda/3.3$	$\lambda/5.3$	$\lambda/7.9$

(2) 타원면 널 광학계

그림 4-14는 타원면을 측정하기 위해 렌즈와 거울로 설계한 혼합 방식의 널 광학계를 보여준다. 타원면의 곡률반경은 1420.83 mm, 원추상수는 0.19646, 지름은 468 mm이다. 설계 과정에서 파면 오차가 $\lambda/100$ PV 이하가 되도록 최적화했으며, 렌즈 간격을 충분히 확보하여 정렬이 쉽도록 설계하였다.

표 4-4는 혼합 방식의 광학 설계 자료로, 이는 점광원에서 나온 빛이 시험 비구면에서 반사되어 되돌아오는 경로의 정보를 포함한다.

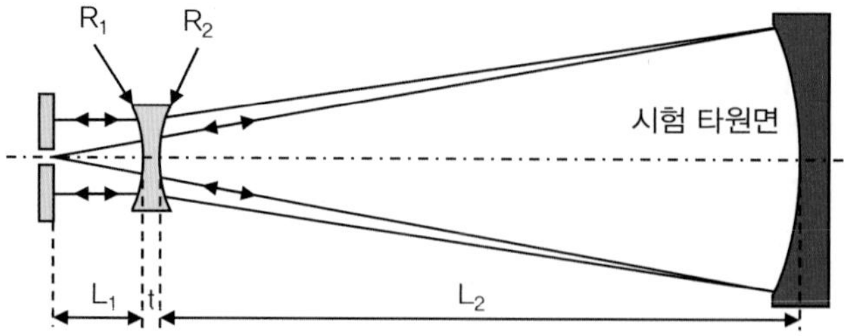

그림 4-14 혼합형 널 광학계 설계

표 4-4 타원면 측정용 혼합형 널 광학계 설계 자료

번호	곡률반경(mm)	두께(mm)	재질	비구면계수
섬광원	–	63.78	air	
1	−301.034	5.00	Hoya–F2	
2	292.180	1280.00	air	
타원면	−1420.834	−1280.00	거울	$K=0.19646$
4	292.180	−5.00	Hoya–F2	
5	−301.034	−63.78	air	
6	∞	63.78	기준 거울	
7	−301.034	5.00	Hoya–F2	
8	292.180	1280.00	air	
타원면	−1420.834	−1280.00	거울	$K=0.19646$
10	292.180	−5.00	Hoya–F2	
11	−301.034	−63.78	air	

표 4-5는 널 광학계의 민감도를 나타낸 것이다. 최대 민감도는 L_2의 λ이다. 예를 들어, $\lambda/10$의 광로차를 얻으려면 L_2는 $\pm 1\ \mu$m의 측정 정밀도로 제작 · 정렬해야 한다. 혼합형은 시험 거울에 두 번 반사되므로 형상 오차는 파면 오차의 1/4이 된다. 따라서 $\lambda/5$의 파면 오차를 갖는 널 광학계를 개발하려면 L_2는 $\pm 4\ \mu$m의 위치 정밀도를 가져야 한다.

표 4-5 타원면 측정용 혼합형 널 광학계 민감도

L_1	렌즈			L_2
	R_1	t	R_2	
$\lambda/2.8$	$\lambda/5.7$	$\lambda/3$	$\lambda/5.2$	λ

4.4 CGH 널 렌즈

구면 렌즈나 거울을 이용한 널 광학계는 일반적으로 고정된 형상을 가지므로, 다양한 비구면 형상을 정확하게 측정하기 어렵다. 매우 정밀하게 제작하려면 비용이 많이 들며, 온도나 진동 등 외부 환경 영향에 민감하다. 또한 정확한 정렬이 어려워 측정 재현성도 낮다. 이러한 문제를 해결하기 위해 컴퓨터 재생 홀로그램(CGH, Computer Generated Hologram) 널 렌즈가 사용된다.

CGH 널 렌즈는 회절 패턴을 설계함으로써 거의 모든 모양의 파면을 디지털 방식으로 만들 수 있으므로, 비구면이나 자유곡면(free form surface)의 복잡한 표면 형상을 측정할 수 있다. 또한 비구면 형상 측정과 정렬 기능을 함께 구현한 홀로그램 마스크를 제작 · 사용함으로써, 높은 재현성으로 매우 정밀한 측정이 가능하다.

그림 4-15는 간섭계와 CGH 널 렌즈를 사용하여 구성한 비구면 형상 측정장치를 보여준다. CGH 널 렌즈는 구면파를 시험 비구면의 형상과 같은 기준 파면으로 만들어 측정 대상의 형상 오차를 검출한다. 하나의 기판에 측정 기능뿐만 아니라 정렬 기능도 부여할 수 있다. 기판의 가장자리에 공간 필터를 추가하고, 시험면에 대한 거리와 자체 기울기를 측정할 수 있는 정렬용 CGH를 설계하면, 간섭무늬에 의해 μm 수준의 정확도로 위치를 정밀하게 결정할 수 있다.

CGH 널 렌즈는 광경로에 따라 진폭형(반사형)과 위상형(투과형)으로 구분된다. 제작은 반도체 웨이퍼와 투명한 유리 기판에 전자선 리소그래피(electron beam lithography) 또는 레이저 리소그래피(laser lithography)를 이용해 수행된다.

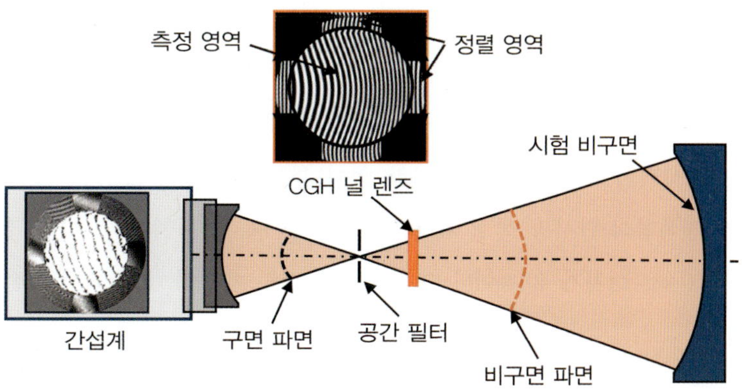

그림 4-15 CGH 널 렌즈를 이용한 비구면 형상 측정장치

1) CGH의 원리와 종류

그림 4-16에서 파장 λ의 평면파가 주기 S인 격자 모양의 이진 CGH에 수직 입사하면, 회절에 의해 투과된 파면은 광로차가 λ의 배수가 되는 방향으로 나뉜다. 이때 투과 파면의 기울기 θ는 다음과 같이 계산된다.

$$\sin\theta = \frac{m\lambda}{S} \tag{4.13}$$

여기서 m은 정수이며 회절 차수를 의미한다. 특정 위치에서 격자 주기를 변화시키면 파면의 기울기를 조정할 수 있어 비구면 파면을 만들 수 있다. 렌즈의 초점거리와 공간 필터에 따라 특정 위치에서 회절 차수를 선택할 수 있으며, 회절 차수가 커질수록 파면의 기울기는 더 커지지만, 광 세기는 약해진다. 0차는 회절하지 않는 빛이다.

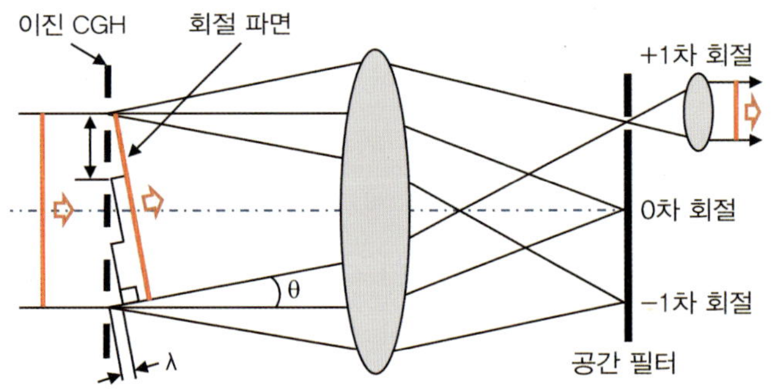

그림 4-16 회절에 의한 파면의 기울기 변화

CGH는 컴퓨터를 사용하여 회절광의 위상을 조정할 수 있도록 간섭무늬 모양을 0과 1로 표현하는 이진화된 디지털 회절 패턴이다. 디지털 해상도가 높을수록 더 정밀한 회절 패턴을 만들 수 있다.

CGH는 광경로에 따라 그림 4-17과 같이 진폭형과 위상형으로 구분된다. 진폭형은 투명한 기판 위에 빛을 반사하는 물질을 증착하여 반사광의 강도를 변화시킨 상을 만든다. 반면, 위상형은 빛의 위상(위치)만을 변화시키기 때문에 진폭의 변화 없이 투과된 파면의 모양을 변형한다.

크롬을 증착한 진폭형의 반사광 회절 효율은 0차가 25 %, ±1차가 10 %이며, 위상형의 투과광 회절 효율은 0차가 0 %, ±1차가 40 %이다. 1차 이상의 회절 차수에 대한 최적 회절 효율 η은 다음과 같이 계산된다.

$$\eta_{Amplitude} = 0.25 \cdot \mathrm{sinc}^2(m/2)$$

$$\eta_{Phase} = \mathrm{sinc}^2(m/2) \qquad \textbf{(4.14)}$$

일반적으로 위상형 CGH가 널리 사용되며, 특히 측정면에서 두 번 반사될 경우 측정광의 강도가 감소하므로 회절 효율이 높은 위상형 1차 광을 사용하는 것이 바람직하다.

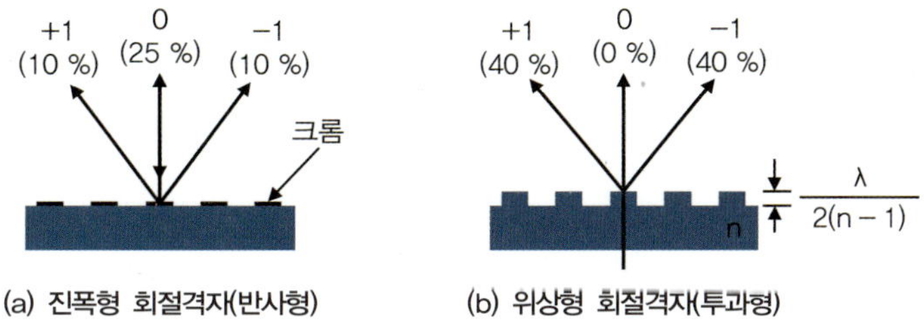

그림 4-17 진폭형과 위상형 회절격자

2) CGH 널 렌즈 설계

비구면 형상을 측정하기 위해 그림 4-18과 같이 측정 및 정렬이 가능하도록 CGH 널 렌즈를 구성하였다. 중앙 부분은 비구면을 측정하며, 가장자리의 A_1은 공간 필터를 기준으로 CGH의 기울기와 거리 L_1, A_2는 CGH와 비구면거리 L_2를 정렬한다.

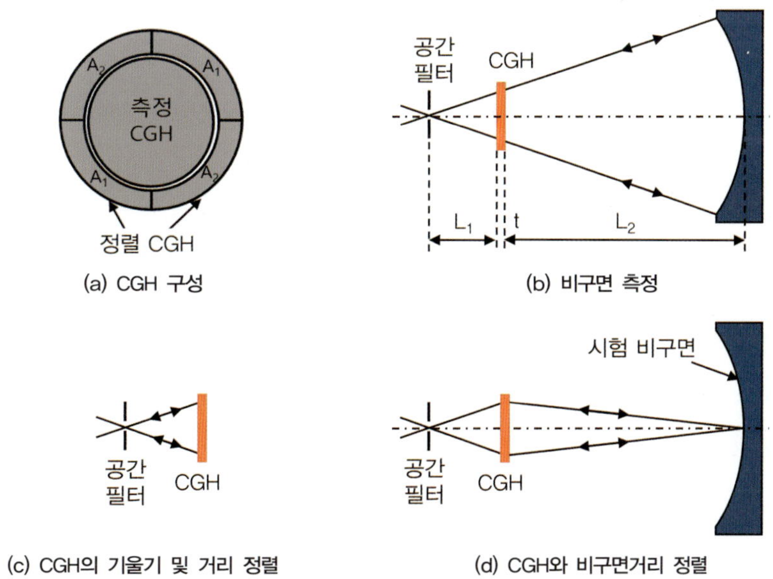

그림 4-18 비구면 측정 및 정렬을 위한 CGH 널 렌즈 설계

공간 필터에서 발산한 광은 CGH의 A_1에서 회절 반사되어 동일한 광로를 통해 공간 필터에 수렴된다. 만약 위치가 정확하지 않거나 기울어져 있으면, 2개의 A_1에서 동일한 간섭무늬가 형성되지 않으며, 무늬의 개수에도 차이가 생긴다. A_2를 투과한 회절광은 비구면의 광축과 만나는 정점에서 반사되어 다른 광로를 통해 되돌아온다. 위치가 정확하면 2개의 A_2에서 cat's eye 모양의 간섭무늬가 형성된다.

CGH의 위상함수 $\Phi_{CGH}(r)$는 이상적인 구면파 $Z_{ref}(r)$와 실제 비구면파 $Z(r)$ 사이의 위상 차이로 정의되며, 회전대칭형 비구면에 대한 일반적인 위상함수는 광학 설계 프로그램에서 다음과 같이 계산된다.

$$\Phi_{CGH}(r) = \frac{2\pi}{\lambda}\left(Z(r) - Z_{ref}(r)\right)$$
$$= \sum_{i=1}^{n} c_i r^{2i} = c_1 r^2 + c_2 r^4 + c_3 r^6 + \cdots \quad \textbf{(4.15)}$$

여기서 r은 광축으로부터의 거리, $c_1, c_2, \dots$는 각 항의 위상계수로, 최적화를 통해 적절히 조정하여 최적 설계된 CGH 위상함수를 얻는다. 일반적으로 비구면 측정용 CGH는 10차 항 정도까지 사용되지만, 정렬용 CGH는 비구면이 아니므로 5차 항 정도로 충분하다. 식 (4.13)을 r에 대해 미분하면 반경에 따른 CGH의 공간주파수를 알 수 있다.

정렬용 CGH는 바깥쪽에 위치하기 때문에 입사광의 각도가 커지고, 이에 따라 공간주파수도 높아진다. 그러나 높은 공간주파수는 제작이 어려우므로, 정렬용 CGH는 1차 회절 대신 3차 회절광을 사용한다. 이로 인해 회절 효율은 비구면 측정용 CGH에 비해 매우 낮지만, 측정에는 큰 문제가 없다.

비구면 측정 및 정렬용 CGH의 위상함수를 사용하여 그림 4-19(a)의 원형 무늬 CGH를 설계하고, 구현하기 쉬운 이진 형태로 제작하기 위해 4-19(b)와 같이 인코딩(encoding)한다. 회절 효율과 제작 장비의 한계 등을 고려하여 회절 차수와 깊이를 최적화함으로써, 원형 무늬의 안쪽과 바깥쪽 위치를 결정한다. 모든 회절 차수의 빛이 광축에 있으면 원하는 회절광을 정확하게 분리할 수 없다. 따라서 그림 4-19(c)와 같이 불필요한 회절 차수 광들을 공간적으로 분리하기 위해 반송주파수(carrier frequency)를 사용한다.

CGH의 반송주파수는 설계 단계에서 증가시키거나, 기준 파면의 입사 각도를 조정하여 증가시킬 수 있다.

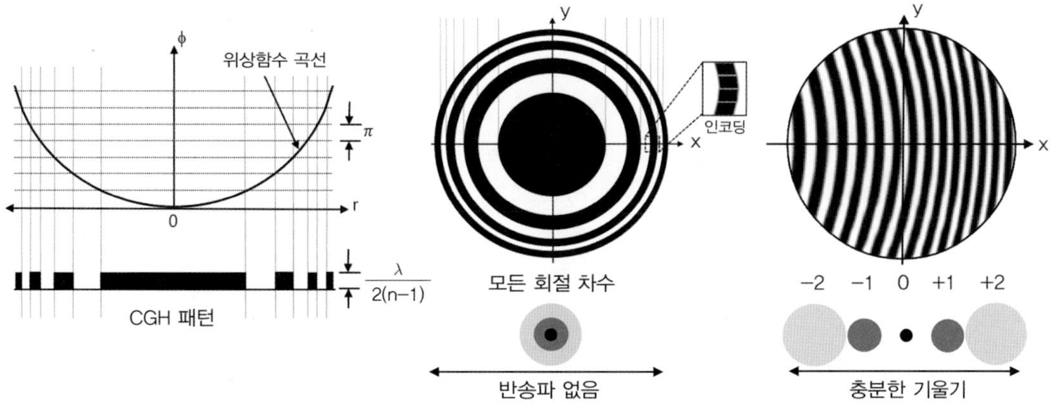

(a) 위상함수

(b) 이진 간섭무늬 인코딩 (동축형)

(c) 반송주파수에 의한 회절 차수 분리 (비축형)

그림 4-19 위상함수 기반 이진 CGH의 인코딩

그림 4-19(b)의 동축형(on-axis type) CGH는 최대 공간주파수가 높지 않아 제작이 쉽지만, 공간 필터로 회절 차수를 분리할 경우, 중심 영역에서 여러 회절 차수가 중첩되어 잡음이 발생할 수 있다.

그림 4-19(c)의 비축형(off-axis type) CGH는 반송주파수로 인해 전체 공간주파수가 동축형보다 3배 이상 높아지므로 제작이 어렵다.

3) CGH 널 렌즈 제작

CGH를 정밀하게 제작하는 방법으로는 전자선이나 레이저 가공장치를 사용하는 방법이 있다. 전자선을 사용하면 일반적으로 광선 크기를 가장 작게 만들 수 있어 더 높은 공간주파수의 CGH를 제작할 수 있지만, 제작 가능한 크기에 한계가 있다. 또한 광축형 CGH를 제작할 경우, 구조상 많은 오차가 발생할 수 있다. 이 방식은 주로 일정 크기 이하의 평면 기판에 직교좌표계로 나타낼 수 있는 CGH 제작에 사용된다.

반면, 레이저를 이용하면 전자선 방식보다 빔의 크기는 다소 크지만 비교적 큰 크기의 CGH 제작이 용이하며, 회전대칭 구조를 구현하기에 적합하다. 최근에는 제작 정확도가 0.1 μm 이하인 고정밀 레이저 가공장치도 개발되어 사용되고 있다.

그림 4-20은 한국표준과학연구원(KRISS)에서 자체 개발한 Ar 레이저 기반 레이저 가공장치를 보여준다. 이 장치는 최대 지름이 300 mm인 회전대칭 CGH를 0.1 μm의 정확도로 제작할 수 있다[17, 18].

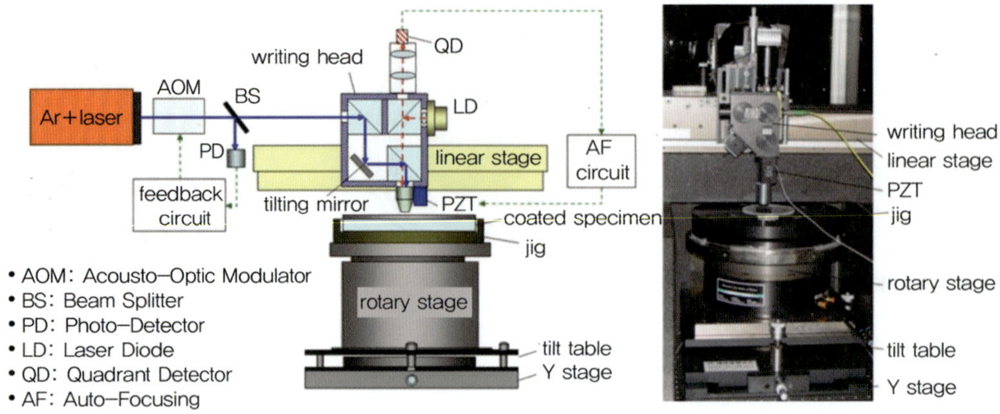

그림 4-20 한국표준과학연구원에서 개발한 회전형 laser writing system

레이저로 패턴을 기록하는 방법에는 크롬이 코팅된 기판 위에 포토레지스트를 코팅하여 직접 패턴을 기록하는 방법과, 크롬의 열화학 효과를 이용하여 기록하는 방법이 있다. 이 중 공정이 간단한 열화학 방법을 사용하여 CGH를 제작한다.

그림 4-21은 표준 포토마스크 제작 방법과 열화학적 방법을 비교한 것이다. 표준 방법에서는

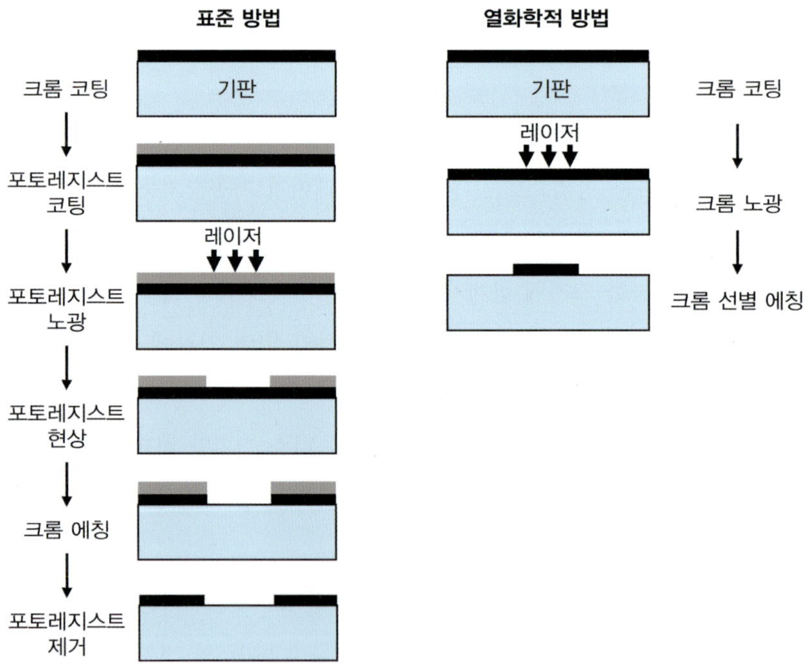

그림 4-21 포토마스크 제작 방법 비교

크롬이 코팅된 기판 위에 포토레지스트를 한 번 더 코팅한 후 패턴이 기록되므로, 포토레지스트 코팅이 필요 없는 열화학 방법에 비해 포토레지스트 코팅, 현상 및 제거의 세 가지 추가 공정이 필요하다. 특히, 곡률이 있는 광학면이나 대형 기판에는 액체 상태의 포토레지스트를 고르게 코팅하기 어렵기 때문에, 고체 상태의 크롬만을 사용하는 열화학 방법이 CGH 제작에 더 적합하다.

이 방식에서는 유리 기판에 크롬을 코팅한 후 레이저빔으로 가열하면, 레이저빔에 노출된 크롬이 열을 받아 공기 중의 산소와 결합하여 산화물(Cr_2O_3)을 만드는 열화학 반응이 일어난다. 이후 크롬은 산화물보다 식각 속도가 훨씬 빠른 특정 용매($NaOH+K_3Fe(CN)_6$)로 식각하면, 크롬만 용해되고 산화물은 남게 되어 최종적으로 패턴이 형성된다.

크롬이 코팅된 상태의 포토마스크는 진폭형 홀로그램으로 사용되며, 반사형 정렬용 CGH는 이 방법으로 제작된다. 여기에 추가적으로 광학유리를 식각하고 크롬을 제거하면 위상형 홀로그램으로 만들 수 있으며, 이 방식은 측정용 CGH 및 투과형 정렬용 CGH 제작에 적용된다.

CGH의 선 간격은 10 μm이고 패턴의 왜곡은 0.1 μm이다. 이에 따라 파면 오차는 0.01λ PV이다. 식각 깊이 오차는 약 2 %이므로 파면 오차는 0.004λ RMS이다. 기판의 평면도에 의한 영향은 0.01λ 정도로 추정되므로, 전체적으로 CGH에 의한 파면 오차는 0.02λ PV로 평가된다.

그림 4-22는 레이저 광선 장비로 제작한 CGH 널 렌즈를 보여준다. CGH 패턴에 의한 회절 효과로 인해 중심부의 빈 영역, 바깥쪽의 측정용 CGH 및 60° 간격으로 배치된 정렬용 CGH를 확인할 수 있다.

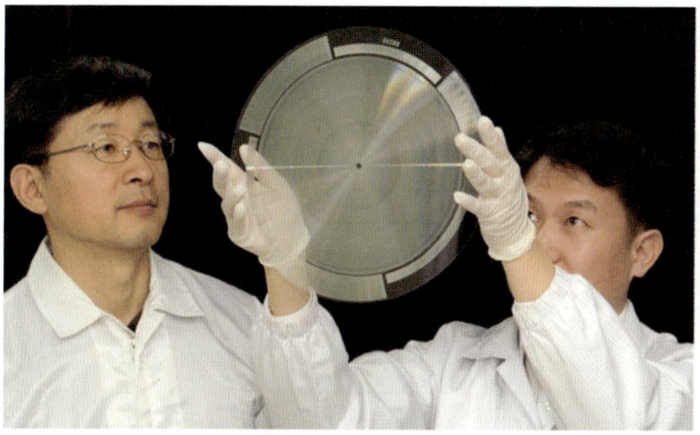

(a) 직경 300 mm CGH

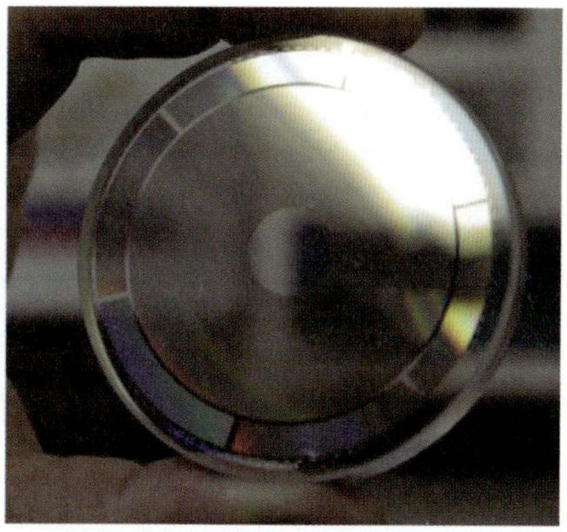

(b) 직경 50 mm CGH

그림 4-22 한국표준과학연구원에서 개발한 CGH

4) 포물면 형상 비교 측정

곡률반경 120 mm, 원추상수 -1, 유효 구경 90 mm, f/0.76, 최적 구면에 대한 최대 sag가 73 μm인 회전대칭 포물면의 형상을 CGH 널 렌즈와 자동 시준법으로 측정하고 비교하였다. 포물면은 열적 안정성이 우수한 용융 석영을 사용하여 한국표준과학연구원에서 제작하였다. CGH 자체의 정확도를 직접 평가하기는 어렵기 때문에, 이미 알려진 측정 방법과 비교함으로써 측정 신뢰도를 검토하였다.

그림 4-23은 f/0.76의 포물면과 측정 및 정렬을 위한 CGH 구성을 보여준다. 그림 4-18과 기능과 구조가 동일한 CGH 널 렌즈를 설계했으며, 표 4-6에는 설계된 각 부분의 인코딩 결과를 나타냈다. 광원의 파장은 632.8 μm, 주기(duty cycle)는 0.5이다. 비구면을 측정하는 중앙 영역에서는 반경 15.5 mm 내에 2,971개의 고리가 형성되어 반사 및 투과에 의한 정렬 영역에는 반경 16~30 mm 내에 3,315개와 3,549개의 고리가 형성되어 있다.

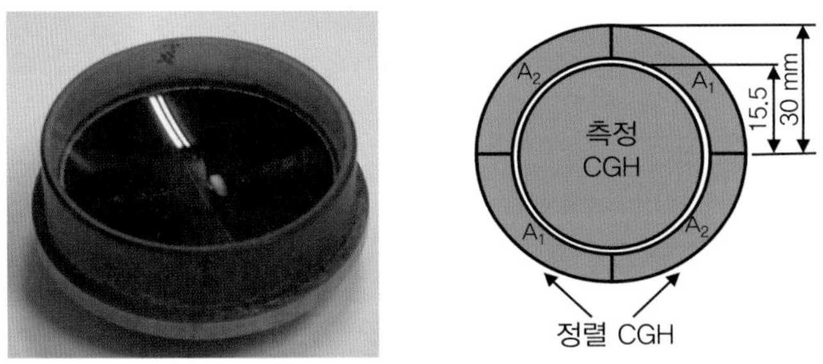

(a) 시험 포물면 (b) CGH 배치도

그림 4-23 측정용 포물면과 CGH 구성

표 4-6 CGH 배치도의 변수

변수	값		
	측정 CGH	정렬 CGH	
		A1	A2
격자 형태	이진 위상	이진 진폭	이진 위상
물질(크롬 굴절률)	–	$n_{chrome}=3.6-i4.4$	–
물질(유리 굴절률)	용융 석영(n=1.46)		
동작 모드	투과	반사	투과
회절 차수	1차	3차	3차
최소 격자 간격	3.2 μm	3.3 μm	3.09 μm
격자 홈 깊이	1λ(2π 라디안)	크롬 두께: 100 nm	1λ(2π 라디안)
격자 주기	50 %		

CGH 널 렌즈의 측정 과정에서 발생할 수 있는 무작위 오차(random error)를 제거하기 위해 네 번 측정한 후, 평균을 구하였다. 또한 CGH의 자체 오차 여부를 확인하기 위해 일정한 각도로 회전시키며 측정하였다. 설계 또는 제작 과정에서 자체 오차가 있을 경우, CGH와 함께 회전하므로 이를 통해 식별할 수 있다.

그림 4-6(a)의 자동 시준법에서는 기준 평면 거울의 중앙에 구멍이 있어, 포물면의 해당 위치는 측정할 수 없다. 그림 4-24는 두 가지 방법으로 측정한 결과를 비교한 것으로, 자동 시준법 측정 결과에서는 중앙이 비어 있다. 포물면의 형상 오차는 0.05λ PV와 0.01λ RMS 이내로 일치하였다.

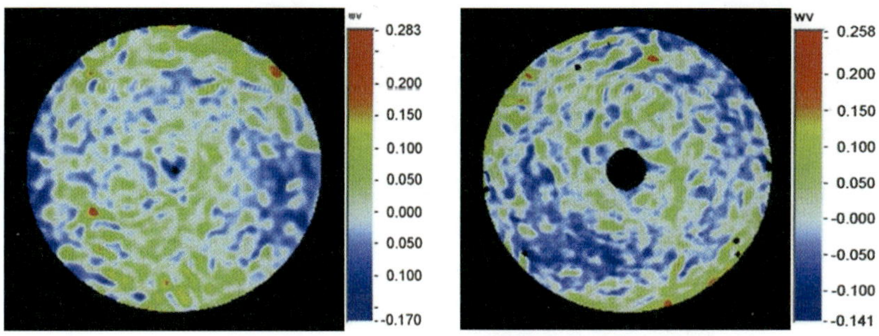

(0.36λ PV, 0.05λ RMS)

(a) CGH 널 렌즈

(0.31λ PV, 0.04λ RMS)

(b) 자동 시준 시험

그림 4-24 CGH 널 렌즈와 자동 시준법을 이용한 포물면 측정 결과 비교

5) 개구수가 큰 비구면 거울의 CGH 널 렌즈

망원경 광학계가 더 밝은 상을 생성하거나 넓은 시야를 확보하기 위해, 주거울의 개구수를 작게 설계하는 경우가 있다. 그러나 주거울의 지름에 비해 초점거리가 짧으면 코마, 구면수차, 상면만곡 등의 수차가 증가하고, 초점 심도가 얕아져 초점 정렬에 민감해진다. 특히, 개구수가 크면 재래식 널 렌즈로는 형상을 정확히 측정할 수 없다.

이에 따라 개구수가 큰 대칭형 비구면 형상을 측정하기 위해 새로운 CGH가 설계되었다. 이는 중앙 부분이 비어 있으며, 지름 200 mm, f/1, 최대 sag가 20 mm 이상이다. 그림 4-23의 정렬 기능 외에도 비구면의 위치와 기울기를 확인할 수 있는 새로운 기능이 추가되었다. 중앙 부분이 비어 있는 비구면 거울은 초점 정렬을 위해 보조 평면 거울을 거울 중심과 광축이 일치하는 지점에 부착한다. 그러나 개구수가 클수록 초점과 기울기에 매우 민감하므로 비구면 거울 중심을 광축에 정확하게 일치시키기 어렵다.

그림 4-25는 이를 보완하기 위해 설계된 새로운 정렬 기능의 CGH 구조와 측정 결과를 보여준다. 이 CGH는 바깥쪽을 통과한 빛이 거울에 반사되어 중앙 부분에 입사하고, 반대로 중앙 부분을 통과한 빛은 반사 후 바깥쪽으로 입사되도록 설계되어 있다. 이를 통해 2개의 cat's eye 무늬로부터 비구면 중앙 부분의 위치와 기울기를 정확하게 확인할 수 있다. 또한 대칭형 비구면 거울이므로 중앙의 평면 거울을 이용한 초점 정렬과 함께 사용하면, 초점과 기울기를 동시에 조정할 수 있다.

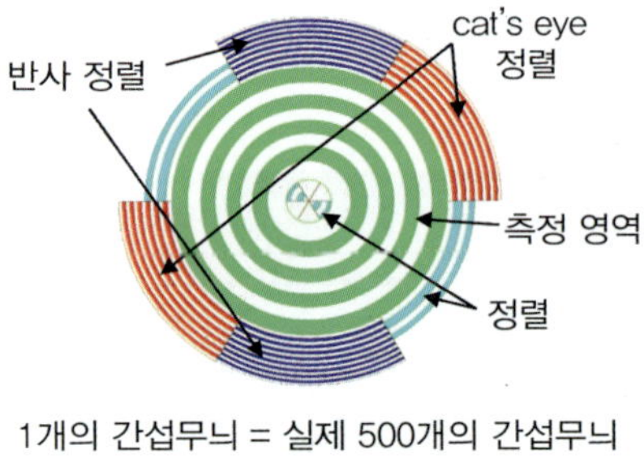

(a) CGH 배치도

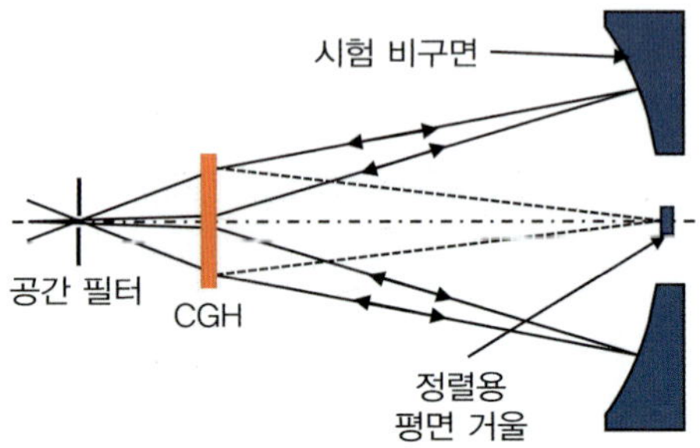

(b) 수정된 정렬

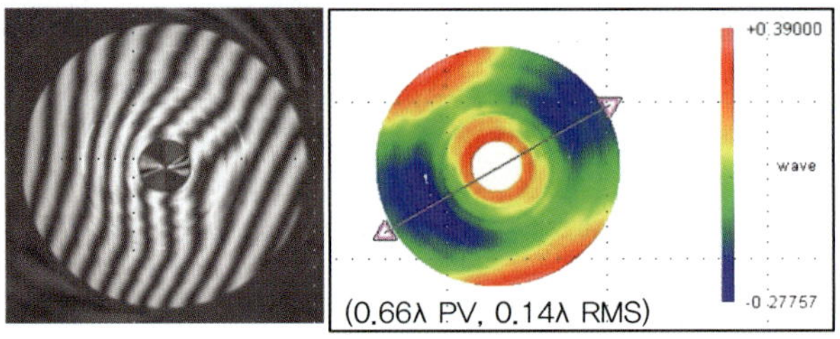

(c) 측정 결과

그림 4-25 개구수가 큰 비구면 정렬용 CGH와 측정 결과

6) CGH와 재래식 널 렌즈 비교 측정

천체망원경이나 위성 카메라에는 리치-크레티앙(Ritchey-Chretien) 또는 카세그레인 형식(Cassegrain type)의 광학계가 사용되며, 주거울과 부거울이 모두 비구면인 쌍곡면으로 구성되어 있다. 외경이 600 mm이고 내경이 200 mm인 쌍곡면 주거울의 형상을 CGH와 재래식 널 렌즈를 사용하여 측정하고 결과를 비교하였다. 한 가지 방법만으로는 객관적인 평가가 어려우므로, 두 가지 방법으로 측정하여 정확도를 높이려고 하였다.

그림 4-26은 측정과 정렬이 가능한 autostigmatic 방식의 CGH 구성도와 제작된 CGH를 보여준다. 이 CGH에는 측정용 CGH와 함께, 반사형 및 투과형 정렬용 CGH가 광축 정렬형으로 함께 기록

되어 있다. 메인 영역은 거울 측정용이며, 그 중심부와 주변부는 정렬을 위한 영역이다. AlignRL과 AlignRH는 CGH와 간섭계 사이의 정렬을 위한 영역이고, AlignTH와 AlignTL은 CGH와 거울을 정렬하기 위한 영역이다. 회전대칭인 CGH 제작에 적합한 레이저 리소그래피 장비를 사용하여 열화학 반응으로 제작되었다.

그림 4-27은 이러한 영역을 이용하는 광경로를 보여준다. 재래식 널 렌즈는 평면 볼록 렌즈와 필드 렌즈로 구성되며, 연장 로드를 이용한 마이크로미터나 레이저 거리 측정기를 사용하여 0.01 mm 정확도로 측정할 수 있다. CGH 널 렌즈는 정렬 기능을 이용해 측정한다.

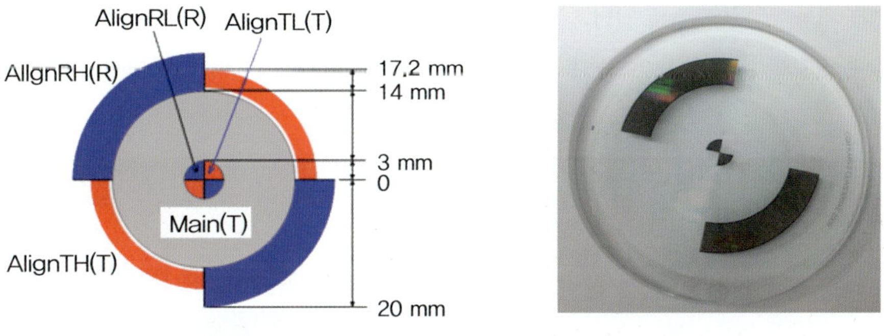

(a) CGH 배치도 (b) 제작된 CGH

그림 4-26 쌍곡면 측정을 위한 CGH 구성과 제작된 CGH

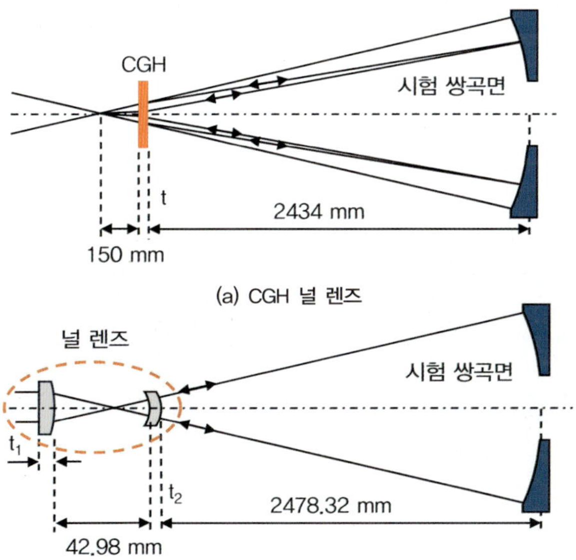

그림 4-27 쌍곡면 측정을 위한 CGH와 재래식 널 렌즈 정렬

그림 4-28은 실제 CGH와 재래식 널 렌즈를 이용하여 쌍곡면을 측정하는 모습이다. 쌍곡면은 3개의 플렉스를 이용해 베젤에 조립된 상태로 연마기에 설치되며, 90° 회전시켜 CGH를 수평으로 바라보도록 고정된다. 이 상태에서는 거울이 중력의 영향을 받아 변형되므로, 측정된 형상 오차에는 실제 거울의 형상 오차 외에 중력에 의한 변형도 포함된다. 이러한 두 오차를 분리하여 보정 연마를 한다. 2장의 렌즈를 사용하는 재래식 널 렌즈는 간격이 42.98 mm, 렌즈와 거울 사이의 거리는 2478.32 mm이다.

그림 4-29는 CGH와 재래식 널 렌즈로 측정한 결과를 비교한 것으로, RMS값이 $\lambda/500$(=1.3 nm) 이내에서 일치하는 것을 확인할 수 있다. 이 차이는 일반적인 비구면 거울의 형상 오차 20 nm보다 훨씬 작아 무시할 수 있는 수준이다. 두 측정 결과에서 중앙부 구멍 크기의 차이는 두 널 렌즈가 다른 광선의 경로를 사용하기 때문에 나타나며, 널 렌즈의 왜곡수차와는 무관하다.

(a) CGH 널 렌즈　　　(b) 재래식 널 렌즈

그림 4-28 CGH 널 렌즈와 재래식 널 렌즈를 이용한 쌍곡면 측정

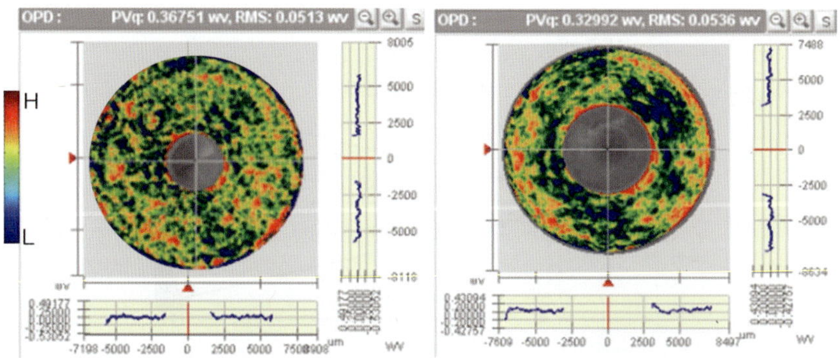

(a) CGH 널 렌즈　　　(b) 재래식 널 렌즈

그림 4-29 CGH 널 렌즈와 재래식 널 렌즈의 측정 결과 비교

7) 대구경 비축 비구면 측정

국제 공동연구로 개발 중인 초대형 망원경(GMT, Giant Magellan Telescope)은 지름 8.4 m의 거울 7개로 구성되어, 지름 25 m의 주거울을 이룬다[19]. 부거울은 지름 1 m의 비축 포물면 거울 7개로 구성되며, 이 중 6개가 비축이다. 대한민국은 한국천문연구원과 한국표준과학연구원이 공동으로 참여하고 있으며, 부거울의 비축 포물면 거울을 시제품으로 개발하였다.

그림 4-30은 한국표준과학연구원에서 개발한 비축 포물면 거울을 보여준다. 이는 경량화 거울이며, 지름은 1,064 mm, 곡률반경은 4166.7±0.5 mm, *K*값은 −0.7154이다. 지상 망원경의 부거울이므로 공중에서 지구 방향으로 고정되어 있다. 따라서 연마가 끝나면 실제 사용 조건과 동일하게 거울이 아래를 향하도록 한 상태에서 형상을 측정한다.

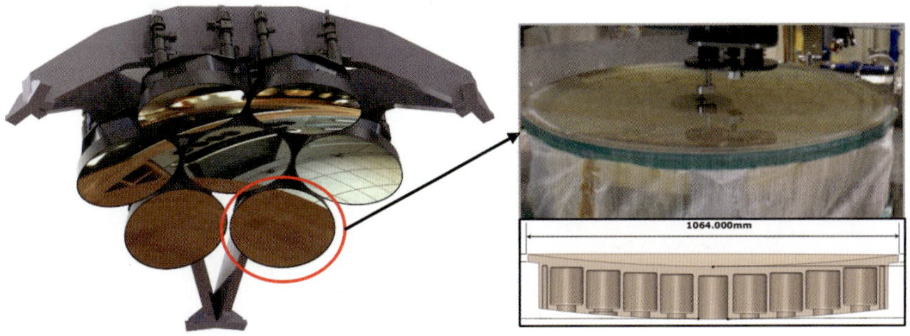

(a) GMT 부거울의 구조 (b) 비축 포물면 거울

그림 4-30 GMT의 부거울을 구성하는 비축 포물면 거울

그림 4-31은 비축 비구면 형상을 측정하기 위해 간섭계와 CGH를 광축에 정렬한 배치도와 제작된 CGH를 보여준다. 실제 측정 거울은 원형이지만, 비축이므로 경사 입사하여 CGH는 타원 모양이다. 간섭계의 기준 투과 렌즈의 초점을 기준으로 CGH와 비구면까지의 거리를 정렬할 수 있도록 반사와 투과 CGH를 배치하였다.

그림 4-32는 간섭계와 CGH의 중간에 오목 거울을 추가해 정렬한 모습을 보여준다. 오목 거울 정렬은 거울 주위에 곡률반경이 작은 기준구를 4개 부착하여 반사되는 빛을 이용한다. 오목 거울에서 반사된 빛은 거울 중심에 초점을 맺으며, 반사된 광에 의한 간섭무늬로 정렬 상태를 확인할 수 있다. 비축 포물면 거울의 광축에 대한 거리와 기울기를 측정하기 위해 여러 개의 정렬 CGH도 배치하였다. CGH 설계는 한국과학표준연구원에서 하였고, 제작은 러시아의 IAE에서 하였다.

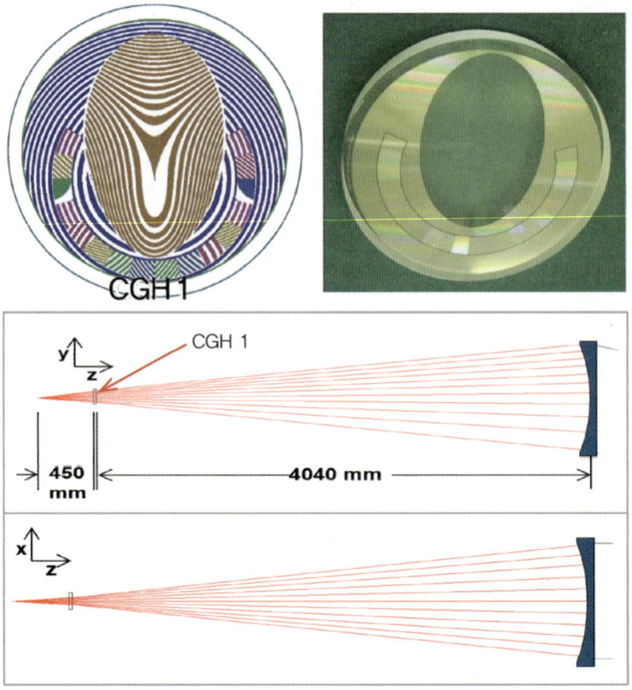

그림 4-31 간섭계와 CGH의 일직선 정렬

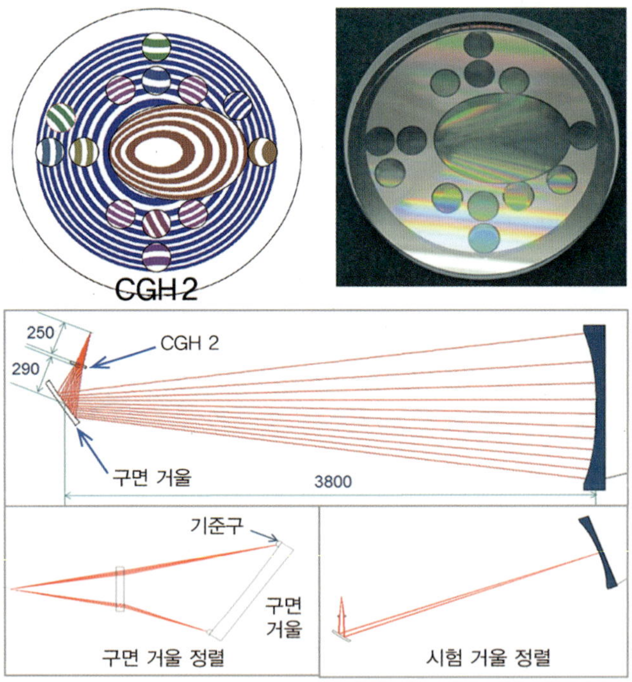

그림 4-32 간섭계와 CGH의 비축 정렬

그림 4-33은 포물면 거울의 연마 과정과 최종 측정을 위한 간섭계 정렬을 보여준다. 연마 중에는 간섭계를 측정 타워에 설치하여 거울 위에서 측정하지만, 최종 측정 시에는 비축 포물면 거울이 설치되는 실제 망원경의 구조를 고려해야 한다. GMT의 부거울은 공중에 매달려 지상에 있는 주거울을 향하도록 설치되므로, 실제 사용 조건과 동일하게 거울이 아래를 향하도록 설치하고, 간섭계는 그 아래에 배치한다. 반면, 지상 망원경의 주거울은 하늘을 향하고 있으므로 간섭계는 거울 위에 설치된다.

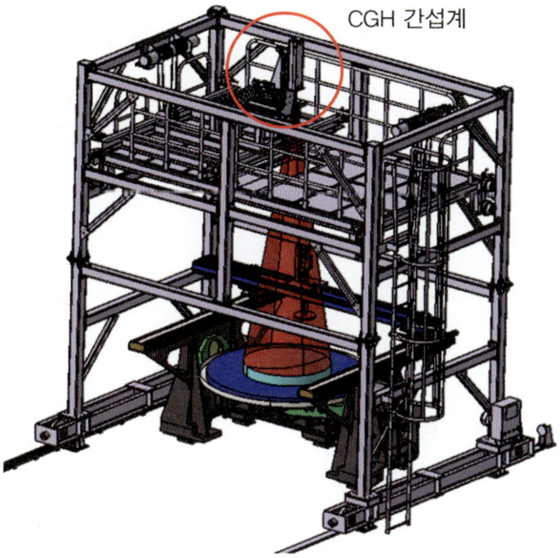

(a) 연마 과정에서 CGH 측정

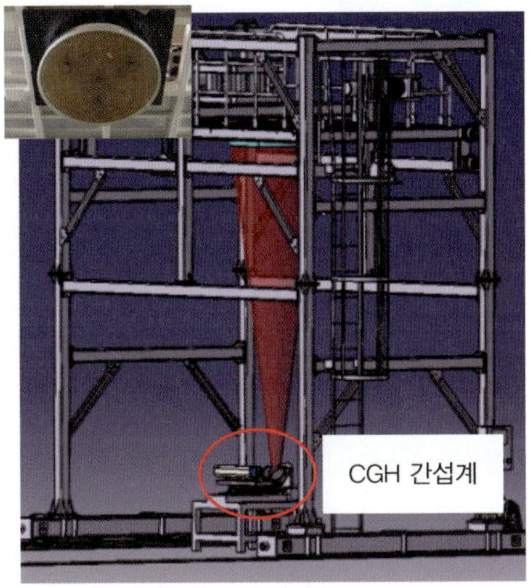

(b) 연마 후 최종 CGH 측정

그림 4-33 비축 포물면 거울의 연마 중 측정과 최종 측정을 위한 정렬

그림 4-34는 두 가지 CGH를 사용하여 측정한 결과를 보여준다. 붉은색 점선으로 표시된 부분은 간섭무늬 간격이 매우 좁아 측정이 어려운 영역이다. 측정 결과는 타원 형태로 나타나며, 이를 원형 좌표로 변환함으로써 거울의 위치별 형상 오차를 정확히 파악할 수 있다. 이는 보정 연마를 위해 매우 중요한 작업이다. 최종 측정에는 간섭무늬 간격이 좁아지는 영역이 상대적으로 적은 CGH 1을 사용하였다.

간섭계와 거울 사이의 거리가 4 m 이상이므로 측정 환경의 영향을 크게 받는다. 그러나 순간 위상 이동 간섭계를 사용하기 때문에 진동의 영향은 없지만, 광학가공실의 불규칙한 공기 흐름이 측정에 큰 영향을 미친다. 따라서 공기를 규칙적으로 순환시킨 후, 여러 번 측정하여 평균값을 산출한다.

비축 포물면 거울은 비대칭이므로 CGH의 측정 방향이 정해져 있다. 대칭형 거울은 회전을 통해 CGH에 의한 오차를 구분할 수 있지만, 비축 포물면 거울은 구분할 수 없다. 따라서 제르니케 다항식의 고차항까지 계수를 분석하여 정렬과 측정장치에 의한 오차를 최소화한다.

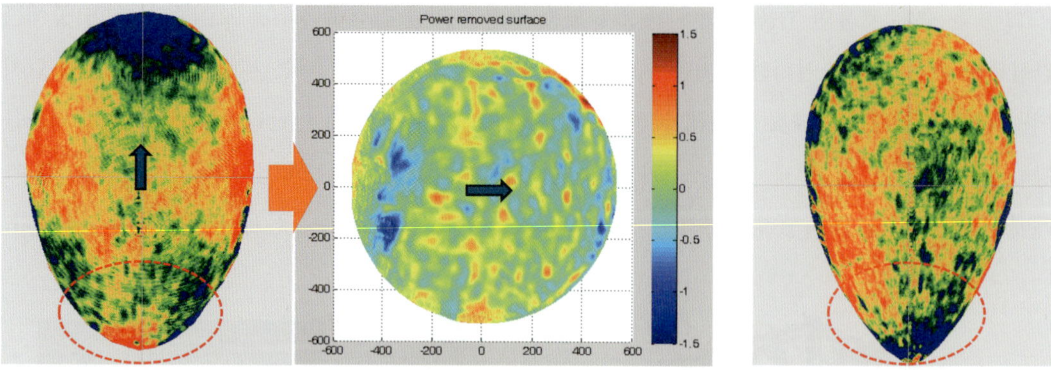

0.2 λ RMS　　morphing　　0.013 λ RMS

(a) CGH 1　　(b) CGH 2

그림 4-34 두 가지 CGH를 이용한 측정 결과와 원형 좌표 변환

8) 원통형 형상 측정

원통형(cylindrical) 렌즈나 거울은 곡률이 한 방향으로만 존재하여 빛을 한 축에서만 집속하거나 확산시킨다. 이러한 특성으로 인해 선형 초점, 광선 조작, 에너지 집속 용도로 사용되며, 고해상도 분광기, 레이저 스캐너, X-선 영상 등에서 정밀급 이상의 품질이 요구된다.

그림 4-35는 원통형 형상을 측정하기 위해 설계된 널 렌즈와 측정된 간섭무늬를 보여준다. 널 렌즈는 투과형이며, 1°의 비축형으로 제작되었다. 또한 각도에 맞게 정렬할 수 있도록 바깥쪽에는 반사형 정렬 CGH가 구성되어 있다. 그림 4-35(a)에서 하나의 줄무늬는 실제로는 200개의 간섭무늬를 나타낸다.

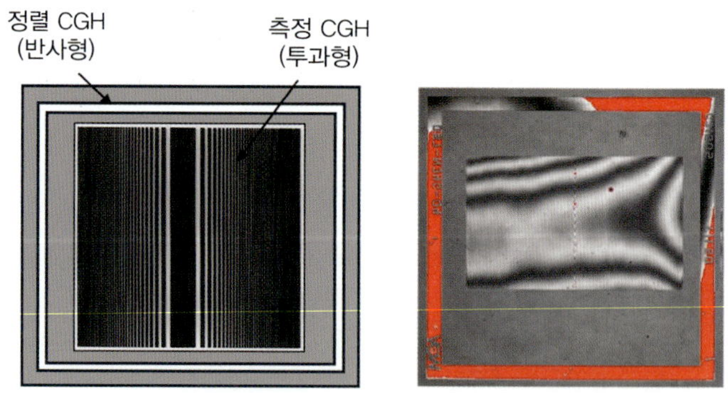

(a) 측정 및 정렬용 CGH　　(b) 측정된 간섭무늬

그림 4-35 원통형 형상 측정

그림 4-36(a)는 CGH를 사용하여 볼록 및 오목 원통 형상을 측정하는 장치를 보여준다. 간섭계의 파면은 CGH에서 일부 반사되어 비축 1°의 정렬 여부를 확인할 수 있다. CGH를 투과한 파면은 오목 또는 볼록 원통형 면에서 반사되어 되돌아온다. 슬릿 위치는 CGH의 초점에 해당하며, 공간 필터 역할을 한다.

그림 4-36(b)는 분광기에서 사용하는 포물선 원통형 거울(parabolic cylindrical mirror)의 형상 측정장치를 보여준다. 입사된 원통형 파면은 시험 거울에 의해 반사되어 평행광이 되며, 이후 평면도가 높은 기준 평면 거울에 다시 반사된다. 시험 거울과 기준 평면 거울의 정렬이 매우 중요하므로, 각각 5축 마운트를 사용하여 정밀하게 정렬한다.

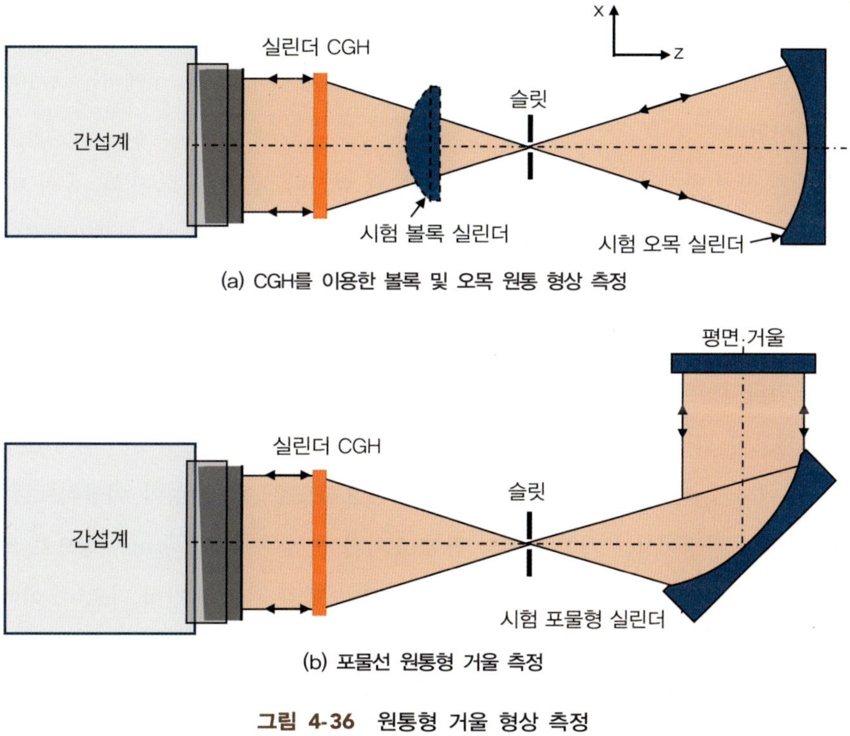

그림 4-36 원통형 거울 형상 측정

4.5 장파장 간섭계

1) 파장과 측정 민감도

간섭계는 기준광과 시험 반사광의 위상 차이를 분석하는 원리로 작동된다. 위상 차이는 파장에 비례하므로, 동일한 표면 오차라도 장파장에서는 더 작은 위상차로 나타난다. 즉, 파장이 길수록 미세한 형상 결함에는 덜 민감하게 반응하며, 대신 전체 형상의 큰 윤곽(저주파 형상)에 초점을 맞춘다. 이는 비구면의 전반적인 형상 특성을 안정적으로 측정하는 데 이상적이다. 예를 들어, 파장 633 nm에서는 30 nm의 표면 오차가 $\lambda/20$이므로 위상에 큰 영향을 미치지만, 3 μm에서는 $\lambda/100$에 불과해 상대적으로 무시된다.

또한 장파장은 공기 중에서 굴절률 변화의 영향을 덜 받는다. 진동, 온도 변화, 공기 대류, 열팽창 등으로 인한 간섭계 광로차도 파장에 비례하여 무시되거나 감소한다. 특히, 천체망원경의 주거울처럼 공기 경로가 길거나 진동에 노출되기 쉬운 환경에서는 장파장이 훨씬 안정적이다. 또한 대형 진공 챔버 없이도 측정할 수 있어, 환경 제어 비용도 줄일 수 있다.

장파장은 표면의 고주파 잡음이나 미세 거칠기를 자연스럽게 필터링하는 효과도 있다. 이에 따라 간섭무늬에 불필요한 고주파 정보가 줄어들고, 형상 측정의 안정성과 반복성이 향상된다. 특히, 비구면 형상 측정에서는 저주파 위주의 파면 분석이 중요하므로, 이 특성이 이상적으로 작용한다.

연삭과 초기 연마 과정에서는 거친 표면의 형상 오차가 수십에서 수백 μm 이상으로 크게 나타난다. 일반적으로 거친 표면은 연마된 표면보다 가공 속도가 빨라 가공 시간이 다르며, 이때 반사광의 공간주파수 성분은 광원의 파장과 밀접한 관련이 있다. 단파장은 표면의 미세한 구조까지 감지할 수 있으나, 난반사가 심해 측정이 어렵다. 반면, 장파장은 미세한 요철이나 거친 구조를 무시하고 전체 형상을 더욱 안정적으로 측정할 수 있다.

단파장은 광학계의 정렬 민감도가 nm 수준에 이를 수 있지만, 장파장을 사용할 경우 동일한 물리적 오차에 대한 위상 영향이 작아, 정렬 조건이 비교적 관대하다. 따라서 비구면 형상을 직접 측정하거나 CGH와 결합해 사용하는 데도 유리하다.

표 4-7은 비구면 형상 측정에 널리 사용되는 He-Ne 레이저 간섭계와 장파장 CO_2 레이저 간섭계의 측정 범위와 정밀도를 비교한 것이다. He-Ne 레이저 간섭계는 고정밀 측정에 최적화되어 있으나, 형상 오차가 $\pm\lambda$ 이상인 경우 위상 래핑(wrapping) 오류가 발생하며, 이를 보정하기 위해 복잡한

언래핑(unwrapping) 알고리즘이 필요하다. 즉, 곡률 변화가 큰 비구면은 측정이 어려우며, CGH와 같은 사전 보정 광학계가 요구된다. 반면, CO_2 레이저 간섭계는 파장이 길어 위상 감도의 해상도는 떨어지지만, 형상 변화가 크더라도 안정적으로 간섭무늬 생성이 가능하고 측정 범위도 넓다.

표 4-7 He-Ne 레이저와 CO_2 레이저 간섭계의 비구면 형상 측정 비교

항목	He-Ne 간섭계(λ=633 nm)	CO_2 간섭계(λ=10.6 μm)
파장 기준 측정 범위	±(λ/2~λ) ±(300~600 nm)	±(λ/2~λ) ±(5.3~10.6 μm)
비구면 형상 허용 오차 범위	수백 nm 이내	수 μm~수십 μm
실제 정밀도 범위 (RMS 기준)	5 nm 수준까지 가능	100 nm 수준 (형상 오차 측정용)
가파른 형상 대응성	낮음 (위상 왜곡 문제)	높음 (형상 변화에 여유 있음)
동적 범위 (정밀도 vs 범위의 균형)	낮음 (정밀도는 높으나 작은 범위)	높음 (정밀도는 낮으나 큰 범위)
적합한 광학계 크기/곡률	소형/중간형 비구면(렌즈, 소형 거울)	대형 비구면(주거울, 위성 거울 등)
광학계 난이도	상용화 및 부품 수급 용이	IR 광학계와 센서 필요, 고가 및 구조 복잡

그림 4-37은 적외선 간섭계로 측정한 비구면 거울의 간섭무늬를 보여준다. 구면의 기준 파면과 비구면 파면의 광로차가 가장자리에서는 매우 커서 보이지 않지만, 10.6 μm 파장으로 측정하면 측정 범위가 약 17배 넓어져 전체 간섭무늬를 관찰할 수 있다.

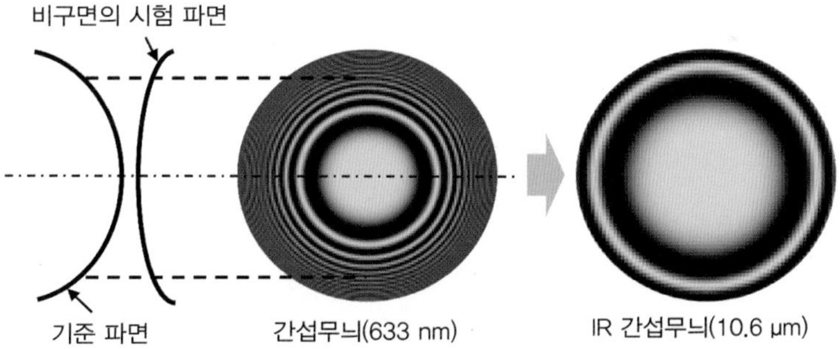

그림 4-37 적외선 간섭계를 이용한 비구면 형상 측정

2) 적외선 4방향 가로 층밀리기 간섭계

일반적인 회절격자를 이용한 가로 층밀리기 간섭계는 위상 복원을 위해 여러 번 측정해야 하며, 회절격자를 통과한 파면이 특정거리에서 자기 복제를 반복적으로 형성하는 탈봇 효과(Talbot effect)

로 인해 간섭무늬의 질이 저하되는 한계가 있다.

그림 4-38의 회절격자를 이용한 4방향 가로 층밀리기 간섭계(QWLSI, Quadri-Wave Lateral Shearing Interferometer)는 이러한 문제를 해결하기 위해 하트만 마스크(Hartmann mask)를 이용하여 다중 회절을 발생시키며, 단일 측정 방식만으로 위상정보를 획득할 수 있다. 또한 4방향의 층밀리기 위상 기울기 정보를 동시에 획득할 수 있어, 보다 정밀한 형상 복원이 가능하다.

QWLSI에 사용되는 하트만 마스크는 작은 개구 배열로 구성되며, 입사광을 다중 회절시켜 격자 모양의 간섭무늬를 생성한다. 이 간섭무늬는 프레넬 회절 영역에서 분석되며, 영상 센서에 의해 기록된다. 기록된 간섭무늬는 푸리에 변환을 통해 주파수 영역에서 분석되고, 각 방향의 기울기 정보를 얻는다. 이를 바탕으로 위상을 복원하는 과정이 이루어진다.

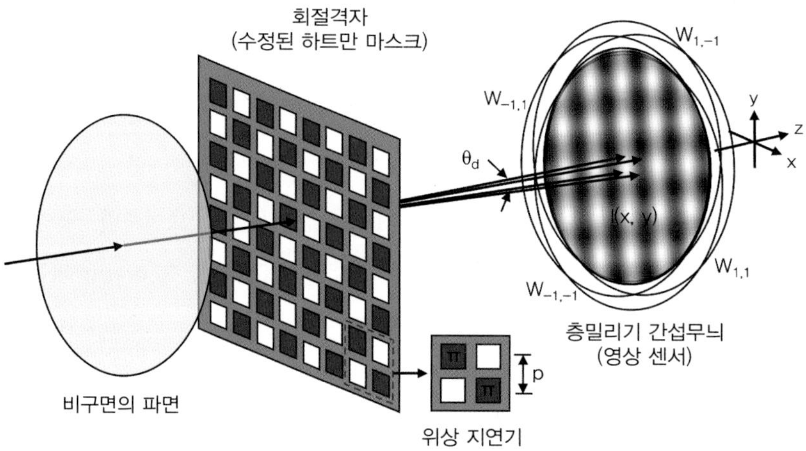

그림 4-38 4방향 가로 층밀리기 간섭계

광원은 모든 파장의 빛을 사용할 수 있다. 회절격자와 영상 센서의 간격이 일정할 경우, 층밀리기 거리는 격자의 주기와 파장으로 결정되며, 파장에 알맞은 영상 센서가 있다면 측정장치를 간단하게 구성할 수 있다.

이러한 QWLSI는 자가 참조(self-referencing) 방식으로 동일한 광경로에서 간섭무늬를 형성하므로, 환경 변화에 영향을 덜 받는다. 기존의 가로 층밀리기 간섭계는 위상 기울기의 크기에 따라 측정 범위가 제한될 수 있지만, QWLSI는 4방향의 기울기 정보를 동시에 획득하며, 고주파 및 저주파 위상 기울기를 모두 포함할 수 있어 넓은 동적 범위를 제공한다. 구조가 단순한 하트만 마스크와 영상 센서의 조합만으로도 이를 구현할 수 있으며, 렌즈 없이도 측정할 수 있어 장비 구성과 유지보수가 용이하다.

Phasics사의 SID4-DWIR 모델인 QWLSI와 CO_2 레이저를 결합하여, 연삭 단계에서 거친 면의 형상 오차를 μm 이하 정밀도로 측정하였다. 영상 센서의 화소 수는 60×120, 하트만 마스크의 주기는 68 μm, 측정 정밀도는 약 75 nm RMS이다.

그림 4-39는 형상 오차가 큰 CFRP(Carbon Fiber Reinforced Polymer) 거울의 측정 결과를 보여준다. 거울의 지름은 200 mm이지만 두께가 3.1 mm에 불과해 형상이 쉽게 왜곡되므로, 형상 오차가 크다[20].

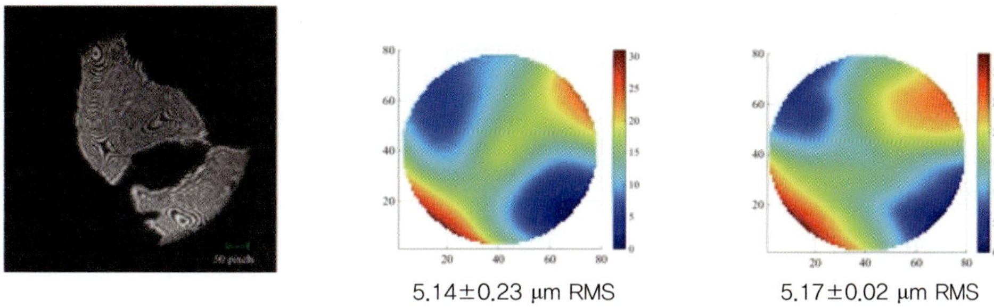

(a) 가시광 간섭계 측정 (b) 3차원 측정기 측정 (c) QWLSI 측정

그림 4-39 CFRP 거울의 형상 오차 측정

He-Ne 레이저 간섭계로 측정하면 일부분에서만 간섭무늬가 발생하지만, QWLSI는 전체 면적을 측정할 수 있다. 또한 3차원 측정기로 측정한 결과와 비교해도, 측정값은 μm 이하 수준에서 잘 일치한다.

적외선 레이저는 근적외선부터 원적외선까지 다양한 종류가 개발되어 있어, QWLSI와 결합하면 형상 오차가 큰 거친 면이나 적외선 광학계의 파면 오차도 정밀하게 측정할 수 있다.

4.6 바느질 간섭계

오목한 비구면 거울은 앞서 언급한 CGH 널 광학계를 이용하면 전체 형상을 한 번에 측정할 수 있다. 그러나 볼록한 대형 비구면이나 자유곡면은 CGH 널 광학계의 크기 한계로 인해 전체를 한 번에 측정하기 어렵다.

이러한 경우에는 거울의 부분 형상들을 개별적으로 측정한 후, 이를 바느질하듯 결합하여 전체 표면 형상을 복원하는 바느질 간섭계(stitching interferometer) 방법이 널리 사용된다.

1) 간섭계의 원리

그림 4-40은 대칭형 비구면에서 반사된 시험 파면을 기준면에 대해 광축 방향으로 이동시키면서, 위치에 따라 발생하는 부분 간섭무늬를 합쳐 전체 형상을 측정하는 과정을 보여준다. 거울의 형상을 합성하기 위해 측정 대상인 거울이나 간섭계를 이동하며 측정한다.

각 측정 영역은 서로 겹치게 측정하며, 이 겹친 영역은 두 측정 결과를 비교하여 정확한 위치 조정 및 정렬을 가능하게 한다. 부분 파면 정보는 겹친 영역에서의 오차를 보정하여 전체 표면 형상으로 합성(stitching)된다. 이를 통해 전체 비구면의 형상 및 광로차를 정확하게 계산할 수 있다.

이때 겹치는 영역에서의 측정 데이터를 기반으로, 각 영역의 위상 오차를 보상하여 전체 표면의 형상을 복원한다. 이를 위해 정밀한 위상 복원을 위한 보정 알고리즘을 사용한다.

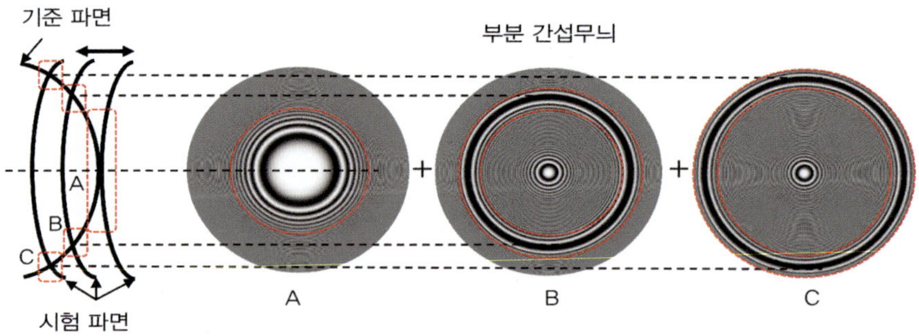

그림 4-40 광축 방향 이동에 따른 시험 비구면의 부분 간섭무늬

모든 부분 간섭무늬는 개구가 이동하며 측정되기 때문에 각각은 서로 다른 정렬 상태를 나타낸다. 그림과 같이 광축 방향으로 이동하면서 발생하는 파워(power) 또는 피스톤(piston) 오차와 광축에 대한 기울기 오차가 겹친 영역에서는 최소가 되도록 미세하게 정렬한다.

2) 결합 알고리즘

최소제곱법을 이용한 결합 알고리즘을 설명하기 위해, 그림 4-41과 같이 2개의 부분 개구(sub-aperture)를 겹쳐 측정하는 경우를 가정한다. 구면파로 구면 거울을 측정하며, 실선은 측정된 부분 개구, 점선은 최소제곱법으로 보정해야 할 형상을 나타낸다.

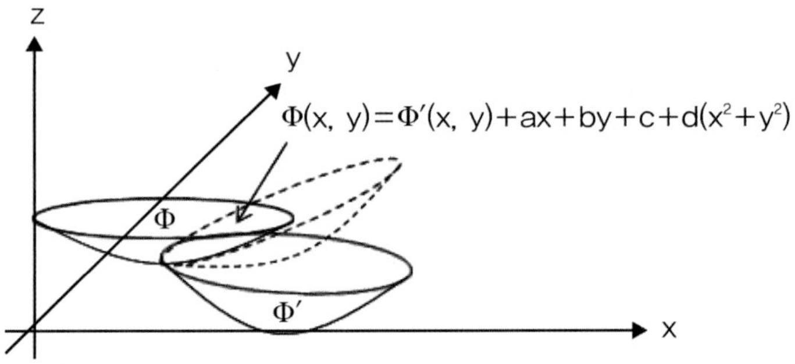

그림 4-41 2개의 부분 개구 측정 예상도

부분 개구 Φ를 측정하여 형상 정보 $\Phi(x, y)$를 획득한 후, 측정 대상을 (x_0, y_0)만큼 이동하여 부분 개구 Φ'를 측정하고, 또 다른 형상 정보 $\Phi'(x', y')$을 획득한다. 이때 (x, y)와 (x', y')은 동일한 공간상에서 측정되는 데이터로 서로 평행한 직교좌표계이다. 따라서 (x', y')의 원점은 (x, y)을 (x_0, y_0)만큼 평행이동한 것과 같으므로, 다음과 같이 표현된다.

$$x = x' + x_0,\ y = y' + y_0 \qquad \textbf{(4.16)}$$

이 관계를 부분 개구 Φ와 Φ'에 적용하면, Φ의 형상은 $\Phi(x, y)$, Φ'의 형상은 $\Phi'(x - x_0, y - y_0)$으로 표현할 수 있다. 또한 2개의 부분 개구가 겹쳐지는 부분은 다음과 같이 표현할 수 있다.

$$\Phi(x, y) = \Phi'(x - x_0, y - y_0) + ax + by + c + d(x^2 + y^2) \qquad \textbf{(4.17)}$$

여기서 a는 x방향 기울기, b는 y방향 기울기, c는 피스톤, d는 파워 계수를 의미한다. 두 부분 개구가 겹친 영역에서 형상값 차이가 최소가 되는 계수를 구하기 위해 최소제곱법을 적용하며, 이때 모든 측정점의 데이터에 대한 합이 최소가 되어야 한다.

$$\sum\left\{\Phi(x,y)-[\Phi'(x-x_0,y-y_0)+ax+by+c+d(x^2+y^2)]\right\}^2\rightarrow \min \tag{4.18}$$

위의 최소제곱법 수식을 적용하여 그림 4-42와 같이 9개의 부분 개구($\Phi_0-\Phi_8$)에 대한 행렬을 구해 보자. 여기서 기준 부분 개구를 중심에 있는 Φ_4로 설정하면 모든 부분 개구들과 겹치게 된다. 각 겹침 영역에 대한 수식은 식 (4.15)와 (4.16)으로 구할 수 있다. 모든 부분 개구에 대해 기울기, 피스톤, 파워 계수를 구하고 적용한 후, 이를 기준 부분 개구에 이어 붙인다. 이때 겹침 영역에서는 부분 개구들의 평균값을 취해 전체 개구의 형상을 측정할 수 있다.

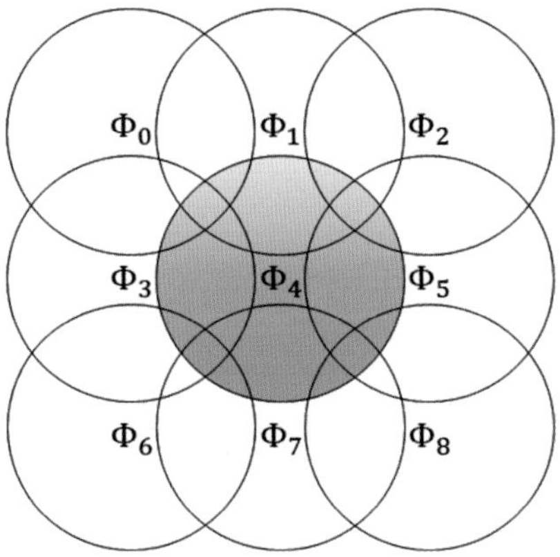

그림 4-42 9개의 부분 개구의 행렬

3) 측정 정밀도

바느질 간섭계의 측정 정밀도를 결정하는 주요 요소로는 부분 개구 간의 겹침, 정렬 정확도, 간섭계 해상도, 이동 스테이지 정밀도, 기계적·광학적 왜곡, 잡음과 환경적 요인, 알고리즘의 정확도 등이 있다.

부분 개구 간의 겹침은 결합 정확도에 큰 영향을 미치며, 일반적으로 약 30 % 정도 겹치도록 배치한다. 겹침이 부족하면 측정 오류가 발생할 수 있고, 과도한 겹침은 불필요한 측정을 증가시켜 계산 시간과 자원을 낭비하게 된다. 또한 결합 과정에서 각 부분 개구가 올바르게 정렬되지 않으면 전체 표면 형상이 부정확하게 결합되므로 각 부분 개구의 위치, 기울기, 높이차를 정확히 보정하는 것이 매우 중요하다. 미세한 위치 오류도 최종 결과에 큰 영향을 미칠 수 있다.

간섭계의 nm 수준의 분해능은 측정 정확도를 제한하는 핵심 요소이므로 고해상도 간섭계가 필요하며, 부품을 이동시키는 X-Y 스테이지의 정밀도 역시 매우 중요하다. 스테이지의 위치가 정확하지 않으면 부분 개구 간 정렬이 부정확해질 수 있다.

아울러 기계적 장비나 광학계 왜곡도 측정 결과에 영향을 미칠 수 있다. 예를 들어, 초점 불일치, 스테이지의 미세한 움직임, 간섭계 렌즈의 왜곡 등은 결과를 저하시킬 수 있으며, 이를 보정하기 위한 알고리즘이 요구된다. 또한 간섭계 측정 중 발생할 수 있는 진동, 온도 변화, 기계적 불안정성 등 환경적 요인이 측정 안정성을 저해할 수 있으므로, 측정 과정에서는 이를 최소화해야 한다.

마지막으로 결합 알고리즘은 각 부분 개구의 데이터를 정확히 보정하고 통합해야 하며, 결합 과정에서 발생할 수 있는 오차를 최소화해야 한다. 결합 알고리즘이 부정확할 경우, 전체 데이터가 부정확하게 결합될 수 있다.

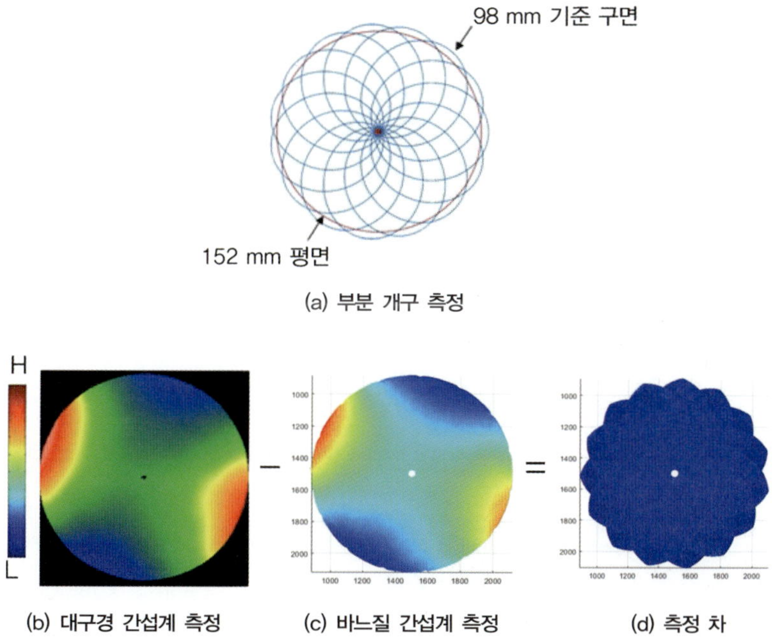

(a) 부분 개구 측정

(b) 대구경 간섭계 측정 (c) 바느질 간섭계 측정 (d) 측정 차

그림 4-43 광학 계측 방법 비교

그림 4-43(a)는 지름 152 mm인 평면 거울을 지름 100 mm 간섭계를 사용하여 총 15장의 부분 개구로 나누고, 약 24°씩 회전시키며 측정한 결과를 보여준다. 대구경 간섭계로 한 번에 측정한 결과(b)와 부분 개구를 결합하여 얻은 결과(c)를 비교하였다. 각각의 형상 오차는 22.6 nm RMS와 22.3 nm RMS이며, 결합 과정에서 발생하는 불일치 정도를 보여주는 차이(d)는 1.7 nm RMS에 불과하다[21].

1. Daniel Malacara, "Optical shop testing", John Wiley & Sons, Inc. (2007).
2. J. C. Wyant, "Special interferometric tests for aspherical surfaces", The University of Arizona (2016).
3. Andreas Beutler, "Metrology for the production process of aspheric lenses", Adv. Opt. Techn 5(3), 211-228 (2016).
4. R. K. Tyson, "Principles of adaptive optics" (4th ed), CRC Press (2015).
5. Yeon Soo Kim et al, "Comparative study of null lens for hyperbolic surface test", Optical review 9, 122 (2002).
6. Yeon Soo Kim et al, "Design of null lenses for testing of elliptical surfaces", Applied Optics 40(19), 3215-3219 (2001).
7. Taehee Kim et al, "Null test for a highly paraboloidal mirror", Applied Optics 43(18), 3614 (2004).
8. M. M. Talha, "Computer generated hologram null compensator for optical metrology of a freeform surface", Optik 121(24), 2262-2265 (2010).
9. Min Wang, "CGH null test design and fabrication for off-axis aspherical mirror tests", International Optical Design Conference, SPIE-OSA 6342, 63421Y-2 (2006).
10. James H. Burge et al, "Optical alignment with computer generated holograms", The University of Arizona (2020).
11. Goeun Kim et al, "Dual subaperture stitching for large flat mirror testing", Applied Optics 59(28), 8681 (2020).
12. C. R. Munnerlyn, "Rough Surface Interferometry Using a CO_2 Laser Source", Applied Optics 7(9), 1858-1859 (1968).
13. Jun Xie et al, "Quadri-wave lateral shearing interferometry: a versatile tool for quantitative phase imaging", JOSA A 41(11), C137 (2024).
14. T. Hänsel et al, "Stitching interferometry of aspherical surfaces", SPIE 4449, 265 (2001).
15. Savio et al, "Metrology of freeform shaped parts", Annals of the CIRP 56, 810 (2007).
16. Yao Hu et al, "Circular subaperture stitching interferometry based on polarization grating and virtual-real combination interferometer", Sensors 22(23), 9129 (2022).
17. Hyug-Gyo Rhee & Yun-Woo Lee, "Improvement of linewidth in laser beam lithographed computer generated hologram", Optics Express 18(2), 1734 (2010).
18. Hyug-Gyo Rhee & Yun-Woo Lee, "Enhancement of height resolution in direct laser lithography", Optics Express 20(1), 291 (2012).
19. Giant Magellan Telescope (https://giantmagellan.org)

20. 송인웅, “Interferometric ground-surface metrology for large telescope mirrors”, 박사학위논문 (2022).
21. 김고은, “회전 주기성을 이용한 대형 반사경 형상 정합 측정법 연구”, 박사학위논문 (2021).

Chapter 5

광학계 성능평가

광학계 성능평가에는 공간주파수 기반의 광전달함수(OTF, Optical Transfer Function)를 사용한다. 변조전달함수(MTF, Modulation Transfer Function)와 위상전달함수(PTF, Phase Transfer Function)를 포함하는 OTF는 종합적인 개념으로, 해상도, 명암 대비, 위상정보 전달 능력을 정량적으로 평가하는 핵심 기술이다. OTF는 광학계의 설계, 제작, 검증의 전 과정에서 중요한 역할을 하며, 그 이론과 측정 기술은 다음과 같은 역사적 흐름 속에서 발전해 왔다.

OTF의 이론적 기반은 20세기 초 프레넬(Fresnel) 회절 이론과 푸리에(Fourier) 광학의 발전을 바탕으로 정립되었다[1-11]. 1950년대에는 미리 정의된 표준 패턴을 활용하여 광학 성능을 측정하는 기술이 발전하였고, 특히 USAF 해상력 차트 등과 같은 표준 시험 차트가 등장하면서 측정 방법의 일관성과 신뢰성이 향상되었다. 1970년대에는 국제표준화기구(ISO)를 중심으로 OTF 측정의 표준화가 이루어졌으며, 이에 따라 다양한 광학계 간 성능 비교가 가능해졌다. 1990년대 이후에는 CCD 및 CMOS 이미지 센서의 발전에 따라, 광학계를 통해 전송된 이미지를 디지털 신호로 변환하여 정밀하게 분석하는 기술이 도입되었다.

최근 OTF 측정 기술은 다음과 같은 방향으로 고도화되고 있다. 산업 현장에서는 고속 자동 검사 시스템을 통해 대량의 광학 부품을 신속하게 평가할 수 있는 자동화 기술이 적용되고 있으며, 자유곡면 렌즈나 복합 재료를 사용하는 최신 광학계에서는 기존 방식으로는 정확한 측정이 어려워 새로운 OTF 측정 기법이 요구되고 있다. 측정의 정확도와 신뢰도를 향상시키기 위해 ISO 표준을 따르는 정밀측정 기술이 적용되고 있으며, 우주, 항공, 군사 등 특수 환경에서 온도, 압력, 진동이 광학 성능에 미치는 영향을 고려한 평가 기술도 개발되고 있다. 또한 딥러닝을 이용한 이미지 기반 MTF 예측 기술도 등장하여, 측정장비 없이도 성능 분석이 가능한 시대가 열리고 있다.

이처럼 광전달함수 측정은 광학계 성능을 종합적이고 정밀하게 평가하기 위한 핵심 기술이다. 최신 기술은 광학계의 복잡성, 산업적 요구사항, 환경적 특수성 등을 반영하여 측정의 범위와 신뢰성을 지속적으로 확장하고 있다.

이 장에서는 광전달함수의 이론적 기초[12], 측정 방법 및 장치[13-19] 그리고 표준화 동향[20-23]에 대해 다룬다. 먼저, 무수차계와 수차계의 광전달함수를 결상 이론에 기반하여 설명하고, 파면 수차 및 다색 광원 조건에서의 OTF 특성에 대해 살펴본다. 이어서 공간주파수 물체를 이용한 직접 측정 방법과 푸리에 변환을 활용한 간접 측정 방법을 소개하며, 스마트폰 카메라부터 대구경 위성 카메라에 이르기까지 다양한 광학계에 적용된 측정장치를 폭넓게 다룬다. 또한 대한민국 광전달함수 측정표준을 확립하기 위해 개발된 측정 시스템과 표준 렌즈에 대해서도 자세히 설명한다.

5.1 결상 이론

1) 아베와 레일리의 결상 이론

아베(Abbe)의 결상 이론에 따르면, 물체에 조명되는 빛이 결맞음(coherent)이 좋은 단색광일 경우, 물체의 진폭함수(amplitude function)와 상의 진폭함수 사이에는 선형 관계가 성립한다.

그림 5-1의 좌표계에서 파장 λ인 단색광으로 조명되는 물체가 주어진 광학계에 의해 상이 맺힐 때, 물체의 진폭함수를 $u_o(x_o, y_o)$이라고 하면 상의 진폭함수 $u_i(x_i, y_i)$는 레일리(Rayleigh)의 회절 방정식에 의해 다음과 같이 표현된다.

$$u_i(x_i, y_i) = \iint_{-\infty}^{\infty} h(x_i, y_i; x_o, y_o) u_o(x_o, y_o) dx_o dy_o \tag{5.1}$$

여기서

$$h(x_i, y_i; x_o, y_o) = A \iint_{-\infty}^{\infty} P(\xi, \eta) \exp[j\frac{k\epsilon}{2}(\xi^2 + \eta^2)] \exp[-jk\phi(\xi, \eta)] d\xi d\eta \tag{5.2}$$

이며, 광전파상수(propagation number) $k = \frac{2\pi}{\lambda}$, $j = \sqrt{-1}$,

$$A = \frac{j}{\lambda^2 d_o d_i} \exp[j\frac{k}{2d_i}(x_i^2 + y_i^2)] \cdot \exp[j\frac{k}{2d_o}(x_o^2 + y_o^2)], \quad \epsilon = \frac{1}{d_i} + \frac{1}{d_o} - \frac{1}{f'}$$

$\phi(\xi, \eta) = (\frac{x_o}{d_o} + \frac{x_i}{d_i})\xi + (\frac{y_o}{d_o} + \frac{y_i}{d_i})\eta$, f'는 광학계의 초점거리, $P(\xi, \eta)$는 동함수(pupil function)이다.

수차가 없는 광학계에서 동함수값은 유효 개구(effective aperture) 내에서는 1이고, 그 밖에서는 0이다. 기하광학에서 배율은 $m = d_i/d_o$이며, 렌즈 공식에서 초점이 정확하게 맞으면 물체와 상과의 관계에서 $\epsilon = 0$이 된다.

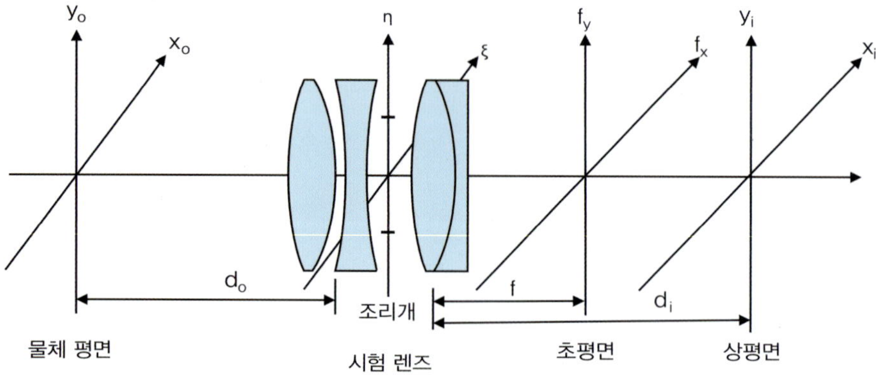

그림 5-1 결상 좌표계

공간주파수를 $f_x = \dfrac{\xi}{\lambda d_i}$, $f_y = \dfrac{\eta}{\lambda d_i}$로 정의하고 횡배율을 m으로 두면, 식 (5.2)는 다음과 같이 표현할 수 있다.

$$h(x_i, y_i; x_o, y_o) \cong m \iint_{-\infty}^{\infty} P(\lambda d_i f_x, \lambda d_i f_y) \exp\{-j2\pi[(x_i + m x_o) f_x + (y_i + m y_o) f_y]\} df_x df_y \quad \textbf{(5.3)}$$

광학계 유효 구경이 파장에 비해 무한대로 볼 수 있을 만큼 크다면, 구경에 의한 회절 효과는 무시할 수 있다. 수차가 없는 이상적인 광학계에서는 상이 물체와 배율만 다른 닮은꼴의 가우스(Gauss) 광학적 상으로 맺어지며, 다음과 같이 표현된다.

$$\begin{aligned} h(x_i, y_i; x_o, y_o) &= m\delta(x_i + m x_o, y_i + m y_o) \\ &= \frac{1}{m}\delta\left(\frac{x_i}{m} + x_o, \frac{y_i}{m} + y_o\right) \end{aligned} \quad \textbf{(5.4)}$$

$$u_i(x_i, y_i) = \frac{1}{m} u_o\left(-\frac{x_i}{m}, -\frac{y_i}{m}\right) \equiv u_g(x_i, y_i) \quad \textbf{(5.5)}$$

따라서 물체의 진폭함수 u_o와 가우스 상의 진폭함수 u_g는 상수를 곱한 관계에 있다.

한편, $\tilde{x}_o = -m x_o$, $\tilde{y}_o = -m y_o$로 놓으면 유한한 구경에서는 식 (5.3)이 다음과 같이 표현된다.

$$\begin{aligned} h(x_i, y_i; \tilde{x}_o, \tilde{y}_o) = m \iint_{-\infty}^{\infty} & P(\lambda d_i f_x, \lambda d_i f_y) \\ & \times \exp\{-j2\pi[(x_i - \tilde{x}_o) f_x + (y_i - \tilde{y}_o) f_y]\} df_x df_y \end{aligned} \quad \textbf{(5.6)}$$

또한 $\tilde{h}= h / m$로 놓으면, 일반 광학계에서는 도립 실상이 형성되므로 반사 좌표계로 나타내면 식 (5.1)은 다음과 같이 표현할 수 있다.

$$u_i(x_i, y_i) = \iint_{-\infty}^{\infty} \tilde{h}(x_i - \tilde{x}_o, y_i - \tilde{y}_o) u_g(\tilde{x}_o, \tilde{y}_o) d\tilde{x}_o d\tilde{y}_o \tag{5.7}$$

$$\tilde{h}(x_i, y_i) = \iint_{-\infty}^{\infty} P(\lambda d_i f_x, \lambda d_i f_y) \exp[-j 2\pi (x_i f_x + y_i f_y)] df_x df_y \tag{5.8}$$

상의 진폭함수 $u_i(x_i, y_i)$는 가우스 상의 진폭함수 $u_g(x_i, y_i)$와 합성곱(convolution)으로 주어진다. 즉, 다음과 같이 표현된다.

$$u_i(x_i, y_i) = \tilde{h}(x_i, y_i) * u_g(x_i, y_i) \tag{5.9}$$

여기서 $\tilde{h}(x_i, y_i)$를 임펄스 응답(impulse response)이라고 한다.

레일리의 결상 이론에 따르면, 물체에 조명되는 빛이 비결맞음(incoherent)일 경우, 물체의 강도 분포와 상의 강도 분포는 선형 관계에 있다. 물체의 강도 분포를 $I_o(x_o, y_o)$, 상의 강도 분포를 $I_i(x_i, y_i)$라고 하면 가우스 상의 강도 분포 $I_g(x_o, y_o)$는 다음과 같다.

$$I_i(x_i, y_i) = C \iint_{-\infty}^{\infty} |h(x_i - \tilde{x}_o, y_i - \tilde{y}_o)|^2 I_g(\tilde{x}_o, \tilde{y}_o) d\tilde{x}_o d\tilde{y}_o \tag{5.10}$$

여기서 C는 복소수 상수이다. 식 (5.10)에서 상의 강도 분포함수 $I_i(x_i, y_i)$는 가우스 상의 강도 분포함수 $I_g(\tilde{x}_o, \tilde{y}_o)$와 임펄스 응답의 복소수 제곱의 절댓값인 점퍼짐함수의 합성곱임을 알 수 있다. 즉, 다음과 같이 표현된다.

$$I_i(x_i, y_i) = C\,|h(x_i, y_i)|^2 * I_g(\tilde{x}_o, \tilde{y}_o) \tag{5.11}$$

점퍼짐함수란 물체면 위에 위치한 한 점의 광원이 상면에서 형성하는 강도 분포를 의미한다.

광학계에서 임펄스 응답은 점광원에 의해 형성되는 상(PSF)을 나타내며, 이는 해상력, 수차, 구경, 초점 깊이 등 광학계의 성능을 결정한다. 실제 상은 점퍼짐함수와 가우스 상의 합성곱을 통해 형성된다. 예를 들어, 물체의 고해상도 상은 점퍼짐함수에 의해 흐려지며, 이는 수차나 초점 오차 등 광학계의 결함을 반영한다.

2) 무수차계의 광전달함수

(1) 결맞음 전달함수

물체가 결맞는 빛에 의해 조명되어 상을 맺으면 상의 진폭함수와 물체의 진폭함수는 식 (5.7)과 같은 선형 관계가 성립한다. 따라서 양변에 푸리에 변환을 적용하면 공간주파수 스펙트럼은 다음과 같이 나타난다.

$$G_g(f_x, f_y) = \iint_{-\infty}^{\infty} u_g(\tilde{x}_o, \tilde{y}_o)\exp[-j2\pi(f_x\tilde{x}_o + f_y\tilde{y}_o)]\,d\tilde{x}_o d\tilde{y}_o$$

$$G_i(f_x, f_y) = \iint_{-\infty}^{\infty} u_i(x_i, y_i)\exp[-j2\pi(f_x x_i + f_y y_i)]\,dx_i dy_i \tag{5.12}$$

여기서 $f_x = \dfrac{\xi}{\lambda d_i}$와 $f_y = \dfrac{\eta}{\lambda d_o}$는 공간주파수이다. 임펄스 응답의 푸리에 변환을 전달함수로 정의하면 다음과 같다.

$$H(f_x, f_y) = \iint_{-\infty}^{\infty} \tilde{h}(x_i, y_i)\exp[-j2\pi(f_x x_i + f_y y_i)]\,dx_i dy_i \tag{5.13}$$

이는 합성곱 이론(convolution theorem)에 따라 다음의 관계가 성립한다.

$$G_i(f_x, f_y) = H(f_x, f_y)\ G_g(f_x, f_y) \tag{5.14}$$

여기서 $H(f_x, f_y)$를 결맞음 전달함수(CTF, Coherent Transfer Function)라고 한다. 임펄스 응답은 동함수의 푸리에 변환이므로, 식 (5.13)은 다음과 같이 표현된다.

$$H(f_x, f_y) = F\{F\{P(\lambda d_i\tilde{x}, \lambda d_i\tilde{y}\}\} = P(-\lambda d_i f_x, -\lambda d_i f_y) \tag{5.15}$$

이는 반사된 동함수가 된다. 일반적으로 양의 굴절능을 가지는 결상계에서 상면의 좌표는 물체면의 좌표와 반사 관계를 가지므로, 다음과 같이 나타난다.

$$H(f_x, f_y) = P(\lambda d_i f_x, \lambda d_i f_y) \tag{5.16}$$

따라서 결맞음 전달함수는 동함수 자체가 됨을 알 수 있다.

(2) 광전달함수

결맞지 않은 빛으로 물체를 조명할 경우, 상의 강도 분포와 물체의 강도 분포 사이에는 선형 관계가 성립한다. 식 (5.10)의 양변을 푸리에 변환하여 규격화된 공간주파수 스펙트럼 함수로 나타내면 다음과 같다.

$$G_i(f_x, f_y) = \frac{\iint_{-\infty}^{\infty} I_i(x_i, y_i)\exp[-j2\pi(f_x x_i + f_y y_i)]dx_i dy_i}{\iint_{-\infty}^{\infty} I_i(x_i, y_i)dx_i dy_i} \tag{5.17}$$

$$G_g(f_x, f_y) = \frac{\iint_{-\infty}^{\infty} I_g(\tilde{x}_o, \tilde{y}_o)\exp[-j2\pi(f_x \tilde{x}_o + f_y \tilde{y}_i)]d\tilde{x}_o d\tilde{y}_o}{\iint_{-\infty}^{\infty} I_g(\tilde{x}_o, \tilde{y}_o)d\tilde{x}_o d\tilde{y}_o} \tag{5.18}$$

점퍼짐함수의 푸리에 변환을 광전달함수(OTF, Optical Transfer Function)로 정의하며, 이를 규격화하면 다음과 같다.

$$O(f_x, f_y) = \frac{\iint_{-\infty}^{\infty} |\tilde{h}(x_i, y_i)|^2 \exp[-j2\pi(f_x x_i + f_y y_i)]dx_i dy_i}{\iint_{-\infty}^{\infty} |\tilde{h}(x_i, y_i)|^2 dx_i dy_i} \tag{5.19}$$

합성곱 이론에 따라 식 (5.10)을 공간주파수 평면에서 표현하면, 다음의 관계식이 성립한다.

$$G_i(f_x, f_y) = O(f_x, f_y)\, G_g(f_x, f_y) \tag{5.20}$$

여기서 $G_i(f_x, f_y)$는 상의 공간주파수 스펙트럼, $G_g(f_x, f_y)$는 가우스 상의 공간주파수 스펙트럼 또는 물체의 공간주파수 스펙트럼이다. 이는 결상에 관한 회절 이론에서 설명했듯이, 가우스 상이 물체와 거의 유사한 형태를 가지므로 규격화할 경우, 두 스펙트럼은 일치하게 된다. 따라서 식 (5.20)에 의해 다음과 같이 표현된다.

$$O(f_x, f_y) = G_i(f_x, f_y) \,/\, G_g(f_x, f_y) \tag{5.21}$$

여기서 $O(f_x, f_y)$를 광전달함수(OTF)라고 한다. 즉, OTF는 상의 공간주파수 스펙트럼과 물체 또는 가우스 상의 공간주파수 스펙트럼의 비로 정의된다.

한편, CTF는 $H(f_x, f_y) = F\{\tilde{h}(x_i, y_i)\}$이며, OTF는

$$O(f_x, f_y) = F\{|\tilde{h}(x_i, y_i)|^2\} \,/\, F\{|\tilde{h}(x_i, y_i)|^2\}_{f_x=0,\, f_y=0} \tag{5.22}$$

이므로, $H(f_x, f_y)$의 자체 상관관계(autocorrelation)가 된다. 이를 규격화하면 다음과 같다.

$$O(f_x, f_y) = \frac{\iint_{-\infty}^{\infty} H(\xi', \eta') H^*(\xi' - f_x, \eta' - f_y) d\xi' d\eta'}{\iint_{-\infty}^{\infty} |H(\xi', \eta')|^2 d\xi' d\eta'} \tag{5.23}$$

여기서 $\xi = \xi' - f_x/2$, $\eta = \eta' - f_y/2$로 두면 $H(f_x, f_y) = P(\lambda d_i f_x, \lambda d_i f_y)$이므로 OTF는 다음과 같이 표현된다.

$$O(f_x, f_y) = \frac{\iint_{-\infty}^{\infty} P\left(\xi + \frac{\lambda d_i f_x}{2}, \eta + \frac{\lambda d_i f_y}{2}\right) P\left(\xi - \frac{\lambda d_i f_x}{2}, \eta - \frac{\lambda d_i f_y}{2}\right) d\xi d\eta}{\iint_{-\infty}^{\infty} |P(\xi, \eta)|^2 d\xi d\eta} \tag{5.24}$$

이는 동함수의 자체 상관관계가 된다. 따라서 무수차계 원형 개구에서는 그림 5-2와 같이 OTF는 '(동의 중첩된 면적)/(동의 전체 면적)'의 비율이 된다. 즉, 이상적인 경우 OTF는 다음과 같이 표현된다.

$$O(f) = \frac{2}{\pi}\left[\cos^{-1}\left(\frac{f}{f_c}\right) - \frac{f}{f_c}\sqrt{1 - \left(\frac{f}{f_c}\right)^2}\,\right], \; f \le f_c \tag{5.25}$$

여기서, $f = \sqrt{f_x^2 + f_y^2}$이다. 만약 $f > f_c$이면, $O(f) = 0$이 된다. 또한 레일리 기준에 따라 한계 분해능 또는 최대 공간주파수 f_{cutoff}는 다음과 같이 표현된다.

$$f_{cutoff} = \frac{2NA}{\lambda} = \frac{2r_0}{\lambda d_i} \tag{5.26}$$

일반적으로 OTF는 복소함수이며, 그 진폭을 MTF, 위상을 PTF라고 한다.

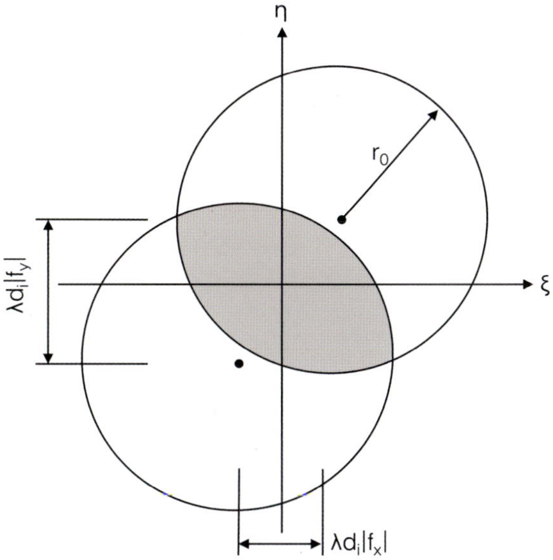

그림 5-2 무수차계 OTF의 기하광학적 해석

수차가 없는 이상적인 원형 개구의 광학계일 경우, MTF는 그림 5-3(a)와 같이 2차원으로 나타나며, 한계 공간주파수 $f_{cutoff} = 1/(\lambda \cdot f/\#)$에서 MTF는 0이 된다. 광학계에 수차가 있거나 개구 모양이 변형되면, MTF는 공간주파수에 따라 감소한다.

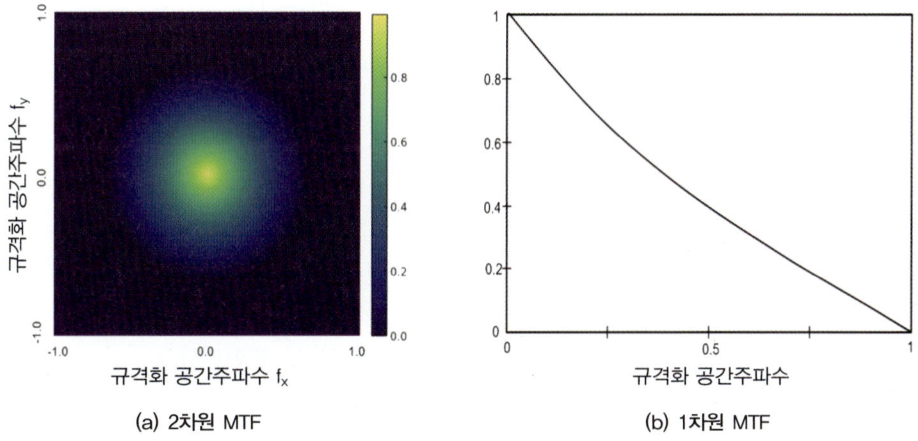

그림 5-3 수차가 없는 원형 개구 광학계의 MTF

3) 수차계의 광전달함수

(1) 결맞음 전달함수

광학계의 결맞음 전달함수(CTF)는 입사광의 결맞음(coherence) 조건에서, 수차가 광파의 위상에 미치는 영향을 포함한 복소 진폭함수로 정의된다. 무수차(optically ideal) 상태의 동함수를 $P(\xi,\eta)$, 수차를 포함한 복소 위상함수를 $W(\xi,\eta)$라고 하면, 수차계의 결맞음 전달함수 $P^{'}(\xi,\eta)$는 다음과 같이 표현된다.

$$P'(\xi,\eta)=P(\xi,\eta)\exp[jkW(\xi,\eta)] \tag{5.27}$$

여기서 $kW(\xi,\eta)$는 개구의 위치(ξ,η)에서 수차에 의한 위상차를 나타낸다. 따라서 수차계의 결맞음 전달함수 $H'(f_x,f_y)$는 다음과 같이 나타낼 수 있다.

$$\begin{aligned}H'(f_x,f_y)&=P'(\lambda d_if_x,\lambda d_if_y)\\&=P(\lambda d_if_x,\lambda d_if_y)\exp[jkW(\lambda d_if_x,\lambda d_if_y)]\end{aligned} \tag{5.28}$$

(2) 광전달함수

광전달함수(OTF)는 결맞지 않은(incoherent) 조명 조건에서의 시스템 응답을 나타내며, 동함수의 자기상관함수(self-correlation)로 정의된다. 수차가 있는 경우, 수차계의 광전달함수 $O'(f_x,f_y)$는 두 동함수 $P\left(\xi+\frac{\lambda d_if_x}{2},\eta+\frac{\lambda d_if_y}{2}\right)$와 $P\left(\xi-\frac{\lambda d_if_x}{2},\eta-\frac{\lambda d_if_y}{2}\right)$의 중첩된 면적으로 표현된다. 식 (5.28)을 (5.24)에 대입하고 규격화하면 다음과 같다.

$$O^{'}(f_x,f_y)=\frac{\iint_{f_x,f_y}\exp\left\{jk\left[W\left(\xi+\frac{\lambda d_if_x}{2},\eta+\frac{\lambda d_if_y}{2}\right)-W\left(\xi-\frac{\lambda d_if_x}{2},\eta-\frac{\lambda d_if_y}{2}\right)\right]\right\}d\xi d\eta}{\iint_{0,0}d\xi d\eta} \tag{5.29}$$

이는 슈바르츠(Schwarz)의 부등식(inequality)에 따라 다음과 같이 표현된다.

$$\left|\frac{\iint_{f_x,f_y}\exp\left\{jk\left[W\left(\xi+\frac{\lambda d_if_x}{2},\eta+\frac{\lambda d_if_y}{2}\right)-W\left(\xi-\frac{\lambda d_if_x}{2},\eta-\frac{\lambda d_if_y}{2}\right)\right]\right\}d\xi d\eta}{\iint_{0,0}d\xi d\eta}\right|\le\left|\frac{\iint_{f_x,f_y}d\xi d\eta}{\iint_{0,0}d\xi d\eta}\right| \tag{5.30}$$

OTF의 절댓값이 MTF이므로, 무수차계의 MTF가 수차계의 MTF보다 크거나 같다. 즉, 다음과 같이 표현된다.

$$MTF_{ideal}(f_x, f_y) \geq MTF(f_x, f_y) \tag{5.31}$$

이처럼 수차로 인해 실제 광학계의 MTF는 이상적인 무수차계보다 작아진다. 생산 공정에서 성능을 설계하거나 평가할 때 이상적인 MTF와 수차 MTF를 비교함으로써, 성능의 우위를 판단할 수 있다. 그러나 광학계는 개구의 크기나 f-수 등에 따라 달라지므로, 절대적인 MTF보다는 주어진 조건에서의 상대적인 비교가 더 중요하다.

만약 수차가 파장보다 작으면($W \ll \lambda$), 다음과 같이 근사할 수 있다.

$$e^{i\Phi} \approx 1 + i\Phi - \frac{\Phi^2}{2}, \quad \Phi = \frac{2\pi W(f_x, f_y)}{\lambda} \tag{5.32}$$

따라서 다음과 같다.

$$MTF(f_{x,y}) \approx MTF_{ideal}(f_{x,y}) \cdot \exp\left(-\pi^2 \frac{(f_{x,y} \cdot W(f_x, f_y))^2}{\lambda^2}\right) \tag{5.33}$$

여기서 MTF_{ideal}는 회절 한계 MTF이다.

(3) 코마 파면 오차에 의한 변조전달함수 계산

결맞은 광원에 의한 광학계의 동함수는 복소 진폭함수로 나타낼 수 있으며, 파면 오차에 따라 변형될 수 있다. 파면 오차가 존재할 경우, 동함수는 복소 동함수(complex pupil function)로 표현된다. 결맞지 않은 광원에서는 점퍼짐함수가 복소 동함수의 푸리에 변환의 제곱으로 주어진다.

광학 설계 프로그램에서는 점퍼짐함수를 구하기 위해 동함수를 푸리에 변환한 후, 이를 다시 푸리에 변환하여 변조전달함수를 계산한다. 식 (5.27)에 따른 광학계의 복소 동함수 $P'(\xi, \eta)$의 푸리에 변환으로 점퍼짐함수를 구한 후, 다시 푸리에 변환하여 OTF를 얻는다. 즉, 다음과 같이 계산된다.

$$OTF(f_x, f_y) = F\{PSF(\xi', \eta')\} = F\{|F\{P'(\xi, \eta)\}|^2\} \tag{5.34}$$

따라서 규격화한 MTF는 다음과 같다.

$$MTF(f_x, f_y) = \frac{|OTF(f_x, f_y)|}{|OTF(0,0)|} \tag{5.35}$$

그림 5-4는 파면 오차로부터 점퍼짐함수와 MTF의 계산 과정을 보여준다. 파면 오차에 의한 광학계의 동함수를 푸리에 변환하여 점퍼짐함수를 구하고, 점퍼짐함수는 파장(λ)과 광학계 지름(D)의 비율인 각도 거리(λ/D)에 대한 강도 분포로 표현된다. 변조전달함수는 점퍼짐함수를 다시 푸리에 변환하여 계산하며, 이를 통해 파면 오차가 없는 경우보다 MTF가 낮아짐을 확인할 수 있다.

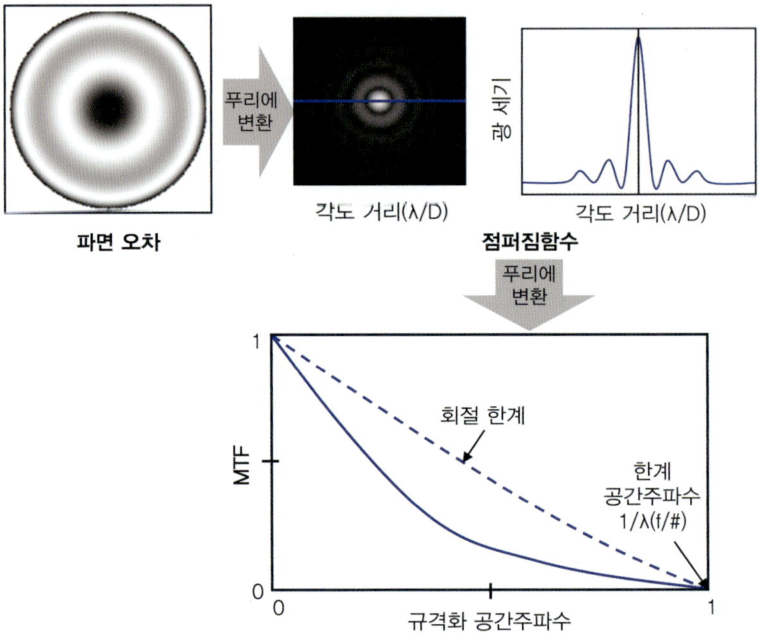

그림 5-4 파면 오차에서 MTF 계산 과정

그림 5-5는 구면수차, 코마, 비점수차 등 다양한 수차가 MTF에 미치는 영향을 보여준다[24]. 수차는 각각 MTF에 민감한 영향을 미치며, 수차가 조합될 경우 MTF의 패턴이 더 복잡해진다. 이를 통해 광학계의 성능을 더욱 정밀하게 분석할 수 있다. 특히, 구면수차와 코마 같은 고차 수차는 MTF를 현저히 저하시킬 수 있으며, 비점수차 또한 영향을 미친다.

파면 오차는 점퍼짐함수(PSF)와 변조전달함수(MTF)에 큰 영향을 미친다. PSF는 복소 동함수의 푸리에 변환으로 계산되며, 이로부터 MTF를 얻을 수 있다. 수차(구면수차, 코마, 비점수차 등)는 MTF의 성능을 저하시킬 수 있으며, 이를 보정하거나 정밀하게 분석하여 광학계의 해상도를 향상시킬 수 있다. 광학 설계 프로그램은 이러한 계산을 통해 MTF를 정확히 예측하고, 광학계의 성능을 최적화할 수 있다.

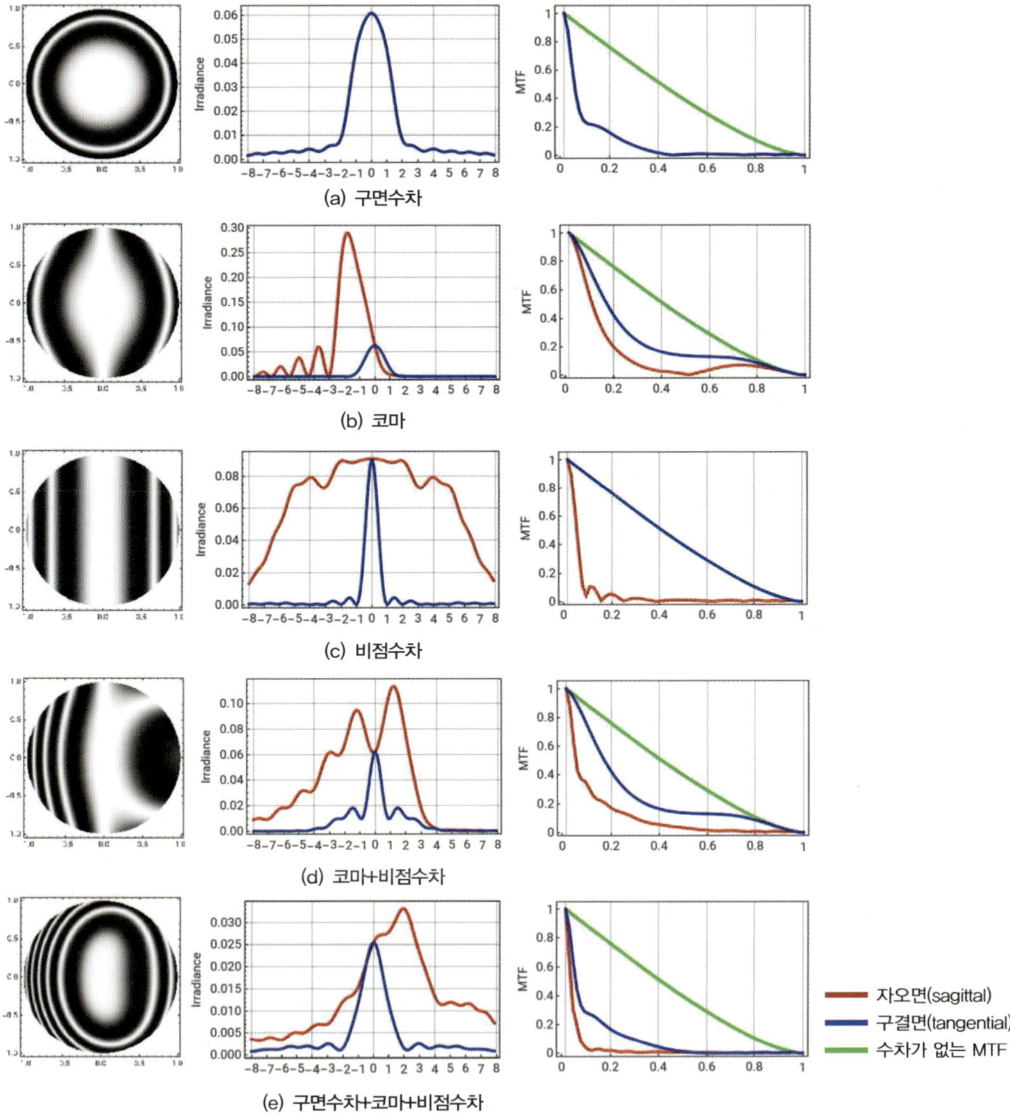

그림 5-5 수차들에 의한 MTF 변화

4) 선퍼짐함수

지름이 매우 작은 점광원의 밝기를 높이기 위해 폭이 좁은 슬릿을 사용하면, 식 (5.10)에 나타난 $I_g(x_o, y_o)$의 분포는 OTF를 측정하려는 파장에 비해 매우 좁아져 1차원적인 선 물체로 근사할 수 있다. 따라서 점광원 대신 선퍼짐함수(LSF, Line Spread Function) $L(x_i)$를 다음과 같이 정의할 수 있다.

$$L(x_i) = \int_{-\infty}^{\infty} |h(x_i, y_i)|^2 dy_i \tag{5.36}$$

이때 상의 강도분포함수 $I(x_i)$는 다음과 같이 표현된다.

$$I(x_i) \propto \int_{-\infty}^{\infty} L(x_i - x_o) I_g(x_o) dx_o \tag{5.37}$$

여기서 $I_g(x_o) = \delta(x_o)$로 근사할 수 있으며, 이로써 상의 강도분포는 선퍼짐함수로 간주할 수 있다.

칼날을 사용하여 슬릿의 상을 횡방향으로 주사하면, 광 세기는 선분포함수의 적분이 되므로 가장자리퍼짐함수(ESF, Edge Spread Function)를 구할 수 있으며, 다시 미분하면 선퍼짐함수가 된다.

$$E(x_i) = \int_{-\infty}^{x_i} L(x_i) dx_i \tag{5.38}$$

$$L(x_i) = \frac{dE(x_i)}{dx_i} \tag{5.39}$$

따라서 1차원적인 OTF $O(f_x)$는 $L(x_i)$의 푸리에 변환함수이며, 복소수로 표현된다.

$$O(f_x) = \frac{\int_{-\infty}^{\infty} L(x_i) \exp[j2\pi f_x x_i] dx_i}{\int_{-\infty}^{\infty} L(x_i) dx_i} = MTF(f_x) \exp[-i(PTF(f_x))] \tag{5.40}$$

광전달함수의 진폭은 변조전달함수, 위상은 위상전달함수를 의미한다. 변조전달함수는 공간주파수 0에서 1로 규격화되며, 한계 공간주파수에서는 0이 된다. 그림 5-6은 가장자리퍼짐함수(ESF)와 선퍼짐함수(LSF) 및 광전달함수(OTF)의 관계를 보여준다.

위상전달함수는 광학계의 위상 왜곡을 나타내며, 기준 좌표계에서 특정한 공간주파수 물체에 대한 상의 위치 변화를 의미한다. 따라서 수차가 없으면 모든 공간주파수에서 위상은 0이다.

수차가 없지만 초점이동이 있으면 위상은 공간주파수에 비례하여 증가하며, 수차가 있으면 특정 공간주파수를 중심으로 그림 5-7과 같이 주기적으로 변한다.

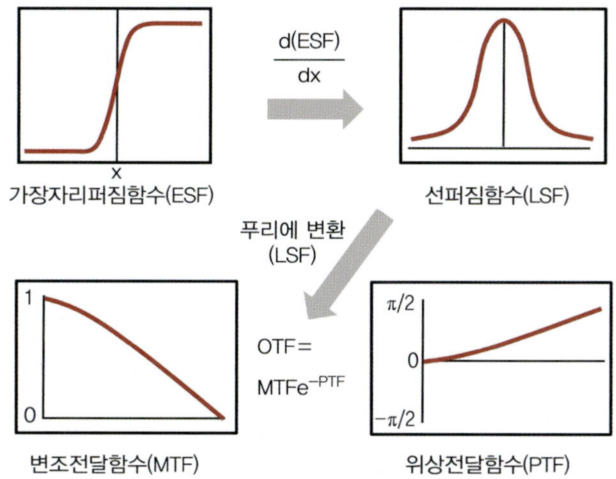

그림 5-6 ESF와 LSF 및 OTF의 관계

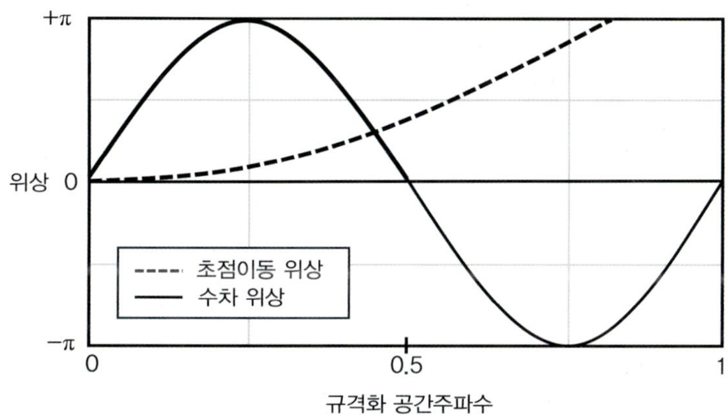

그림 5-7 초점이동과 수차가 있는 광학계의 위상전달함수

5) 공간주파수

공간주파수(spatial frequency)란 공간상에서 반복되는 패턴의 밀도, 즉 단위길이(mm)당 밝기 변화가 몇 번 반복되는지를 나타내는 물리량이다. 일반적으로 다음과 같이 정의된다.

$$f = \frac{1}{d_o} \tag{5.41}$$

여기서 f는 공간주파수(단위: cycles/mm 또는 line pairs per mm, lp/mm), d_o는 패턴의 주기(단위:

mm)이다. 예를 들어, 흑백 줄무늬가 1 mm에 5쌍(line pairs)이 반복된다면, 공간주파수는 5 lp/mm이다.

또한 관측자가 일정 거리에서 물체를 볼 경우, 공간주파수는 시야각을 기준으로 한 주파수(각도 공간주파수)로 변환되며, 다음과 같이 표현된다.

$$f_\theta = \frac{1}{\theta} = \frac{a}{d_o} \tag{5.42}$$

여기서 θ는 물체가 차지하는 시야각, a는 관측 거리이며, 단위는 cycles/radian 또는 cycles/mrad이다. 원거리 물체는 θ가 작기 때문에 각도 단위로 표현하는 것이 적절하며, 이는 망원경, 위성 관측 등에 자주 사용된다.

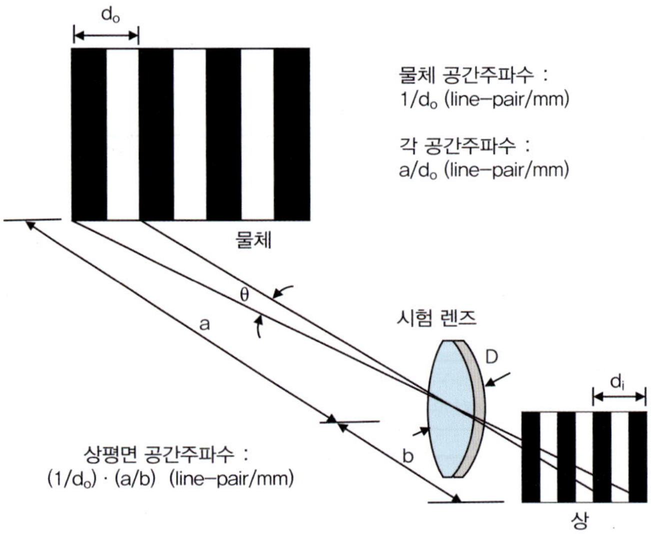

그림 5-8 광학계에 의한 물체와 상면에서의 공간주파수

광학계의 배율 $M(b/a)$에 따라, 물체의 공간주파수는 상면에서 다음과 같이 변환된다.

$$f' = M \cdot f \tag{5.43}$$

여기서 f'는 상면(이미지 평면)에서의 공간주파수이다.

자연에 존재하는 모든 물체는 사인파처럼 밝기가 공간적으로 변하며, 이는 공간주파수로 분해할 수 있다. 그림 5-9처럼 일정한 공간주파수를 갖는 물체의 밝기는 위치에 따라 변하며, 밝기의 최댓값 I_{max}과 최솟값 I_{min}의 차이는 변조(modulation)로 정의된다.

$$M = \frac{I_{max} - I_{min}}{I_{max} + I_{min}} \tag{5.44}$$

만약 최솟값이 0이면 변조는 1이 되며, 최댓값과 최솟값 차이가 없으면 변조는 0이 된다. 변조가 0이라는 것은 공간적으로 밝기 변화가 없다는 뜻이므로, 상이 형성되지 않는다.

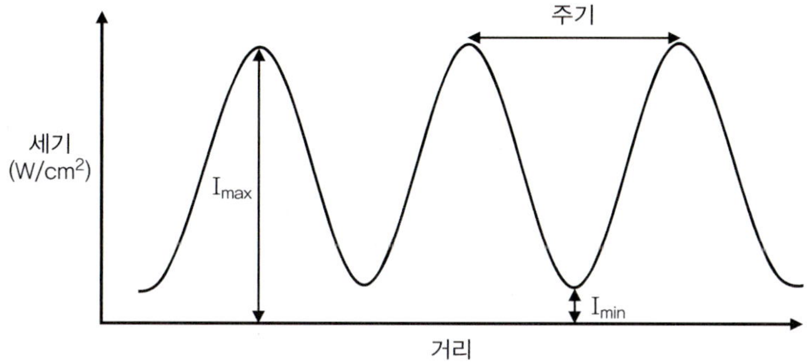

그림 5-9 일정한 공간주파수 패턴의 광도 변화와 변조의 개념

광학계는 설계 구조와 수차에 따라 특정 공간주파수까지의 정보만 정확히 전달할 수 있으며, 이 최대 공간주파수를 컷오프 주파수(cutoff frequency)라고 한다. 광학계가 그림 5-10과 같이 서로 다른 공간주파수 패턴에 대해 상을 어떻게 형성하는지 시각적으로 표현하면, 광학계의 공간주파수에 따른 성능을 효과적으로 평가할 수 있다. 일반적으로 공간주파수가 높을수록(패턴이 세밀할수록) 변조는 감소하며, 공간주파수에 따른 변조 응답을 측정하면 광학계의 해상력과 품질을 정량적으로 평가할 수 있다.

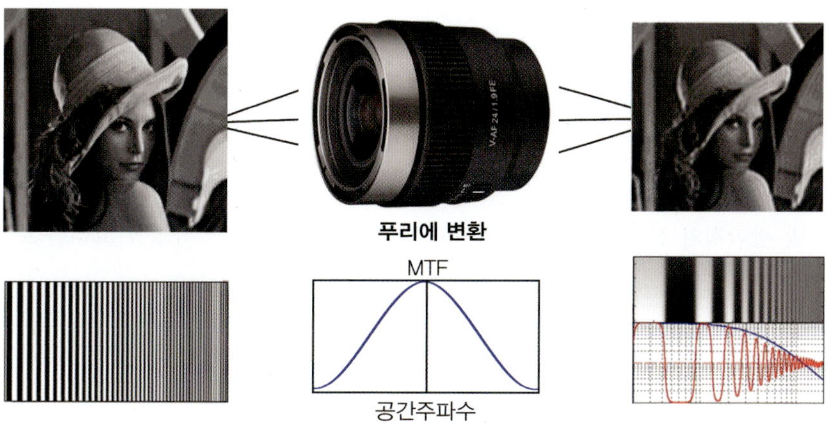

그림 5-10 광학계의 공간주파수 전달에 의한 성능평가

6) 다색 광전달함수

다색 광원에서 사용되는 광학계의 성능은 광원, 시험 광학계, 광검출기 등의 분광 특성을 고려한 다색 광전달함수(POTF, Polychromatic Optical Transfer Function)로 나타낸다. 접근 방식은 시험 광학계의 관측자가 사람의 눈인 경우와, 필름이나 고체촬상소자(CCD)와 같은 물체를 시각적으로 인식하는 시각장비(machine vision)인 경우로 나눌 수 있다.

시각장비는 검출기의 분광 감응 특성을 고려하여 측정하면 된다. 그러나 디스플레이 광학계와 같이 사람의 눈을 통해 감지하는 시스템에서는 광학계의 다색 광전달함수와 사람의 눈에 의한 감도 및 지각 특성을 나타내는 대비민감함수(CSF, Contrast Sensitivity Function)도 함께 고려해야 한다.

먼저 시각장비에 대해 살펴보면, 전체 광학계의 분광 특성은 다음 요소들의 곱으로 표현할 수 있다.

$$R(\lambda) = R_s(\lambda) \cdot R_o(\lambda) \cdot R_d(\lambda) \cdot R_f(\lambda) \qquad \textbf{(5.45)}$$

여기서 $R(\lambda)$는 전체 광학계의 분광 특성, $R_s(\lambda)$는 광원의 분광 분포, $R_o(\lambda)$는 시험 광학계의 파장 응답, $R_d(\lambda)$는 광검출기(예: CCD)의 분광 감도, $R_f(\lambda)$는 사용된 필터의 파장 특성이다.

다색 광전달함수는 광학계의 파장별 선퍼짐함수(LSF)를 측정하여 단색 광전달함수를 구한 후, 전체 광학계의 분광 특성을 고려한 보정값을 곱하여 계산한다.

$$OTF(\lambda_i, f_x) = \frac{\int_{-\infty}^{\infty} LSF(\lambda_i, x_i)\exp(-2\pi i f_x x_i)dx_i}{\int_{-\infty}^{\infty} LSF(\lambda_i, x_i)dx_i} \qquad \textbf{(5.46)}$$

$$POTF(f_x) = \frac{\sum_{i=1}^{n} OTF(\lambda_i, f_x)R(\lambda_i)}{\sum_{i=1}^{n} R(\lambda_i)} \qquad \textbf{(5.47)}$$

또한 파장별 광학계의 선퍼짐함수를 측정하고, 전체 광학계의 분광 특성을 고려한 보정값을 곱하여 다색 선퍼짐함수(polychromatic LSF)를 구한 후, 이를 푸리에 적분하면 다색 광전달함수를 측정할 수 있다[25-27].

$$LSF(x) = \frac{\sum_{i=1}^{n} LSF(\lambda_i, x) R(\lambda_i)}{\sum_{i=1}^{n} R(\lambda_i)} \tag{5.48}$$

$$POTF(f_x) = \frac{\int_{-\infty}^{\infty} LSF(x_i) \exp(-2\pi i f_x x_i) dx_i}{\int_{-\infty}^{\infty} LSF(x_i) dx_i} \tag{5.49}$$

$$\int_{-\infty}^{\infty} LSF(\lambda_i, x_i) dx_i = 1 \tag{5.50}$$

이때 식 (5.48)에서 사용되는 선퍼짐함수는 식 (5.50)과 같이 규격화된다.

시각장비의 경우, 위의 두 가지 방법으로 다색 광전달함수를 각각 구할 수 있으며, $LSF(\lambda, x)$를 측정할 때는 필터의 파장 대역폭과 보정값을 고려해야 한다.

그림 5-11은 파장별 MTF 변화를 보여준다. 일반적으로 파장이 길수록 MTF가 작아지고, 짧을수록 MTF가 커진다. 광원이 여러 파장의 스펙트럼을 갖는 경우, λ_{max}는 가장 긴 파장이고, λ_{min}은 가장 짧은 파장이다.

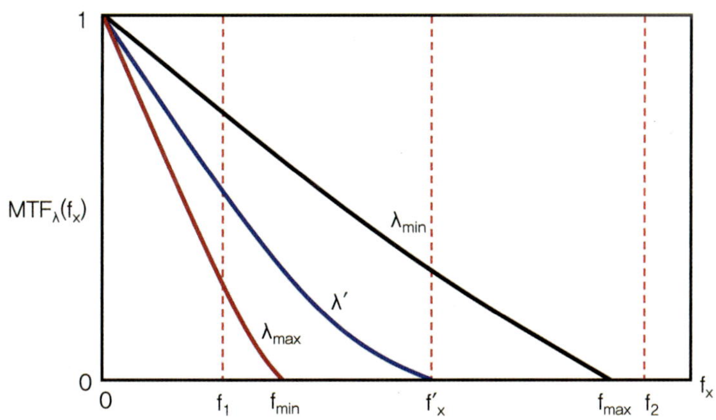

그림 5-11 파장에 따른 MTF 변화

디스플레이 광학계와 같이 사람의 눈을 통해 감지되는 시스템에서는 CSF와 시감 효과를 고려한 PMTF를 구해야 한다. 그림 5-12는 사람 눈의 구조와 축상에서 공간주파수에 따른 시각계의 지각 능력을 나타낸 대비민감함수(CSF)이다[24-26].

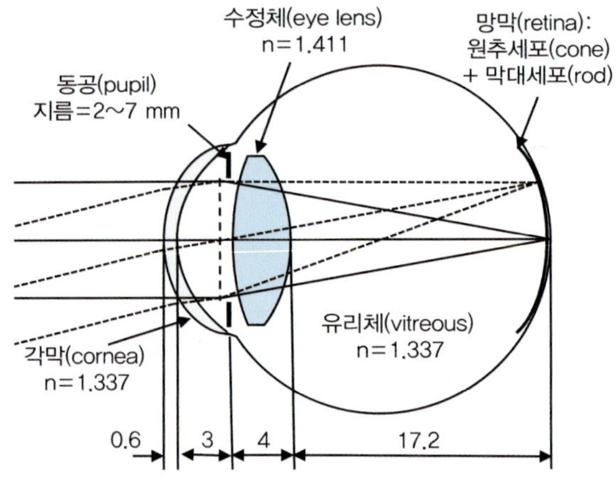

(a) 눈의 구조

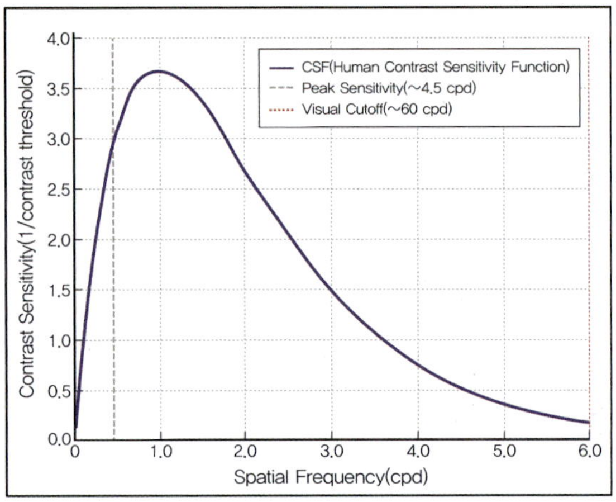

(b) 눈의 CSF

그림 5-12 사람 눈의 구조와 대비민감함수(CSF)

사람 눈을 기하 광학적으로 모델링하면, 각막과 수정체는 집광 렌즈, 동공은 수차를 억제하는 조리개 역할을 한다. 망막은 휘어진 곡면 구조의 상면이므로 상면만곡 수차가 자연스럽게 상쇄될 수 있고, 넓은 시야각(약 160~170° 수평)을 확보할 수 있다. 색상을 감지할 수 있는 원추세포는 중심와(fovea) 부근에서 밀도가 200,000 cells/mm^2 이상으로 높지만, 시야각이 2°를 넘으면 급격히 감소한다. 반면, 색을 감지하지 못하는 원추세포는 중심와에는 거의 없고, 20° 부근에서 최고 밀도(약 150,000 cells/mm^2)에 도달하며, 공간 해상도는 낮지만 빛 감도는 매우 높다.

눈의 초점거리는 약 22 mm, 동공 지름은 평균 4 mm이므로 가시광(λ=550 nm) 영역에서 한계 공간주파수는 60 cpd(cycles/degree)이다. 중심 시야는 고해상도의 색상 감지가 가능하지만, 주변

시야는 낮은 해상도와 넓은 범위를 가진다. 망막의 원추세포 밀도를 기준으로 할 때, 시야각 1°는 약 0.29 mm(250 mm 명시거리 기준)에 해당하며, CSF의 각도 공간주파수 cpd(cycles/degree)는 0.29 × cycles/mm로 변환된다.

그림 5-12(b)는 중심 시야에 대한 CSF로, 한계 각도 공간주파수는 매우 높지만, 실제 비축에서는 CSF가 급격히 낮아져 고주파 물체를 감지할 수 없다. 사람 눈의 최고 감도 지점은 약 4.5 cpd 부근이며, 가장 작은 대비도 감지할 수 있다. 60 cpd 부근은 시각계의 이론적 분해능 한계로, 이를 초과하면 구분이 거의 불가능하다. 이 곡선은 VR/AR 디스플레이, 영상 시스템, 광학 설계에서 사람의 눈이 실제로 감지할 수 있는 해상도와 대비를 고려한 설계의 기준선으로 매우 중요하다.

그림 5-13은 VR(Virtual Reality) 광학계 개발에 가장 기초가 되는 사람 눈의 축상과 비축 MTF를 시각화한 것이다. 가로축은 공간주파수, 세로축은 시야각(−30°~+30°)을 나타내며, MTF가 밝을수록(MTF값이 높을수록) 대비 전달 성능이 우수하다. 주변 시야로 갈수록 높은 공간주파수에서 MTF가 급격히 감소하는데, 이는 비점수차, 코마 등 비축수차로 인한 성능 저하를 반영한 것이다.

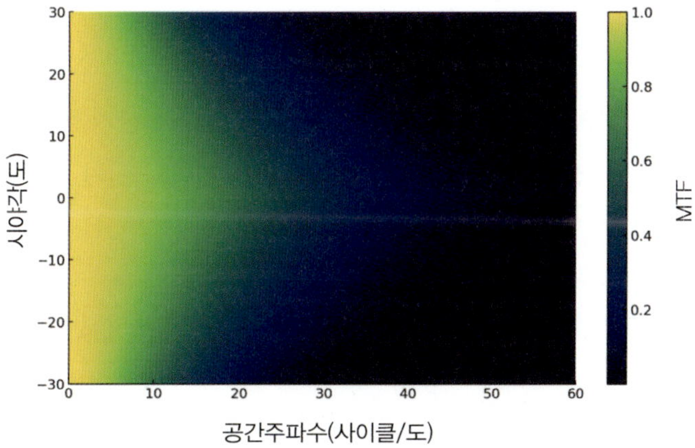

그림 5-13 사람 눈의 시야각에 따른 MTF

그림 5-14는 CIE(Commission Internationale de l'Éclairage, 국제조명위원회)가 1931년에 규정한 색일치함수(color matching functions)로, 사람의 색 지각 반응을 수학적으로 모델링한 것이다. 이 함수는 R(적색, 610 nm), G(녹색, 550~570 nm), B(파란색, 450 nm)에 대한 사람의 3자극치 $\overline{x}(\lambda)$, $\overline{y}(\lambda)$, $\overline{z}(\lambda)$를 바탕으로, 사람이 다양한 파장의 빛을 세 가지 기본 색상으로 어떻게 인식하는지를 정의한다.

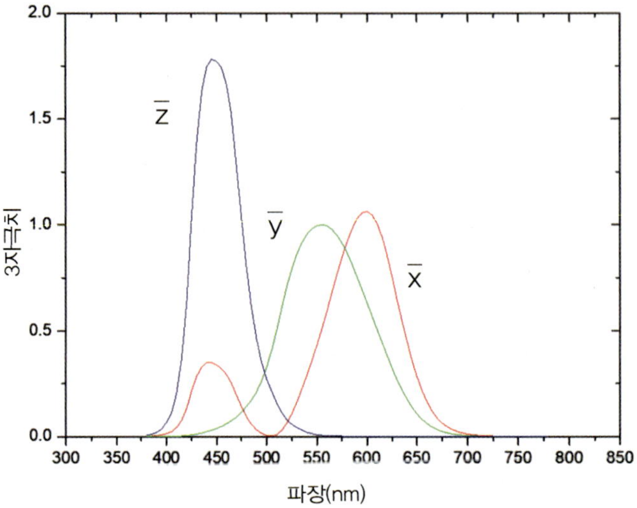

그림 5-14 CIE 1931 색일치함수(사람 눈의 색 감각 기준)

이러한 사람 눈에 대한 CSF와 색일치함수를 고려하여, R, G, B에 대한 POTF는 식 (5.50)과 같이 구할 수 있다. 앞서 설명한 CCD를 사용하는 시각장비의 $R(\lambda)$ 대신에 $CSF(f_x)\cdot\overline{x}(\lambda)$의 곱으로 변경된다. PMTF는 광학 성능을 나타내는 MTF와 사람 눈의 감각적 한계를 나타내는 CSF의 곱으로, 실제 사람이 인지할 수 있는 선명도를 나타낸다. 즉, PMTF는 사람의 인지 가능한 지각 MTF(perceptual MTF)이다.

$$POTF_x(f_x) = \frac{\sum_{i=1}^{n}\int_{-\infty}^{\infty} OTF(\lambda_i, f_x)CSF(f_x)\overline{x}(\lambda_i)d\lambda_i}{\sum_{i=1}^{n}\int_{-\infty}^{\infty} OTF(\lambda_i, 0)\overline{x}(\lambda_i)d\lambda_i} \quad (\text{Red})$$

$$POTF_y(f_y) = \frac{\sum_{i=1}^{n}\int_{-\infty}^{\infty} OTF(\lambda_i, f_y)CSF(f_x)\overline{y}(\lambda_i)d\lambda_i}{\sum_{i=1}^{n}\int_{-\infty}^{\infty} OTF(\lambda_i, 0)\overline{y}(\lambda_i)d\lambda_i} \quad (\text{Green})$$

$$POTF_z(f_z) = \frac{\sum_{i=1}^{n}\int_{-\infty}^{\infty} OTF(\lambda_i, f_z)CSF(f_x)\overline{z}(\lambda_i)d\lambda_i}{\sum_{i=1}^{n}\int_{-\infty}^{\infty} OTF(\lambda_i, 0)\overline{z}(\lambda_i)d\lambda_i} \quad (\text{Blue}) \qquad \textbf{(5.51)}$$

7) System MTF

System MTF는 하나의 카메라 시스템에서 발생하는 여러 전자광학 모듈(광학계, 센서, 영상처리장치, 디스플레이 등)의 공간주파수 응답을 모두 반영하여, 최종 영상 화질을 정량적으로 평가하는 지표이다. 즉, 광학계 MTF뿐만 아니라 CCD, 신호 처리 시스템, 모니터 등 각 요소의 MTF가 곱해져 전체 시스템 성능이 결정된다.

식 (5.20)에 따르면, 상의 공간주파수 스펙트럼은 물체의 스펙트럼과 광학계 스펙트럼의 곱으로 표현된다. 시스템 전체를 고려할 경우, 다음과 같이 변환된다.

$$G_i(f) = M_{optics}(f) \cdot M_{CCD}(f) \cdot M_{electronics}(f) \cdot M_{monitor}(f) \cdot G_o(f) \qquad \textbf{(5.52)}$$

여기서 $G_i(f)$는 최종 영상의 공간주파수 스펙트럼, $M_{optics}(f)$는 광학계의 MTF, $M_{electronics}(f)$는 전자신호 처리장치의 MTF, $M_{monitor}(f)$는 디스플레이 장치의 MTF, $G_o(f)$는 물체의 공간주파수 스펙트럼이다.

따라서 전체 시스템의 변조전달함수는 각 구성 요소의 MTF를 곱한 값으로 주어진다.

$$\begin{aligned} MTF_{system}(f) &= \frac{G_i(f)}{G_o(f)} \\ &= MTF_{optics}(f) \cdot MTF_{CCD}(f) \cdot MTF_{electronics}(f) \cdot MTF_{monitor}(f) \qquad \textbf{(5.53)} \end{aligned}$$

이 곱셈 구조로 인해, 한 요소라도 MTF가 낮으면 전체 시스템 성능이 저하된다. 특히, 높은 공간주파수 성분에서 각 요소의 MTF는 빠르게 감소하기 때문에 시스템 전체의 고해상도 성능도 제한을 받게 된다.

시스템 전체와 일부 구성 요소의 MTF를 알고 있다면, 특정 모듈의 MTF를 역산할 수 있다. 예를 들어, CCD의 MTF는 다음과 같이 구할 수 있다.

$$MTF_{CCD}(f) = \frac{MTF_{system}(f)}{MTF_{optics}(f) \cdot MTF_{electronics}(f) \cdot MTF_{monitor}(f)} \qquad \textbf{(5.54)}$$

이를 통해 특정 센서나 전자처리장치가 시스템 성능에 미치는 영향을 독립적으로 평가할 수 있다.

그림 5-15는 광학계 MTF가 다른 전자광학 모듈(예: CCD, 신호 처리장치, 디스플레이)의 MTF에 의해 점차 감소하는 과정을 보여준다. 이 곡선을 통해 다음을 확인할 수 있다. 광학계 MTF가 아무리 높아도, 센서나 신호 처리, 디스플레이가 이를 충분히 유지하지 못하면 최종 화질은 저하된다. 따라

서 전체 시스템 최적화가 필요하며, 고성능 센서와 신호 처리장치의 도입이 필수적이다.

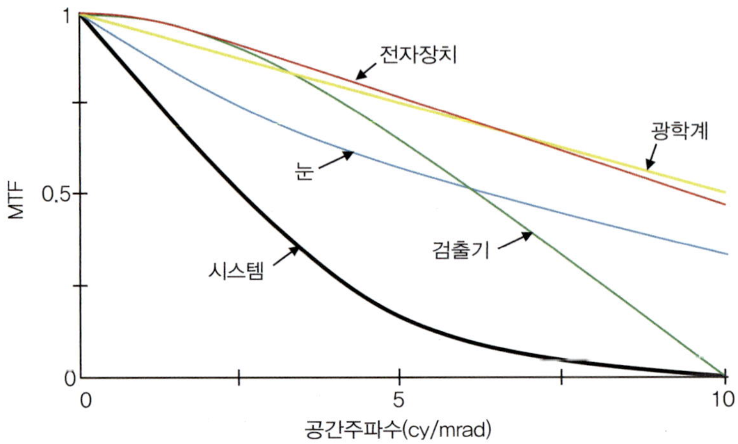

그림 5-15 광학계의 시스템 MTF

System MTF는 개별 모듈의 성능이 누적되어 최종 이미지 품질에 결정적인 영향을 주는 지표이다. 단일 모듈이 아닌 전체 시스템을 고려한 MTF 최적화가 중요하다. 특히, 광학계 설계뿐만 아니라, 센서 선택, 신호 처리 알고리즘, 출력장치의 품질까지 포함한 통합적 시스템 설계를 통해 우수한 영상 품질을 확보할 수 있다.

5.2 MTF 측정

1) 직접 측정

MTF는 광학계의 공간 해상도 성능을 정량적으로 표현하는 대표적인 지표이다. MTF 측정법은 크게 직접 측정법과 간접 측정법으로 나뉘며, 여기서는 직접 측정법에 대해 설명한다.

직접 측정법은 공간주파수를 알고 있는 시험용 물체(target)를 사용하여, 광학계를 통해 맺히는 상의 밝기 분포 또는 대비를 직접 측정하여 변조를 계산하는 방식이다. 공간주파수가 정해진 주기적인 패턴(예: sine 패턴 또는 bar 패턴)을 물체로 사용하며, 이 물체를 그림 5-16과 같이 광학계 앞에 놓고, 카메라 또는 센서로 이미지를 획득한다. 획득한 상의 밝기 또는 강도 분포를 분석하여 최댓값과 최솟값의 차이를 식 (5.44)를 이용해 변조값으로 계산한다. 이 변조값을 다양한 공간주파수에 대해 측정하면 MTF 곡선을 얻을 수 있다.

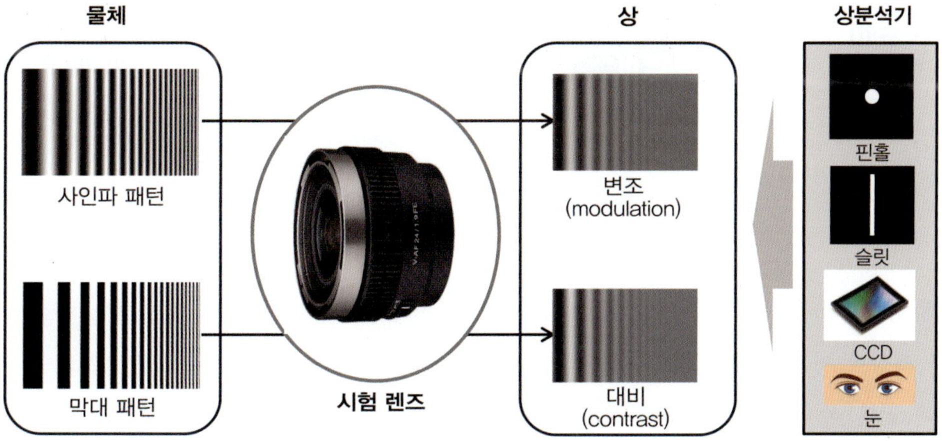

그림 5-16 주기적인 선 물체를 이용한 카메라 렌즈의 성능평가

투과율이 사인파가 아닌 선 물체의 변조는 대비로 표현된다. 이러한 선 물체는 자연적인 줄무늬 물체보다 제작이 쉬워 다양한 형태로 사용되고 있다. 다만, 이 방식은 공간주파수에 따른 위상변화는 나타내지 않는다. 과거에는 관측자가 상을 직접 보고 광학계 성능을 판단했지만, 최근에는 고해상도 CCD를 사용하여 디지털화된 측정 결과를 바탕으로 평가한다. 이에 따라 훨씬 더 객관적인

평가가 가능해졌다.

그림 5-17은 광산업체에서 흔히 사용하는 분해능 시험용 선 물체를 보여준다. (a)와 (b)는 미국 공군에서 개발한 USAF 1951 resolution test chart로, 가로 방향과 세로 방향의 3개 선으로 구성된다. 이때의 공간주파수는 그룹 번호 G와 물체 번호 E에 따라 다음과 같이 주어진다.

$$\xi\left(\frac{lp}{mm}\right) = 2^{\left[G+\left(\frac{E-1}{6}\right)\right]} \tag{5.55}$$

또한 (c)는 미국 표준연구소(NBS 1963)에서 제작한 시험용 물체로, 5개 선으로 구성되며 고해상도용 확대 물체가 사용된다. (d)는 별 모양의 물체로, 중앙에는 가장 높은 공간주파수를, 외곽으로 갈수록 낮은 주파수를 갖는다. 이 방식은 다양한 주파수의 성능을 한눈에 확인할 수 있으나, 정확한 주파수 구분은 어렵다.

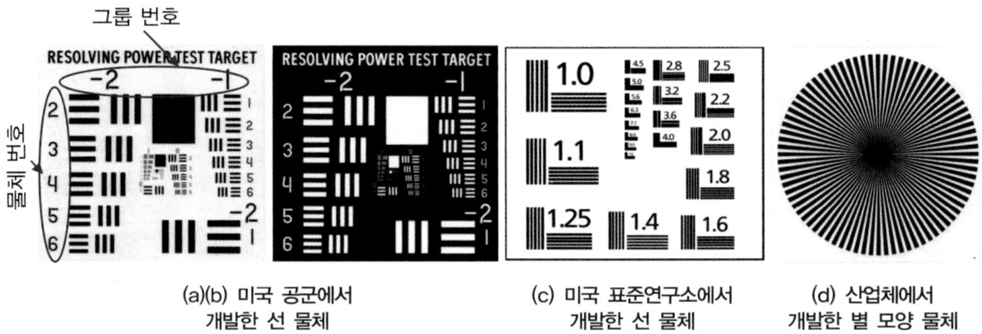

그림 5-17 광학계 분해능 시험용 물체

실제 성능시험에서는 그림 5-18과 같이 광학계의 시야각이나 디스플레이 비율(가로:세로)에 따라 다양한 해상도 차트를 배열하여 사용한다(예: 1:1, 4:3, 16:9 화면 비율에 맞춘 표준 차트). 특히, ISO 12233과 같은 국제 표준에 기반한 해상도 차트가 산업계에 보급되고 있으며, 여러 해상도와 대비 단계가 함께 표시되어 다양한 성능을 한눈에 비교할 수 있다.

이처럼 과거에는 관측자가 직접 육안으로 상을 확인하며 성능을 평가했지만, 최근에는 고해상도 CCD 또는 CMOS 센서를 통해 디지털화된 이미지를 획득한 후, 이를 컴퓨터로 분석함으로써, 객관적이고 정량적인 분석이 가능해졌다.

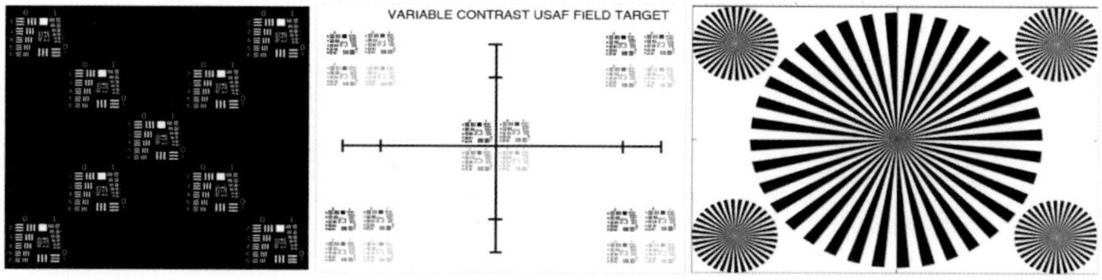

(a) 1:1 및 4:3 화면비 테스트용

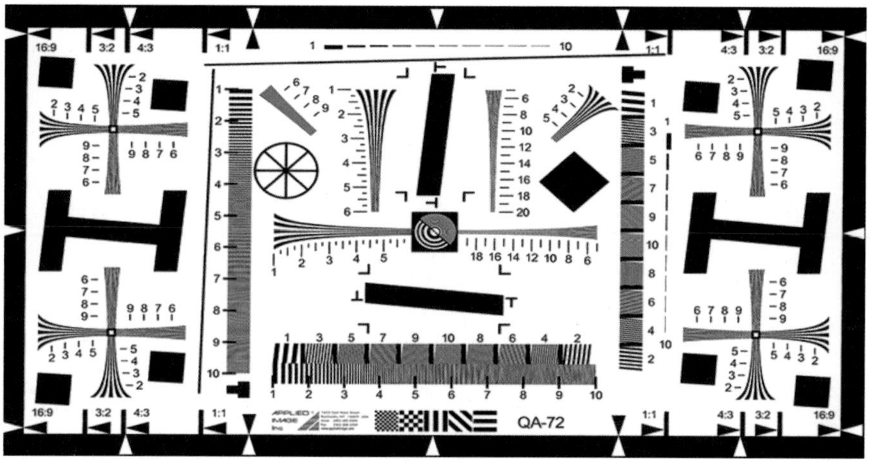

(b) ISO 12233 규격 기반 16:9 해상도 차트

그림 5-18 광학계 해상도 시험 차트

2) 간접 측정

간접 측정법은 직접적으로 주기적인 패턴에서 변조를 측정하는 대신, 점·선·면 물체에 대한 파면 응답(PSF, LSF, ESF 등)을 측정한 후, 이를 푸리에 변환하여 MTF를 계산하는 방법이다. 이 방식은 다양한 공간주파수에 대한 정보를 한 번에 얻을 수 있어, 고해상도 광학계에서 매우 유용하게 사용된다.

그림 5-19는 좁은 선(슬릿) 물체를 이용해 상에서의 선퍼짐함수(LSF)를 측정하고, 이를 푸리에 변환하여 MTF를 얻는 과정을 보여준다. 물체의 강도 분포와 상의 강도 분포 간의 합성곱 관계를 기반으로, 두 함수의 푸리에 스펙트럼 비율이 곧 광학계의 MTF가 된다.

$$MTF(f) = \frac{F[I_i(x)]}{F[I_o(x)]} \tag{5.56}$$

이론적으로 슬릿이 델타함수에 가까울수록($F[I_{object}] \approx 1$), 물체의 모든 공간주파수 성분이 균일하여 광학계 자체의 MTF를 직접 측정할 수 있다. 그러나 슬릿 폭이 너무 좁으면 광원의 광량이 낮아져 시험 광학계의 비축에서 선명한 상을 맺을 수 없다. 따라서 슬릿 폭은 충분히 넓게 설정해야 한다.

슬릿 폭이 a일 경우, 슬릿 자체의 MTF는 다음과 같은 sinc 함수로 표현된다.

$$MTF_{slit} = \frac{\sin(\pi f_x a)}{\pi f_x a} \tag{5.57}$$

이 함수는 공간주파수 0에서 값이 1이며, 이후 감소하는 특성을 갖는다. 측정된 MTF를 보정할 때는 슬릿의 sinc 함수를 나눈다.

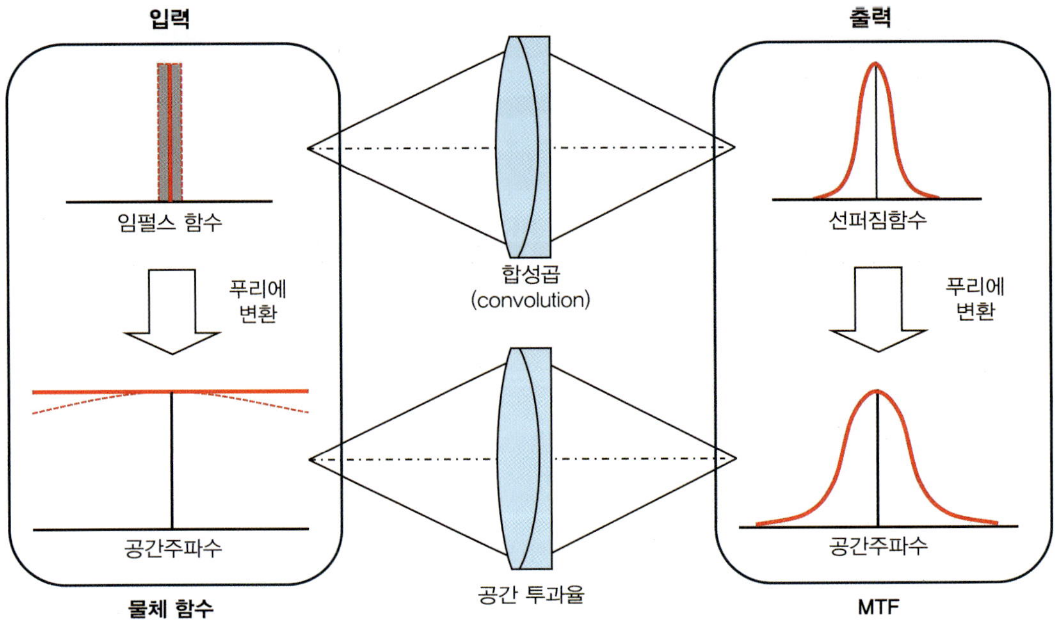

그림 5-19 푸리에 변환을 이용한 공간주파수 분석

그림 5-20은 슬릿 폭의 변화에 따른 MTF의 계산 결과를 보여준다. 일반적으로 슬릿 폭이 1~2 μm 이내일 경우 sinc 함수값이 0.99 이상이므로, 보정 효과는 미미하다. 그러나 비축 측정처럼 광량 확보를 위해 슬릿을 넓게 설정해야 할 경우, 슬릿 자체의 MTF 보정이 필수적이다.

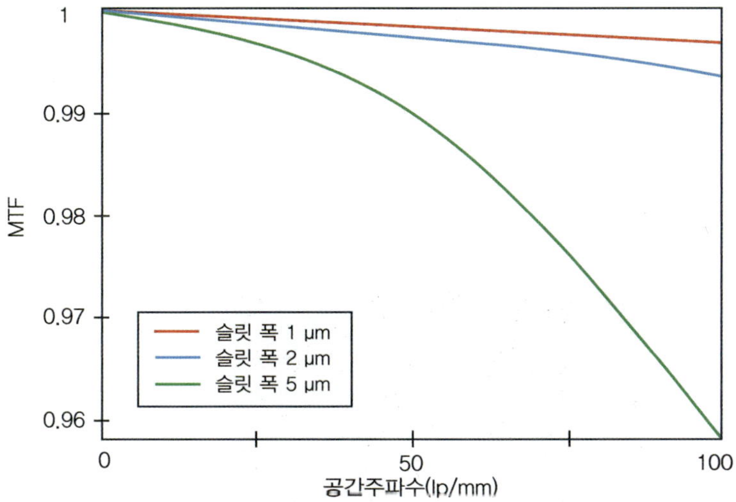

그림 5-20 슬릿 폭의 변화에 따른 MTF

그림 5-21은 광학계의 변조전달함수를 측정하는 방법을 보여준다. 핀홀, 슬릿, 칼날, 고기 꼬리 모양 칼날, 사각 물체 등을 사용하며, 슬릿, 칼날, 고기 꼬리 모양의 칼날, CCD를 상 스캐너로 사용할 경우, 물체들과 측정된 상 사이에는 미분과 적분의 관계가 성립한다.

핀홀이나 슬릿은 전통적으로 많이 사용되며, 슬릿과 칼날은 스캐너로도 구현할 수 있다. 또한 고기 꼬리 모양의 스캐너는 점 물체에 대해 45° 방향으로 왕복 이동함으로써 자오면과 구결면의 가장자리퍼짐함수를 한 번에 측정할 수 있다.

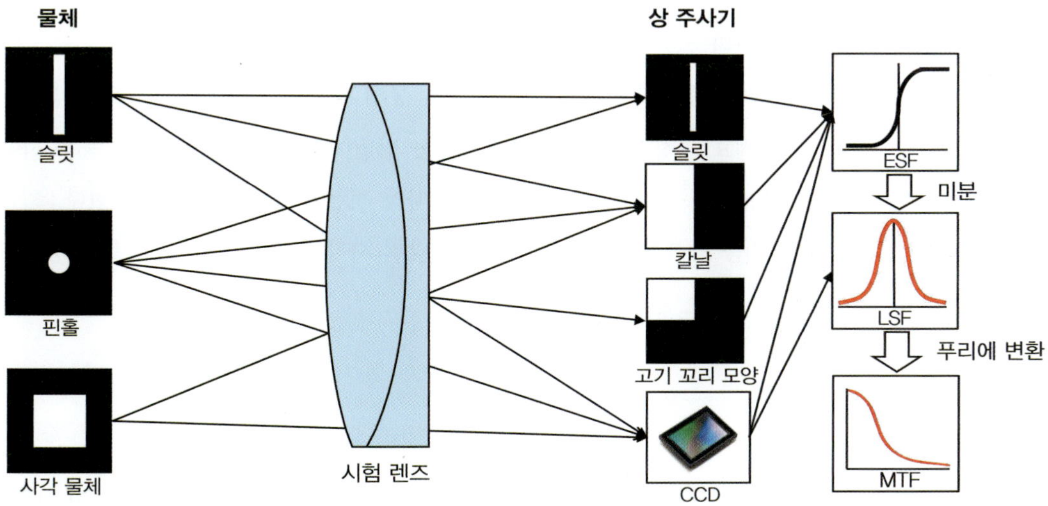

그림 5-21 간접 MTF 측정 방법

스마트폰 카메라 렌즈처럼 구경이 작고 비축 측정이 필요한 경우, 사각형 물체를 사용하면 충분한 광량을 확보할 수 있다. 그림 5-22는 균일하게 조명된 사각형 물체의 예로, 자오면과 구결면에서 동시에 가장자리퍼짐함수를 측정할 수 있다. 사각형 물체의 가장자리(edge)를 CCD로 주사하여 ESF를 측정하고, 이를 미분하여 LSF를 얻은 후 다시 푸리에 변환하여 MTF를 계산한다.

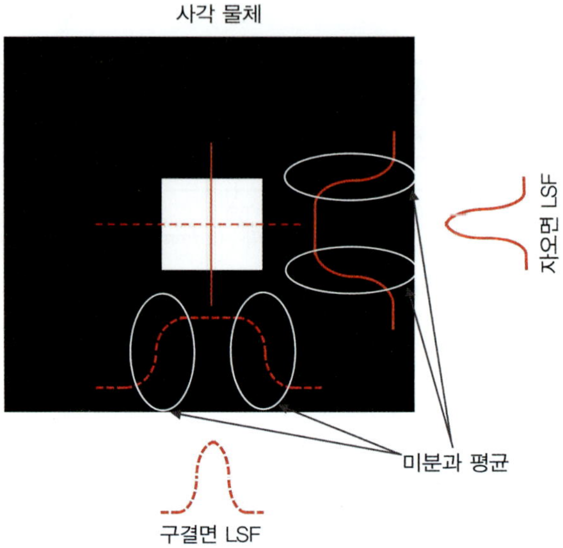

그림 5-22 사각 물체의 자오면과 구결면의 가장자리퍼짐함수 측정

이 방법의 단점은 사각형의 중심에서 벗어난 위치에서 측정되기 때문에 정렬 오차가 발생할 수 있다는 점이다. 따라서 한쪽 꼭짓점을 기준으로 정렬하거나, 자오면과 구결면 각각에서 ESF를 측정하여 평균값으로 보정해야 한다.

간접 측정법은 LSF, ESF, PSF 등의 측정과 푸리에 변환을 통해 광학계의 MTF를 유도하는 방식으로, 공간주파수 응답을 전체적으로 정밀하게 분석할 수 있는 방법이다. 슬릿, 칼날, 핀홀 등을 사용하여 상을 분석하는 다양한 방법이 있으며, 용도와 상황에 따라 적절한 방법을 선택해야 한다. 최근에는 스마트폰 렌즈, 소형 비축 광학계 등 다양한 용도에 맞춰 사각 물체 기반의 ESF 측정 방식도 자주 사용되고 있다.

3) MTF와 CTF

MTF와 CTF는 모두 광학계의 공간주파수 응답 특성을 나타내는 지표이다. 두 함수 모두 시스템의 해상력을 평가하는 데 사용되지만, 정의 방식과 적용 범위에서 표 5-1과 같이 차이가 있다.

표 5-1 MTF와 CTF의 정의 및 개념 비교

<table>
<tr><th>항목</th><th colspan="2">MTF(변조전달함수)</th><th>CTF(대비전달함수)</th></tr>
<tr><td>정의</td><td>밝기 변조의 전달 특성</td><td>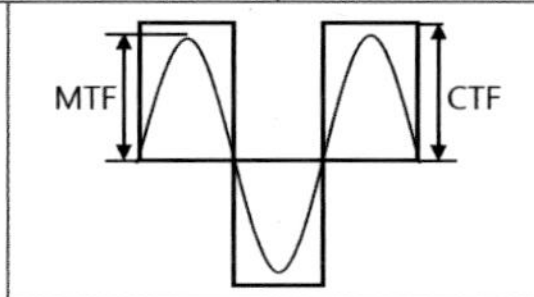
</td><td>밝고 어두운 선 사이의
대비 전달 특성</td></tr>
<tr><td>계산 방식</td><td colspan="2">푸리에 변환 기반, 진폭과 위상 포함</td><td>실제 선 대비를 측정하여 계산, 위상 미포함</td></tr>
<tr><td>출력 결과</td><td colspan="2">연속적인 주파수 함수</td><td>이산적이며 구간별 수치</td></tr>
<tr><td>포함 요소</td><td colspan="2">진폭과 위상(정확한 광학 평가 가능)</td><td>진폭만 고려(간단한 근사값)</td></tr>
<tr><td>용도</td><td colspan="2">고정밀 광학계(카메라, 현미경, 우주 광학계 등)</td><td>단순 성능평가, 전자현미경, 군용장비 등</td></tr>
</table>

무수차 광학계에서 MTF와 CTF는 이론적으로 식 (5.58)과 같은 관계가 있다. 공간주파수가 증가하면 CTF가 MTF보다 약간 큰 값을 가지며, 특히, 한계 공간주파수의 1/3 이상에서 이 관계는 첫째 항만으로도 충분히 근사될 수 있다. 즉, 고주파 영역에서는 $\mathrm{CTF} \approx 1.27 \times \mathrm{MTF}$ 이다.

$$MTF(f) = \frac{\pi}{4}\left[CTF(f) + \frac{1}{3}CTF(3f) - \frac{1}{5}CTF(5f) + \ldots\right]$$

$$CTF(f) = \frac{4}{\pi}\left[MTF(f) - \frac{1}{3}MTF(3f) + \frac{1}{5}MTF(5f) - \ldots\right] \qquad \textbf{(5.58)}$$

광학계에 수차가 존재하면 성능이 저하되어 MTF와 CTF는 무수차 광학계보다 낮은 값을 갖게 된다. 그림 5-23은 무수차 광학계와 수차 광학계에서의 MTF와 CTF 곡선을 비교한 것이다. 무수차 광학계는 MTF와 CTF가 모두 큰 값을 가져, 이론적인 최대 해상력에 접근한다. 반면, 구면수차, 비점수차, 코마 등 수차가 있는 경우 두 함수 모두 값이 감소하며, 특히 MTF는 위상정보까지 반영하므로 수차의 영향을 더 민감하게 나타낸다. CTF는 위상변화를 고려하지 않기 때문에, 수차가 있어도 단순한 대비 측정으로 접근할 수 있다.

MTF 측정은 일반적으로 푸리에 기반의 간접 측정법(예: 칼날, 슬릿) 또는 직접 측정법을 사용하며, 공간주파수 전 영역에서 연속적인 성능을 분석할 수 있다. 반면, CTF 측정은 제한된 공간주파수를 가지는 바(bar) 패턴을 사용해 실제 밝기 대비를 측정하고 각 주파수에서의 선명도를 평가한다. 전체 곡선은 보간법을 사용해 연속 곡선으로 구성한다.

CTF는 일반적으로 MTF보다 더 간단하게 계산되며, 위상이동이나 위상변화를 고려하지 않기 때문에 MTF 근사치로 사용할 수 있다. 따라서 CTF는 카메라나 현미경 같은 고해상도 광학계의 성능평가보다는 위상 왜곡을 고려하지 않는 전자현미경의 해상력 평가에 사용된다.

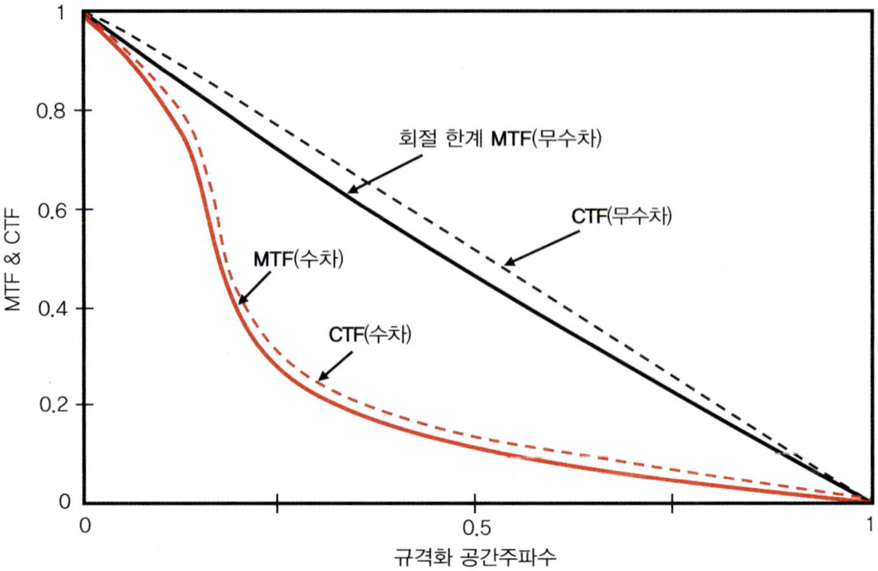

그림 5-23 무수차 광학계와 수차 광학계의 MTF와 CTF

4) 공간 표본 이론

공간 표본 이론(sampling theory)은 광학계에서 MTF를 정확히 계산하기 위한 측정 조건을 설정하는 데 필수적인 이론이다. 특히, 선퍼짐함수(LSF)나 점퍼짐함수(PSF)와 같은 유한한 범위의 데이터로부터 이산 푸리에 변환(DFT, Discrete Fourier Transform)을 적용할 때, 표본 간격과 측정 구간은 MTF의 품질에 결정적인 영향을 미친다.

표본 이론에 따라 측정 구간이 $-x$부터 $+x$까지로 설정된 경우, 공간주파수 해상도(분해능) δf_x는 다음과 같은 관계가 있다.

$$\delta f_x = \frac{1}{2x} \tag{5.59}$$

즉, 측정 범위가 넓을수록 공간주파수 해상도가 높아진다.

그림 5-24에서 측정 간격 δx가 정해졌을 때, 측정할 수 있는 최대 공간주파수 f_{max}는 다음 관계를 따른다.

$$f_{max} = \frac{1}{2\delta x} \tag{5.60}$$

따라서 측정 간격이 작을수록 더 높은 주파수까지 측정할 수 있다.

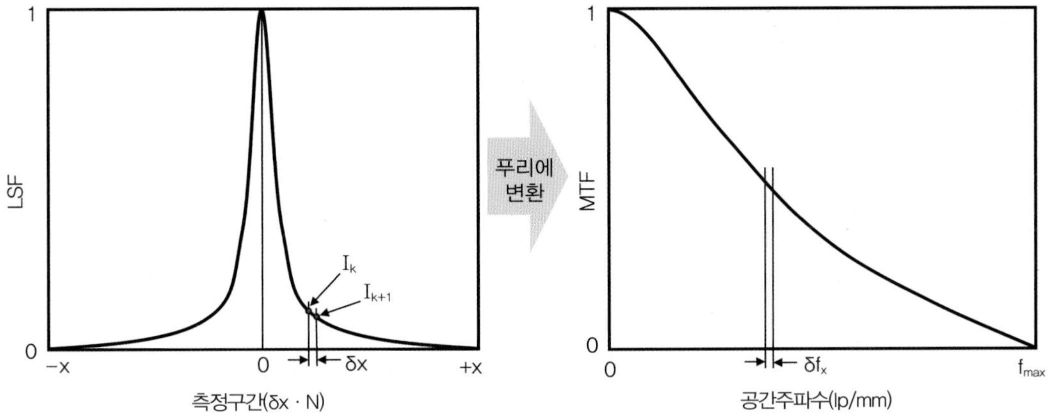

그림 5-24 푸리에 변환에 따른 표본과 공간주파수의 관계

광학계의 한계 공간주파수까지 측정하려는 경우, 위 식에서 $f_{\max} = f_{cut-off}$이며, 이때 측정 간격은 최소가 되어야 한다. 측정 구간과 간격은 MTF 계산 결과와 비교할 수 있도록 충분히 넓은 구간에서 최대 공간주파수를 구할 수 있는 간격보다 더 작게 설정해 데이터 수를 늘리는 것이 중요하다. 예를 들어, 상을 ±1 mm 범위에서 10 μm 간격으로 측정하면, 푸리에 변환를 통해 MTF를 공간주파수 1 lp/mm 간격으로 최대 50 lp/mm까지 계산할 수 있다.

실제 측정에서는 선퍼짐함수를 유한 개수의 이산 데이터로 수집하며, 이때 MTF는 다음과 같이 DFT로 계산한다.

$$|MTF(f_x)| = \frac{\sqrt{\left(\sum_{k=0}^{N} I_k \cos(2\pi f_x \delta x k)\right)^2 + \left(\sum_{k=0}^{N} I_k \sin(2\pi f_x \delta x k)\right)^2}}{\sum_{k=0}^{N} I_k} \quad \textbf{(5.61)}$$

여기서 I_k는 k번째 측정 위치의 강도값, x_k는 위치이며 $k \cdot \delta x$이고, f_n는 공간주파수이며 $n \cdot \delta f_x$이다. 시험 광학계의 배율이 m일 경우, 실제 측정 간격은 $\delta x_{actual} = \delta x/m$이 되며, 공간주파수는 $f_{actual} = f \cdot m$이다. 따라서 식 (5.61)의 결과는 배율에 맞게 보정해야 정확한 MTF 계산이 가능하다.

데이터 수가 부족하거나 측정 간격이 넓으면, 그림 5-25와 같이 고주파 영역의 MTF가 부정확하게 나타날 수 있다. 특히, 고해상도 분석이 필요한 경우 더 세밀한 간격으로 많은 데이터를 수집해야 한다. 실제 측정에서는 보간법을 통해 측정값을 보강하여 샘플 수를 2배로 늘리는 방법도 자주 사용된다.

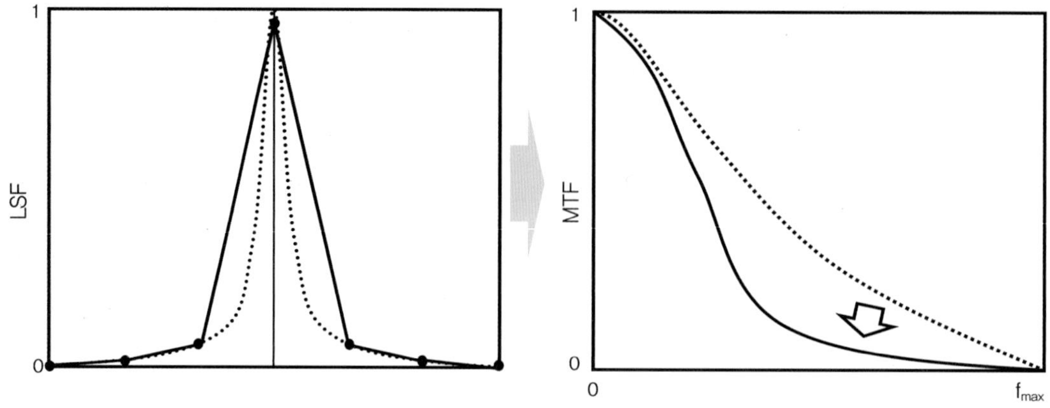

(a) 샘플링 불충분 (b) MTF 저하

그림 5-25 표본 데이터 개수와 MTF의 관계

공간 표본 이론은 MTF 계산을 위한 측정 설계의 핵심 요소이다. 고주파수까지 정확한 MTF 분석을 위해서는 충분히 넓은 측정 구간과 미세한 측정 간격을 확보해야 한다. 이산 푸리에 변환을 이용한 MTF 계산 시, 배율 보정과 보간 처리를 통해 신뢰도 높은 결과를 얻을 수 있다.

5) Nyquist 공간주파수

나이퀴스트(Nyquist) 공간주파수는 디지털 이미지 센서를 사용할 때, 정확하게 측정할 수 있는 최대 공간주파수를 의미한다. 이는 광학계에서 형성된 아날로그 상을 CCD, CMOS 등의 디지털 센서가 샘플링할 때 발생할 수 있는 왜곡(예: aliasing, 모아레, 색 번짐)을 방지하기 위한 중요한 기준이다.

CCD나 CMOS 센서는 일정 간격(p)의 화소를 가지고 있으며, 아날로그 상을 이산 샘플(표본)로 변환한다. 이때 샘플링 간격 p에 따라 영상 내 공간주파수 성분을 얼마나 정확하게 표현할 수 있는지가 결정된다.

디지털 샘플링에서의 공간주파수는 화소 간격 또는 주기의 역수로 정의된다.

$$f_{sampling} = \frac{1}{p} \tag{5.62}$$

그러나 높은 공간주파수에서는 엘리어싱(aliasing) 현상이 발생하므로, 표본 공간주파수의 1/2 이하에서 정확하게 측정할 수 있다. 이때 공간주파수를 Nyquist 공간주파수라고 하며, 다음과 같이 표현된다.

$$f_{Nyquist} = \frac{f_{sampling}}{2} = \frac{1}{2p} \tag{5.63}$$

여기서 p는 추출 간격이며, 단위는 mm 또는 μm이다.

그림 5-26은 화소 간격과 샘플링 사례를 보여준다. (a)는 화소 간격이 매우 작아, 모든 공간주파수 성분을 정확하게 표현할 수 있는 경우이다. 이때는 MTF 손실이 적다. (b)는 샘플링 주기가 물체 주파수의 1/2로, 이론적 최대 해상도에 해당한다. (c)는 화소 간격이 너무 커 엘리어싱 현상이 발생하는 경우로, 센서의 샘플링 속도가 너무 낮아 고주파 성분이 왜곡되어 잘못된 저주파 신호처럼 나타나는 현상이다. 이로 인해 모아레 패턴, 이미지 왜곡, 잘못된 해상도 판단 등이 발생할 수 있다.

예를 들어, 화소 피치가 10 μm인 경우 $f_{Nyquist}$ =50 lp/mm이며, 이보다 높은 공간주파수를 갖는 세밀한 상은 모아레 패턴이나 왜곡이 발생하여 정확한 영상 표현이 어렵다.

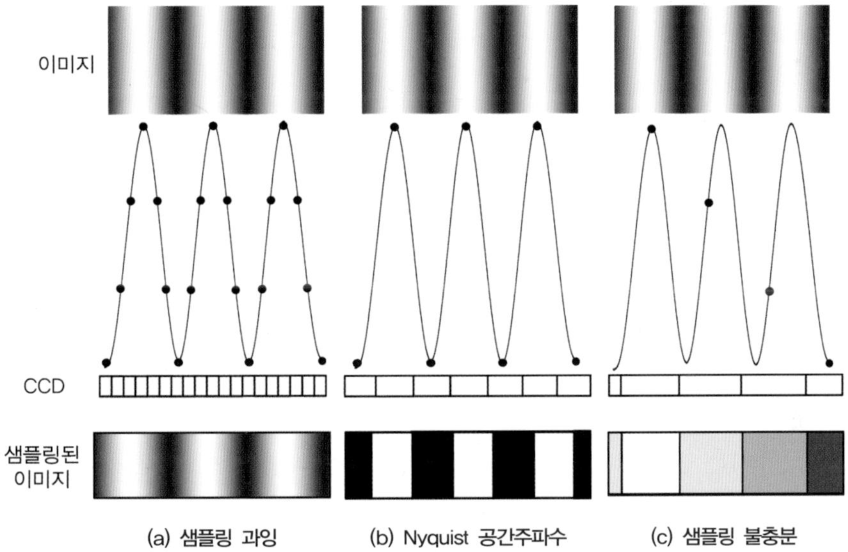

그림 5-26 CCD 화소 간격에 따른 샘플링

Nyquist 공간주파수는 센서 화소 간격의 1/2로 정의되며, 이 주파수를 초과하는 정보는 정확하게 측정되지 않는다. 이러한 고주파 성분은 엘리어싱 현상을 일으켜 이미지 품질 저하 및 해석 오류를 발생시킨다. 따라서 MTF 측정, 광학 설계, 센서 선택 시 항상 Nyquist 기준을 고려해야 하며, 필요에 따라 안티-엘리어싱 필터나 오버샘플링 기법을 병행하여 정확도를 확보해야 한다.

6) CCD의 MTF

CCD 센서는 영상의 강도 분포를 디지털 신호로 변환하는 과정에서 다양한 요소의 영향을 받으며, 이때 CCD 자체의 MTF는 전체 시스템의 해상도에 큰 영향을 미친다. CCD의 MTF는 주로 화소 크기, 샘플링 간격, 마이크로 렌즈 성능, 전하 확산 등에 의해 결정되며, 여기서는 공간적 요소에 의한 모델을 중심으로 설명한다.

CCD의 MTF는 다음 세 요소의 곱으로 표현된다.

$$MTF_{CCD}(f) = MTF_p(f) \times MTF_{sampling}(f) \times MTF_m(f) \tag{5.64}$$

여기서 f는 공간주파수, $MTF_p(f)$는 화소의 물리적 구조에 의한 MTF, $MTF_{sampling}(f)$는 개별 화소의 표본 과정에 의한 MTF, $MTF_m(f)$는 마이크로 렌즈의 MTF이다.

화소가 사각형이고, 마이크로 렌즈와 같은 크기라고 가정하면, 다음과 같이 사각 함수의 푸리에 변환인 sinc 함수로 나타낼 수 있다.

$$MTF_p(f) = \left| \frac{\sin(\pi pf)}{\pi pf} \right| = |\mathrm{sinc}(pf)| \tag{5.65}$$

여기서 p는 화소 피치이고, Nyquist 공간주파수는 $1/2p$이므로 $MTF_p(f_{Nyquist})$는 다음과 같다.

$$MTF_p(f_{Nyquist}) = \left| \frac{\sin(\pi/2)}{\pi/2} \right| = \frac{2}{\pi} \approx 0.637 \tag{5.66}$$

즉, Nyquist 주파수에서의 최대 이론적 화소 MTF는 약 0.637이다.

$MTF_{sampling}(f)$는 공간주파수가 Nyquist 공간주파수보다 작으면 1로 근사할 수 있다. 그러나 이를 초과하면 엘리어싱으로 인해 MTF가 급격히 감소한다.

$$MTF_{sampling}(f) = \begin{cases} 1, & f \le f_{Nyquist} \\ 0, & f > f_{Nyquist} \end{cases} \tag{5.67}$$

$f > f_{Nyquist}$ 영역에서는 엘리어싱이 발생하므로, 이 영역의 MTF는 무의미하거나 왜곡된 정보를 포함한다.

마이크로 렌즈는 화소에 집광하는 역할을 하며, 렌즈의 지름은 한 픽셀에 투영되는 빛의 범위를 제한하여 마이크로 렌즈가 해결할 수 있는 최고 해상도를 결정한다.
따라서 마이크로 렌즈의 MTF는 다음과 같이 가우시안 형태로 근사할 수 있다.

$$MTF_m(f) = \exp\left[-(\frac{f}{f_0})^2\right] \tag{5.68}$$

여기서 한계 공간주파수 f_0은 렌즈의 지름 d에 의해 다음과 같이 근사된다.

$$f_0 = \frac{1}{d} \tag{5.69}$$

결과적으로, Nyquist 주파수 이내에서 CCD의 전체 MTF는 다음과 같이 표현된다.

$$MTF_{CCD}(f) = \left|\frac{\sin(\pi pf)}{\pi pf}\right| \cdot \exp\left[-(\frac{f}{f_0})^2\right] \tag{5.70}$$

이는 화소 구조와 렌즈 집광 성능을 함께 고려한 결과로, MTF 곡선은 보통 저주파에서 1로 시작하여 중·고주파에서 점차 감소하는 형태를 띤다.

예를 들어, 화소 크기가 5 μm일 경우 Nyquist 공간주파수는 100 lp/mm이다. 마이크로 렌즈의 지름이 화소 크기와 동일하면 f_0는 200 lp/mm가 되며, 이로 인해 마이크로 렌즈와 화소는 동일한 Nyquist 주파수를 가진다.

그림 5-27은 이러한 조건에서 계산된 MTF 곡선을 보여준다. 화소 MTF는 1에 매우 가깝게 유지되는데, 이는 화소 해상도가 주어진 공간주파수에서 제한되지 않음을 의미한다. 마이크로 렌즈의 MTF는 공간주파수가 증가함에 따라 감소하며, 이는 한계 공간주파수에 의해 결정되는 더 높은 공간

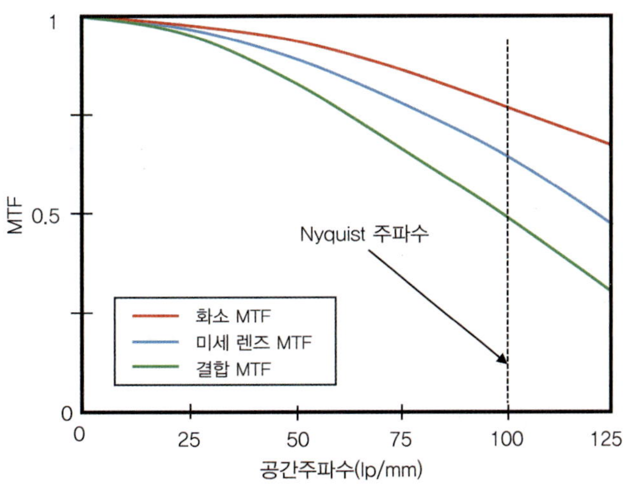

그림 5-27 CCD의 마이크로 렌즈와 화소에 의한 MTF

주파수에서 광학계의 한계를 반영한다. 결합 MTF 역시 공간주파수가 높을수록 감소하는데, 이는 광학계 고주파 성분의 분해능 저하로 인한 것이다.

7) Sub-pixel sampling

Sub-pixel sampling은 CCD 센서에서 슬릿과 같은 선 물체의 상의 광도 분포를 측정할 때, 화소 크기 이하의 정확도로 데이터를 수집하여 더욱 정확한 MTF 측정을 수행하는 기술이다. 화소 크기가 매우 작아 고해상도 센서에서 발생할 수 있는 미세한 정렬 오차나 샘플링 부족 문제를 효과적으로 개선한다.

그림 5-28과 같이, 상과 화소의 정렬에 따라 MTF가 달라진다. 예를 들어, 상이 화소 중심에 정확히 정렬되면 최대 광도가 기록되지만, 상의 중심이 화소 경계를 벗어나면 광도 분포가 양쪽 화소에서 감지되어 광도는 낮아지고, 분포 폭은 두 배로 넓어진다. 슬릿의 상은 구경에 의한 회절이나 수차의 영향을 받기 때문에, 정확한 MTF 측정을 위해서는 화소 간격보다 더 미세한 간격으로 광도 분포를 측정해야 한다.

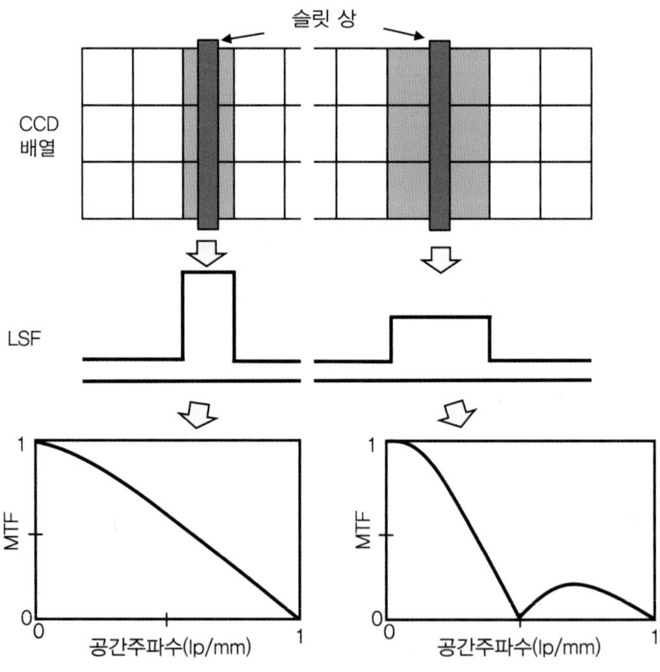

그림 5-28 CCD에서 슬릿 위치에 따른 MTF 변화

정확한 선퍼짐함수(LSF)를 측정하기 위해, 화소 간격 이하로 광도 분포를 측정하는 방법은 다음과 같다. 첫째, 보간법을 사용하는 방법이다. 측정 데이터의 수를 2배로 늘려 화소 간격의 1/2로 광도 분포를 계산함으로써, 디지털화된 데이터를 기반으로 추가 데이터를 예측하여 세밀하게 샘플링할 수 있다.

둘째, 고배율 렌즈를 사용하여 상을 확대하는 방법이다. 현미경 대물 렌즈처럼 높은 한계 공간주파수를 가지는 렌즈를 사용하여 상을 확대하고, 이를 CCD로 측정한다. 예를 들어, 배율이 5배 또는 10배인 렌즈를 사용하면 각각 화소 간격의 1/5 또는 1/10로 광도 분포를 측정할 수 있다. 배율이 클수록 CCD 화소의 세밀한 부분을 더 정확하게 측정할 수 있지만, 시험 광학계의 MTF가 매우 낮지 않으면 보정을 통해 최종값을 조정해야 한다.

셋째, 칼날 물체를 기울여 측정하는 방법이다. 그림 5-29와 같이 칼날 물체를 약간 기울이면, CCD의 화소와 겹치는 면적이 달라져, 각 화소에서 다양한 위치의 광도 분포를 측정할 수 있다. 이 기법은 가로줄 화소에 따라 겹치는 면적이 달라지므로 화소 모양이 4줄마다 반복되며, 4개 줄에서 측정한 결과를 평균하여 1/4 간격으로 광도 분포를 얻을 수 있다. 기울기 각도를 줄이면 측정 간격을 더욱 세밀하게 조절할 수 있으며, 표본 이론에 따라 최적의 기울기 간격을 설정해야 한다.

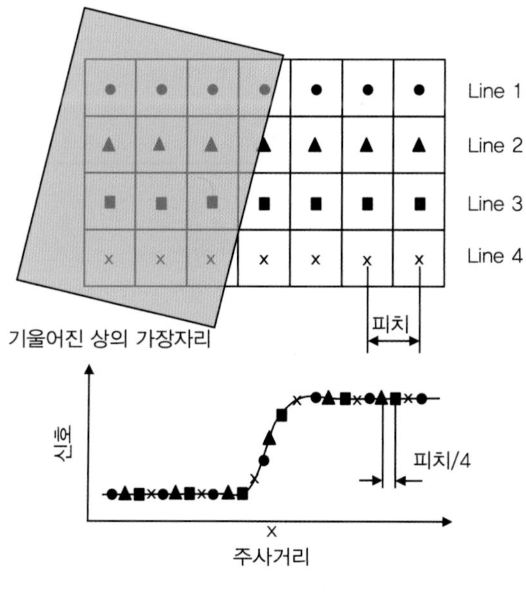

그림 5-29 칼날 물체에 대한 sub-pixel 주사 방법

Sub-pixel sampling에서 중요한 점은 샘플링 간격을 적절하게 설정하는 것이다. 최적의 추출 간격을 설정하려면, 시험 광학계의 한계 공간주파수를 고려해야 하며, 최적의 회전 각도나 기울기

각도를 선택하여 엘리어싱 현상을 방지하고 정확한 MTF를 측정을 수행해야 한다.

Sub-pixel sampling은 CCD 센서에서 슬릿이나 칼날 물체의 상을 더욱 정확하게 측정하기 위한 핵심 기술이다. 이를 통해 얻은 정확한 선퍼짐함수를 MTF 계산에 활용하면, 고해상도 영상 분석이 가능해진다. 주요 방법으로는 보간법, 고배율 렌즈 사용, 칼날 물체 기울이기 등이 있으며, 각 방법은 공간주파수에 대한 정확한 측정을 위해 조정이 필요하다.

8) 비축 MTF

비축 MTF는 물체가 광축에서 벗어난 지점에 있을 때, 자오면(sagittal plane)과 구결면(tangential plane)에서 변조가 서로 나르게 나타나는 현상을 설명한다. 비축에서 측정된 MTF는 이상적인 광축 물체의 MTF와 비교했을 때 수차, 특히 비점수차로 인해 성능이 저하된다.

비점수차는 물체가 광축에서 벗어날 때 발생하는 비대칭적인 초점 변화로, 자오면과 구결면에서 각각 다른 초점 위치와 변조를 나타낸다. 이로 인해 두 면의 MTF가 서로 다르게 나타나며, 광축에서 멀어질수록 광학계의 해상도는 점차 저하된다.

자오면 MTF는 선 물체가 수직 방향으로 정렬된 상태에서 자오면상의 변조를 측정한다. 반면, 구결면 MTF는 선 물체가 수평 방향으로 정렬되어 있으며, 구결면상에서의 변조를 측정한다. 이때의 MTF 역시 비점수차로 인해 변조 특성에 영향을 받는다.

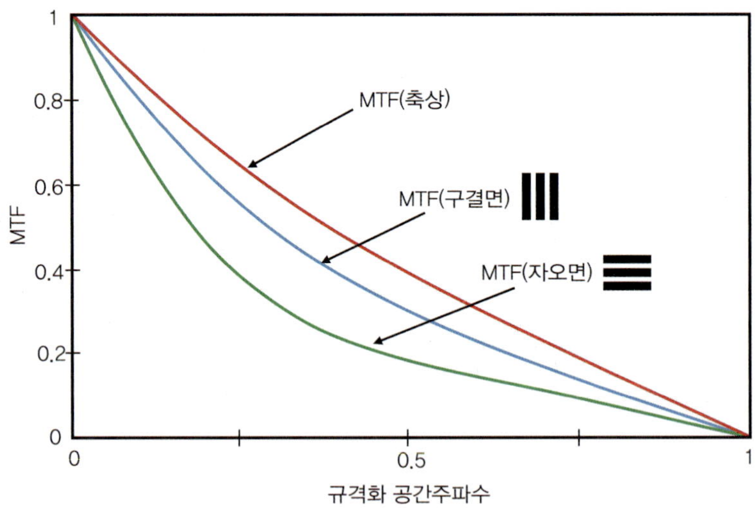

그림 5-30 비축 MTF 측정

그림 5-30은 자오면과 구결면의 MTF가 비점수차에 의해 어떻게 다르게 나타나는지를 보여준다. 자오면과 구결면의 MTF는 광축에서 벗어난 위치에서 각각 다른 값을 가지며, 이 차이는 수차의 영향을 받는다. 일반적으로 광축 근처에서는 MTF가 높지만, 광축에서 멀어짐에 따라 비축 각도가 커질수록 점차 저하된다.

비축 MTF 측정에는 주기적인 선 물체가 사용되며, 자오면과 구결면 MTF를 각각 측정한다. 선 물체는 점 물체보다 신호가 크기 때문에 비축 MTF 측정에서 자주 사용되며, 주기적인 변조를 통해 자오면과 구결면의 MTF 차이를 명확하게 측정할 수 있다. 이때 변조 측정 방향을 정확하게 설정해야 한다.

비축 MTF는 수차, 특히 비점수차로 인해 자오면과 구결면에서 다르게 나타나는 것이 특징이다. 따라서 주기적인 선 물체를 사용하여 자오면과 구결면의 변조를 별도로 측정하여 각각의 MTF를 계산해야 정확한 결과를 얻을 수 있다. 비축 MTF 측정은 광학계 해상도가 광축에서 벗어난 부분에서 저하되는 정도를 평가하는 데 유용하다.

9) MTF 측정장치 구성

MTF 측정은 광학계의 해상도를 평가하는 중요한 과정이다. MTF 측정장치는 물체와 상의 거리에 따라 다양한 방식으로 구분되며, 각 방식은 광학계의 특성에 맞추어 정확한 측정 결과를 도출할 수 있도록 설계되어야 한다.

측정 방식은 물체와 상의 거리에 따라 세 가지로 구분된다. 그림 5-31은 가까운 거리에서 물체와 상을 갖는 광학계를 보여준다.

축상 측정은 물체와 상분석기가 광축에 정렬된 상태에서 이루어진다. 이 방식은 물체와 상의 거리 차이가 작기 때문에 투영기, 카메라, 복사기, 현미경 등의 광학계에서 널리 사용된다.

비축 측정은 물체가 특정 높이로 이동하면, 상분석기는 반대 방향으로 상면에서 위치를 조정한다. 이는 물체와 상의 거리 변화에 따른 위상변화를 반영하기 위함이며, 물체와 상분석기의 위치 오차는 측정 결과에 큰 영향을 미치므로, μm 수준의 정밀도를 갖춘 미세 이동장치를 사용하여 위치 조정을 정확하게 해야 한다.

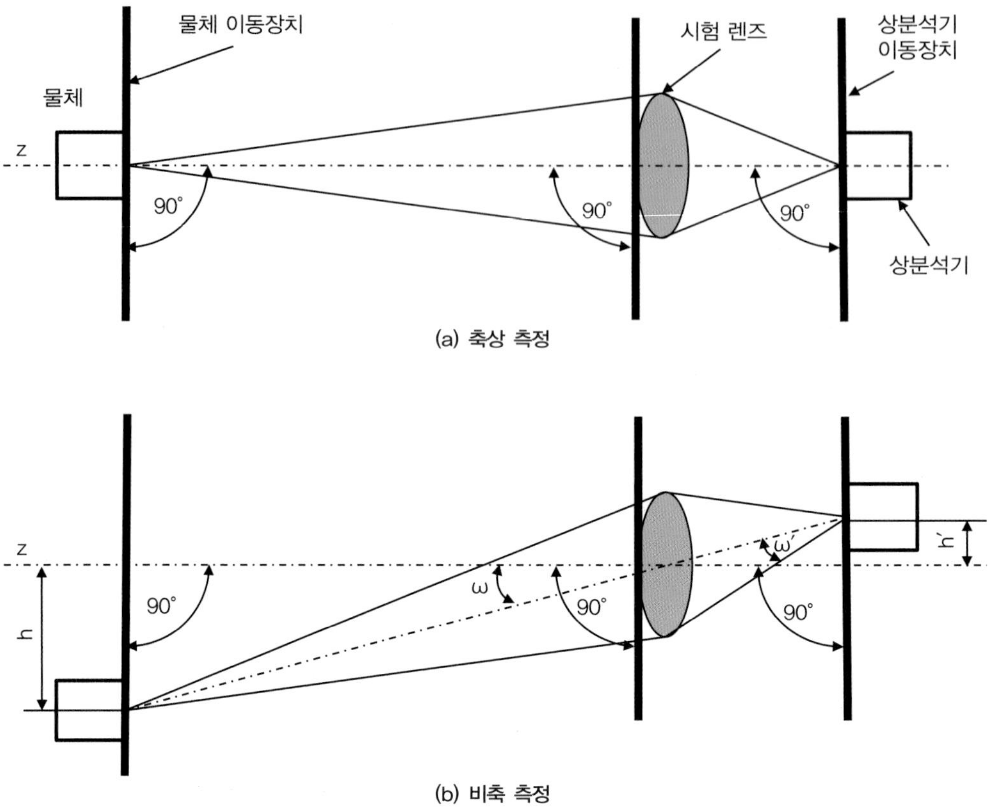

그림 5-31 가까운 거리의 물체와 상에 대한 MTF 측정장치

그림 5-32는 무한거리 물체에 대한 MTF 측정장치로, 무한거리 물체는 시준기를 사용하여 구현한다. 시준기의 초점거리는 시험 광학계보다 2배 이상 길며, 시준기의 초점이동 오차가 시험 광학계에 전달되지 않도록 한다.

비축 측정에서는 시준기를 회전시켜 비축 물체를 구현하고, 상분석기는 광축에 수직으로 미세 이동하여 상을 탐색한다. 이를 통해 상과 물체의 정확한 정렬을 유지할 수 있다.

시준기의 구경은 측정하는 광학계의 구경보다 커야 하며, 최대 비축 각도에서도 충분히 크도록 설계해야 한다.

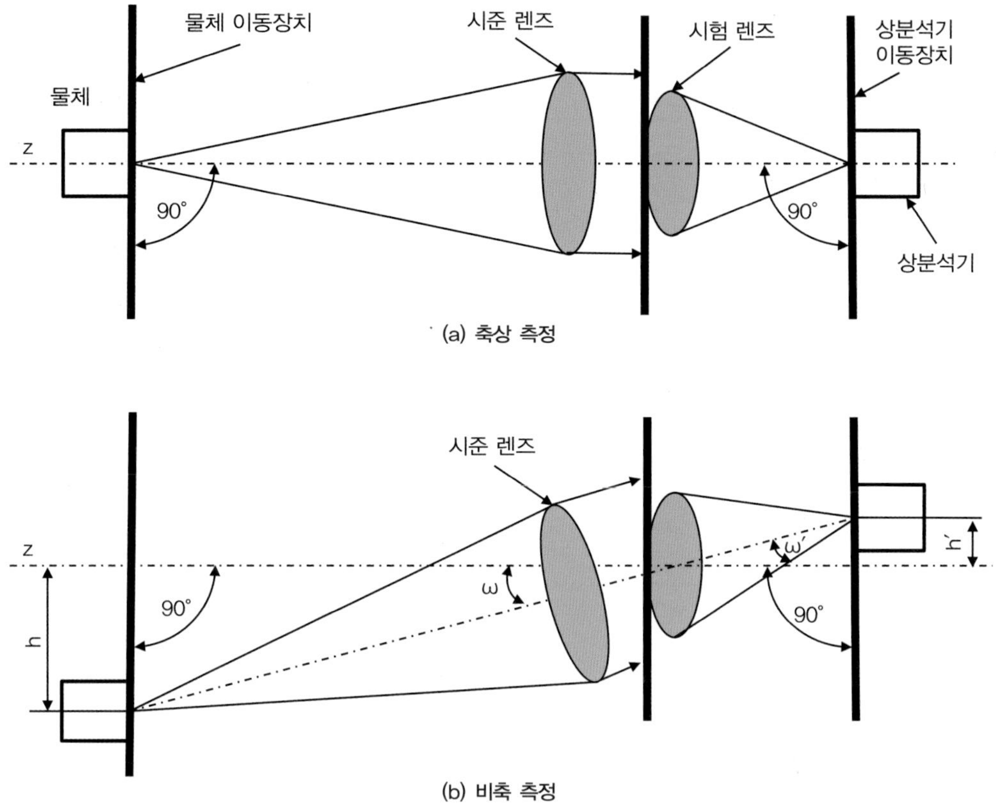

그림 5-32 무한거리 물체에 대한 MTF 측정장치

그림 5-33은 망원경과 같은 무초점 광학계의 MTF 측정장치를 보여준다. 무한거리 물체와 무한거리 상을 갖는 광학계에서는 MTF를 알고 있는, 수차가 보정된 전달용 시준 렌즈를 사용하여 무한거리 상이 정확하게 맺히도록 한다.

비축 무한거리 물체는 상이 반대 방향에 위치하기 때문에 상분석기도 함께 회전시켜 정확한 상 위치 조정이 이루어지도록 한다. 또한 전달용 시준 렌즈의 초점과 상분석기의 초점이 일치하도록 정렬을 조정하여 정확한 측정이 가능하게 한다.

MTF 측정 시 물체와 상의 거리 및 광학계의 특성에 따라 적합한 측정장비를 사용해야 하며, 각 경우에 대해 정밀한 이동장치와 정확한 시준기 사용이 필수적이다. 축상 · 비축 측정이나 무한거리 물체 측정 등에서는 상분석기와 시준기의 정밀한 정렬이 중요하며, 이를 통해 정확한 MTF 측정이 가능하다.

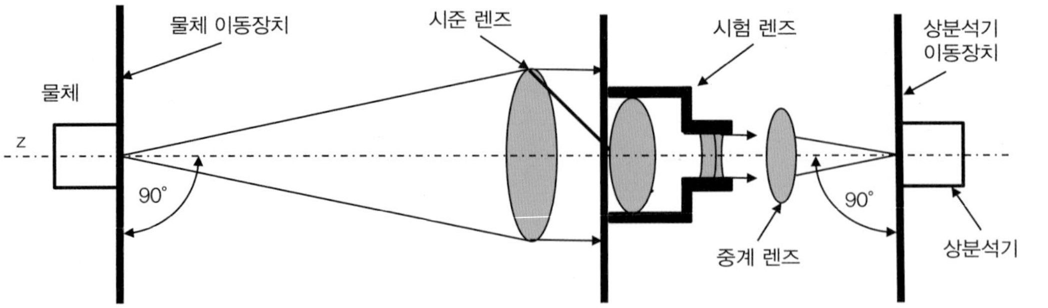

(a) 축상 측정

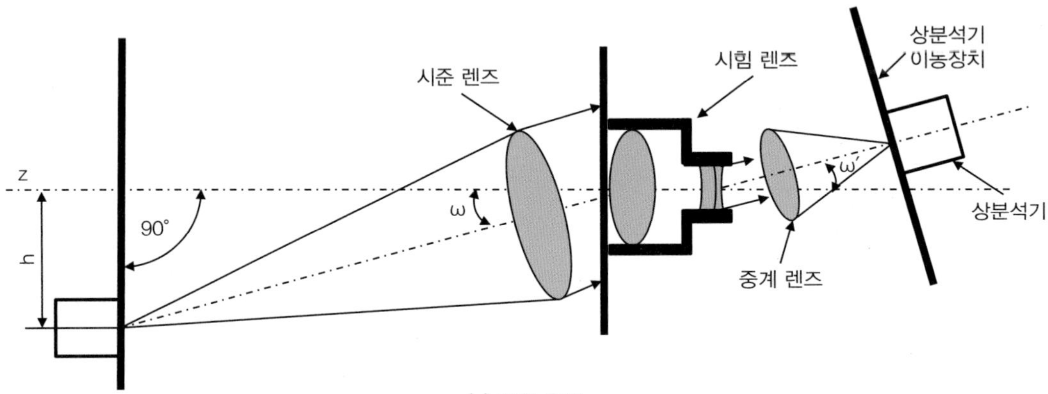

(b) 비축 측정

그림 5-33 무한거리 물체에 대한 무초점 광학계의 MTF 측정장치

10) 기준 초점면과 최적 초점면

렌즈의 초점면은 광학 설계에서 중요한 요소로, 기준 초점면(datum focal plane)과 최적 초점면(best focal plane)으로 구분된다. 이 두 초점면은 렌즈의 성능과 MTF 측정에 핵심적인 역할을 한다.

기준 초점면은 광학 설계에서 기하학적으로 정의되는 초점면으로, 렌즈 설계의 이론적 기준으로 설정되며, 실제 성능을 측정할 때 MTF를 비교하는 기준점이 된다. 수차가 없는 이상적인 렌즈에서는 기준 초점면이 최적 초점면과 일치하지만, 수차가 있는 경우에는 실제 성능이 저하되어 최적 초점면과 다를 수 있다.

최적 초점면은 렌즈의 실제 성능이 가장 높은 초점면으로, 렌즈의 MTF가 최댓값을 갖는 초점면이다. 수차가 없으면 기준 초점면과 최적 초점면은 일치하지만, 수차가 존재하면 최적 초점면이 다소 이동하게 된다. 예를 들어, 비점수차가 있는 경우에는 자오면과 구결면의 초점 위치가 다르며, 이에 따라 MTF도 각각 다르게 나타난다.

그림 5-34는 초점이동에 따른 MTF 변화를 보여준다. 축상 MTF는 기준 초점면을 중심으로 완만하게 감소하다가, 초점이동이 커지면 급격히 변화한다. 비점수차가 있을 경우, 자오면과 구결면에서의 MTF는 서로 다른 초점면에서 나타나며, 축상보다 더 완만하게 감소한다. 이는 비점수차에 의해 각 면의 초점 위치가 달라지기 때문이다. MTF 변화가 가장 큰 초점면은 최댓값의 1/2 지점에서 좌우로 이동한 위치에 해당하며, 이때 기준 초점면은 가장 가까운 초점을 의미한다.

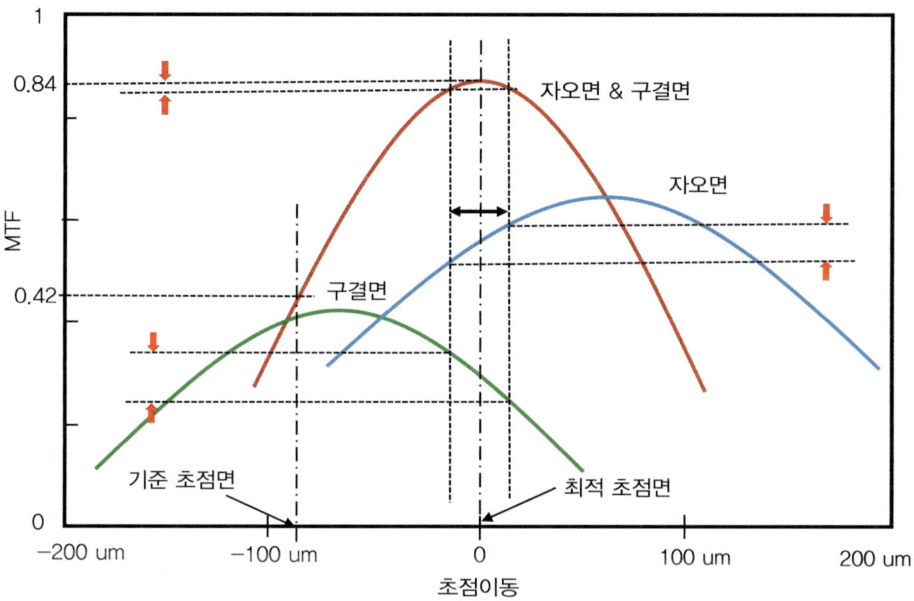

그림 5-34 초점이동에 따른 기준 · 최적 초점면 변화

렌즈의 성능을 정확하게 비교하기 위해서는 MTF 측정 방법에 따라 기준 초점면을 정의하는 것이 중요하다. 따라서 특정 렌즈를 비교 · 측정할 때, 기준 초점면의 정의는 측정 결과의 신뢰도를 높이는 핵심 요소가 된다.

기준 초점면과 최적 초점면은 광학 설계와 성능평가에서 중요한 역할을 하며, 렌즈의 MTF 측정에서 초점이동에 따른 변화를 정확히 이해하고 측정할 필요가 있다. 특히, 비점수차와 같은 수차가 존재할 경우 자오면과 구결면에서의 MTF는 서로 다르게 나타나므로, 이를 반영한 초점면 설정이 필요하다. 이처럼 기준 초점면의 정의는 렌즈 성능평가에서 정확한 비교를 가능하게 하며, 측정 결과의 신뢰성을 높이는 데 필수적이다.

5.3 MTF 측정장치

1) 칼날 주사 방법

칼날 주사 장치는 광학계의 상을 정밀하게 측정하는 데 사용되며, 주로 MTF 측정에 활용된다. MTF는 광학계가 입력된 주파수 성분을 얼마나 정확하게 전달하는지를 나타내는 중요한 성능 지표로, 광학계의 초점면에서 측정이 이루어진다. 이 초점면은 광학계가 최적의 성능을 발휘하는 위치로 정의된다.

광학계의 성능을 측정할 때는 핀홀이나 슬릿을 물체로 사용한다. 슬릿으로 상의 광도 분포를 측정하고, 이를 통해 MTF를 계산한다. 상의 광도 분포를 측정하기 위해 칼날은 미세 이동장치를 이용해 가로 방향으로 이동한다. 핀홀은 시험 광학계의 구경이 충분히 크지 않으면, 비축 측정에서 광량이 크게 줄어들어 신호 대 잡음비를 높일 수 없다. 반면, 슬릿은 핀홀을 1차원으로 나열한 구조이므로 물체 밝기를 높일 수 있어 널리 사용된다.

그림 5-35는 슬릿 물체에 의한 상을 칼날로 주사하여 가장자리퍼짐함수를 측정하는 과정을 보여준다. 정확한 MTF 측정을 위해서는 상이 광학계의 초점면에 정밀하게 맞추어져야 하며, 칼날 주사 장치는 이 상을 미세 이동장치를 통해 정밀하게 조정함으로써 광학계의 성능을 최대한 정확하게 평가할 수 있도록 한다.

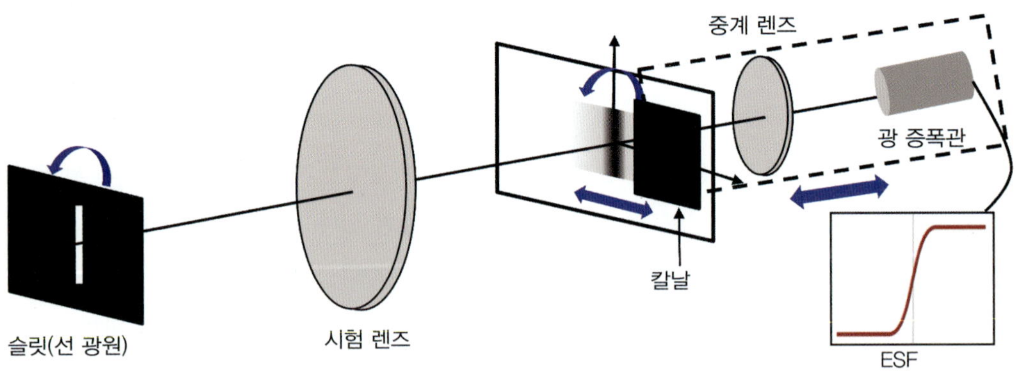

그림 5-35 슬릿 물체를 이용한 칼날 주사형 ESF 측정 개략도

칼날이 부착된 미세 이동장치는 광학계 초점면에서 정밀한 위치 조정을 가능하게 하며, 광전자 증폭관은 칼날을 통과한 빛을 수집하고 전달하여, 광도 분포를 측정하고 MTF를 계산하는 데 필요한 데이터를 생성한다. 시험 광학계의 자오면뿐만 아니라 구결면에 대한 MTF 측정을 위해 슬릿과 칼날을 90° 회전시킬 수 있다.

광전자 증폭관의 신호는 전단 증폭기와 A/D 변환기를 거쳐 디지털값으로 저장된다. 측정한 가장자리퍼짐함수를 주사거리에 대해 미분하면 선퍼짐함수가 되며, 이를 푸리에 변환하여 광전달함수를 계산한다. 최적 초점면과 기준 초점면을 결정하기 위해 칼날, 중계 렌즈, 광전자 증폭관은 함께 고정되어 광축 방향으로 미세 이동한다.

그림 5-36은 시준기를 사용한 무한거리 물체에 대한 카메라 벤치형 MTF 측정장치를 보여준다. 전체 장치는 물체, 시험 렌즈, 상분석장치로 구성된다. 물체부는 광원, 물체, 시준기, 비축 측정을 위한 이동·회전장치로 구성되며, 물체는 확산판을 근접시켜 균일하게 조명된다. 여러 개의 회전 가능한 분광 필터를 통해 특정 파장을 선택할 수 있다.

시준 렌즈는 색수차가 보정된 것으로, f-수는 10 이상, 유효 구경은 시험 렌즈보다 10 mm 이상, 초점거리는 시험 렌즈의 최소 2배 이상이 되도록 선택하여 시준기의 영향을 최소화한다. 시험 렌즈는 광축에 수직이 되도록 정밀하게 정렬한다.

상분석장치는 칼날이 부착된 미세 이동장치가 회전장치에 고정되어 있다. 시험 렌즈의 상을 확대해 형성하는 대물 렌즈는 광전자 증폭관의 중간 지점에서 빛을 거울로 반사해 접안 렌즈와 함께 현미경을 구성하고, 이를 통해 칼날이 상면에 정확히 정렬되었는지 확인할 수 있다. 전체 장치는 초점면 이동에 따른 측정과 비축 상점 정렬을 위해 X-Y 이동장치 위에 설치된다.

그림 5-36 무한거리 물체에 대한 칼날 주사형 MTF 측정장치

2) 디지털 주사 방법

디지털 주사 방법은 고화소의 CCD를 이용하여 광학계의 성능을 평가하는 기술이다. 이 방법은 다음과 같은 주요 특징과 과정을 포함한다.

CCD의 작은 화소 크기는 고해상도의 선퍼짐함수와 점퍼짐함수를 정밀하게 측정할 수 있도록 하며, 일반적으로 약 10 μm 크기의 화소를 사용한다. 고속 프레임 그래버(frame grabber)의 A/D 변환기는 12비트 이상의 해상도를 가지며, 디지털 신호를 정밀하게 처리하여 높은 신호 대 잡음비로 데이터를 저장할 수 있다.

그림 5-37은 슬릿 물체에 대한 선퍼짐함수 측정장치를 보여준다. 슬릿의 상을 중계 렌즈를 통해 CCD에 확대하여 선퍼짐함수를 측정한다. 주사 간격은 화소 간격을 배율로 나눈 값이며, 이 값을 기준으로 선퍼짐함수를 계산한다. 이 과정에서 고해상도 상을 쉽게 관찰하고 정렬할 수 있다.

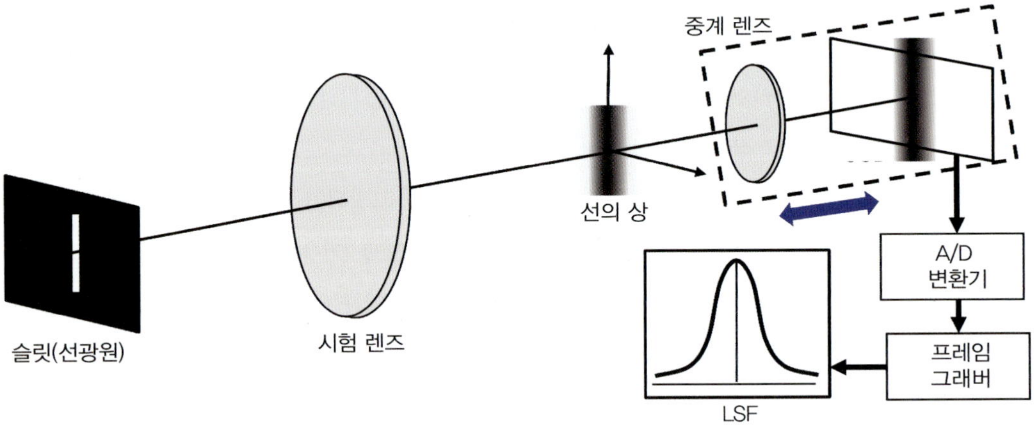

그림 5-37 CCD를 이용한 선퍼짐함수 측정

예를 들어, 10배 배율의 현미경 렌즈를 사용하여 상을 확대하면 측정 간격은 1 μm가 되어, 최대 500 lp/mm의 공간주파수까지 측정할 수 있다. 또한 12비트 A/D 변환기의 디지털 신호는 총 4,096 단계이므로 높은 신호 대 잡음비로 정확하게 측정할 수 있다.

최종 상의 MTF_{image}는 다음과 같이 물체, 시험 렌즈, 중계 렌즈, CCD MTF의 곱으로 표현된다.

$$MTF_{image} = MTF_{object} \times MTF_{test\ lens} \times MTF_{CCD} \tag{5.71}$$

따라서 시험 렌즈의 $MTF_{test\,lens}$는 다음과 같다.

$$MTF_{test\,lens} = MTF_{image} / (MTF_{object} \times MTF_{relay\,lens} \times MTF_{CCD}) \quad \textbf{(5.72)}$$

중계 렌즈로는 수차가 보정된 현미경 대물 렌즈를 사용한다. 예를 들어, 배율이 10배, NA가 0.5인 렌즈는 가시광 영역(λ=550 nm)에서 다음과 같은 한계 공간주파수를 가진다.

$$f_c = \frac{NA}{\lambda} = \frac{0.5}{0.55 \times 10^{-3}} = 909.1\ \mathrm{lp/mm}$$

이러한 렌즈는 원형 개구의 회절 한계 렌즈로 간주되며, 식 (5.25)를 적용하여 계산할 수 있다.

$$MTF(100) \approx \frac{2}{\pi}\left[\cos^{-1}\left(\frac{100}{909.1}\right) - \frac{100}{909.1}\sqrt{1-\left(\frac{100}{909.1}\right)^2}\right] \approx 0.98$$

카메라와 같은 광학계는 낮은 공간주파수에서 사용되므로 측정 결과에 미치는 영향은 작지만, 높은 공간주파수에서는 반드시 보정해야 한다.

그림 5-38은 CCD와 현미경 대물 렌즈를 사용한 상분석장치로, 초점면 이동과 비축 정렬을 위해 광축 방향으로 X-Y 이동장치에 고정되어 있다. 대물 렌즈와 CCD 사이에 있는 대안 렌즈는 상면에 대한 초기 정렬과 초점거리 측정 등 다양한 용도로 사용된다.

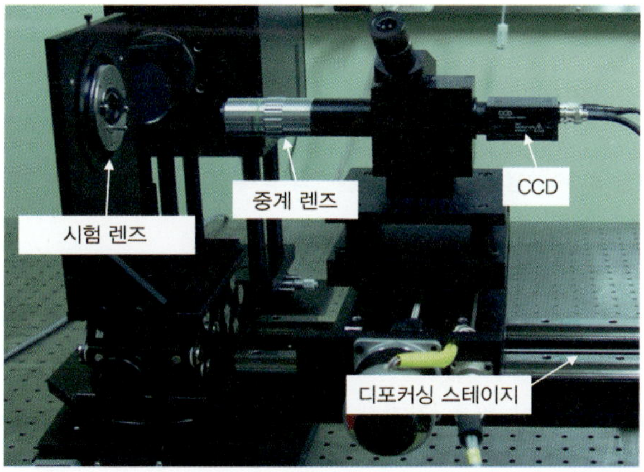

그림 5-38 CCD를 이용한 상분석장치

그림 5-39는 점 물체에 대한 광축 및 비축에서 MTF 측정 과정과 결과를 보여준다. 먼저 상을 확인하고 광축에 정렬한 후, 최적 초점면을 결정한다. 상을 광축을 따라 앞뒤로 이동시키면서 특정 공간주파수에서 MTF가 최대가 되는 최적 초점면을 찾는다. 만약 광학 설계에서 지정한 기준 초점면

이 있을 경우, 최적 초점면을 기준으로 일정한 거리만큼 상분석기를 이동시켜 LSF를 측정하고, 푸리에 변환하여 MTF를 계산한다.

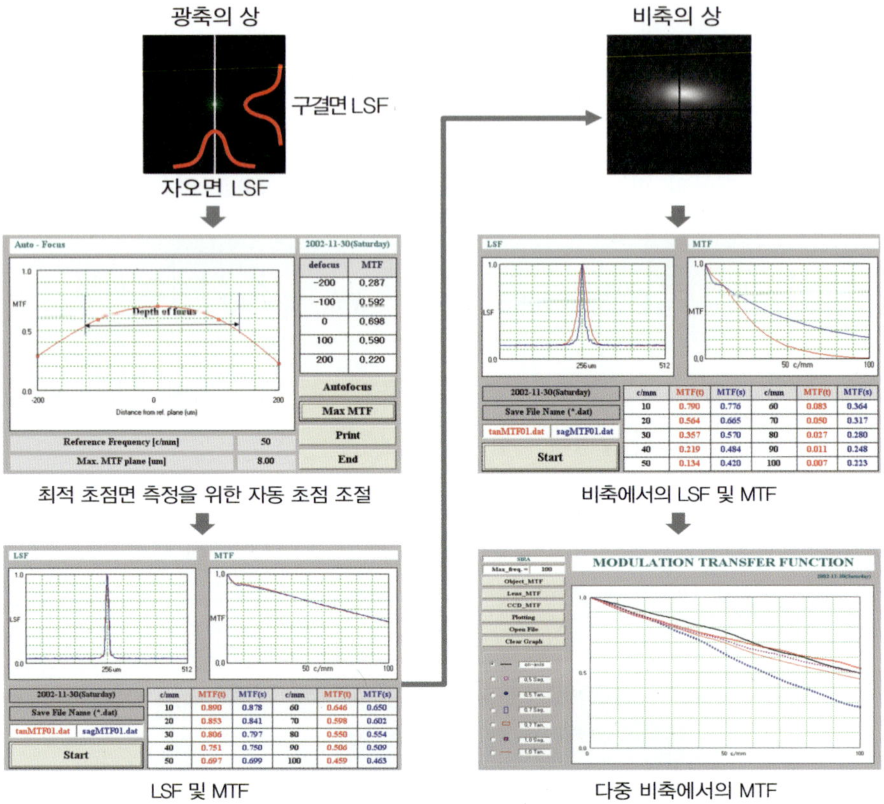

그림 5-39 점 물체에 대한 렌즈의 광축 및 비축에서 MTF 측정

유한거리나 무한거리 물체에 대한 비축을 측정할 때는 물체 또는 시준기를 이동시켜 비축 각도를 정확하게 정렬한다. 비축 물체의 상은 수차로 인해 광축보다 더 퍼져 있어, 초점이동에 따라 변화가 크다. 그러나 측정 초점면은 앞의 광축 측정에서 이미 결정되었으므로, 반드시 동일한 초점면에서 상을 정렬하여 측정해야 한다.

비축에서는 자오면과 구결면의 LSF를 동시에 측정한 후, 각각의 MTF를 계산한다. 광축에서는 두 MTF가 같지만, 비축에서는 서로 다르게 나타난다. 따라서 물체와 상의 비축 각도를 계속 변화시키면서 측정한다. 광축 정렬과 최적 초점면 결정, 다양한 방향의 비축 측정은 시간이 오래 걸리므로 자동화되어 있으며, 외부 진동에 민감하기 때문에 무진동 테이블을 사용한다.

3) 사각 물체를 이용한 줌 렌즈 MTF 측정

슬릿을 물체로 사용할 경우, 자오면과 구결면의 MTF 측정을 위해 슬릿을 직각으로 회전시켜야 한다. 또한 시야각이 크고 먼 거리에서는 신호 대 잡음비가 낮아 정확한 측정이 어렵다. 반면, 사각 물체는 선 물체를 여러 개 나열한 형태이기 때문에 매우 밝으며, 큰 비축에서도 신호 대 잡음비를 최대한 높일 수 있다.

사각 물체는 4개의 변두리에서 자오면과 구결면의 ESF를 2개씩 동시에 측정할 수 있다. 그러나 물체 중심에서 측정하면 변두리가 물체 크기의 절반 정도 벗어나므로, 한쪽 코너 부근을 기준으로 측정해야 위치 오차를 줄일 수 있다.

그림 5-40은 줌 렌즈의 MTF를 고속으로 측정하기 위해, 여러 개의 사각형 칼날 물체를 대각선 방향으로 배열한 모습을 보여준다. 물체는 균일하게 조명되도록 광원과 확산판을 사용하여 만들며, 각 물체는 줌 렌즈의 배율에 따른 특정 시야각 또는 ISO 12233에서 규정한 위치에 있다.

물체의 상은 개구수(NA)가 큰 중계 렌즈에 의해 확대되어 CCD에 맺힌다. 비축 물체의 상은 광축에서 벗어나므로 중계 렌즈와 CCD로 구성된 상분석기가 광축과 상면의 X-Y 방향으로 미세 이동하여 측정한다.

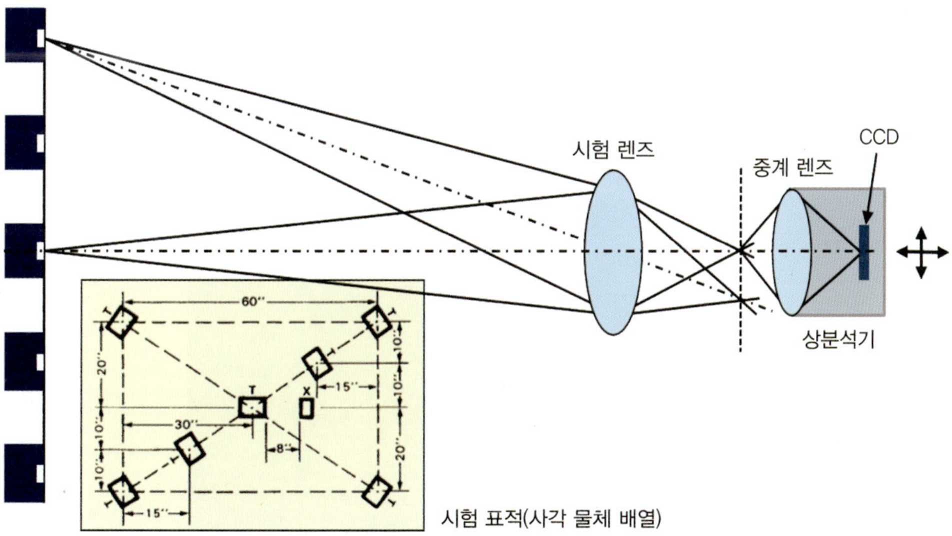

그림 5-40 여러 개의 사각 물체를 이용한 MTF 측정장치

그림 5-41은 대각선으로 배열된 사각형 칼날 물체와 줌 렌즈를 이용한 MTF 측정장치를 보여준다. 물체의 경계는 매우 날카롭고 선명하며, 고대비의 균일한 조명을 사용한다. 중앙 사각형 물체는

직각 좌표계의 원점에 한쪽 모퉁이가 접하도록 수직으로 배치되며, 주변 물체는 45° 또는 특정 각도로 배치하는 경우도 있다. 사각 물체는 핀홀이나 슬릿과 달리, 물체 자체의 크기로 인해 비축 항이 포함된다. 자오면과 구결면의 MTF를 동시에 측정할 수 있지만, 두 위치는 서로 다르다. 따라서 시야각 중심을 두 측정 위치의 기하학적인 중간으로 설정하거나, 한쪽 위치로 설정하고 다른 위치의 측정값은 시야각 차이를 계산하여 정렬 오차와 비교해 보정 여부를 결정한다.

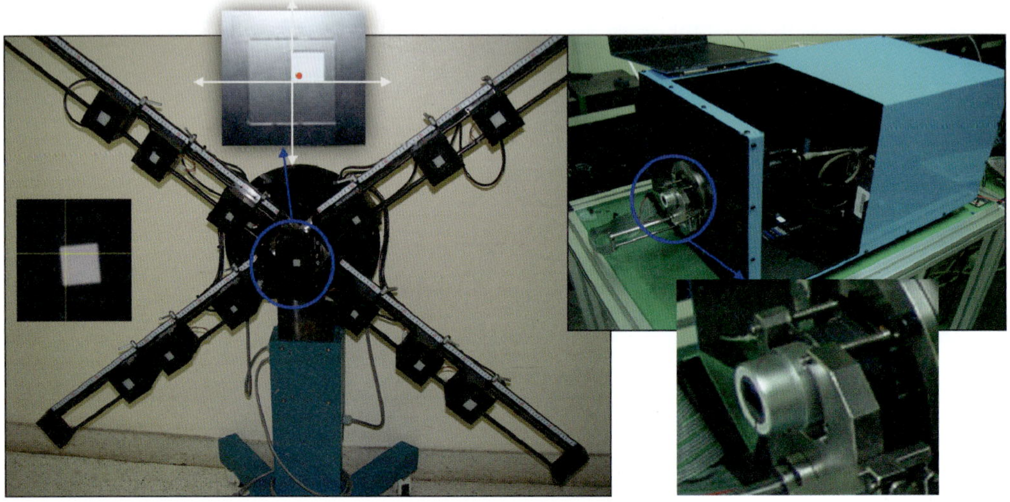

(a) 사각 물체 배열　　(b) 시험 줌 렌즈

그림 5-41 대각선 배열 사각 물체를 이용한 줌 렌즈의 MTF 측정장치

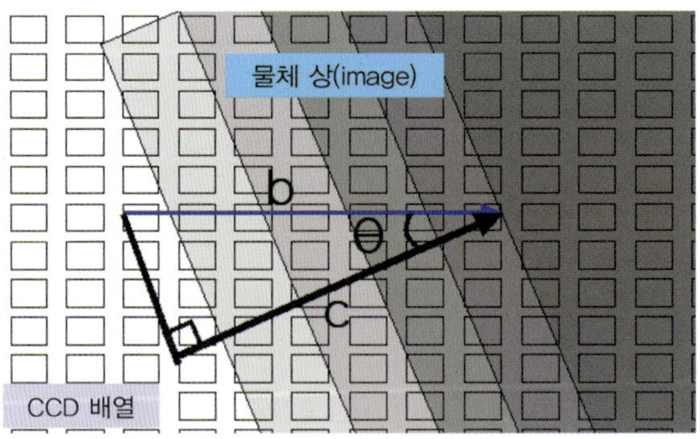

그림 5-42 CCD 배열과 칼날 물체의 상의 경사각

시험 중인 줌 렌즈는 탈착할 수 있으며, 상의 미세 정렬과 광축 방향의 초점면 이동을 위해 X-Y-Z 이동장치에 고정된다. 완성된 카메라의 해상도를 직접 측정할 경우, CCD의 출력 영상을

바로 수치화하여 평가할 수 있다. 그러나 렌즈의 성능을 정확하게 평가하기 위해, 고배율 중계 렌즈와 고화소 CCD를 사용하여 sub-pixel 샘플링 방식으로 세밀한 간격으로 측정해야 한다.

비축 측정에서 물체가 대각선 방향으로 정렬되어 있으므로, 광축에 수직인 CCD의 화소 배열과 회전한 사각 물체의 경사각으로 인해 주사 간격이 변한다. 실제 측정 시 이를 고려하지 않으면, MTF가 각도에 따라 달라질 수 있다.

그림 5-42에서 화소 간격이 p인 CCD 배열과 칼날의 상이 기울어졌을 때 물체의 가장자리퍼짐함수는 c 방향이지만 데이터 주사 방향은 b 방향이므로, 보정된 데이터 간격은 $p' = p \cdot \cos\theta$이다.

4) 소형 렌즈 MTF 측정

유효 구경이 수 mm인 소형 렌즈는 스마트폰이나 자동차 카메라 등에 널리 사용되며, 대량 생산된다. 최근에 초고화소 CCD가 사용되면서 스마트폰 카메라 성능이 디지털카메라 수준으로 향상되었고, 광각 시야와 줌 기능을 갖추면서 성능평가의 중요성이 커지고 있다. 연구개발 단계에서는 넓은 공간주파수 범위에서 정확한 MTF 측정이 필요하지만, 양산 단계에서는 높은 신뢰도의 고속 MTF 측정이 요구된다.

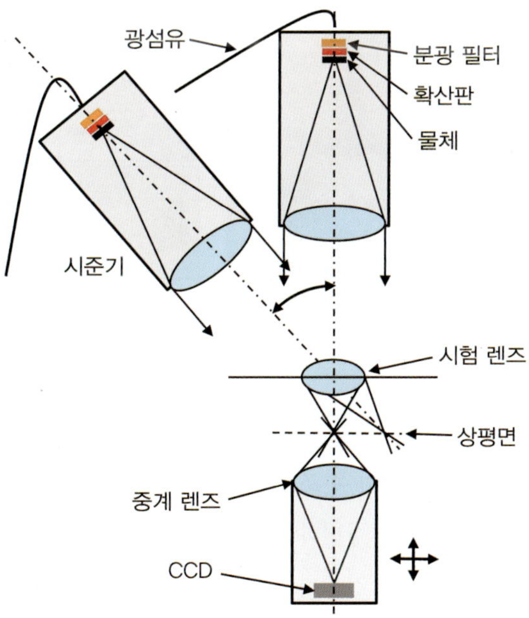

그림 5-43 먼 거리 물체에 대한 소형 렌즈의 MTF 측정장치

그림 5-43은 광시야각에서 먼 거리 물체에 대한 MTF 측정장치를 보여준다. 시험 렌즈를 중심으로 광축이 설정되면, 시준기를 통해 먼 거리 물체와 상분석기가 정렬된다. 물체는 사각형 칼날이나 핀홀 물체를 사용하며, 단색 필터, 확산판, 광섬유 다발 조명장치로 구성된다.

시준기는 시험 렌즈를 중심으로 회전하여 시야각을 정확하게 정렬한다. 시험 렌즈의 상면에 형성된 상은 광축과 비축에서 개구수가 큰 중계 렌즈를 사용하여 CCD에 맺힌다. 중계 렌즈와 CCD는 상분석기를 구성하며, 기준 초점면과 비축 측정을 위해 X-Y 방향으로 미세 이동한다.

그림 5-44는 스마트폰 렌즈의 MTF 측정장치를 보여준다. 스마트폰 렌즈는 유효 구경이 작고 초점거리도 매우 짧은 고해상도 렌즈로, 특히 정렬에 민감하다. 시험 렌즈 거치대는 광축과 수직이며, 모든 정렬의 기준이 된다. 물체 시준기와 상분석기는 시험 렌즈를 중심으로 정렬한다. 물체는 핀홀, 슬릿, 칼날 등 다양하게 사용할 수 있다. 무한거리 물체를 만드는 시준기는 색지움 렌즈를 사용하며, 비축 각도 정렬 오차는 0.001°이다.

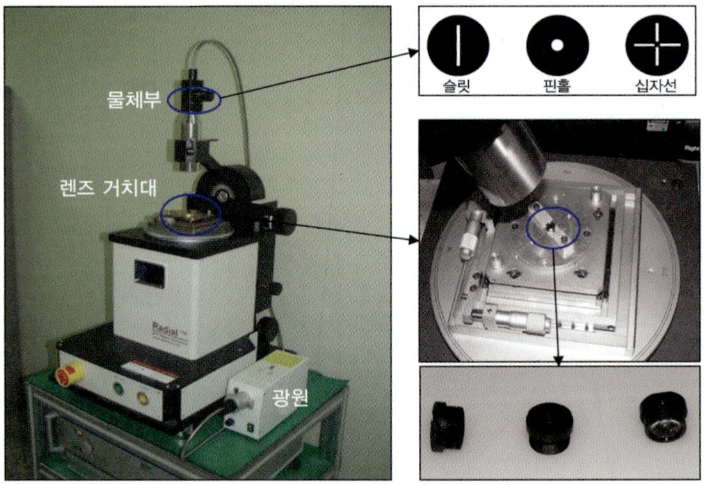

그림 5-44 스마트폰 렌즈 MTF 측정장치

그림 5-45는 MTF 측정 순서와 측정 결과를 보여준다. (a)는 MTF 측정 순서도, (b)는 자동 초점(autofocus) 프로그램, (c)는 선퍼짐함수와 변조전달함수의 측정 결과를 나타낸다. 스마트폰 렌즈는 초점거리가 매우 짧고, 초점이동에 의한 상변화가 매우 크기 때문에 기준 초점면을 정확하게 결정해야 한다. 자동 초점 프로그램은 기준 공간주파수와 초기 상면이 설정되면, MTF 곡선을 통해 매우 정밀하게 기준 초점면을 결정할 수 있다.

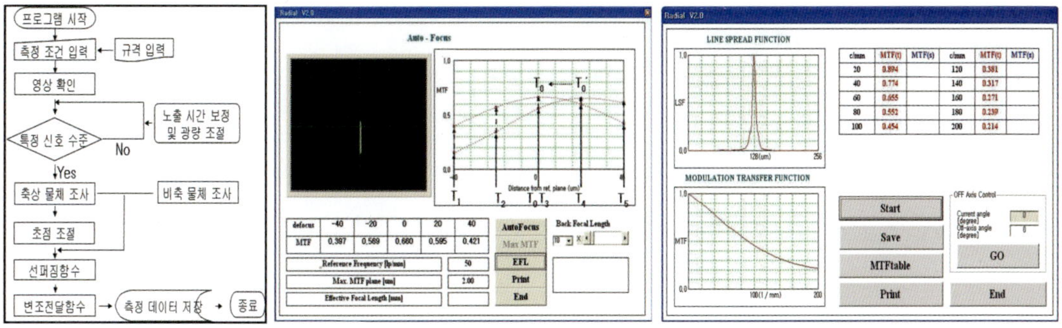

(a) MTF 측정 순서도　　(b) 자동 초점 프로그램　　(c) MTF 측정 결과

그림 5-45 MTF 측정 순서와 측정 결과

5) 투영 방법에 따른 MTF 측정

대량 생산되는 스마트폰용 소형 렌즈의 성능을 고속 · 정밀 · 효율적으로 평가하기 위해 투영 방식 기반의 다축 MTF 측정법이 널리 사용된다. 이 방법은 초점거리가 매우 짧은 렌즈의 상면에 기준 물체를 배치한 후, 여러 비축 방향에서 동시에 상을 측정함으로써 기존의 복잡한 정렬 과정을 단순화하고, 전체 측정 시간을 크게 단축할 수 있다는 장점이 있다.

그림 5-46은 십자선 물체를 활용한 투영식 MTF 측정장치의 구성도를 보여준다. 시험 렌즈의 상면에 배치된 기준 물체를 통해 광원이 조사되며, 각 시야각 방향에 고정된 상분석기를 통해 자오면과 구결면의 MTF가 동시에 측정된다. 일반적으로 상분석기는 고성능 렌즈와 CCD로 구성되며, 이때 사용되는 분석 렌즈는 시험 렌즈보다 구경이 크고 수차가 보정되어 있으며, MTF도 매우 높아야 한다.

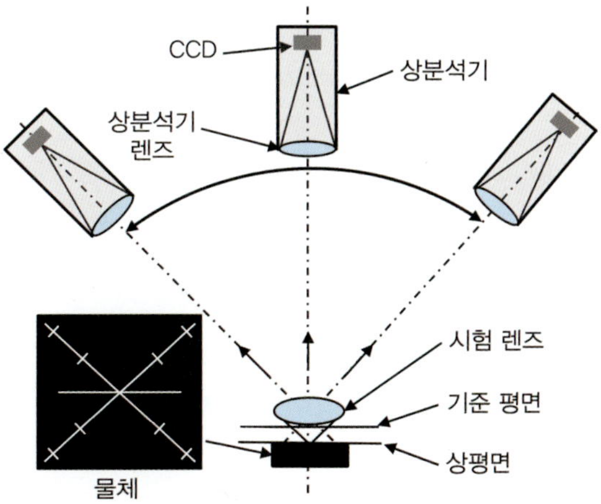

그림 5-46 십자선 물체를 활용한 투영식 MTF 측정장치

상분석기가 고정된 구조에서는 물체를 광축 방향으로 미세하게 이동시켜 최적 초점면을 탐색한다. 이 과정에서 물체의 기울기는 측정 정확도에 큰 영향을 미치므로, 정밀 각도조정장치를 이용한 정렬 보정이 필수적이다.

실제 MTF 계산은 십자선 물체로부터 획득한 선퍼짐함수를 푸리에 변환하여 수행되며, 상의 중심에서는 자오면과 구결면이 구분되지 않기 때문에 측정 지점을 일정 간격 이상 떨어진 위치로 설정해야 한다.

그림 5-47은 8축 MTF 측정장치의 구성도를 보여준다. 이 장치는 렌즈 트레이와 정밀한 X-Y 이송장치를 활용하여 다수의 시험 렌즈를 순차적으로 정렬하고, 8개의 시야각 방향에서 동시에 성능을 평가한다. 또한 각 분석 채널에 사용되는 렌즈의 MTF 특성은 측정값에서 보정되어 적용된다. 시야각 방향은 사용자 요구에 따라 유연하게 설정할 수 있다.

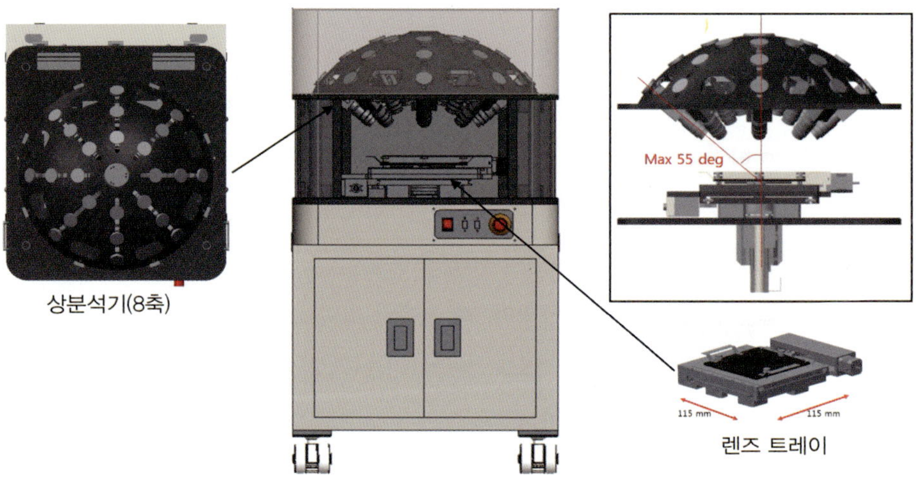

그림 5-47 8축 MTF 측정장치

출처: 지우광기술(http://www.optictest.com)

그림 5-48은 직각 칼날(edge target) 물체를 사용한 5축 MTF 측정 시스템을 보여준다. 이 장치는 렌즈 조립 및 접착 공정과 같은 고속 생산 환경에서 많이 활용되며, 전 시야각을 매우 빠른 속도로 자동 측정할 수 있다.

특히, 사용자가 특정 공간주파수를 기준으로 MTF 합격 여부를 설정하면, 시스템이 이를 바탕으로 자동 판정(auto pass/fail evaluation)을 수행한다. 이를 통해 인적 개입을 최소화하면서도 높은 공정 신뢰도를 확보할 수 있다.

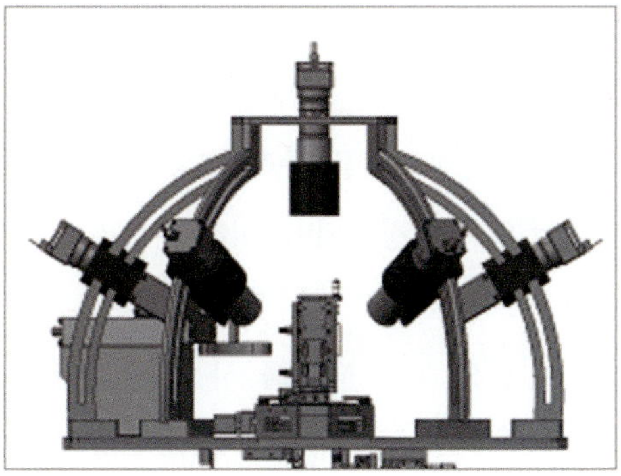

(a) 5축 MTF 측정장치

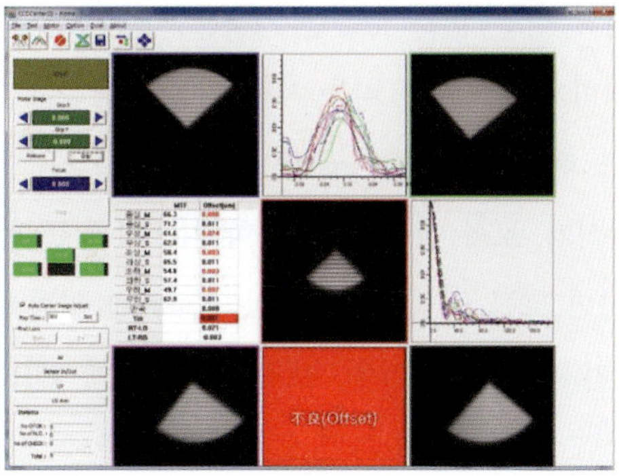

(b) MTF 측정 결과

그림 5-48 직각 칼날 물체를 사용한 5축 MTF 측정장치 및 측정 결과

출처: 지우광기술(http://www.optictest.com)

이와 같은 투영 방식 기반 다축 MTF 측정 기술은, 비구면 및 광각 설계를 포함하는 소형 렌즈의 복잡한 특성을 빠르고 안정적으로 평가할 수 있는 효과적인 수단이며, 휴대기기 광학계의 생산성 및 품질 제어에 필수적인 측정 방법으로 자리 잡고 있다.

6) 무한거리 물체용 시준기

연구실 환경에서 무한거리 물체를 구현하기 위해 시준기를 사용한다. 일반적으로 지름이 100 mm 이하인 소형 시준기에는 렌즈를 사용하지만, 대구경이 요구될 경우에는 비구면 거울이 주로 사용된다. 특히, 비축 비구면 거울은 개구 지름이 1 m 이상인 경우에도 구현이 가능하며, 색수차가 없고 자외선부터 적외선까지의 광범위한 파장 대역에서 사용할 수 있다는 장점이 있다.

표 5-2는 렌즈형 시준기와 거울형 시준기의 주요 특성을 비교한 것이다. 거울형은 색수차 및 구면수차가 없고 스펙트럼 범위가 넓지만, 제작이 어렵고 정렬 민감성이 높다.

표 5-2 렌즈형 시준기와 거울형 시준기의 특성 비교

특성	렌즈형 시준기	거울형 시준기
색수차	있음	없음
구면수차	있음(복합 렌즈로 보정 가능)	없음
스펙트럼 범위	제한적(재질에 따라 다름)	광범위(자외선~적외선)
크기 및 무게	콤팩트하고 가벼움	부피가 크고 무거움
열 안정성	낮음(굴절률 변화)	높음
제작 비용	저렴(대량 생산 가능)	고가(고정밀 제작)
광학 정렬	비교적 간단	민감

그림 5-49는 비축 포물면 거울을 사용한 대구경 광학계의 MTF 측정장치의 개념도를 보여준다. 시험 광학계는 고정된 비축 시준 거울의 광축에 맞추어 회전되며, 측정 대상이 되는 무초점 광학계는 보조 렌즈(auxiliary lens)를 통해 실제 상을 형성하고, 상분석기를 통해 정량 분석한다.

상분석기, 보조 렌즈, 시험 광학계는 회전 플랫폼 위에 일체로 장착되며, 회전 중심은 시험 광학계의 입사면 또는 공액점(conjugate point)에 위치시킨다. 측정된 MTF는 시험 광학계의 단독 성능을 평가하기 위해, 시준거울, 보조 렌즈, 중계 렌즈, CCD 센서 등의 MTF를 사용하여 보정한다.

비구면 시준 거울의 파면 오차가 $\lambda/20$ RMS 이하인 경우 회절 한계 수준에 도달하며, MTF 저하를 유발하지 않기 때문에 무시할 수 있다. 그러나 보조 렌즈의 MTF는 반드시 측정 대상 광학계보다 높아야 하며, 그렇지 않을 경우 측정값 왜곡의 원인이 된다.

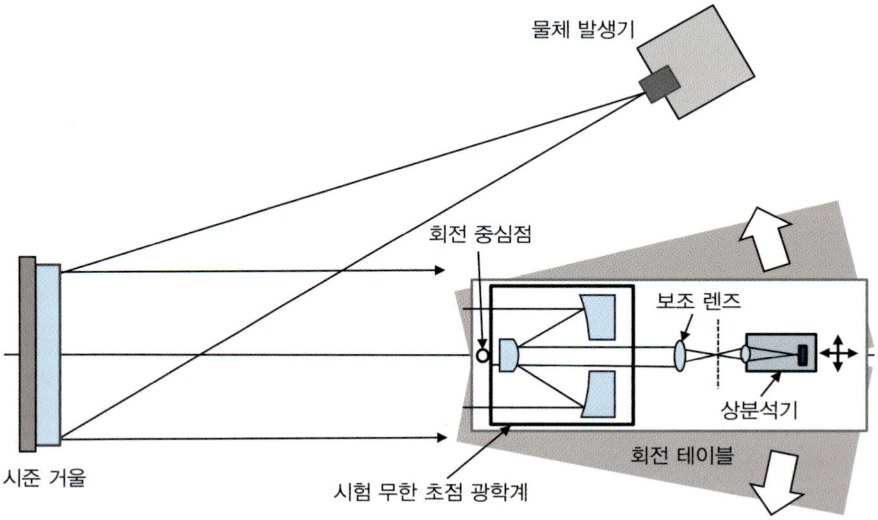

그림 5-49 거울형 시준기를 이용한 MTF 측정장치

그림 5-50은 지름 200 mm 비축 포물면 거울로 구성된 MTF 측정장치를 보여준다. 정밀한 광축 정렬을 위해 두 가지 방법이 사용된다. 첫째, 레이저 또는 자동 시준기를 상분석기 뒤에 고정하고 기준 광축을 설정한다. 둘째, 평면 거울을 광축에 수직으로 고정한 후, 시준광을 반사시켜 광축 및 물체 위치를 정렬한다. 두 단계 정렬이 완료되면, 시험 광학계 고정장치와 상분석기도 평면 거울을 활용하여 광축 기준으로 순차 정렬한다.

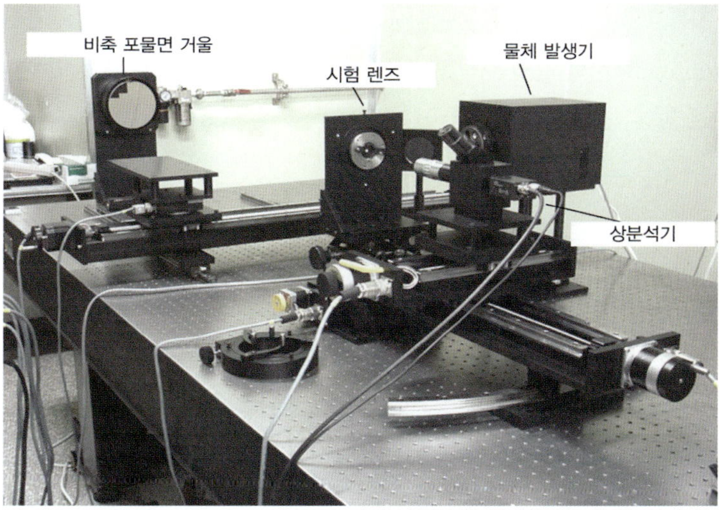

그림 5-50 비축 포물면 거울을 이용한 MTF 측정장치

그림 5-51은 지름 400 mm, 초점거리 4,000 mm인 비축 포물면 거울을 시준기로 사용하는 고정밀 MTF 측정장치를 보여준다. 측정 대상의 초점 위치 오차에 따른 파면 오차는 레이저 간섭계를 이용하여 직접 측정하며, 상분석기로는 칼날 주사 장치 또는 CCD 기반 디지털 주사 장치를 선택하여 사용한다. 시험 광학계가 비축형인 경우, 상이 광축에 대해 수직으로 맺히므로 상분석기는 90° 회전된 구성으로 측정해야 한다.

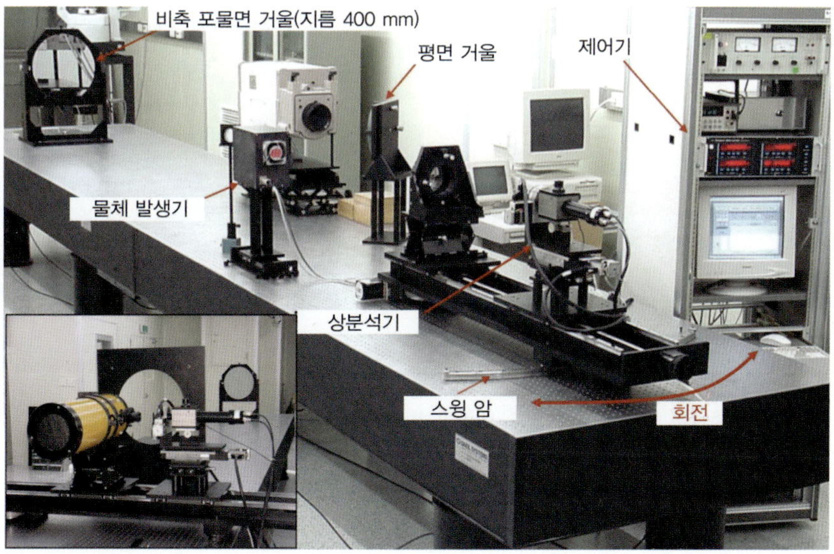

그림 5-51 지름 400 mm 비축 포물면 거울을 이용한 MTF 측정장치

그림 5-52는 지름 150 mm 뉴토니안(Newtonian) 반사망원경의 MTF 측정 결과를 보여준다. 기준 공간주파수인 20 lp/mm에서의 응답을 기준으로 최적 초점면을 결정한 후, 이에 따른 MTF 특성을 정량적으로 분석한다.

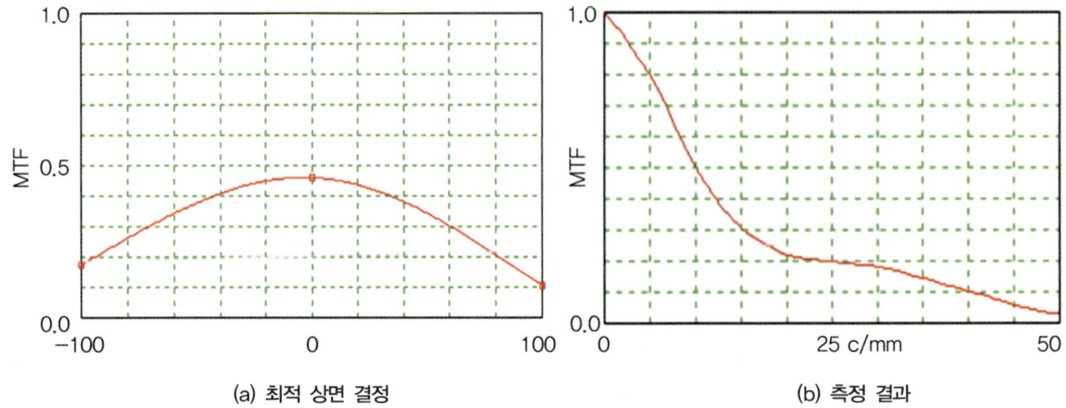

그림 5-52 뉴토니안 망원경의 MTF 측정 결과

그림 5-53은 비축 포물면 거울의 정렬 및 시준 품질을 평가하기 위한 구성을 보여준다. 레이저 간섭계를 광경로와 일치시켜 설치하고, 평면 거울을 통해 반사 시준광을 미세 정렬한다. 최종 파면 오차는 λ/20 RMS 수준으로 측정되며, 이는 고정밀 측정에서 시준 기준으로 적합하다.

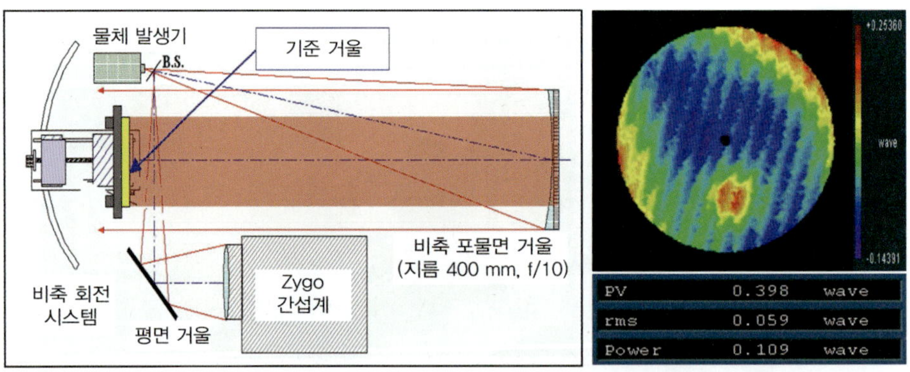

그림 5-53 레이저 간섭계를 이용한 비축 포물면 거울의 정렬 및 시준 검사

이와 같은 거울형 시준기를 활용한 무한거리 MTF 측정 방식은, 특히 우주망원경, 천체망원경, 위성 카메라 등 대구경 비축형 광학계의 성능평가에 필수적이며, 파면 정렬 및 보정 기술과 함께 고정밀 계측을 가능하게 한다.

7) 적외선 MTF 측정

적외선 광학계는 일반적인 가시광 광학계와 달리, 빛의 반사나 투과 강도를 감지하지 않고 복사 에너지의 차이를 기반으로 영상을 형성한다. 이러한 특성으로 인해 야간이나 시계가 불량한 대기 환경에서도 표적 탐지가 가능하다.

기존 적외선 광학계의 성능평가는 주로 최소 분해 가능 온도차(MRTD, Minimum Resolvable Temperature Difference) 또는 최소 탐지 가능 온도차(MDTD, Minimum Detectable Temperature Difference)와 같은 온도 분해 능력 지표를 사용하였다. 그러나 이 방법들은 관측자의 인지 능력에 의존하기 때문에 정량적이고 객관적인 성능평가 방법으로는 한계가 있다.

최근 적외선 우주망원경이나 고해상도 열화상장비 등에서 공간 분해능이 중요한 요소로 주목받으면서, 변조전달함수 측정의 필요성이 크게 증가하고 있다.

그림 5-54는 중적외선 대역(3~5 μm)에서의 MTF 측정장치 구성도를 보여준다. 이 장치는 크게 광원, 시준기, 상분석기의 세 부분으로 구성된다. 광원은 텅스텐 필라멘트 램프와 중적외선 투과 필터로 구성되며, 물체는 폭이 100 μm, 길이가 3 mm인 슬릿이다. 시준기는 초점거리가 1,250 mm, 지름이 100 mm인 비축 포물면 거울로 구성된 평행광 발생기이다.

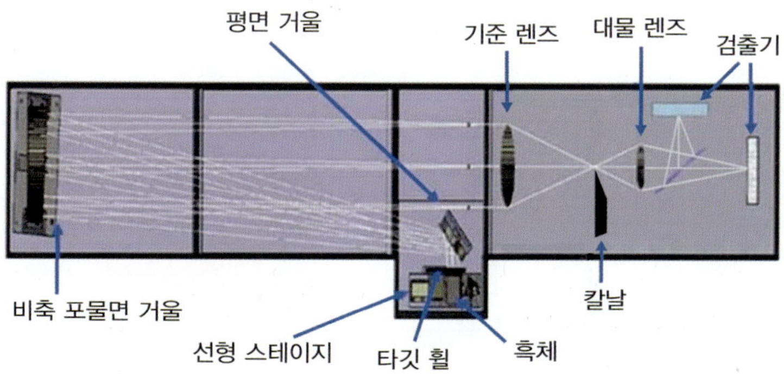

그림 5-54 중적외선 MTF 측정장치 구성도

그림 5-55는 중적외선 MTF 측정을 위한 상분석기 구조로, 주요 구성 요소는 다음과 같다. 적외선 검출기는 액체 질소 냉각형 MCT(HgCdTe, 4×4 mm), 대물 렌즈는 8배율의 총 6매 구성(Si와 Ge 재질), 칼날 및 주사 이동장치는 ESF 획득, 직선이동장치는 검출기 미세 조정에 이용된다. 또한 그림에는 표시되지 않았지만, 초퍼(chopper)와 동기화된 적외선 신호 검출 및 SNR 향상을 위해 록인 앰프(lock-in amplifier)가 사용된다.

적외선은 눈에 보이지 않아 정렬이 어렵다. 이를 보완하기 위해, 동일 초점거리에서 45° 거울을 통해 MCT와 교대 배치한 384×288 비냉각형 볼로미터(bolometer)를 활용하여 영상 모니터링 및 정렬 보조에 사용한다.

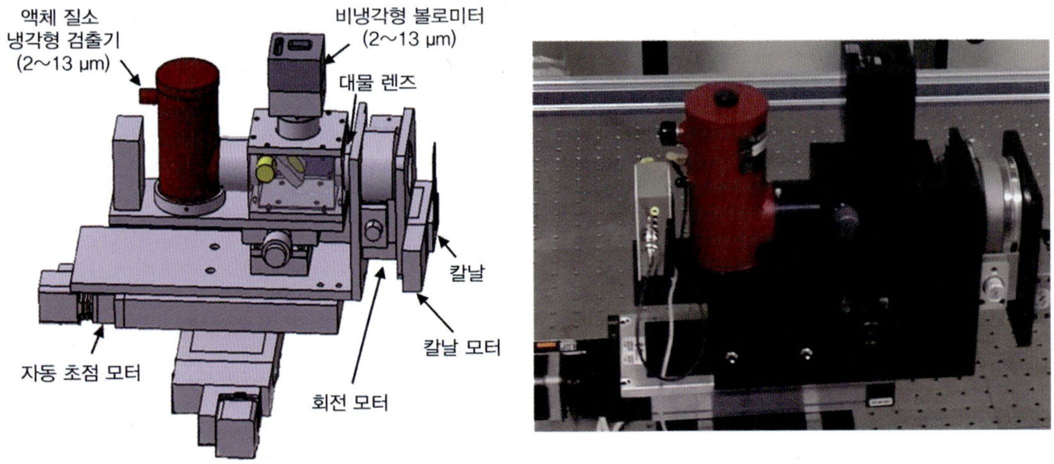

그림 5-55 중적외선 MTF 측정용 상분석기

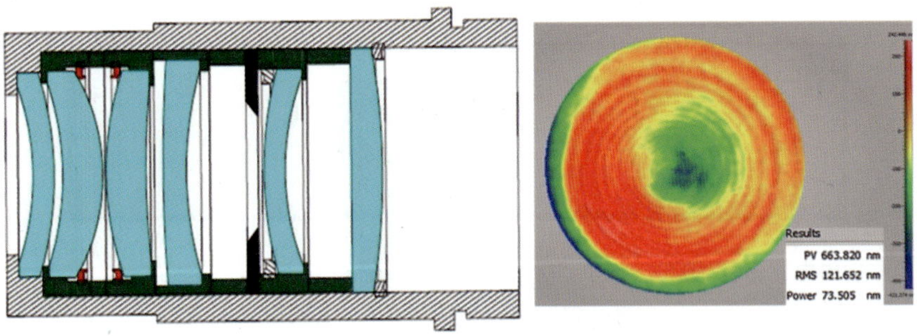

(a) 중적외선 대물 렌즈

(b) 단면과 파면 오차

그림 5-56 대물 렌즈 단면도

검출기 앞에는 8배 대물 렌즈를 설치하여 상의 크기를 확대한다. 그림 5-56은 사용된 대물 렌즈 단면도이며, 파면 오차는 3.36 μm 파장의 적외선 간섭계를 이용해 측정하였다. 파면 오차는 113 nm RMS로, 고해상도 적외선 MTF 측정에 적합한 수준이다.

적외선 MTF 측정에 사용된 표준 렌즈는 ZnSe 재질의 초점거리 50 mm, 지름 50 mm, 개구 10 mm(f/5)인 평면 볼록 렌즈이다. 슬릿 상은 초점면에서 약 4 μm로 축소되며, 칼날을 1 μm 간격으로 주사하여 획득한 ESF를 미분하여 LSF로 변환한 후, 이를 푸리에 변환하여 MTF를 계산한다.

그림 5-57은 이 과정에서 얻은 ESF, LSF, MTF 결과를 보여주며, 표준 렌즈와 물체의 MTF를 보정하여 최종 MTF를 산출하였다.

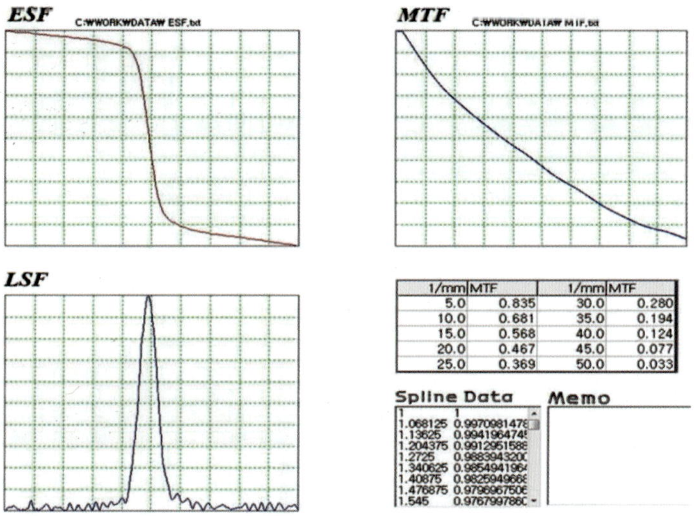

그림 5-57 중적외선 렌즈의 ESF, LSF, MTF 측정 결과

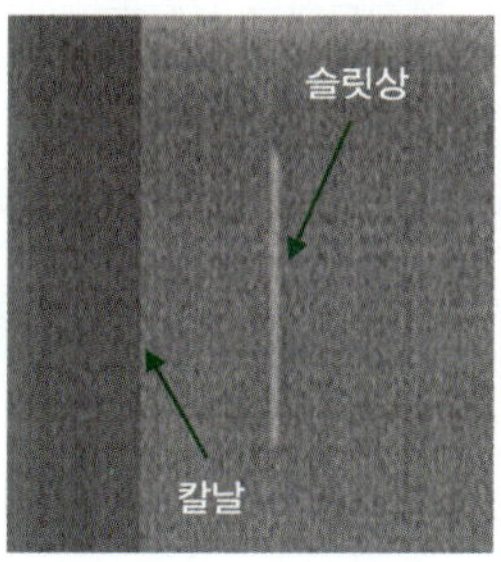

(a) 볼로미터로 관찰한 칼날과 슬릿의 상

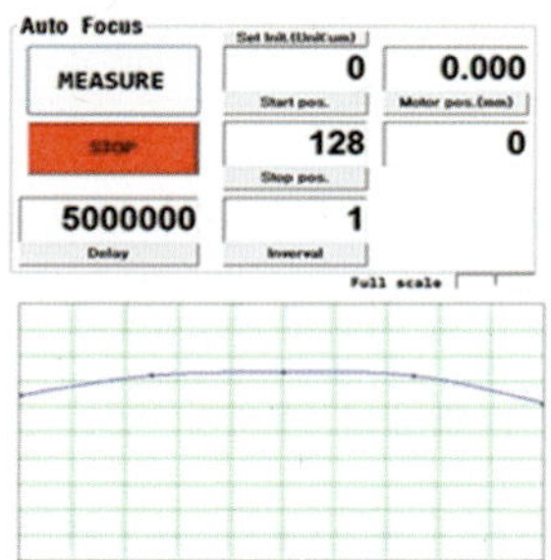

(b) 자동 초점 프로그램

그림 5-58 볼로미터 영상을 이용한 칼날과 슬릿 관찰

적외선은 시각적으로 확인하기 어려우므로, 볼로미터 영상을 이용한 정렬이 필수적이다. 그림 5-58은 칼날과 슬릿을 관찰한 상과, 자동 초점 프로그램의 구동 과정을 보여준다. 이 프로그램은 구간별 MTF 측정 및 보간법을 통해 최적 초점 위치를 자동 탐색한다.

그림 5-59는 지름 1 m 비축 포물면 거울을 사용하여 구성한 대형 적외선 위성 카메라의 MTF 측정장치를 보여준다. 광원은 적외선 평판 흑체이며, 회전 휠에 다양한 모양의 선 물체와 점 물체를 부착하여 사용한다. 물체와 동일 위치에는 정렬용 레이저 간섭계가 설치되어 있으며, 포물면 거울에서 반사된 광선은 대구경 평면 거울로 반사되어 시준 여부를 매우 정확하게 확인할 수 있다. 시험 광학계는 비축 측정을 위해 회전판 위에 설치된다.

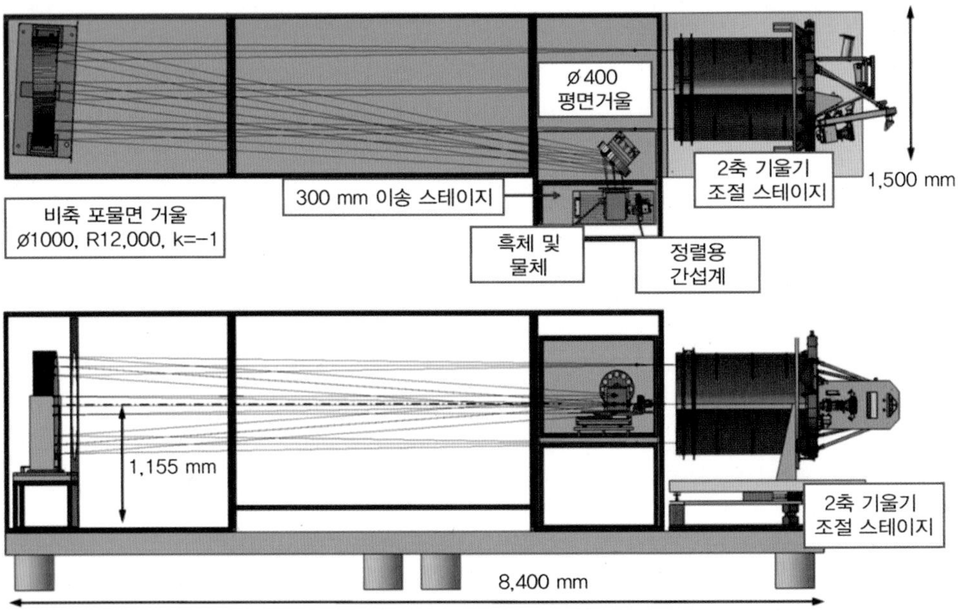

그림 5-59 대구경 적외선 MTF 측정장치의 단면도

그림 5-60은 흑체 광원, 시험 물체 및 시준 여부를 확인하는 간섭계의 구성도를 보여준다. 흑체의 온도 균일도는 0.1 ℃ 이하로 유지되며, 간섭계는 CCD를 이용해 간섭무늬를 실시간으로 확인한다. 필요시 광원을 교체하여 가시광 영역에서 MTF 측정도 가능하다.

이러한 적외선 MTF 측정 기술은 고분해능 적외선장비 개발, 우주망원경 성능 검증, 군사감시장비 품질평가 등 다양한 분야에서 정밀 계측의 핵심 기술로 활용되고 있다.

(a) 흑체 측정용 간섭계 (b) 물체 측정용 간섭계 (c) 정렬용 레이저 간섭계

그림 5-60 흑체, 물체 및 정렬용 레이저 간섭계

8) 디스플레이의 PMTF 측정

컬러 디스플레이의 해상력과 화질 평가를 위한 변조전달함수 측정은, 디스플레이가 다색 광원을 사용하고 시각적 인지를 기반으로 작동하는 시스템이라는 점에서 다색 기반의 PMTF 개념으로 확장되어야 한다.

컬러 디스플레이는 보통 적색(R), 녹색(G), 청색(B)의 세 가지 기본색 요소로 구성되며, 각각의 색 성분은 고유한 분광 휘도 분포(spectral luminance distribution)를 갖는다. 각 화소는 이 RGB 성분들의 선형 조합에 의해 다양한 색을 표현하며, 단일한 공간주파수에 대해 색 성분의 MTF가 각각 다르게 나타난다. 따라서 디스플레이 전체의 MTF는 RGB 성분 각각의 MTF와 그 조합 특성을 고려한 종합적이고 가중된 평가 지표, 즉 PMTF로 정의된다.

그림 5-61은 최소 단위인 적색, 녹색, 청색 패턴들의 조합으로 컬러 모니터에 임의의 최소 색 패턴이 생성되는 원리를 보여준다. 여기서 w는 RGB 패턴의 화소 폭, d는 이러한 패턴들의 주기, $B_\lambda(l), G_\lambda(m), R_\lambda(n)$은 각각 청색, 녹색 및 적색 패턴의 규격화된 휘도 분포를 나타낸다.

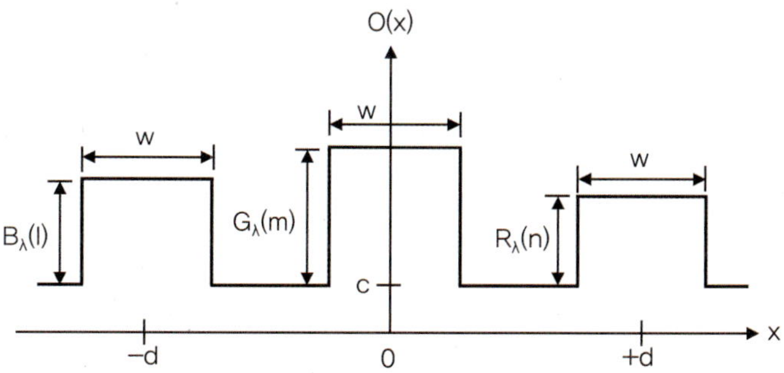

그림 5-61 컬러 디스플레이의 패턴

그림에서 보듯이, 임의의 컬러 패턴은 RGB 세 가지 색 성분의 조합으로 생성된다. 따라서 컬러 디스플레이에서 표현되는 최소 크기의 패턴은 서로 다른 진폭을 갖는 RGB 막대 패턴의 조합으로 구성된다. 이러한 모델을 바탕으로 임의의 컬러 패턴은 다음과 같이 표현할 수 있다.

$$O_{output}(x,\lambda) = c + B_{\lambda}(l) \times rect\left(\frac{x+d}{w}\right) + G_{\lambda}(m) \times rect\left(\frac{x}{w}\right) + R_{\lambda}(n) \times rect\left(\frac{x-d}{w}\right) \quad \textbf{(5.73)}$$

여기서 l, m, n은 각각 0에서 255까지의 정수로, 이는 디지털 영상 표현이 8비트 데이터 구조를 따르기 때문이다. 한 픽셀당 RGB를 각각 8비트로 표현하면, 총 24비트 컬러(16,777,216색)를 효과적으로 구현할 수 있다. w는 세 패턴의 폭, d는 각 패턴들의 주기를 나타낸다. 그리고 $\delta(x)$는 Dirac 델타함수, $rect(x)$는 다음과 같이 정의되는 사각함수이다.

$$rect(x) = \begin{cases} 1 & \text{if } |x| < 0.5 \\ 0 & otherwise \end{cases} \quad \textbf{(5.74)}$$

식 (5.73)에서 c는 컬러 디스플레이에서 패턴이 재생되지 않은 영역에서의 주변 조명에 의한 휘도 값이다. 이 식을 푸리에 변환하면 다음과 같이 표현된다.

$$\begin{aligned} S_{output}(f,\lambda) &= \int_{-\infty}^{\infty} O_{output}(x,\lambda) \times e^{-j2\pi fx} dx \\ &= Re(f,\lambda) + j\,Im(f,\lambda) \end{aligned} \quad \textbf{(5.75)}$$

여기서

$$Re(f,\lambda) = c \times \delta(f) + w \times \mathrm{sinc}(fw) \times [G_{\lambda}(m) + \{R_{\lambda}(n) + B_{\lambda}(l)\} \times \cos(2\pi fd)]$$

$$Im(f,\lambda) = \{B_{\lambda}(l) - R_{\lambda}(n)\} \times w \times \mathrm{sinc}(fw) \times \sin(2\pi fd)$$

$$\mathrm{sinc}(x) = \frac{\sin(\pi x)}{\pi x}$$

이며, $Re(x), Im(x)$는 각각 푸리에 스펙트럼의 실수부와 허수부를 나타낸다.

컬러 디스플레이에서 1개의 임의의 패턴을 재생했을 때 MTF는 다음과 같다.

$$MTF(f,\lambda) = \left| \frac{S_{output}(f,\lambda)}{S_{input\ target}(f,\lambda)} \right| = \sqrt{S_{output}(f,\lambda)^2} = \sqrt{Re(f,\lambda)^2 + Im(f,\lambda)^2} \quad \textbf{(5.76)}$$

컬러 디스플레이에 재생되는 흰색 패턴은 적색, 녹색, 청색 각각의 최대 휘도 분포를 갖는 패턴들의 합으로 구성된다. 따라서 이때의 MTF는 다음과 같다.

$$MTF_{white}(f, \lambda) = \left| S_{ouput,\, white}(f, \lambda) \right| \tag{5.77}$$

여기서

$$S_{output,\, white}(f, \lambda) = c \times \delta(f) + w \times \mathrm{sinc}(fw) \times \{ B_\lambda(255) \times e^{-j2\pi fd} + G_\lambda(255) + R_\lambda(255) \times e^{+j2\pi fd} \} \tag{5.78}$$

이다. 그러나 컬러 디스플레이는 다양한 패턴들에 의해 결상되므로, 보다 정확한 화질 평가를 위해서는 각 컬러 패턴에 대한 보정이 적용된 PMTF를 측정해야 한다.

PMTF는 다음과 같이 표현할 수 있다.

$$PMTF(f) = \frac{\displaystyle\sum_{l=0}^{255} \sum_{m=0}^{255} \sum_{n=0}^{255} \left[\int_{\lambda_i}^{\lambda_{i+1}} MTF(f, \lambda) R(\lambda) d\lambda \right]}{\displaystyle\sum_{l=0}^{255} \sum_{m=0}^{255} \sum_{n=0}^{255} \left[\int_{\lambda_i}^{\lambda_{i+1}} R(\lambda) d\lambda \right]} \tag{5.79}$$

여기서 $R(\lambda)$는 컬러 디스플레이와 MTF 측정장치의 분광 특성함수이다. 즉, PMTF는 전체 컬러 패턴에 대한 MTF값을 측정장치의 분광 특성에 따라 평균하여 산출된다.

그림 5-62는 컬러 디스플레이의 PMTF 측정장치와 측정 결과를 보여준다. 측정 결과에 따르면, 공간주파수가 증가할수록 PMTF는 점차 감소하며, 특히 적색 성분의 MTF가 가장 낮은 경향을 보인다. 이는 파장에 따른 회절 한계와 분광 감응도의 차이 때문이며, 디스플레이 해상도 평가와 시각 인식 최적화를 위한 핵심 고려 요소가 된다.

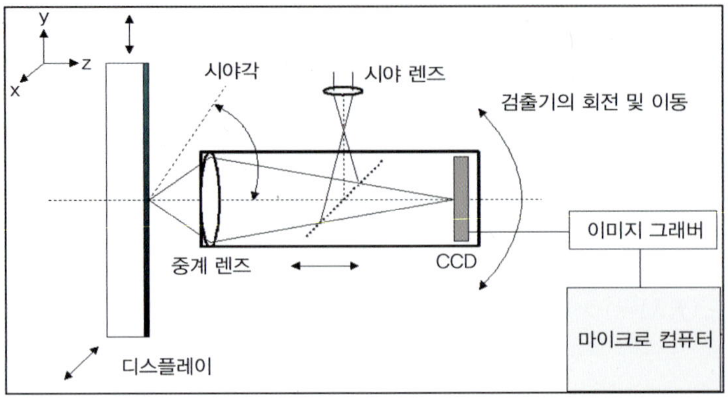

(a) 컬러 디스플레이의 PMTF 측정장치

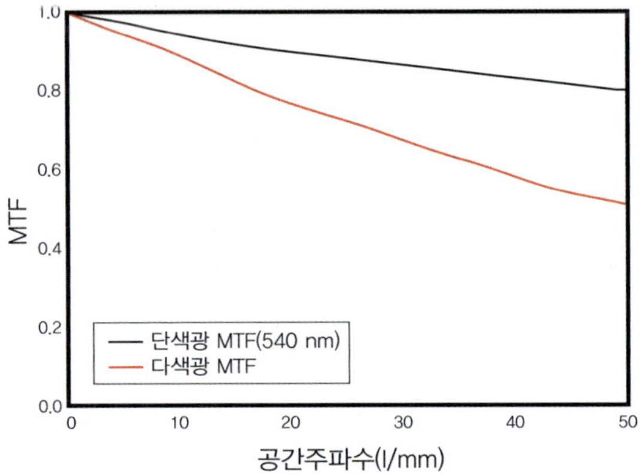

(b) 단색 및 다색 MTF 측정

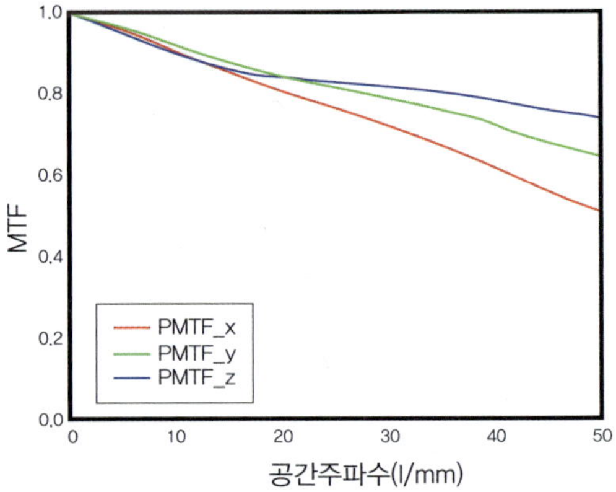

(c) RGB 3색 자극치에서 PMTF

그림 5-62 컬러 디스플레이의 PMTF 측정장치와 측정 결과

5.4 MTF 측정표준

1) MTF 측정 정확도

ISO 11421(KS B ISO 11421)은 광전달함수 측정의 정확도에 대한 국제표준으로, MTF 측정 시 발생할 수 있는 다양한 오차를 체계적으로 분류 · 평가하는 기준을 제공한다. 이 규격은 광학계에서 발생하는 주요 오차를 계통 오차(systematic error)와 우연 오차(random error)로 구분한다. 이 절에서는 이 규격에 따라 변조전달함수의 측정 정확도를 평가한다.

광전달함수 측정장치에서 근거리 물체와 상에 대해 측정 정확도를 저하시키는 주요 원인은 다음과 같이 분류된다. 특히, 광학대(optical bench) 또는 이동장치의 기하학적 정렬 오차로 인해 발생하는 MTF의 계통 오차는 물체와 영상 사이의 관계를 기준으로 분석하였다.

MTF의 전체 측정 정확도는 전체 우연 불확도(random uncertainty)와 전체 계통 불확도(systematic uncertainty)를 결합하여 다음과 같이 표현된다.

$$\Delta MTF = \Delta MTF_{random} + \Delta MTF_{systematic} \tag{5.80}$$

여기서 우연 불확도는 모든 우연 오차항의 제곱합의 제곱근으로 정의된다.

$$[\Delta MTF_{random}]^2 = [\Delta MTF_{random,1}]^2 + [\Delta MTF_{random,2}]^2 + \cdots \tag{5.81}$$

또한 계통 불확도는 모든 계통 오차의 단순 합으로 정의된다.

$$\Delta MTF_{systematic} = \Delta MTF_{systematic,1} + \Delta MTF_{systematic,2} + \cdots \tag{5.82}$$

여기서 $\Delta MTF_{random,n}$ 및 $\Delta MTF_{systematic,n}$는 개별적인 오차 원인에 대응된다.

실제 측정에서 대부분의 오차 원인은 우연 오차와 계통 오차의 양면성을 함께 갖는다. 특정 오차 원인이 반복 측정을 통해 평가될 경우, 계통 오차 성분은 평균값에서 일정하게 벗어나는 고정 편차로 나타나며, 우연 오차 성분은 그 평균값을 중심으로 하는 확률적 분포로 나타난다.

예를 들어, 광학대의 기계적 정렬 오차는 주로 계통 오차를 유발하며, 상분석기의 신호 전자 잡음은 주로 우연 오차를 유발하는 경향이 있다.

슬릿 물체를 사용하는 MTF 측정장치의 경우, 고려해야 할 주요 오차 원인을 표 5-3에 정리하였다.

표 5-3 MTF 측정 오차 항목

	오차 구분	오차 항목	오차 영향
1	계통 오차	광학대의 기하학적 정렬	측정값에 일정한 편차 유발, 반복 측정 시에도 동일한 차이 발생
2		방위각 변화에 의한 오차	회전 위치에 따른 MTF 변화 발생
3		슬릿 폭 오차	공간주파수 응답에 왜곡 초래
4		중계 렌즈의 수차	MTF 측정값의 해상도 저하
5		상분석기의 각도 반응	측정 감도 방향에 따른 MTF 왜곡 발생
6	우연 오차	시험 표적물과 상분석기의 정렬 오차	측정 반복 시 오차 분산 발생
7		시야각 보정 오차	시야 범위에 따른 측정 불안정성 증가
8		초점 오차	초점 위치 변화에 따른 공간주파수 응답 편차
9		공간주파수 설정 오차	정밀도 저하, 주파수 해석 오류 가능
10		신호 처리 장비의 전자 잡음	신호 대 잡음비(SNR) 저하로 MTF 신뢰도 감소

이러한 오차 요인을 체계적으로 이해하고 제어하는 것은 고정밀 광학계의 신뢰성을 확보하는 데 중요하다. 특히, ISO 11421에 따른 측정 정확도 평가는 측정의 반복성과 재현성을 정량화함으로써, 신뢰할 수 있는 MTF 측정 결과를 보장하는 데 필수적이다. 이러한 절차를 준수하면 광학계의 성능 평가 및 개선 과정에서 높은 품질과 정확도를 유지할 수 있다.

2) MTF 표준 렌즈

(1) SIRA 표준 렌즈

정밀 광학계가 본격적으로 개발되던 1970년대 영국의 과학기기 연구협회(SIRA, Scientific Instruments Research Association)에서는 MTF 측정용 표준 렌즈를 개발하였다. 이 렌즈는 당시 대부분의 광학 렌즈 및 광학계 개발 기업들이 사용하면서, 최초의 MTF 표준 렌즈로 자리 잡았다.

그림 5-63은 SIRA 표준 렌즈의 단면도와 조리개 구성을 보여준다. 이 렌즈는 평면 볼록형 구조이며, 파장 546.1 nm에서의 초점거리는 50 mm이다. 사용된 재료는 아연 크라운 유리(zinc crown glass)이며, 굴절률은 $n = 1.5057 \pm 0.0010$이다. 구면의 곡률반경은 25.48 ± 0.06 mm, 중심 두께는 10.0 ± 0.05 mm, 지름은 56 mm이다.

조리개는 네 가지(f/4, f/5.6, f/8, f/11)로 구성되며, f/8 조리개에는 PTF 측정을 위한 위상 조리개(phase stop)가 부착되어 있다. 기준 MTF는 f/8 조리개에서 무한거리 물체에 대해 측정한 값이다.

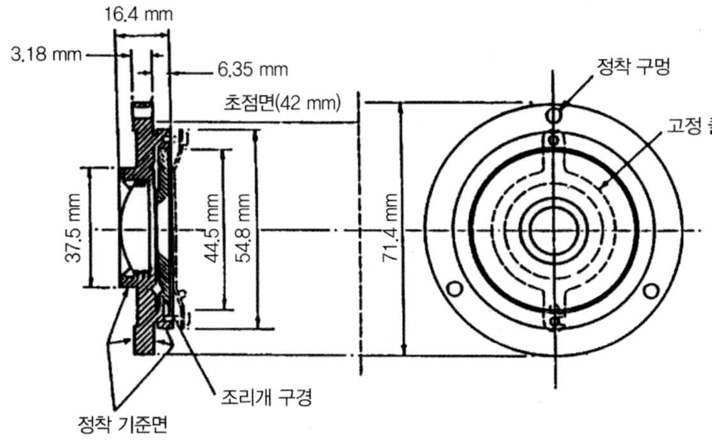

f-수	조리개 지름
4	10.60 ± 0.10 mm
5.6	7.58 ± 0.025 mm
8	5.30 ± 0.025 mm
11	3.85 ± 0.025 mm

그림 5-63 SIRA MTF 표준 렌즈 단면도와 조리개

표 5-4(a)와 (b)는 한국표준과학연구원의 MTF 측정장치를 사용하여 SIRA 표준 렌즈를 평가한 결과이다. 무한거리의 물체를 대상으로 하여 광축에서는 f/4, f/5.6, f/8, f/11, 비축에서는 f/5.6에서 3°, f/8에서 3° 및 6°에서 측정하였다.

표 5-4 MTF 측정값 비교

(a) 광축 측정

주파수(c/mm)	최대 MTF f/8	기준 초점면			
		f/8	f/5.6	f/4	f/11
1	0.94(0.96)	0.93(0.94)	0.95(0.96)	0.76(0.73)	0.93(0.93)
10	0.90(0.92)	0.88(0.90)	0.89(0.91)	0.48(0.46)	0.88(0.88)
15	0.87(0.88)	0.82(0.84)	0.84(0.84)	0.41(0.39)	0.80(0.80)
20	0.83(0.84)	0.75(0.76)	0.79(0.78)	0.39(0.36)	0.74(0.72)
25	0.81(0.81)	0.69(0.69)	0.73(0.72)	0.35(0.32)	0.66(0.66)
30	0.77(0.78)	0.62(0.61)	0.68(0.66)	0.30(0.30)	0.60(0.58)
40	0.72(0.71)	0.46(0.46)	0.56(0.54)	0.26(0.24)	0.46(0.44)
50	0.66(0.65)	0.33(0.32)	0.46(0.44)	0.20(0.19)	0.35(0.35)
60	0.60(0.59)	0.23(0.22)	0.37(0.35)	0.15(0.14)	0.28(0.27)
70	0.55(0.54)	0.15(0.15)	0.29(0.28)	0.12(0.11)	0.23(0.22)
80	0.51(0.48)	0.11(0.10)	0.24(0.23)	0.10(0.09)	0.19(0.29)
90	0.46(0.44)	0.08(0.08)	0.19(0.19)	0.07(0.08)	0.16(0.18)
100	0.40(0.40)	0.05(0.06)	0.16(0.16)	0.06(0.06)	0.14(0.15)

(계속)

(b) 비축 측정

주파수(c/mm)	f/8 3°		f/8 6°		f/5.6 3°	
	방사형	접선 방향	방사형	접선 방향	방사형	접선 방향
8	0.94(0.97)	0.95(0.95)	0.91(0.92)	0.70(0.69)	0.93(0.94)	0.89(0.88)
10	0.90(0.92)	0.90(0.92)	0.78(0.79)	0.25(0.26)	0.83(0.84)	0.73(0.71)
13	0.86(0.89)	0.86(0.85)	0.62(0.64)	0.03(0.00)	0.75(0.74)	0.55(0.54)
20	0.84(0.85)	0.80(0.80)	0.49(0.48)	0.05(0.04)	0.67(0.65)	0.42(0.40)
25	0.80(0.82)	0.76(0.74)	0.34(0.36)	0.01(0.01)	0.61(0.58)	0.33(0.32)
30	0.77(0.78)	0.72(0.71)	0.24(0.24)	0.03(0.03)	0.55(0.52)	0.28(0.28)
40	0.70(0.71)	0.64(0.63)	0.09(0.04)	0.02(0.02)	0.46(0.43)	0.24(0.24)
50	0.64(0.64)	0.57(0.56)	0.04(0.02)	0.03(0.02)	0.41(0.38)	0.22(0.22)
60	0.57(0.57)	0.50(0.50)	0.03(0.02)	0.02(0.01)	0.36(0.34)	0.20(0.20)
70	0.53(0.51)	0.44(0.44)	0.04(0.01)	0.00(0.01)	0.33(0.30)	0.18(0.18)
80	0.46(0.45)	0.40(0.39)	0.02(0.01)	0.02(0.00)	0.30(0.27)	0.14(0.16)
90	0.41(0.40)	0.36(0.34)	0.03(0.01)	0.00(0.01)	0.28(0.25)	0.14(0.14)
100	0.37(0.38)	0.31(0.31)	0.01(0.00)	0.01(0.00)	0.25(0.24)	0.11(0.12)

(c) PTF 측정

주파수(c/mm)	f/8 3° 접선 방향		f/8 4° 접선 방향	
	MTF	PTF	MTF	PTF
10	0.76(0.74)	18°(23°)	0.53(0.52)	38°(34°)
20	0.47(0.44)	23°(26°)	0.25(0.23)	23°(22°)
30	0.30(0.30)	14°(13°)	0.16(0.15)	21°(26°)
40	0.22(0.22)	3°(2.5°)	0.08(0.08)	1°(5°)
50	0.19(0.18)	0°(0°)	0.08(0.06)	0°(0°)
60	0.15(0.14)	0°(-1.5°)	0.03(0.04)	-
70	0.11(0.11)	-2°(-2°)	0.03(0.02)	-
80	0.09(0.08)	-2°(-4°)	0.03(0.01)	-

출처: KSRI(SIRA)

기준 초점면은 공간주파수 50 lp/mm에서 MTF가 최대가 되는 최적 초점면 중 렌즈에 가까운 초점면으로 설정하였다. 각 f-수에 대해 광축 및 비축에서 MTF를 측정하였으며, 괄호 안의 수치는 SIRA에서 제공한 기준 측정값이다. 측정 결과는 광축에서는 ±0.02, 비축에서는 ±0.03 이내에서 기준값과 일치하였다.

표 5-3(c)는 f/8에서 위상 조리개를 부착하여 측정한 PTF 결과이다. PTF는 공간주파수에 따라 선형적으로 변하므로, 좌표 원점은 0과 50 lp/mm에서 0이 되도록 설정하였다. 모든 측정값은 기준값과 ±5° 이내에서 일치하였다.

(2) KRISS 표준 렌즈

SIRA 표준 렌즈는 단일 구면 렌즈로 색수차가 존재하며, 이에 따라 파장이 달라지면 초점 심도가 크게 증가하는 단점이 있다. 이를 보완하기 위해, 한국표준과학연구원(KRISS)에서 개발한 색지움 MTF 표준 렌즈는 구면수차 및 색수차에 의한 초점면 이동을 최소화하여 다양한 파장에서 안정적인 변조전달함수 측정을 가능하게 한다. 초점거리는 50 mm이며, f/8의 조리개를 갖추고 있어 다색 변조전달함수 측정에도 적합하다.

그림 5-64는 KRISS MTF 표준 렌즈와 조리개의 구성을 보여준다. 이 렌즈는 SIRA 표준 렌즈와 비교할 수 있는 조건에서 설계되었으며, f-수는 f/4, f/5.6, f/8, f/11로 설정되었다[14].

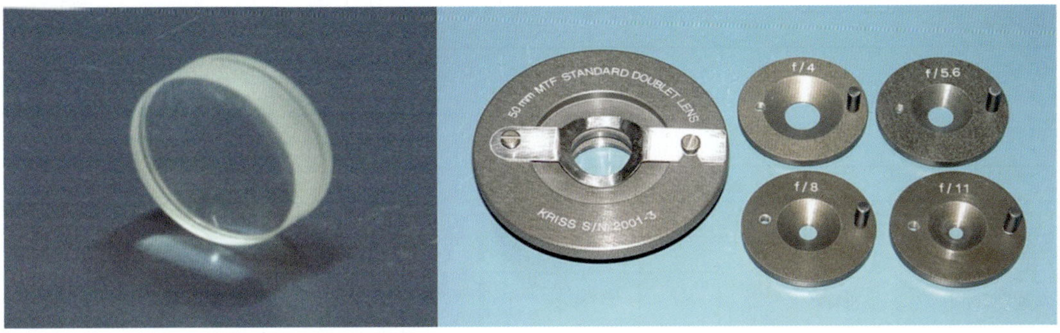

그림 5-64 KRISS의 MTF 표준 렌즈 및 조리개

표 5-5(a)는 광축에서 각 f-수에 따른 설계값과 측정값을 비교한 결과를 나타낸 것이다. 측정은 여러 차례 반복하여 수행했으며, 측정값은 ±0.03의 오차 범위 내에서 설계값과 잘 일치하였다.

표 5-5(b)는 f/8 조리개의 비축 성능의 평가 결과이다. 이 경우에도 측정값은 ±0.04의 오차 범위 내에서 설계값과 일치하며, 통계적 불확도는 ±0.002 수준으로 매우 작게 나타났다. 최종 측정 불확도는 광축 기준으로 ±0.02, 비축 기준으로 ±0.03으로 평가되었다.

이러한 결과는 KRISS MTF 표준 렌즈가 고정밀로 설계되었음을 보여주며, 광학계의 정확한 성능 평가에 중요한 기준이 된다. 한국표준과학연구원이 자체 개발한 MTF 측정장치와 MTF 표준 렌즈에 의한 광학계 성능평가 표준 확립은 대한민국 광산업체의 수준을 선진국과 동등한 수준으로 끌어올리는 데 기여하였다. 즉, 1991년 이후 대한민국의 MTF 측정 불확도는 광축에서 ±0.02, 비축에서 ±0.03이다.

표 5-5 KRISS MTF 표준 렌즈의 설곗값과 측정값 비교

(a) 광축

	설곗값				측정값			
구경(c/mm)	f/11	f/8	f/5.6	f/4	f/11	f/8	f/5.6	f/4
10	0.929	0.944	0.961	0.949	0.907	0.921	0.937	0.927
20	0.858	0.887	0.920	0.878	0.833	0.855	0.890	0.836
30	0.787	0.831	0.881	0.808	0.772	0.806	0.849	0.771
40	0.718	0.775	0.843	0.745	0.696	0.748	0.822	0.713
50	0.650	0.721	0.804	0.688	0.629	0.693	0.778	0.663
60	0.581	0.666	0.767	0.638	0.562	0.637	0.741	0.661
70	0.516	0.612	0.729	0.593	0.498	0.583	0.689	0.567
80	0.452	0.559	0.691	0.551	0.428	0.527	0.659	0.513
90	0.390	0.506	0.655	0.512	0.361	0.481	0.620	0.473
100	0.329	0.455	0.619	0.476	0.315	0.441	0.570	0.447

(b) 비축 f/8

	설곗값						측정값					
초점면	최적 초점면			기준 초점면			최적 초점면			기준 초점면		
시야각	0°	3°	3°	0°	3°	3°	0°	3°	3°	0°	3°	3°
방위각	–	방사형	접선 방향	–	방사형	접선 방향	–	방사형	접선 방향	–	방사형	접선 방향
10 c/mm	0.944	0.925	0.866	0.908	0.941	0.935	0.921	0.895	0.840	0.891	0.904	0.905
20 c/mm	0.887	0.826	0.639	0.769	0.877	0.858	0.855	0.788	0.600	0.755	0.828	0.814
30 c/mm	0.831	0.716	0.405	0.619	0.813	0.774	0.806	0.677	0.349	0.609	0.779	0.722
40 c/mm	0.775	0.608	0.216	0.479	0.750	0.690	0.748	0.565	0.163	0.468	0.730	0.636
50 c/mm	0.721	0.508	0.087	0.361	0.688	0.611	0.693	0.461	0.042	0.356	0.663	0.541
60 c/mm	0.666	0.422	0.014	0.267	0.628	0.538	0.637	0.366	0.028	0.247	0.603	0.461
70 c/mm	0.612	0.351	0.031	0.196	0.571	0.472	0.583	0.299	0.048	0.177	0.541	0.390
80 c/mm	0.559	0.293	0.046	0.145	0.517	0.415	0.527	0.244	0.059	0.123	0.486	0.343
90 c/mm	0.506	0.248	0.048	0.110	0.465	0.366	0.481	0.199	0.038	0.104	0.435	0.292
100 c/mm	0.455	0.213	0.045	0.087	0.417	0.323	0.441	0.165	0.042	0.064	0.383	0.249

(3) KRISS 적외선 표준 렌즈

적외선 MTF 표준 렌즈의 성능평가를 위해, 한국표준과학연구원은 ZnSe 재질을 사용한 초점거리 50 mm, 지름 50 mm인 평면 볼록 렌즈를 선택하였다. 이 렌즈는 550 nm에서 18 μm까지 넓은 파장 영역에서 높은 투과율을 제공하며, 적외선뿐만 아니라 가시광 영역에서도 사용할 수 있다.

그림 5-65는 해당 렌즈의 규격과 사진을 보여준다. 렌즈의 개구 크기는 10 mm, f-수는 5이다.

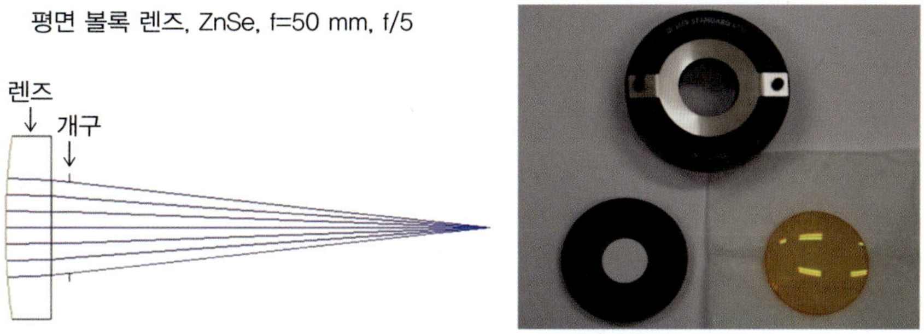

그림 5-65 적외선 MTF 측정 표준 렌즈의 규격과 사진

표 5-6(a)는 적외선 MTF 표준 렌즈의 각 공간주파수에 대해 설곗값과 측정값을 비교한 결과를 나타낸다. 측정은 동일한 조건에서 6회 반복하여 평균값을 산출하였으며, 전체 공간주파수 영역에서 ±0.035 이내의 오차를 보였다.

표 5-6(b)는 공간주파수 20 lp/mm에서의 측정 불확도 분석 결과를 나타낸다. A형 불확도(type A uncertainty)는 반복 측정의 통계적 분석을 통해 산출되며, 이 측정에서는 0.002로 매우 작게 나타났다. A형 불확도는 측정의 반복성과 재현성을 나타내며, 측정자나 측정 환경의 변화가 MTF 측정 결과에 미치는 영향이 거의 없음을 나타낸다. 반면, B형 불확도(type B uncertainty)는 물체와 상분석기의 정렬, 초점면 위치, 공간주파수 설정 등 측정 시스템의 구성 요소에서 발생하는 오차를 포함한다.

이러한 결과는 적외선 MTF 표준 렌즈가 정밀하게 설계되어 있음을 보여주며, 광학계의 정확한 성능평가에 중요한 역할을 한다.

표 5-6 적외선 표준 렌즈의 측정값 및 불확도 분석

(a) 적외선 MTF 표준 렌즈의 설곗값과 측정값 비교

공간주파수(l/mm)	이론값	평균 측정값	차이	표준편차
5	0.864	0.834	−0.030	0.003
10	0.725	0.691	−0.034	0.008
20	0.479	0.474	−0.005	0.004
30	0.277	0.290	0.013	0.006
40	0.106	0.138	0.033	0.006
50	0.015	0.039	0.024	0.007

(계속)

(b) 공간주파수 20 lp/mm에서 측정 불확도 분석

측정 횟수	측정값	평균값	표준편차	A형 불확도
1	0.473	0.474	0.005	0.002
2	0.478			
3	0.477			
4	0.478			
5	0.465			
6	0.473			

1. J. W. Goodman, "Introduction to Fourier Optics", Roberts and Company Publishers (2005).
2. G. D. Boreman, "Modulation Transfer Function in Optical and Electro-Optical Systems", SPIE Press (2001).
3. L. Williams, "The Optical Transfer Function of Imaging Systems", Sira Electro-Optics Ltd, Kent (1999).
4. D. R. Williams & O. A. Becklund, "Introduction to the Optical Transfer Function", SPIE Press (1989).
5. W. J. Smith, "Modern Optical Engineering" McGraw-Hill (2007).
6. H. H. Hopkins, "The Frequency Response of a Defocused Optical System", Proc. Roy. Soc. A (1955).
7. J. C. Wyant & K. Creath, "Basic Wavefront Aberration Theory for Optical Metrology", Academic Press (1992).
8. M. Born & E. Wolf, "Principles of Optics", Pergamon Press (1999).
9. J. C. Dainty & R. Shaw, "Image Science", Academic Press (1974).
10. R. Barnden, "Calculation of axis polychromatic optical transfer function", OPTICA ACTA 21(12), 987-1003 (1974).
11. R. Barnden, "Extra-axis polychromatic optical transfer function", OPTICA ACTA 23(1), 1-24 (1976).
12. 홍경희, "기하광학", 두양사 (2011).
13. 이윤우, 조현모, 이인원, 홍경희, "주사형 OTF 측정장치 개발", 새물리 27(2), 95-99 (1987).
14. 조현모, 이윤우, 이인원, "표준 렌즈에 의한 주사형 OTF 측정장치 성능평가", 새물리 27(5), 423-429 (1987).
15. 조현모, 이윤우, 이회윤, 이인원, "비축상 OTF 의 정밀측정", 한국광학회지 2(3), 121-126 (1991).
16. 조현모, 이윤우, 이상태, 이종웅, "칼날 주사 방법에 의한 일차원 CCD의 MTF 측정", 한국광학회지 6(3), 173-177 (1995).
17. 송종섭, 조재흥, 홍성목, 이윤우, "다색광전달함수를 사용한 컬러 LCD 모니터의 광학적 상평가법", 한국광학회지 16(1), 63-70 (2005).
18. Gerald Holst, "Testing and evaluation of E-O imaging systems", SPIE Press (2008).
19. 손병호, 이회윤, 송재봉, 양호순, 이윤우, "적외선 광학계용 MTF 측정장치 개발", 한국광학회지 26(3), 162-167 (2015).

20. ISO 11421:1997, "Optics and optical instruments-Accuracy of optical transfer function(OTF) measurement"
21. ISO 15529:2010, "Optics and photonics–Optical Transfer Function–Principles of measurement of MTF of sampled imaging systems"
22. ISO 9334:2012, "Optics and photonics-Optical Transfer Function–Definitions and mathematical relationships"
23. ISO 9335:2012, "Optics and photonics-Optical Transfer Function-Principles and procedures of measurement"
24. Wolfram Demonstrations Project (https://demonstrations.wolfram.com/PointSpreadAndModulationTransferFunctionsForSeidelAberration)
25. R. L. De Valois & K. K. De Valois, "Spatial Vision", Oxford University Press (1988).
26. A. B. Watson & A. J. Ahumada, "A standard model for foveal detection of spatial contrast", Journal of Vision, 5(9), 6 (2005), DOI: 10.1167/5.9.6
27. ISO 9241-302:2008, "Ergonomics of human-system interaction–Part 302: Terminology for electronic visual displays"

Chapter 6

우주용 광학계 개발

6.1 우주 환경과 시험

1) 우주 환경

위성 카메라와 우주망원경은 지구 관측, 천문학 연구, 군용 및 민간 목적의 다양한 임무를 수행하며, 우주 환경에서도 고성능을 유지해야 한다. 그러나 우주는 그림 6-1과 같이 지구 환경과 크게 다른 극한 환경이므로, 카메라가 안정적으로 작동하려면 특별한 설계와 기술이 필요하다.

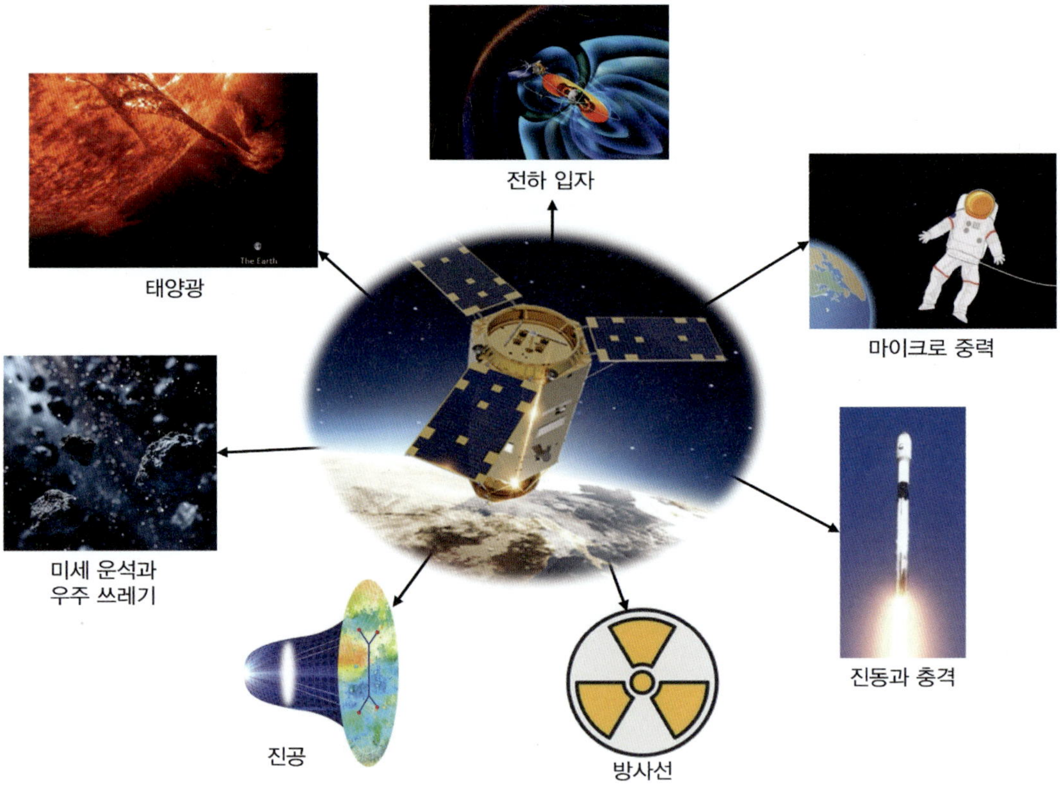

그림 6-1 위성 카메라의 우주 환경

우주 환경은 위성 카메라와 우주망원경이 안정적으로 작동하는 데 다양한 도전 과제를 제시한다. 주요 영향 요소는 다음과 같다[1-4].

① **극단적인 온도 변화**: 우주에서는 대기가 없어 열전달이 복사로만 이루어지며, 태양광에 직접 노출된 표면은 +120 ℃ 이상, 그늘진 면은 −180 ℃ 이하로 온도가 급격하게 변할 수 있다. 이러한 온도 변화는 카메라의 광학 및 기계 부품에 영향을 미쳐 초점이 흐려지거나 전자 부품의 성능이 저하될 수 있다.

② **진공 상태**: 우주는 거의 완전한 진공 상태로, 공기의 유체 저항이 없고 열전달이 다르게 작용한다. 이로 인해 재료의 탈가스화가 발생하여, 광학계에 오염을 일으킬 수 있다.

③ **방사선**: 태양광에서 발생하는 고에너지 입자(태양풍)와 다양한 방사선(자외선, X선, γ선 등)은 전자 부품과 광학계에 심각한 손상을 줄 수 있다. 이로 인해 CCD나 CMOS 센서의 성능 저하와 광학 코팅의 열화가 발생할 수 있다.

④ **미세 운석과 우주 쓰레기**: 우주 공간에서는 매우 높은 속도로 이동하는 미세 운석과 우주 쓰레기와의 충돌로 인해 광학계 구조물이 파손될 수 있다.

⑤ **마이크로 중력**: 지구와는 다른 미세 중력 상태에서 기계적 시스템의 동작이 예상과 다를 경우, 기계 부품의 움직임이 느려지거나 비효율적으로 작동할 수 있다.

⑥ **진동과 충격**: 로켓의 발사 및 운행 중에 발생하는 진동과 로켓 분리 시의 충격으로 인해 광학계가 파손될 수 있다.

이러한 환경적 도전 요소들을 고려하여, 위성 카메라와 우주망원경은 광학적·기계적·열적 요구사항을 충족하도록 설계되어야 한다. 이를 위해 열 안정성을 위한 설계, 정밀한 정렬과 광학 부품의 보호, 방사선 차폐 및 진동 흡수 기술의 적용이 필수적이며, 이를 통해 우주 환경에서도 안정적이고 신뢰할 수 있는 성능을 유지할 수 있다.

2) 위성 카메라 분해능

위성 카메라는 위성에 탑재되어 지구 표면, 대기, 해양 또는 우주를 관찰하고 영상을 촬영하는 장비이다. 위성 카메라는 다양한 용도로 사용되며, 고해상도의 광학 영상, 고분광 영상, 적외선 또는 레이더 영상을 통해 지구의 변화, 환경 모니터링, 군사 감시, 기후 연구 등 다양한 분야에서 활용된다.

일반적으로 위성 카메라는 지구의 저궤도(400~2,000 km)에서 운영된다. 이 고도에서 위성은 지구를 매우 빠르게 돌며 주기적으로 동일한 지역을 촬영할 수 있어, 고해상도 영상을 확보하는 데 매우 유리하다.

위성 카메라의 성능을 나타내는 중요한 네 가지 분해능은 영상에서 한 화소가 지구 표면에서 차지하는 실제 크기를 나타내는 공간 분해능(spatial resolution), 위성 카메라가 감지할 수 있는 스펙트럼 범위의 세분화 정도를 나타내는 분광 분해능(spectral resolution), 동일 지역을 다시 촬영하는 주기, 즉 위성이 같은 지점을 얼마나 자주 촬영할 수 있는지를 나타내는 시간 분해능(temporal resolution), 각 픽셀이 나타낼 수 있는 밝기 단계의 수, 즉 상의 밝기 또는 색상 정확도를 나타내는 밝기 분해능(radiometric resolution)이다. 이러한 분해능은 위성 카메라의 촬영 능력을 다양한 측면에서 평가하며, 특정 응용 분야에서의 효율성을 판단하는 데 중요한 기준이 된다.

그림 6-2는 위성 카메라의 공간 분해능과 분광 분해능을 보여준다. (a)에서 위성 카메라가 촬영한 영상에서 한 화소가 지구 표면에서 차지하는 실제 거리(GSD, Ground Sampling Distance)는 일반적으로 m 단위로 표현된다.

$$GSD = \frac{H \cdot d}{f} \tag{6.1}$$

여기서 H는 위성의 고도, d는 화소 크기, f는 카메라의 초점거리이다. GSD가 1 m라면 영상의 한 화소는 지구 표면에서 실제로 1 m×1 m 크기의 영역을 나타낸다.

그림 6-2(b)는 다중 분광(multi spectral)과 고분광(hyper spectral) 카메라의 영상을 나타낸다. 흑백 영상은 명암 정보만을 기록하지만, 분광 영상은 다양한 파장 대역에서 촬영되어 지표면의 특정 환경 변화나 물질 특성을 분석할 수 있다. 예를 들어, 식물의 엽록소 농도, 토양 상태, 대기오염, 구름

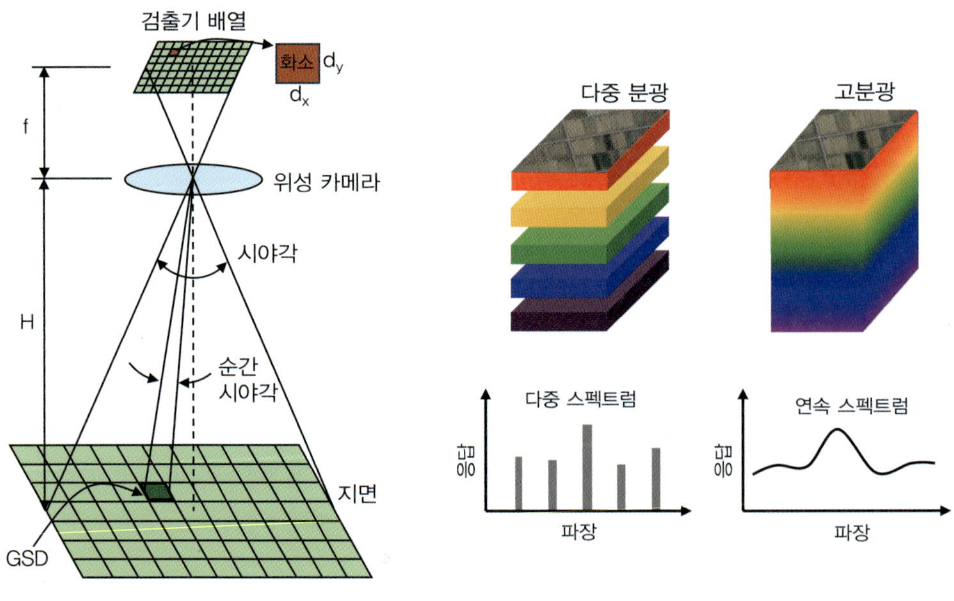

(a) Ground Sampling Distance (b) 다중 분광과 고분광 영상

그림 6-2 위성 카메라의 GSD와 분광 영상

등을 추적할 수 있다.

다중 분광 카메라는 일반적으로 4~7개의 특정 파장 대역을 사용하여 각각 다른 파장의 빛을 감지하고, 이를 기반으로 색상 및 화학적 특성을 분석할 수 있다. 주로 가시광선, 근적외선, 중적외선 등을 사용하며, 주요 활용 분야는 작물 건강 및 농업 상태 분석, 산림 변화와 대기오염 모니터링, 지형 분석과 토지 이용 변화 추적, 기후변화 모니터링 등이다.

고분광 영상은 수십에서 수백 개의 좁은 파장 대역을 사용하여 정교하게 촬영하는 기술이다. 각 파장 대역은 매우 좁고 세밀한 범위로 구분되어, 화학적 성질을 매우 정밀하게 분석할 수 있다. 주요 활용 분야는 정밀한 농작물 질병 탐지, 광물 자원 식별 및 지하자원 분석, 수질 분석, 정밀 감시와 위협 탐지 등이다.

표 6-1은 흑백 영상, 다중 분광 영상, 고분광 영상의 특징을 비교한 것이다. 흑백 영상은 기본적인 밝기 정보를 제공하며, 주로 단순한 형상 분석이나 변화 감지에 사용된다. 고분광 영상은 화학 분석과 물질 구분이 필요한 정밀한 응용에서 뛰어난 성능을 발휘하기 때문에 환경 모니터링, 광물 자원 탐사 등에서 중요한 역할을 한다.

표 6-1 흑백 영상, 다중 분광 영상, 고분광 영상의 특성 비교

특성	흑백 영상	다중 분광 영상	고분광 영상
파장 대역수	1개(밝기값)	4~7개(넓은 파장 대역)	수십~수백 개(좁은 파장 대역)
분광 해상도	없음	낮음(넓은 파장 대역)	높음(좁은 파장 대역)
데이터 크기	작고 단순	비교적 작음	크고 복잡함
가격	저렴	중간	고가
속도	빠름	빠르며 간단한 분석 가능	느리며 대용량 데이터 처리 필요
주요 활용 분야	기본 형태와 밝기 분석	농업, 환경 모니터링, GIS 등	농업, 환경, 광물 탐사, 의료, 국방 등
정밀도	낮음	중간(기본 물질 구별 가능)	매우 높음(정밀 화학 분석 가능)

3) 위성 카메라 지상 시험

위성 카메라의 우주 환경에서의 정상 작동을 보장하기 위해 다양한 조건을 모사한 지상 시험을 수행한다. 시험은 광학적 · 기계적 · 열적 · 방사선 조건 등을 검증하며, 위성 카메라의 신뢰성을 확인하는 데 필수적이다. 주요 시험 항목은 표 6-2와 같다[5-8].

표 6-2 위성 카메라의 지상 시험 항목

시험 종류	목적	세부 내용
광학 시험	카메라의 광학 성능 및 이미지 품질 검증	• MTF 측정(해상도 평가) • 렌즈 정렬 확인 • 스펙트럼 응답 측정 • 산란광 시험
기계적 시험	발사 과정에서의 진동과 충격 내구성 확인	• 진동 시험(5~2,000 Hz) • 충격 시험(파렉 충격 포함) • 음향 시험(음향 하중 시뮬레이션) • 구조적 무결성 평가
열적 시험	극한 온도 변화에서의 성능 유지 검증	• 열 진공 시험(진공과 온도 변화) • 열 사이클 시험 • 열방사 성능평가
방사선 시험	우주 방사선에 대한 내구성 평가	• 총 방사선 내성 시험 • 단일 이벤드 효과 시험 • 방사선 차폐 성능 시험
환경 시험	복합적인 우주 환경 조건 검증	• 진공 시험 • 태양 시뮬레이션 시험 • 우주 쓰레기 및 미세 운석 충돌 시험
전기적 시험	전자기기와 데이터 처리 시스템의 안정성 검증	• 전자기 호환성 시험(EMC) • 전력 소모 시험 • 데이터 전송 및 처리 시험
기능 시험	위성 카메라의 전반적인 작동 확인	• 이미지 캡처 시험 • 초점 및 노출 제어 시험 • 조립 및 분리 성능 시험
시스템 통합 시험	위성 카메라와 위성 시스템의 통합 성능 검증	• 통신 시험(위성 내부 시스템) • 지상관제 통신 시험
시뮬레이션 시험	우주 환경에서의 작동 조건 재현	• 궤도 시뮬레이션 • 태양 및 반사광 조건 시뮬레이션

이러한 다양한 지상 시험을 통해 위성 카메라가 우주 환경에서 안정적으로 작동하는지를 확인하고, 필요시 설계를 수정하거나 개선할 수 있다.

4) 광학 부품 세부 시험

렌즈, 거울, 필터 등 광학 부품의 세부 시험 항목은 표 6-3에 제시되어 있다. 렌즈와 거울은 깨지기 쉬운 재료로 제작되며 nm 수준의 정밀도를 요구하므로, 충격 시험에서 미세한 기계적 변형이 발생하면 광학 성능이 크게 저하될 수 있다. 따라서 충격 시험 대신 진동 시험이나 환경 시험(온도, 진공, 방사선 등) 또는 컴퓨터 시뮬레이션을 통해 우주 환경 적합성을 확인한다. 적외선이나 자외선 광학계의 경우에는 새로운 시험 항목이 추가될 수 있다.

표 6-3 위성 카메라용 렌즈와 거울의 지상 시험 항목

시험 종류	목적	세부 내용
표면 검사	렌즈와 거울의 표면 결함 확인	• 긁힘, 오염, 흠집 등의 표면 결함 점검 • 표면 품질 표준(MIL-PRF-13830B 등)에 따른 검증
형상 측정	거울과 렌즈의 표면 형상 정확도 평가	• 3D 측정기, 간섭계 등을 사용하여 nm 수준의 표면 형상 분석 • 정량적 지표(RMS 오차)로 결과 표현
곡률반경 측정	렌즈와 거울의 곡률 정확성 평가	곡률반경 측정기로 설계 사양과의 일치 여부 평가
파면 오차 측정	렌즈와 거울의 파면 오차 평가	• 간섭계를 사용하여 $\lambda/10$ 이하의 오차 측정 • 왜곡과 이미지 품질에 미치는 영향 분석
반사율/투과율 측정	거울의 반사율 또는 렌즈의 투과율 측정	• 특정 파장에서의 반사 및 투과 성능 확인 • 다양한 스펙트럼에서의 효율 평가
광학 코팅 검사	렌즈와 거울의 표면 코팅 상태와 성능평가	• 반사 방지 코팅, 고반사 코팅 확인 • 내구성 및 방사선 노출 후의 변화 분석
열팽창 시험	렌즈와 거울의 열팽창 특성 확인	• 열 사이클(극한 온도 변화) 동안의 크기 및 형상 변화 측정 • 열팽창계수와 설계사항의 일치 검토
진동 시험	발사 과정에서 진동에 의한 구조적 변형 평가	• 진동 발생기를 이용하여 조립된 광기계 구조체의 내구성 시험 • 고주파 및 저주파 진동에서 성능 확인
발사 조건에서 내구성 평가	발사 시 충격 조건에서의 내구성 평가	수행하지 않음
내구성 시험	우주 환경에서의 장기적 안정성 평가	우주 방사선, 진공, 극한 온도에서의 재료 및 코팅 성능 변화 분석
색수차 시험	렌즈의 색수차 특성 확인	• 가시광선 영역에서의 색수차 계수 측정 • 색수차 보정을 위한 설계 적합성 평가
편광 성능 측정	렌즈와 거울의 편광 특성 확인	특정 편광 상태의 빛에 대한 반사/투과 성능 분석
조립 및 정렬 확인	렌즈와 거울의 조립 및 정렬 상태 평가	• 조립 후 광축 정렬과 설계 사양의 일치 여부 점검 • 고정 상태의 안정성과 위치 오차 평가
이미지 품질 시험	렌즈와 거울이 포함된 광학 시스템의 실제 성능 확인	시험 표적 촬영을 통한 이미지 품질(MTF, 왜곡, 색수차) 분석

이러한 광학 부품의 세부 시험은 모두 위성 카메라의 정밀성과 성능을 확보하는 데 필수적이며, 특히 우주 환경에서의 신뢰성을 보장하기 위해 각 부품의 정밀도와 내구성을 철저히 검증하는 것이 중요하다.

6.2 우주용 광학계 개발 절차

1) 개발 단계

우주용 망원경, 카메라, 분광기 등의 광학계 개발은 그림 6-3과 같이 7단계의 개발 과정과 단계별 목표에 대한 충족 여부를 확인하는 3개의 검토 과정으로 이루어진다. 각 단계는 상호 연계되며, 전체 광학계 성능과 품질을 보장하기 위해 체계적으로 진행된다. 단계별 목표와 세부 내용은 표 6-4에 정리하였다[9].

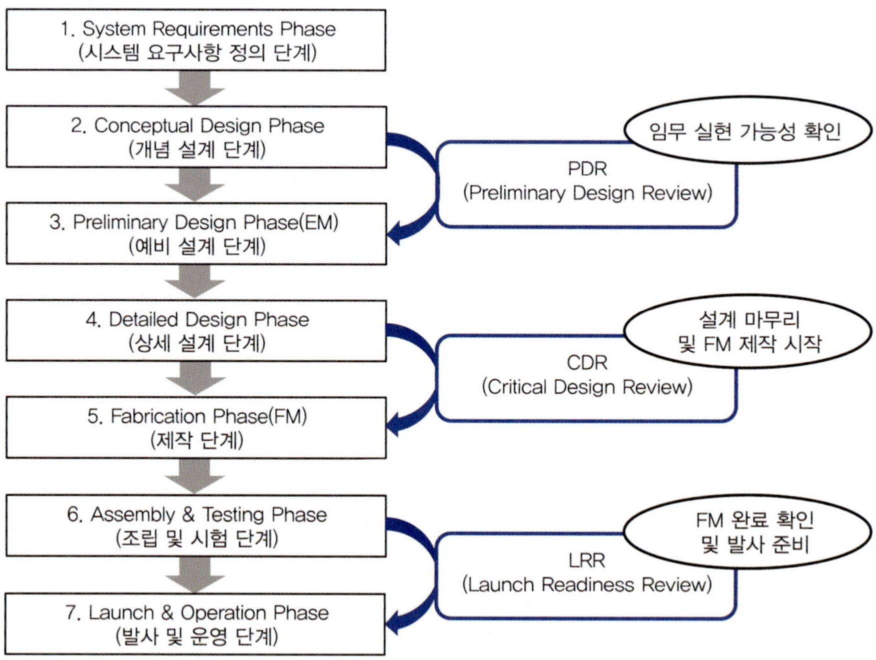

그림 6-3 우주용 광학계의 개발 단계

이러한 단계적 접근은 우주 환경에서의 광학 시스템 개발에서 필수적인 절차로, 각 단계에서의 철저한 검토와 평가를 통해 최종적으로 신뢰성 높은 위성 카메라를 확보할 수 있다.

표 6-4 우주용 광학계의 개발 단계별 목표

단계	목표	주요 내용
1. 요구사항 정의	위성 카메라의 임무 목표를 시스템 수준의 요구사항으로 구체화	• 관측 목표 설정(해상도, 스펙트럼 대역 등) • 운용 환경 분석(궤도 조건, 온도, 방사선 등) • 광학계, 구조체 등 시스템 요구사항 설정 • 성능 목표(MTF, GSD, SNR 등) 정의
2. 개념 설계	광학계의 초기 설계 및 주요 기술적 문제 식별	• 렌즈/거울 배치 결정(굴절식, 반사식, 복합식) • 주요 광학 매개변수 정의(초점거리, 시야각, 구경 등) • 초기 오차 할당 구성(오차 요소별 분배) • 초기 설계 시뮬레이션 수행(MTF, 왜곡 분석)
3. 예비 설계	설계안 세부화 및 제작 가능성 검토	• 광학 설계 구체화(파면 오차, 공차 분석) • 재료 및 코팅 결정(렌즈/거울 소재 및 코팅 설계) • 구조적 시뮬레이션(열 · 기계적 상호작용 분석) • Engineering Model(EM)
4. 상세 설계	제작할 수 있는 수준으로 설계 완료	• 렌즈/거울 설계 최적화(공차 및 정렬 민감도 분석) • 제작 공정 정의(렌즈 연마, 코팅 두께 등) • 설계 검증(시뮬레이션 결과와 설계 목표 비교)
5. 제작	설계에 따라 광학 부품과 기계 구조물 제작	• 렌즈/거울 연마 및 코팅 공정 수행 • 품질 관리(파면 오차, 코팅 두께, 공차 측정) • 구조체 제작 및 검증 • Qualification Model(QM)
6. 조립 및 시험	제작된 부품 정렬 · 조립 후 설계 목표와 비교하여 성능 검증	• 광학 정렬(렌즈/거울 간의 광축, 초점 위치) • 초점 평면 배열(FPA) 설치 • 구조체 결합 및 통합 • 광학 성능시험(MTF, 왜곡, 파면 오류 측정) • 환경 시험(진동, 열 진공, 방사선 내구성 시험) • 결과 분석 및 피드백
7. 발사 및 운영	궤도에서 정상 작동 확인 및 장기적 운영 안정화	• 초기 궤도 시험(on-orbit testing) 수행 • 실시간 성능 모니터링 및 데이터 분석 • 유지보수 계획 수립

2) 단계별 검토 회의

각 개발 단계는 개념 설계 및 예비 설계의 적합성을 검토하는 PDR(Preliminary Design Review), 상세 설계의 제작 가능성과 요구 사항 충족 여부를 최종 검토하는 CDR(Critical Design Review), 제품 또는 시스템을 고객에게 배송하기 전에 마지막으로 품질을 검토하고 확인하는 PSR(Preliminary Shipping Review), 발사 준비 상태와 시스템 전체 운영 가능성을 검토하는 LRR(Launch Readiness Review)을 통해 확인된다.

검토 회의의 주요 내용은 표 6-5에 정리되어 있다. 특정 분야를 담당하는 각 기관이나 기업은 맡은 업무 범위에 따라 세부 검토 항목(check list)을 별도로 작성하여 점검하며, 특히 광학 또는 기계 부품을 개발하는 기관의 경우, PSR는 주관기관에 납품 여부를 결정하는 최종 회의이므로 출하 준비 검토 회의의 역할을 한다.

표 6-5 우주용 광학계의 개발 단계별 검토 과정

검토 단계	목적	검토 항목
Preliminary Design Review (PDR)	개념 설계 및 예비 설계의 적합성 검토	• 성능 목표와 요구 사항 충족 여부 • 초기 설계안 검토(광학 변수, 오차 할당 등) • 주요 위험 식별 및 완화 계획 • 기술적 구현 가능성과 제작 가능성 평가
Critical Design Review (CDR)	상세 설계의 제작 가능성과 요구 사항 충족 여부 최종 검토	• 최종 설계 검토(렌즈/거울 설계, 공차 분석, 정렬 민감도) • 제작 공정 적합성 검토(렌즈/거울 연마, 코팅 두께, 구조 안정성 등) • 오차 할당 최종 검토 및 수정 • 설계 문서 및 제작 준비 상태 검증
Preliminary Shipping Review (PSR)	제품이나 시스템을 고객에게 배송하기 전에 최종적으로 품질 검토 및 확인	• 실행 과제 처리 현황 최종 점검 • 요구 사항 만족 여부, 불만족 사항 점검 • 납품문서, 최종 시험 결과, 납품 계획 점검 • 보관 및 유지 시 주의사항 점검
Launch Readiness Review (LRR)	발사 준비 상태와 시스템의 전체 운영 가능성 검토	• 시험 결과와 설계 목표의 비교(성능 및 환경 시험 데이터 검토) • 시스템 구성 요소의 통합 상태 확인 • 발사 및 초기 궤도 시험 계획 검토 • 위험 요소 분석 및 대응 계획

그림 6-4는 광학계 개발 단계 중 4, 5, 6단계의 세부 절차를 보여준다. 먼저, 광학 설계와 광기계 해석을 한 후, 설곗값이 정해지면 거울의 무게를 줄이고 연마와 코팅을 실시한다. 광학 가공과 측정이 완료되면 플렉스를 접착하고 베젤에 결합하여 정렬한다.

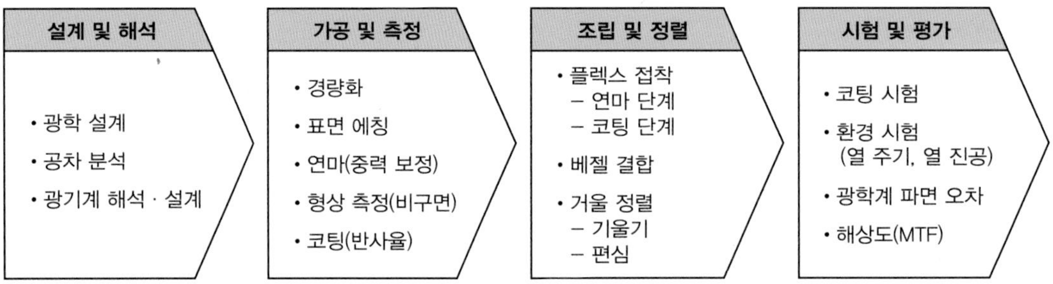

그림 6-4 우주용 광학계 세부 개발 절차

광학 거울 구조체는 우주 환경 시험을 수행하며, 거울과 렌즈로 구성된 광학계인 경우 파면 수차와 MTF를 측정하여 최종 성능을 평가한다. 박막 시험은 시편을 이용하며, 파면 오차는 정렬이 완료된 후 측정한다. 설계부터 평가까지의 각 단계에 오차를 할당하고, 작업 완료 후 이를 비교 · 확인한다. 이와 같은 단계적 절차를 통해 광학계는 개발 초기부터 제작 및 시험에 이르기까지 철저히 관리되며, 최종적으로 우주 환경에서 안정적으로 작동할 수 있음을 보장한다.

3) 오차 할당

오차 할당(error budget)은 시스템 성능 목표를 달성하기 위해 각 구성 요소 및 단계에서 허용 가능 오차를 체계적으로 분석하고 나누어 할당하는 기준이다. 이 개념은 복잡한 광학계의 설계 및 제작 과정에서 발생할 수 있는 다양한 오차 요소를 정량화하고, 전체 시스템 성능에 미치는 영향을 관리하는 데 사용된다[10, 11].

광학계의 최종 성능은 MTF 측정으로 평가하지만, 개발 단계에서는 파면 오차(WFE)를 기준으로 삼는다. 최종 파면 오차가 결정되면 광학 설계, 제작, 정렬, 환경 시험 단계에서 발생할 수 있는 광학적 · 기계적 · 열적 · 환경적 오차를 모두 고려하여 분배한다. 단계별 오차는 다시 세부 요소별 오차로 나뉘며, 각 단계 및 요소별 오차 할당 비율의 합은 각각 100 %가 된다. 할당 기준은 RSS (Root-Sum-Square) 방식으로 적용된다.

$$WFE_{total}(100\,\%) = \sqrt{\sum_i WFE_i^2} \tag{6.2}$$

그림 6-5에는 3개의 거울로 구성된 위성 카메라의 개발 단계와 각 세부 요소에 대한 오차 할당 예시가 자세히 제시되어 있다. 각 단계에서는 시스템 성능 목표를 충족하기 위해 허용 가능한 오차를 분석하고 할당하는 방법을 설명한다. 이는 복잡한 광학 시스템에서 발생할 수 있는 다양한 오차 요소를 정량화하여 관리하는 데 중요한 역할을 한다. 각각의 오차값은 설명을 위한 임의의 수치이다.

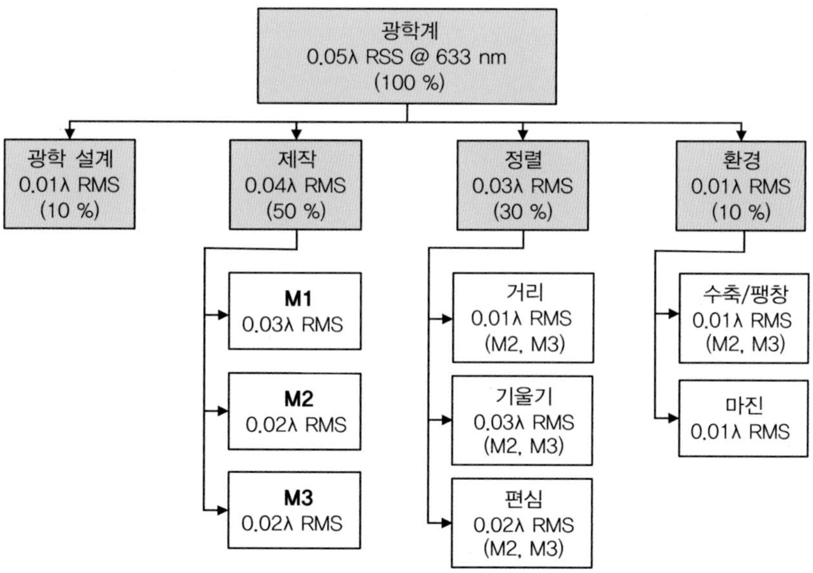

그림 6-5 우주용 광학계의 파면 오차 할당

① **설계 단계:** Nyquist 주파수에서 측정된 MTF 또는 파면 오차에 의한 성능 요구사항을 바탕으로 전체 시스템의 허용 오차를 결정한 후, 이를 하위 시스템과 구성 요소에 분배한다. 할당된 오차에 따라 설계안의 타당성을 검토하고, 단계별 오차가 최종 성능에 미치는 영향을 정량적으로 분석한다.

② **상세 설계 단계:** 각 구성 요소의 제작 공차를 확인하고, 소프트웨어를 활용하여 시뮬레이션 및 모델링을 통해 예상되는 오류를 검토한다. 제작 오차는 광학 변수의 세부 오차들을 RSS 방식으로 정의한다.

③ **제작 및 조립 단계:** 허용 공차를 기준으로 각 부품의 품질을 관리하고, 제작 과정에서 발생한 오차가 허용 범위 내에 있는지 측정·조정한다. 또한 조립 전후의 정렬 오차를 측정하여 설곗값과의 차이를 평가한다.

④ **시험 및 검증 단계:** 파면 오차뿐만 아니라 MTF 측정값을 할당된 오차와 비교하여 설계 요구사항의 충족 여부를 판단한다. 또한 극한 환경 시험을 통해 시스템 성능 변화가 허용 범위 내에 있는지 평가한다.

⑤ **운영 단계:** 시스템이 운영 중 할당된 오차를 초과하는 현상이 발생하는지를 지속적으로 감시하며, 성능 열화를 예측하고 유지보수 계획을 수립한다.

이러한 오차 할당 절차는 광학 시스템의 개발과 운용 전반에 걸쳐 중요한 기준이 되며, 최종적으로 우주 환경에서 안정적이고 정확한 성능을 제공하는 데 필수적인 요소이다.

6.3 광학 설계와 광기계 해석

1) 광학 설계와 해석 절차

위성 카메라의 광학 설계(optical design)와 광기계 해석(optomechanical analysis)은 고해상도 결상, 안정적인 성능 그리고 극한 우주 환경에서의 신뢰성 확보를 위한 필수적인 단계이다[12, 13]. 이 두 과정은 상호 보완적으로 작용하여, 위성 카메라가 설계 목표를 충족하고 우주 환경에서도 안정적으로 작동할 수 있도록 한다.

광학 설계에서는 광학적 요구 사항(해상도, 초점거리, 시야각 등)을 설정한 후, 이에 적합한 최적의 광학계를 설계한다. 반사형 · 굴절형 · 혼합형 시스템 중 가장 적합한 구조를 선택하고, 빛의 경로를 정의한다. 이후 구면수차, 코마, 왜곡 등의 수차를 분석 · 보정하여 최종 MTF와 파면 오차를 결정한다.

또한 재료 선택과 함께 렌즈와 거울의 배치를 최적화하며, 변조전달함수, 점퍼짐함수, 파면 오차 등의 성능을 평가하고 개선한다. 내부 산란에 의한 미광(stray light)을 제어하기 위한 칸막이(baffle) 설계와 내부 표면 처리도 수행한다. 아울러 제조 및 조립 단계에서 발생할 수 있는 공차가 전체 시스템 성능에 미치는 영향을 분석하고, 이를 최소화하도록 최적화한다.

광기계 해석은 렌즈와 거울 마운트를 설계하여 진동 및 열적 변형을 흡수할 수 있는 유연한 구조를 보장한다. 구조 설계는 CAD 소프트웨어를 사용하여 최적화하며, 발사 중 발생하는 진동과 충격이 광학 시스템에 미치는 영향을 평가하고 구조물의 공진주파수를 분석한다. 또한 Ansys, Nastran 등의 소프트웨어를 활용하여 구조의 강도를 검증한다. 열팽창 분석을 통해 열적 변형이 광학 정렬에 미치는 영향을 예측하고, 열-광학 결합 해석을 통해 열 하중이 광학 성능에 미치는 영향을 평가한다. Matlab, COMSOL 등의 도구를 사용하여 열 제어 설계를 최적화한다.

이와 더불어 렌즈 및 거울의 기울기, 편심, 초점 오차 등을 분석하여 제조 및 조립 과정에서의 오차 보정 방안을 설계에 반영한다. 광학 부품과 구조적 해석 결과를 통합하여 기계적 변형과 열적 변형이 광학 성능에 미치는 영향을 평가하며, Zemax와 Ansys 등의 도구를 연동하여 성능 저하를 최소화하는 설계를 수행한다.

이러한 절차와 도구를 통해 광학 설계와 광기계 해석은 위성 카메라가 과학적 또는 상업적 임무를 수행하는 동안 최적의 성능을 유지할 수 있도록 지원한다. 위성의 특정 임무와 환경에 따라 세부 항목이 추가되거나 조정될 수 있다.

표 6-6은 위성 카메라의 광학 설계 및 광기계 해석 단계, 관련 항목 그리고 설계와 해석을 위한 도구를 정리한 것이다. 위성 카메라의 해상도와 환경에 따라 일부 항목은 추가되거나 생략될 수 있다.

표 6-6 위성 카메라의 광학 설계 및 광기계 해석 방법

단계	항목	설계 및 해석 방법	도구 및 S/W
1. 광학 설계	광학계 구성 정의	• 광학적 요구 사항(해상도, 초점거리, 시야각 등) 설정 • 반사형, 굴절형, 혼합형 설계	Zemax, Code V, OSLO
	렌즈/거울 배치 설계	• 광경로를 정의하고, 수차(구면수차, 코마, 왜곡 등) 보정 • 렌즈/거울 재료 선택	Zemax, Code V
	성능 분석	• 변조전달함수(MTF) • 점퍼짐함수(PSF) • 파면 오차(WFE) 평가	Zemax, Matlab
	비광 제어 설계	배플 설계 및 미광 분석	TracePro, LightTools
	공차 분석	조립 및 제작 공차가 시스템 성능에 미치는 영향 분석	Zemax, SigFit
2. 기계 설계	광학 지지 구조 설계	• 렌즈 및 거울 마운트 설계 • 진동 및 열적 변형을 흡수하는 유연한 구조 설계	CAD(SolidWorks, CATIA)
	경량화 설계	재료 강성을 유지하며 무게 감소	CAD, Ansys
	구조 설계	광학부를 지지하는 프레임 및 구조체	CAD
3. 진동/충격 해석	진동 해석	• 발사 중 진동 하중이 구조에 미치는 영향 평가 • 시스템의 공진주파수 분석	Ansys, Nastran
	충격 해석	발사 중 충격으로 인한 구조 손상 및 광학 성능 저하 평가	Ansys, HyperWorks
4. 열 해석	열팽창 분석	• 열팽창계수(CTE)를 고려한 광학부 변형 분석 • 온도 변화에 따른 구조 변형	Ansys, COMSOL
	열-광학 결합 해석	열 하중이 초점이동, 광축 변위에 미치는 영향 평가	Ansys-Zemax 연동
	열 제어 설계	방열판, 단열재, 히터 배치 설계	Matlab, Thermal Desktop
5. 통합 해석	정렬 민감도 분석	기울기, 중심이동, 초점 오차가 성능에 미치는 영향 분석	Zemax, SigFit
	성능 통합 분석	기계적 · 열적 변형이 광학 성능(MTF, WFE 등)에 미치는 영향을 통합 분석	Zemax-Ansys 연동
	설계 최적화	• 성능 저하를 줄이기 위한 설계 변경 • 재료/구조 조정	Zemax, Ansys, Matlab

2) 위성 카메라 광학 설계

위성 카메라는 일반적으로 그림 6-6과 같이 비구면 거울 2개 또는 3개로 구성된 반사망원경을 사용한다. 카세그레인이나 리치-크레티앙과 같이 2개의 거울로 구성하면 단순하고 설계하기 쉽지만, 코마와 구면수차 등의 보정에 한계가 있고 시야각이 좁다. 반면, 3개의 거울을 사용하면 복잡하고 정렬이 어렵지만 수차를 효율적으로 보정할 수 있으며, 왜곡이 적어 넓은 시야각을 확보할 수 있다.

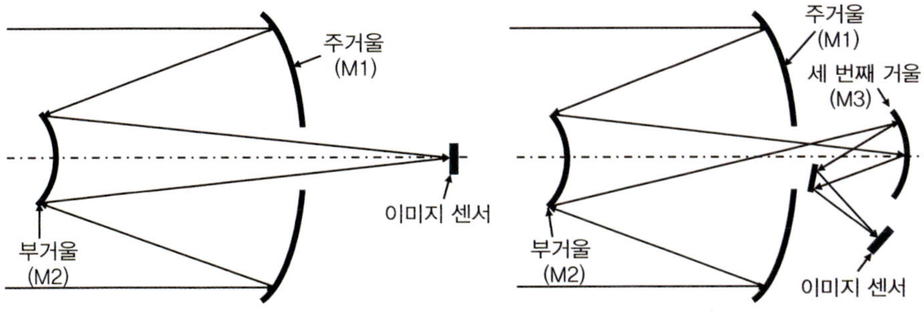

(a) 2면 반사형 (b) 3면 반사형

그림 6-6 반사 광학계

2면 반사형의 경우 설계 변수는 두 거울 사이의 거리, 곡률반경, 원추상수, 비구면계수 등으로 제한되어 있어, 시야각이 좁은 용도에 적합하다. 시야각을 넓히려면 굴절 광학계를 추가하여 보완할 수 있다. 카세그레인 구조는 작은 시야각이 요구되는 위성 카메라에 주로 사용된다. 대표적인 예로, 구경 2.4 m의 거울을 사용하는 허블 우주망원경이 있으며, 리치-크레티앙 방식으로 설계되었다.

3면 반사형은 거울이 하나 더 추가되어 설계 변수가 증가하므로, 원하는 설계를 비교적 쉽게 구현할 수 있어 대구경 위성 광학계에 널리 적용된다. 그러나 거울이 추가됨에 따라 광학계가 복잡해지므로 조립과 시험을 설계 단계에서 충분히 고려해야 한다. 세 번째 거울에서 반사된 빛은 축상 또는 비축에서 평면 거울로 반사되어 상을 맺으며, 이때 평면 거울이 시야를 일부 가릴 수 있다. 상대적으로 무겁고 정밀한 설계가 필요하나, 고해상도 촬영에 적합하다.

초점거리	8,562 mm
f-수	10.7
파장대역	450~900 nm
시야각	±0.71°(횡시야) ±0.51°(종시야)
MTF (Nyquist 주파수)	0.35(흑백)
왜곡	0.25 %

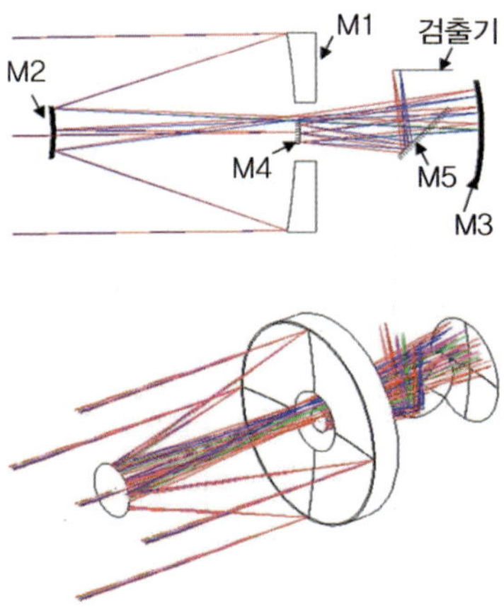

그림 6-7 Korsch형 위성 카메라의 광학계

그림 6-7은 비구면 거울 3개와 평면 거울 2개로 구성된 위성 카메라의 코르시(Korsch)형 광학계를 보여준다[14]. 가시광 영역에서 사용되며, 초점거리는 8,562 mm, f-수는 f/10.7, 시야각은 ±0.7이다. M1은 오목 타원면, M2는 볼록 쌍곡면, M3는 오목 비축 쌍곡면, M4와 M5는 평면 거울이다. 각 비구면은 원추상수와 곡률반경, 4차 및 6차의 비구면계수를 포함한다.

표 6-7은 각 거울의 설곗값과 형상 오차를 나타낸 것이다. 측정에는 He-Ne 레이저 간섭계가 사용되며, 기준 파장은 633 nm이다. 초점거리는 곡률반경의 1/2이므로 거울의 곡률반경은 0.1 % 이하로 가공되어야 한다. 거울 표면의 스크래치와 디그는 일반적인 과학 목적용 수준이며, 전체 광학계 조립 후의 파면 오차는 $\lambda/20$ RMS 이하로 설계되었다.

위성 카메라의 성능평가는 주로 MTF를 통해 이루어진다. MTF는 카메라가 얼마나 고해상도의 이미지를 제공할 수 있는지를 나타내는 핵심 지표로, 특히 한계 공간주파수(Nyquist 주파수)를 초과하는 MTF값이 클수록 이미지의 선명도가 높아지며, 흑백과 컬러 채널 간의 해상도 차이도 고려된다.

표 6-7 거울의 형상 오차(기준 파장 λ=633 nm)

	곡률반경(mm)	원추상수	파면 오차(RMS)	초점거리	곡률 간섭무늬	스크래치/디그
M1	2489.457	−0.770671	< 25 nm	< 0.2 %	−	60−40
M2	716.838	1.588171	< 20 nm	< 0.2 %	−	60−40
M3	1005.0	−1.485409	< 30 nm	< 0.2 %	−	60−40
M4	−	−	< 15 nm	−	1개	60−40
M5	−	−	< 20 nm	−	1개	60−40

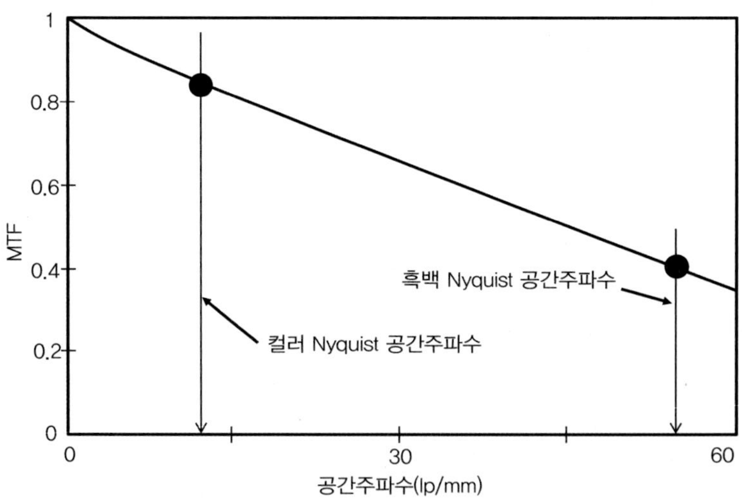

그림 6-8 광학계 흑백 및 컬러 채널의 Nyquist 주파수 MTF

그림 6-8은 흑백 및 컬러 채널의 Nyquist 주파수에서의 MTF를 보여준다. 일반적으로 컬러 채널의 화소 간격은 흑백 채널보다 4배 크며, 흑백 화소 간격이 9 μm일 경우 컬러 화소 간격은 36 μm이다. 이에 따라 초점면에서 Nyquist 주파수(한계 공간주파수)는 각각 55, 13.7(lp/mm)이다.

위성 카메라의 최종 MTF는 흑백 채널의 Nyquist 주파수에서 0.3 이상이므로, 컬러 채널의 Nyquist 주파수에서는 0.8 이상이 된다.

3) 공차 해석

일반적으로 카메라나 망원경에서는 MTF를 성능 지표로 사용하지만, 거울 형상이나 광학계 정렬은 파면 오차로 평가한다. 실제 거울은 플렉스와 함께 조립된 광기계 구조체이므로, 조립된 거울의 성능 해석을 위한 파면 오차 분석이 필요하다.

광학계의 공차 해석은 표 6-8과 같이 각 거울의 형상 및 정렬 요소에 대해 공차를 정의하고, 이에 따른 파면 오차 변화량을 분석하는 방식으로 이루어진다. 공차의 영향 요소로는 거울의 곡률, 원추상수, 형상, 기울기 및 중심이동에 따른 정렬 오차 등이 있다.

거울의 상대적 민감도를 광학계의 파면 오차 변화를 기준으로 해석하면, 곡률반경에 대한 민감도는 M1과 M3가 높고, 원추상수에 대한 민감도는 M1이 가장 높다. 따라서 M1의 제작이 가장 어렵다고 볼 수 있으며, 광학계 정렬 시 M1을 기준으로 삼는다. 또한 원추상수의 민감도가 높을수록 거울 형상을 측정하는 기준용 널 렌즈와 간섭계는 매우 정밀해야 한다.

표 6-8 거울 조립체의 공차

거울 조립체	공차		비고
M1 조립체	• 곡률반경: ±3 mm • 파면 오차: λ/20	• 원추상수: ±0.001	정렬 기준면
M2 조립체	• 곡률반경: ±2 mm • 파면 오차: λ/25 • 중심이동: 10 μm	• 원추상수: ±0.004 • 기울기: 30 μrad	–
M3 조립체	• 곡률반경: ±1 mm • 파면 오차: λ/10 • 중심이동: 50 μm	• 원추상수: ±0.001 • 기울기: 100 μrad	–
M4와 M5 조립체	• 곡률반경: ±3 mm • 파면 오차: λ/25	• 원추상수: ±0.001	평면

표 6-9는 각 거울 조립체의 허용 파면 오차(WFE, nm RMS)를 나타내며, 이는 측정, 가공, 환경에 따라 분배된다. 예를 들어, M1의 총 파면 오차가 30 nm일 경우, 측정 오차 15 nm, 가공 오차 24 nm,

환경 변화에 의한 오차 10 nm는 RSS 방식으로 합산된 결과이다.

측정 오차는 광학계의 측정 과정과 측정용 광학계의 제작에 관련되며, 가공 오차는 거울의 가공 및 접착, 조립 등에 관련된다. 환경 오차는 중력과 온도 변화에 따른 영향을 반영한다.

표 6-9 각 거울 조립체의 파면 오차

거울	파면 오차(WFE, nm RMS)			
	측정 오차	가공 오차	환경 오차	총 오차
M1+플렉스	15	24	10	30
M2+플렉스	15	13	7	21
M3+플렉스	15	21	10	27
M4, M5+플렉스	15	18	7	24

우주용 비구면 거울의 경우, 널 렌즈와 간섭계를 사용하여 파면 오차(형상 오차의 2배)를 측정한다. 널 렌즈는 구면 렌즈나 재래식 방법 또는 컴퓨터 재생 홀로그램(CGH) 렌즈 방식으로 정밀하게 측정한다.

재래식 방법은 널 광학계를 구성하는 세부 렌즈들의 곡률반경, 두께, 굴절률, 간격 등에 의한 파면 오차 변화량을 사용하는 간섭계의 측정 오차를 함께 고려해야 한다. 반면, CGH 방법은 정렬 오차와 제작 과정에 의한 파면 오차가 매우 작아, 최근에 널리 사용되고 있다.

거울 조립체의 가공 오차와 환경 오차는 파면 오차에 큰 영향을 미친다. 가공 단계에서는 경량화, 형상 연마, 플렉스 가공 및 접착이 중요하며, 환경 변화에 따른 영향도 고려되어야 한다.

위성 카메라와 같은 고해상도 광학계는 매우 정밀한 광학 설계 및 조립이 요구된다. 각 거울 조립체의 공차 해석을 통해 정밀한 파면 오차 제어가 가능하며, 이는 궁극적으로 우주 환경에서의 안정적인 성능을 확보하는 데 핵심적인 역할을 한다.

4) 광기계 설계

우주용 경량 거울은 발사체 비용을 줄이고 더 많은 장비를 탑재할 수 있게 한다. 거울의 경량화는 높은 해상도를 요구하는 우주망원경, 우주 통신, 지구 관측 등에서 기동성을 높이며, 정밀한 조정을 가능하게 한다. 이러한 거울은 무게는 줄이되, 우주 환경에서 발생할 수 있는 진동, 충격, 열변형 등에 저항할 수 있도록 설계되어야 한다. 특히, 우주 환경의 극심한 온도차를 고려해, 경량 거울이 열변형을 최소화하며 안정적으로 작동할 수 있어야 한다.

우주용 거울의 경량화 설계는 표 6-10과 같이 여러 단계를 반복하여 수행된다. 먼저, 거울의 지름과 허용 질량 등 주어진 조건을 정의한 후, 재질, 환경, 제작 역량 등을 파악하여 가능한 제작 한계 내에서 경량화 설계를 진행한다.

재질 선정부터 설계, 환경 시험 및 검증 단계에 이르기까지, 광범위하게 사용되는 유한요소 해석, 정적과 동적 변형 계산, 동적 특성 분석, 응력 계산, 접착면 가공 오차에 의한 영향 분석 등 상세한 해석이 이루어진다. 또한 지지 구조를 통해 외부 하중 조건이 거울에 전달되므로, 조립체를 기준으로 경량화 최적 설계를 진행한다. 이때 주어진 제한 조건과 성능 요구사항을 만족하면서 질량이 최소화되도록 설계해야 한다.

표 6-10 거울의 경량화 설계 단계별 주요 고려 사항

단계	고려 사항
성능 기준	파면 오차(RMS), 초점 포함 여부, 허용 응력, thermal constants, 고유진동수
환경	정적 환경, 동적 환경, 열 환경, 제작 가공 시 환경 조건, 발사 후 환경
형상 치수	형태, 지름, 두께, 거울면 곡선반경, 허용 envelope, 지지점
제작 한계	face sheet 두께, 연마 압력, 셀 크기, 셀 깊이, 셀 벽의 두께, 보스 가공성, insert 여부
예비 크기	face sheet 두께 최소화, 셀 크기, 구조 및 열 초기 설계, 질량, 지지 구조 형태 및 개수
유한요소 해석	정적/동적 변형 계산, 동적 특성 분석, 응력 계산, 장착면 가공 오차에 의한 영향
거울/마운트 조립	지지 구조 모델과 거울 모델 조합, CTE 영향, 제르니케 다항식 분해

주거울의 질량은 이를 지지하는 기계 구조와 전체 탑재체의 질량을 결정하는 가장 중요한 요소이므로 경량화 설계가 매우 중요하다. 재료에 따라 가공법이 달라지므로 가능한 한 가공이 용이한 재료를 선정해야 한다. 우주는 열 환경의 변화가 매우 크기 때문에 열팽창계수가 작을수록 열적 안정성이 우수하다. 반면, 열팽창계수는 크지만 구조적 특성이 우수한 재질은 열 제어 설계와 병행되어 사용되기도 한다.

표 6-11은 다양한 거울 및 구조체 재료의 특성값을 나타낸 것이다. 열팽창계수가 작은 Zerodur와 ULE가 지름 1 m 내외의 거울 재료로 많이 사용되며, 그 이상의 크기에서는 구조적 특성이 우수한 재료를 사용하여 경량화율을 높인다. 단위 질량당 강성계수인 비강성(specific stiffness)이 큰 재료는 구조적 관점에서 경량화율을 높이는 데 효율적이며, 경량화 설계 면에서도 유리하다.

최근에는 비강성 특성이 유리 재질인 Zedodur나 ULE보다는 우수한 Be과 SiC를 사용한 거울이 활발히 사용되고 있다. 여기서는 가공 경험이 풍부하고 일반적으로 널리 사용되는 Zerodur를 사용하여 우주용 거울을 광기계적으로 설계하였다.

표 6-11 거울과 지지 구조에 사용되는 주요 재질 특성 비교

재질 \ 특성	밀도 ρ(g/cm^3)	영률 E(GPa)	비강성 E/ρ	열팽창계수 CTE (ppm/K)	열전도율 K	열왜곡계수 CTE/K	비고
원하는 값	낮음	높음	높음	낮음	높음	낮음	-
Zerodur	2.5	92	36.8	−0.09	0.016	5.7	-
ULE	2.2	67	30.4	0.02	0.013	1.2	-
Beryllium(Be)	1.8	287	159	11.4	1.93	5.9	-
SiC	2.9	310	106.8	2.6	156	0.016	Si층 증착
CFRP graphite epoxy	1.8	93	51.6	0.02	35	0.00005	탄소섬유의 종류에 따라 특성값 편차 존재
Invar 36	8.0	141	17.6	1.2	104	0.0001	금속
Aluminum	2.7	69	25.5	23.6	171	0.13	금속

표 6-12 우주용 경량 거울의 구조 및 장단점 비교

구조	장점	단점
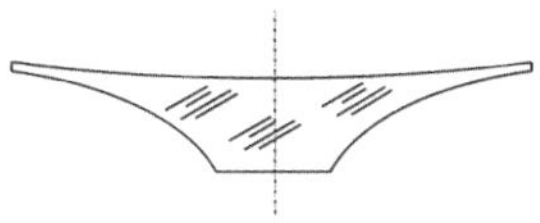 단일 아치	• 단순한 구조로 제작 용이 • 비교적 저비용 • 적절한 강성 제공	• 고하중 및 대형 구조에 비효율적 • 열변형에 민감할 수 있음 • 고정밀 작업에 부적합
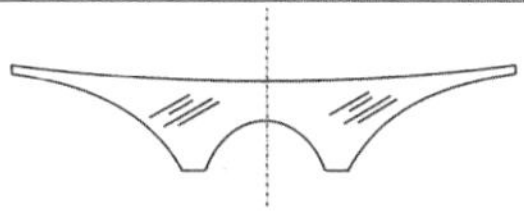 이중 아치	• 하중 분산 우수 • 고강성 및 높은 안정성 • 대형 거울 제작에 적합	• 제작 공정이 복잡 • 단일 아치보다 중량 증가 • 고가
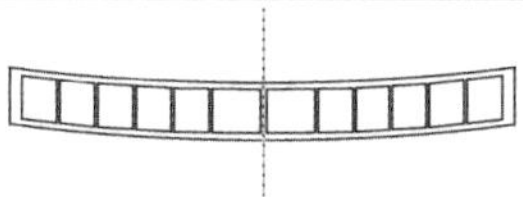 대칭 샌드위치 구조	• 하중 분산이 균일하여 열적 안정성 높음 • 광학적 성능을 안정적으로 유지 • 고정밀 설계에 적합	• 제작 공정이 복잡 • 두께 증가로 특정 조건에서 비효율적 • 고가
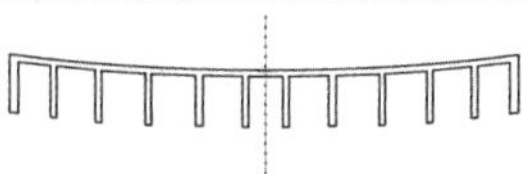 열림형 구조	• 무게 감소 효과 극대화 • 통풍 및 열 방출 용이 • 구조 최적화 설계 가능	• 하중 집중으로 인한 변형 가능성 • 열적 안정성이 낮음 • 광학 정렬이 어려움
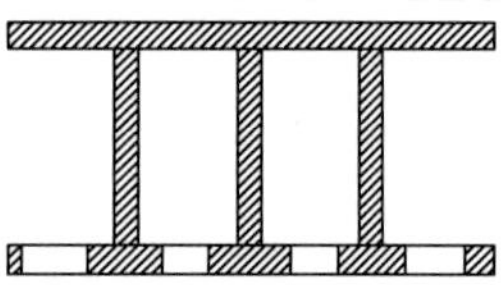 반열림형 구조	• 무게 감소와 강성 간의 균형 유지 • 열 방출 효과 유지 • 다양한 크기에 적용 가능	• 열림형 구조에 비해 무게 감소 효과가 적음 • 공정이 복잡 • 고가

표 6-12는 우주용 거울 구조의 종류와 장단점을 비교한 것이다. 개발 중인 광학계의 성능 목표와 무게 감소 사이에서 균형을 맞추는 것이 중요하며, 각 구조의 특성에 따라 기술적 요구사항, 비용, 운영 환경에 적합한 디자인을 선택해야 한다. 예를 들어, 대형 우주망원경에는 허니콤 구조(honeycomb structure, 예: 제임스 웹 우주망원경)나 대칭 샌드위치 구조(symmetric sandwich)가 적합하며, 중형 위성

에는 반열림형(semi-open back) 구조, 소형 위성에는 열림형(open back) 구조가 적합하다.

그림 6-9는 광기계적으로 설계된 경량거울 M1의 설계도를 보여준다[15-17]. 120° 간격으로 배치된 3개의 사각형 보스(boss)에 플렉스를 접착하여 고정하며, 뒷면의 구조는 대부분 반열림형이지만, 경계면에 접하는 부분은 열림형 구조이다. 반열림형은 거울의 굽힘 강성을 높일 수 있어 경량화 설계에 유리하다.

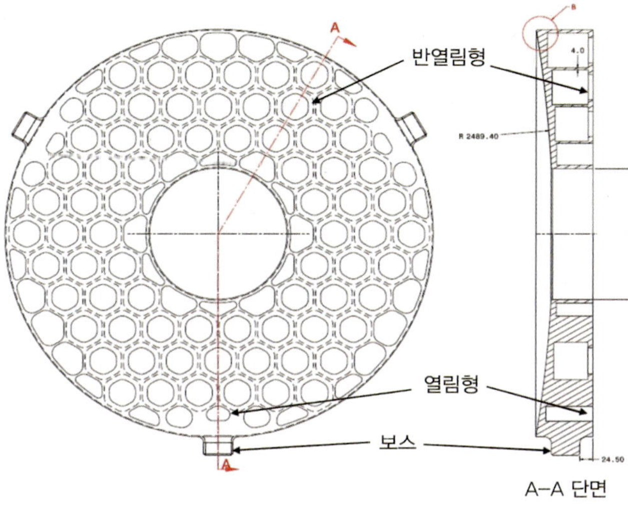

그림 6-9 M1의 경량화 설계도

그림 6-10은 인바(invar)로 제작된 플렉스를 조립한 구조체를 보여준다. 지지 구조는 A-마운트(A-mount) 형식으로, 거울 외곽에 돌출된 보스에 연결되는 방식이다. M2는 외곽에 보스를 갖는 가장자리 지지 구조로, 비교적 크기가 작고 가공이 용이한 뒷면 열림형 구조를 갖는다. M2의 플렉스는 하나의 판에 두 다리가 각을 이루며 연결되어 있다. M5는 평면 거울처럼 보이나, 실제로는 광선 분할기 역할을 한다.

거울과 플렉스 조립체의 광기계 성능 분석에는 Catia 프로그램을 활용한 유한요소해석(FEA)을 사용하며, 최적화 알고리즘 구현 및 광학적 성능 분석에는 Matlab을 사용한다.

그림 6-11은 M1 거울과 플렉스의 유한요소 해석모델을 보여준다. 거울면의 왜곡을 nm 수준에서 관찰하기 위해, 약 300만 개의 노드(node, 요소의 기하학적 형상을 정의하는 기준점)를 생성하였다. X, Y, Z의 3축 방향 각각에 대한 20 g 중력가속도, 플렉스 체결부의 불균일로 인한 파면 왜곡, 온도 변화에 따른 거울면의 왜곡 및 공진주파수 등이 관찰된다. 또한 거울 조립체가 최종적으로 장착되는 CFRP 베젤을 가정하여, 열팽창계수가 0인 바닥면을 기준으로 경계 조건을 설정하였다.

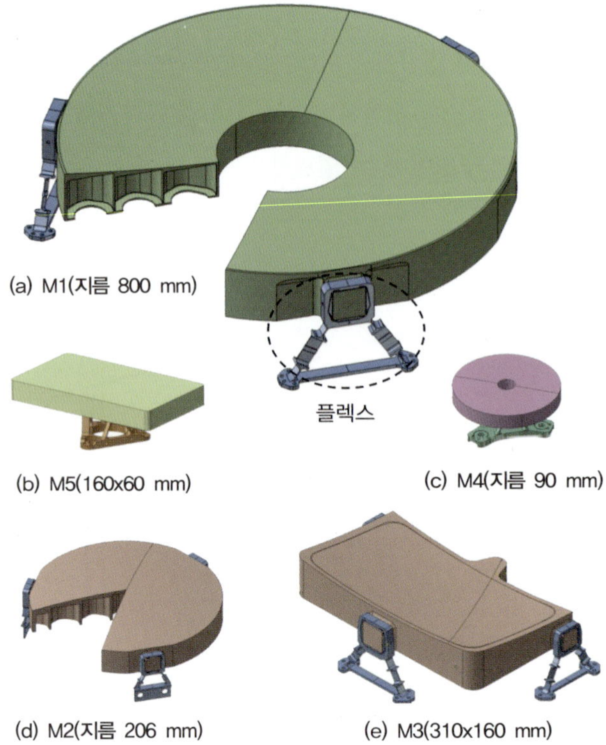

그림 6-10 지름 800 mm 위성 카메라 거울의 광기계 설계

그림 6-11 거울과 플렉스의 유한요소 해석모델

그림 6-12는 중력(1 g)에 의한 거울의 형상 왜곡을 보여준다. 거울이 수평 상태일 때의 왜곡을 나타낸 것으로, X 및 Y 방향의 RMS값은 8 nm이다. 반면, 광축과 반대 방향인 Z축 방향으로 뒤집을 경우에는 왜곡이 매우 커지나, 해당 시스템은 중력이 존재하지 않는 우주용 거울이기 때문에 영향을 받지 않는다.

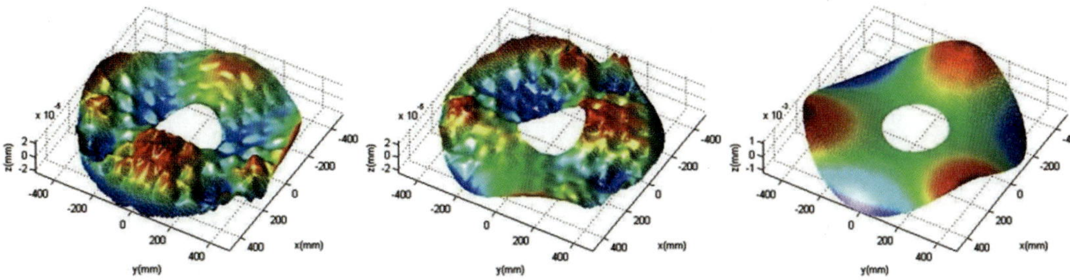

(a) X 방향(8 nm RMS) (b) Y 방향(8 nm RMS) (c) -Z 방향(461 nm RMS)

그림 6-12 중력에 의한 거울의 형상 왜곡

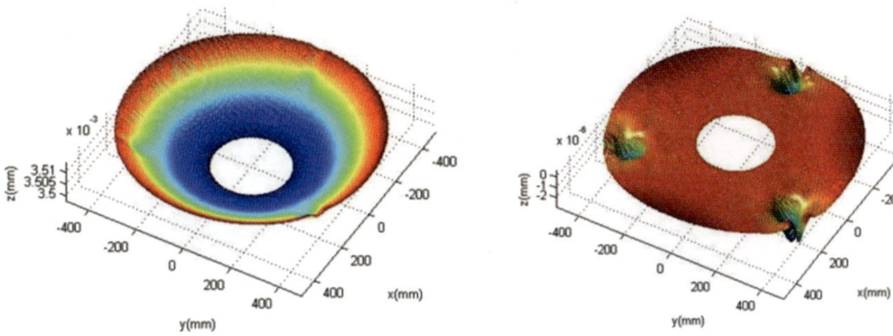

(a) 보정 전(5 nm RMS) (b) 보정 후(0.4 nm RMS)

그림 6-13 10 ℃ 온도 변화에 따른 조립체의 거울 형상 변화

그림 6-13은 온도가 10 ℃ 변할 때 거울이 어떻게 왜곡되는지를 보여준다. (a)는 실제 측정값이며, (b)는 기울기와 초점을 보정한 결과이다. 초점이동은 0.4 nm RMS에 불과하여, 열변형에 의한 거울면의 왜곡은 거의 없다. 보스 형태의 구조에서는 금속과 거울 재질의 열팽창이 보스 주변에 국한되어 나타난다.

표 6-13 광기계 구조체 거울의 최종 규격

거울	형상 오차(nm)	고유진동수(Hz)	무게(kg)
M1 + 플렉스	< 15	> 150	49.5
M2 + 플렉스	< 10.5	> 220	1.9
M3 + 플렉스	< 13.5	> 180	4.56
M4 + 플렉스	< 12	> 250	0.17
M5 + 플렉스	< 12	> 250	1.0

표 6-13은 광기계 조립된 각 거울의 최종 규격을 나타낸다. M1의 유효 구경은 800 mm, 경량화율은 60 %, 무게는 50 kg 이하이며, 전체 광기계 구조체의 무게는 약 57 kg이다.

그림 6-14는 공진주파수 분석을 위한 모달(modal) 해석 결과를 보여준다. 1차 공진주파수는 152 Hz로, X 또는 Y축 방향에서 발생한다. 실제 진동 시험을 통해 1차 공진주파수를 비교함으로써 해석 결과의 신뢰성을 간접적으로 검증할 수 있다.

그림 6-15는 지름 800 mm 우주용 광학계의 광기계 구조를 보여준다. M1이 고정된 베젤은 CFRP로 제작된 경통과 결합되며, M2는 경통의 중심에 매달려 있다. 경통의 보강 링은 M2의 위치 안정성을 높인다. M3는 기둥으로 베젤에 고정되고, M4는 로드를 사용하여 베젤에 고정된다.

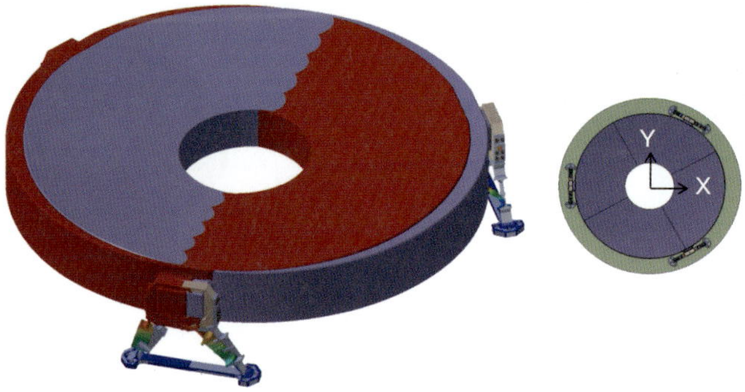

그림 6-14 거울 조립체의 모달 해석

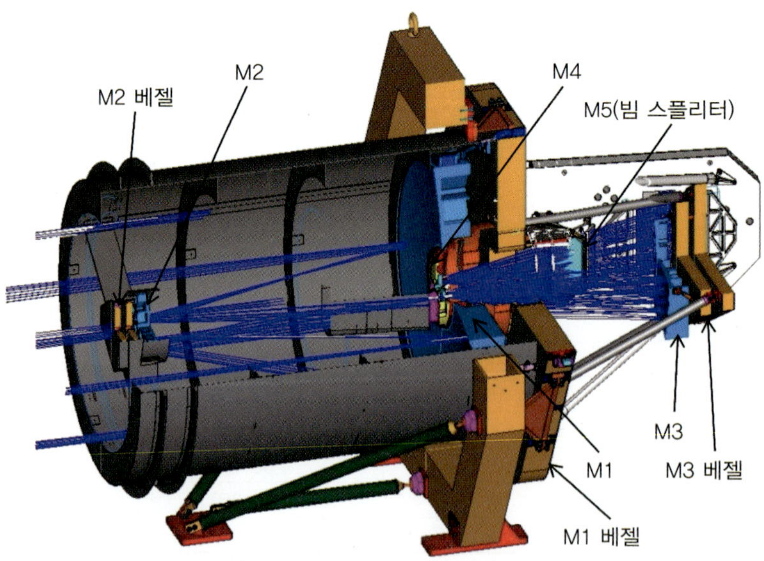

그림 6-15 지름 800 mm 위성 카메라의 광기계 구성도

6.4 우주용 거울 가공 및 측정

1) 경량화 가공

거울 소재의 경량화 과정은 그림 6-16과 같다. 경량화 설계 파일은 CAM 소프트웨어를 이용하여 다양한 방식으로 시뮬레이션하며, 최적의 공구와 가공 시간을 선택해야 설계 도면과의 오차를 줄이고, 경량화 과정에서 발생할 수 있는 문제를 최소화할 수 있다.

반열림형 포켓은 가공이 쉽지 않기 때문에 3차원 가공 시뮬레이션과 최종 도면의 일부에 대해 작은 소재를 활용한 충분한 연습이 필요하다. 포켓 간격이 수 mm 정도로 좁을 경우, 공구의 가공 속도에 민감하게 반응하므로 절삭유 공급도 고려해야 한다. 준비가 완료되면 CNC(Computer Numerical Control)를 활용하여 후면 격자 구조를 정밀하게 가공한다.

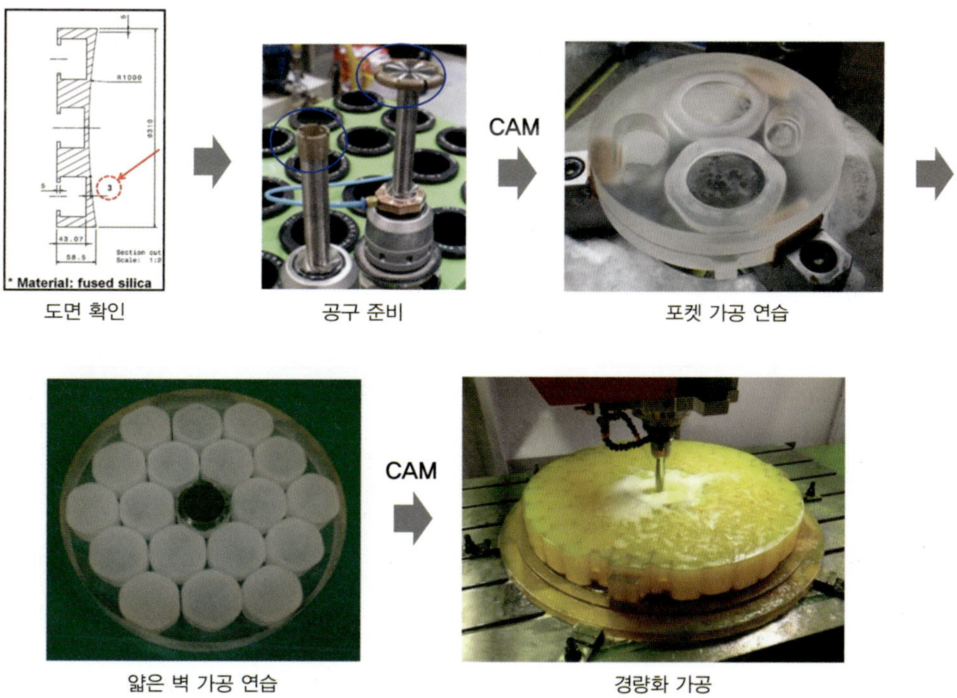

그림 6-16 우주용 거울의 경량화 가공 과정

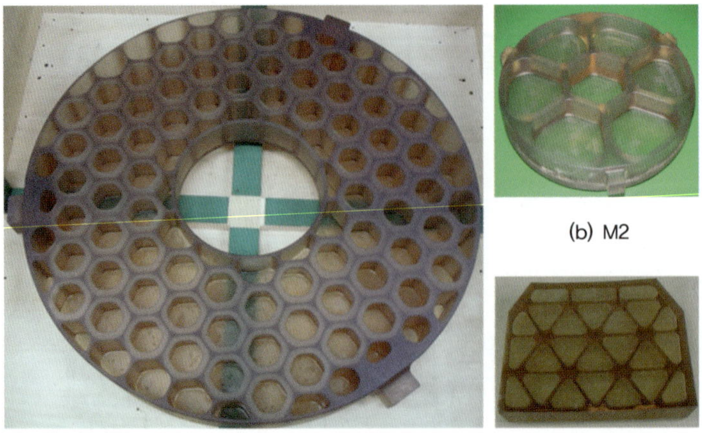

(a) M1 (b) M2 (c) M3

그림 6-17 거울의 경량화

그림 6-17은 경량화가 완료된 거울을 보여준다. 경량화 작업 완료 후에는 측정공구를 이용하여 설계 도면과 가공물 간의 치수 차이를 확인한다. 대상물이 에칭을 고려하여 작업된 경우, 설계 치수에 이를 반영하여 비교한다.

다이아몬드 공구로 가공한 경량화면에는 미세한 크랙이 존재할 수 있으며, 이는 발사 시 진동에 의해 크랙이 전파되어 거울 파손의 원인이 될 수 있다. 일반적으로 거친 공구로 가공한 후에는 이러한 미세 크랙을 줄이기 위해 화학적 에칭을 시행하며, 이때 표면 제거량은 약 100 μm이다.

그림 6-18은 백색광 간섭계를 이용해 에칭에 의한 가공면의 거칠기 변화를 측정한 결과를 보여준다. 에칭 전에는 표면이 작은 입자 형태로 구성되어 있었으나, 에칭 후에는 고르게 덩어리진 형태

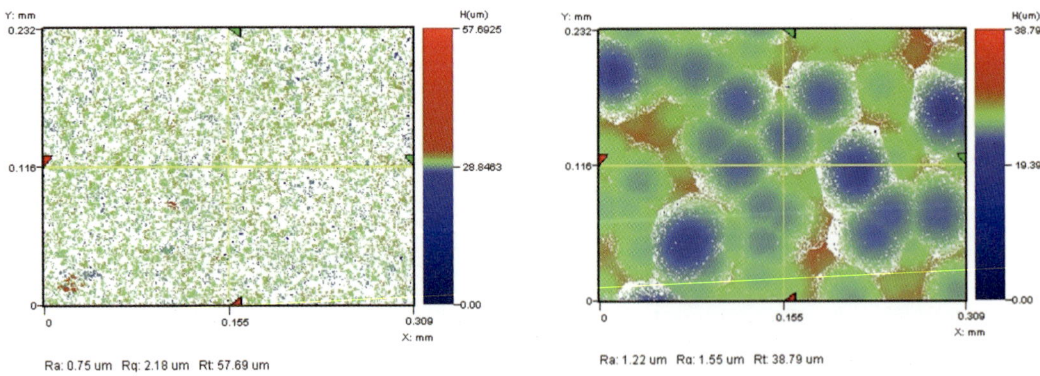

(a) 에칭 전 (b) 에칭 후

그림 6-18 불산 에칭 용액에 의한 표면 거칠기 변화

로 변한다. 둥근 덩어리 모양이 커지면서 거칠기가 다소 증가할 수 있으나, 기계적 스트레스를 줄여 미세 크랙의 전파를 방지할 수 있다.

2) 중력보정 연마와 측정

비구면 가공은 먼저 CNC 공작기계로 최적 구면을 만든 후, 연삭과 연마 공정을 거쳐 완성한다. 우주용 비구면 거울은 중력에 의한 오차를 제거하기 위해 보정 연마를 한다. 형상 측정에는 연삭 단계에서 접촉식 방법을, 연마 단계에서는 레이저 간섭계를 활용한 비접촉식 측정법을 사용한다. 거울은 3개의 플렉스를 이용해 베젤에 조립된 상태로 연마기에 설치하여 연마를 진행한다.

연마는 가공면의 거칠기를 낮추고 표면 조도를 높이는 초기 연마와, 연마 후 형상을 수정하는 형상 연마로 구분된다. 초기 연마를 통해 가공면의 표면 거칠기를 수 nm까지 낮출 수 있으며, 형상 연마에서는 측정과 가공을 반복하여 가공면의 형상을 수정한다. 형상 오차가 허용치에 도달하면, 모든 광학 가공 과정이 완료된다.

그림 6-19는 컴퓨터 재생 홀로그램(CGH) 널 렌즈와 간섭계를 이용해 구성한 비구면 형상 측정장치를 보여준다. 이 장치는 거울을 수직으로 세운 후, 널 렌즈를 수평으로 바라본 상태에서 측정한다. 재래식 널 렌즈는 구면 광학소자로 제작되며, 구성 렌즈와 거울의 공차로 인한 오차가 발생하고 비구면 정렬을 확인할 수 없는 단점이 있다. 이에 따라 최근에는 CGH 널 렌즈가 널리 사용되고 있다. 측정 결과에서 직선 간섭무늬는 파면 오차가 매우 작음을 의미하며, 측정된 파면 오차가 31 nm RMS이므로 형상 오차는 15.5 nm RMS이다[18, 19].

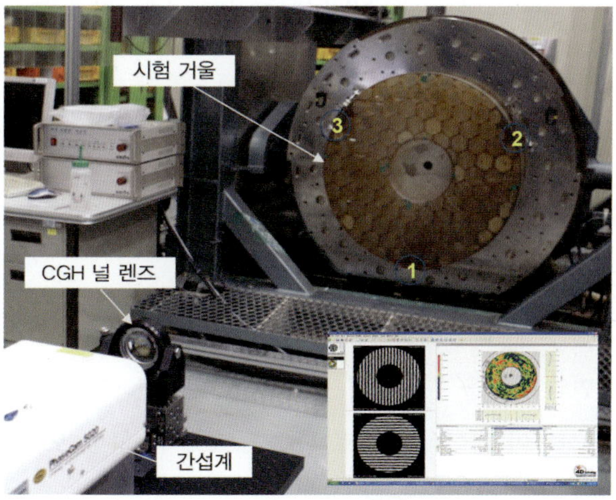

그림 6-19 CGH 널 렌즈를 이용한 M1 거울의 비구면 형상 측정

그림 6-20은 CGH 널 렌즈의 사진과 기능을 보여준다. 메인 영역은 거울을 측정하는 영역이며, 중앙과 바깥쪽은 정렬을 위한 영역이다. CGH는 간섭계와 거울의 중간에 위치하므로, 간섭무늬를 통해 거리 정렬을 정밀하게 수행할 수 있다.

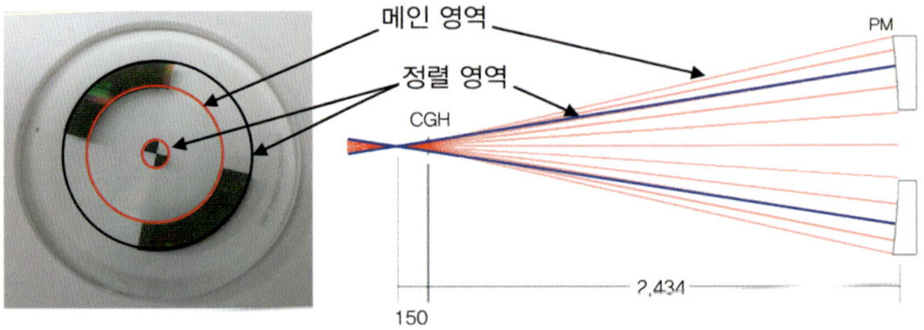

그림 6-20 비구면 형상 측정용 CGH 널 렌즈

우주 환경에서는 중력의 영향이 거의 없기 때문에, 거울의 순수한 변형 상태를 측정해야 한다. 그러나 지상에서 거울을 세우면 중력으로 인해 형상이 변화하며, 측정값에는 형상 오차와 중력에 의해 변형된 오차가 함께 포함된다. 즉, 거울이 우주로 올라가면 지상에서 측정한 결과와는 다른 형태를 보이기 때문에, 이 두 가지 오차를 분리하지 않으면 우주에서의 성능을 예측할 때 오류가 발생할 수 있다.

이를 해결하기 위해, 그림 6-21과 같이 거울을 대칭적으로 회전시킨다. 이에 따라 중력에 의해 변형된 오차는 반대 방향으로 나타나며, 각 회전 상태에서 측정한 결과를 같은 방향으로 통일하여 더하면 제거할 수 있다. 그 결과, 순수하게 면이 가진 형상 오차만을 얻을 수 있다.

그림 6-21(a)는 180° 회전하는 two-clocking 방법, (b)는 120° 회전하는 three-clocking 방법이다. 면의 형상 오차 P는 다음과 같이 계산된다[20].

$$
\begin{aligned}
P &= \frac{(W_0 + rot180(W_1))}{2} \\
&= \frac{(W_0 + rot120(W_1) + rot240(W_2))}{3}
\end{aligned}
\tag{6.3}
$$

여기서 W_0는 기준 방향에서 측정한 형상 오차, W_1과 W_2는 거울을 일정한 각도로 회전시킨 후 측정한 형상 오차이다. 면의 방향을 통일하기 위해 측정 결과를 다시 원래 기준 방향으로 되돌린 후, 각 화소의 결과를 합산하여 데이터 개수로 나누면, 순수한 형상 오차가 된다. 따라서 중력에 의한 형상 오차 T는 다음과 같이 계산된다.

$$T = W_0 - P \tag{6.4}$$

이러한 계산은 간섭계에서 측정한 각 화소의 결과를 Matlab과 같은 소프트웨어를 이용하여 수행한다. 면을 여러 위치에서 측정한 결과의 일관성을 비교하여 계산 정확도를 확인할 수 있다.

two-clocking 방법을 사용하여 오차를 분리할 경우, 마운트 위치에서 세 가지 조합이 가능하다. 그림 6-21(a)와 같이 1번 플렉스를 아래쪽에 두고 측정한 후, 이를 180° 회전시켜 형상 오차를 다시 측정하면 오차를 분리할 수 있다. 2번과 3번 플렉스도 같은 방식으로 측정하면, 서로 다른 오차

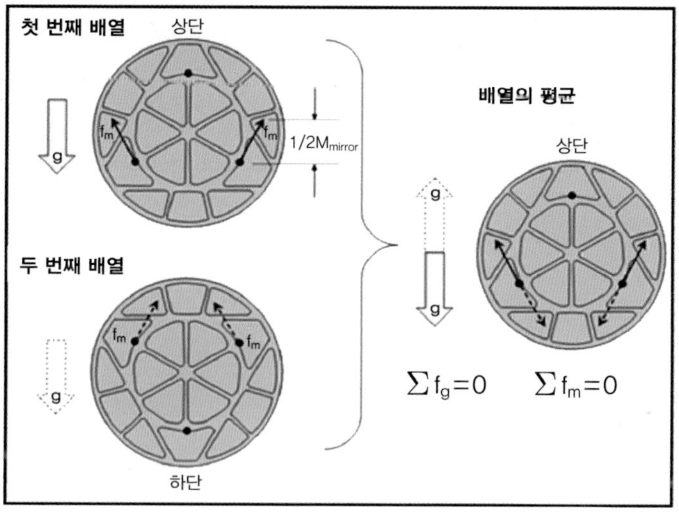

(a) two-clocking 방법

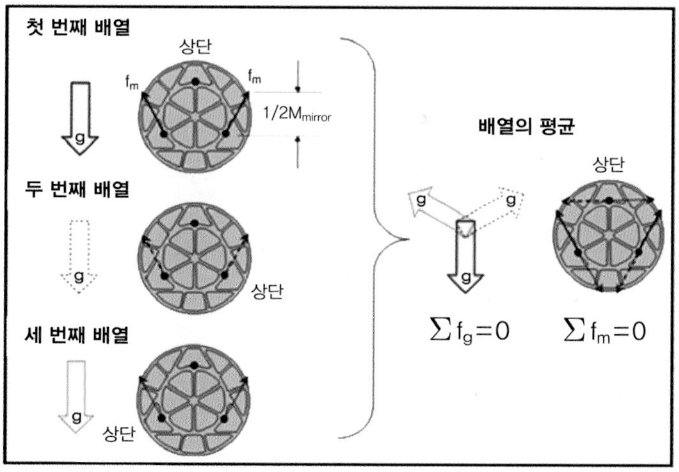

(b) three-clocking 방법

그림 6-21 중력 보정에 의한 형상 오차 측정

분리가 가능하다.

그림 6-22는 two-clocking 방법으로 오차를 분리한 결과를 보여준다. W_0는 가공 위치에서 측정한 형상 오차로, 10 nm RMS이다. 이를 180° 회전시켜 측정하면 55 nm RMS이다. 이 측정 결과를 바탕으로 오차를 분리하면, 면의 순수한 형상 오차는 23 nm RMS, 중력에 의한 오차는 24 nm RMS이다[17, 18].

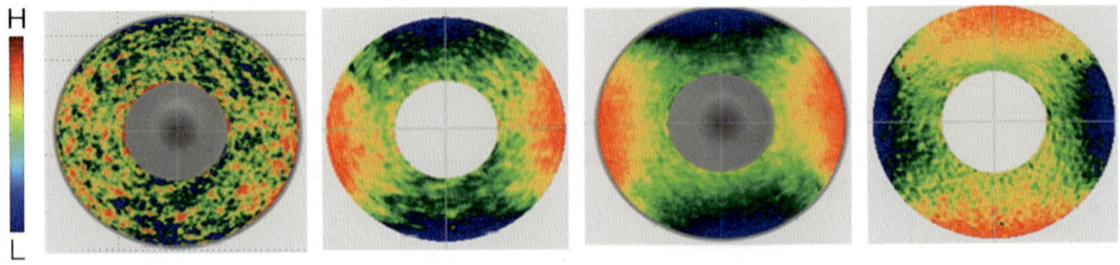

그림 6-22 two-clocking 방법에 따른 M1의 형상 오차 측정

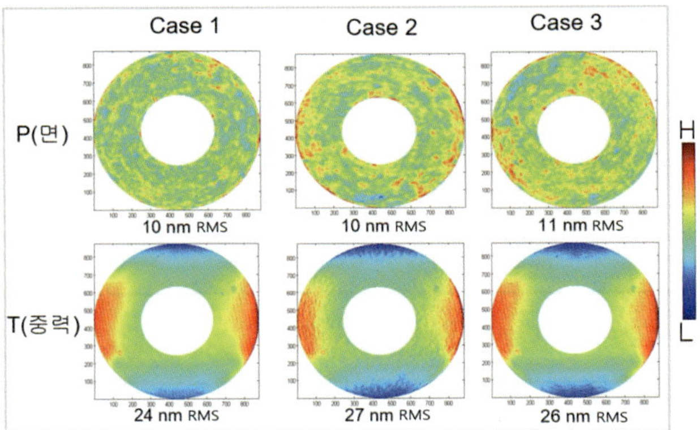

(a) 조정 전

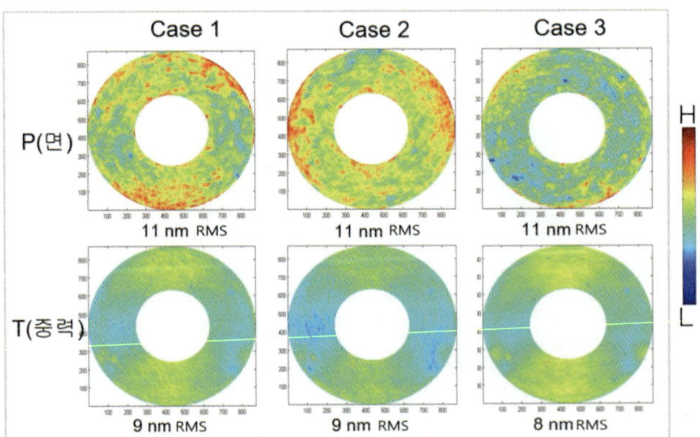

(b) 조정 후

그림 6-23 플렉스 조정을 통한 중력 오차 최소화

그림 6-23은 세 가지 경우에 대해 오차 분리 작업을 수행한 후, 보정 연마를 통해 면의 순수한 형상 오차와 플렉스를 미세 조정하여 얻은 중력 오차를 보여준다. 모든 경우에서 형상 오차는 10 nm RMS까지 감소시킬 수 있다.

그림 6-24는 M2의 형상 측정장치와 연마된 거울을 보여준다. M2는 볼록 쌍곡면이므로, 기준 구면(hindle sphere)을 사용하여 거울에서 반사된 광선을 다시 반사시켜 측정한다.

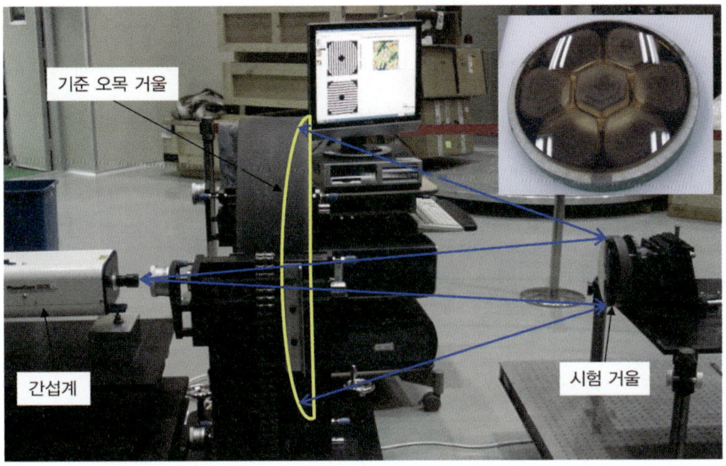

그림 6-24 기준 구면을 이용한 M2의 형상 측정장치

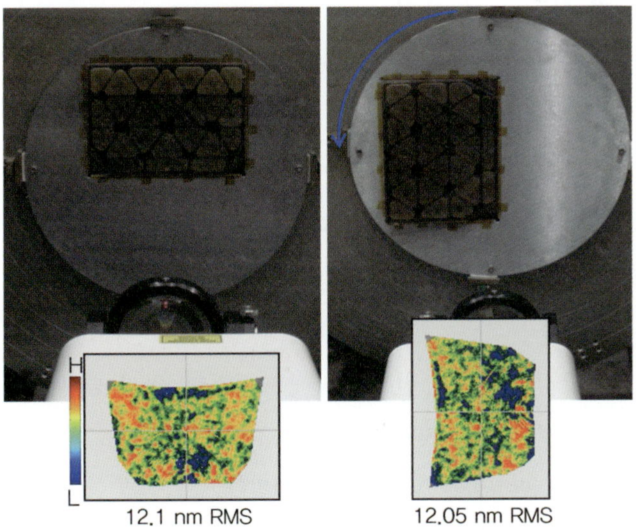

(a) 수평 방향 측정 (b) 90° 회전 후 측정

그림 6-25 M3 비축 비구면 거울의 형상 오차 측정 결과

그림 6-25는 M3의 형상 오차 측정 결과를 보여준다. M3는 오목 비축 쌍곡면으로, M1과 마찬가지로 CGH 널 렌즈를 사용하여 측정한다. 중력에 의한 형상 변화를 확인하기 위해 90° 회전시켜 측정했으나, 형상 오차 차이는 거의 없었다.

3) 우주용 광학 박막의 증착

위성 카메라에 사용되는 우주용 거울은 극한 환경에서도 고성능의 광학 특성을 유지하기 위해 반사율을 극대화하며, 우주의 가혹한 조건(온도 변화, 방사선, 미세 운석 등)에 견딜 수 있어야 한다. 일반적으로 대구경 광학 거울에는 넓은 파장 대역에서 반사율이 매우 높은 Al(알루미늄), Ag(은), Au(금) 등의 금속 박막을 사용한다.

그림 6-26은 금속 박막의 분광 반사율을 보여준다. 이 중 Ag 박막은 가시광과 적외선 영역에서 95 % 이상의 높은 반사율을 나타낸다. 그러나 금속 박막은 외부 환경에 취약하고 공기 중에서 쉽게 산화되므로, 실리카(SiO_2) 같은 유전체 박막으로 보호층 증착(protected coating)을 한다.

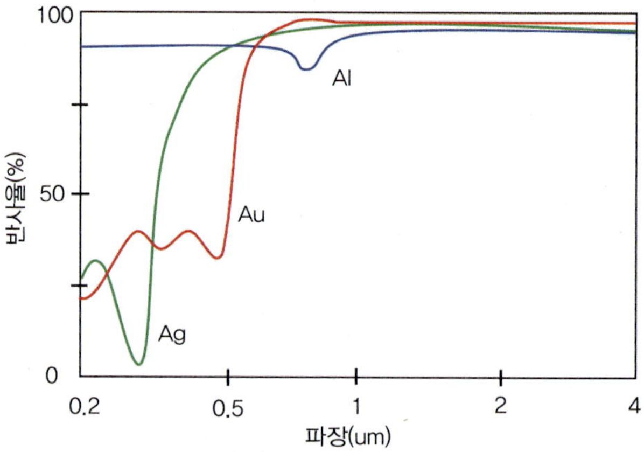

그림 6-26 금속 박막의 분광 반사율

Ag은 Au이나 Al과는 달리 기판과의 접착력이 매우 약하며, 공기 중의 H_2S, O, O_2, H_2O_2, SiO_2, Cl 등과 반응하여 황화·염화·산화되면서 반사율이 감소된다. 특히, 표면에 얇은 막을 형성하는 Ag_2S은 짧은 파장 대역에서 반사율을 급격히 감소시킨다.

Ag 박막의 기계적·화학적 수명을 높이기 위해 유리 기판과 Ag 박막 사이에 수 nm 수준의 NiCr(니켈-크롬 합금) 부착층을 증착하고, 박막 위에는 Al_2O_3을 보호막으로 사용한다.

거울 연마 완료 후에는 세척 용액을 사용하여 오염원을 제거한 후, 고진공의 열 증발 증착기를 사용하여 원하는 물질을 순서대로 증착한다. 이후 박막 검사를 통해 합격 여부를 판정하며, 불합격 시에는 증착 물질을 벗겨내고, 다시 세척 · 증착 · 검사 과정을 반복한다.

그림 6-27은 거울 세척 후 매우 밝은 빛으로 육안 검사하는 장면이다. 세척에는 Macleod 방법을 사용하며, 용액으로는 증류수, 알코올, 계면 활성제 등을 사용한다. 강력한 세척 용액을 사용할 때는 면 일부가 연마되어 형상이 변형될 수 있으므로 주의해야 한다. 또한 박막 증착기 내부 오염은 진공도를 저하시켜 다른 물질의 박막 성능을 낮출 수 있으므로, 정기적으로 청소해야 한다.

박막 증착에는 대구경 열 증착기를 사용하며, 그림 6-28은 대구경 열 증착기와 진공 챔버에 고정된 거울을 보여준다. 거울에 균일하게 박막을 증착하기 위해 여러 개의 증착 보트와 깃틀 모양의 마스크를 사용하며, 거울은 일정한 속도로 회전시킨다. 박막의 반사율 측정이나 막 강도 시험은 여러 개의 작은 시편을 거울 주변에 함께 배치하여 증작한 후 사용한다. 대구경 거울은 반사율과 막

그림 6-27 밝은 광원을 사용한 세척면의 육안 검사

그림 6-28 대형 광학 박막 증착기와 수직으로 고정된 거울

특성의 균일도가 매우 중요하므로, 최종 증착 전에 컴퓨터 시뮬레이션 및 예비 실험을 통해 시편과 보트의 위치를 결정한다.

박막 증착이 완료된 거울은 스크래치와 디그를 검사한 후, 시편으로 반사율 측정과 환경 시험을 수행한다. 우주용 거울은 미국의 MIL-M-13508C 규격을 충족해야 하며, 반사율은 FTIR 분광광도계를 이용해 가시광부터 적외선 영역까지 측정한다. 또한 세척 및 열 증착으로 인해 거울 형상이 변형될 수 있으므로, 각 작업 후 간섭계로 변형을 확인한다. 스크래치와 디그 검사는 일정한 조명과 거리에서 표준화된 기준 척도를 이용해 육안으로 비교하여 측정한다.

극한 환경에서의 증착막 손상이나 변화를 확인하기 위해, 온도, 습도, 문지름, 접착력의 환경 시험을 수행한다. 온도 시험은 시편을 항온항습기에 넣은 후, 최고 +71 ℃, 최저 −62 ℃에서 각각 5시간씩 유지하며 진행한다. 습도 시험은 시편을 항온항습기에 넣고, 온도 49 ℃±2 ℃, 습도 95 % 이상에서 24시간 유지한 후, 박막의 변화를 관찰한다.

문지름 시험은 증착 박막의 강도를 평가하는 것으로, 미국 MIL-CCC-C-440 규격에 따라 일정한 힘으로 시편 표면을 왕복 25회 문지른 후, 육안으로 내마모성과 내구성을 평가한다. 접착력 시험은 L-T-90 셀로판테이프를 이용해 가장자리를 제외한 부위에 기포 없이 부착한 후, 일정한 시간 동안 유지하였다가 일정한 속도로 제거하고, 벗겨진 정도를 관찰하여 평가한다.

그림 6-29는 박막 증착 후 표면 검사와 환경 시험을 통과한 거울을 보여준다. M1은 플렉스를 제거하고 박막을 증착한 후의 모습이다.

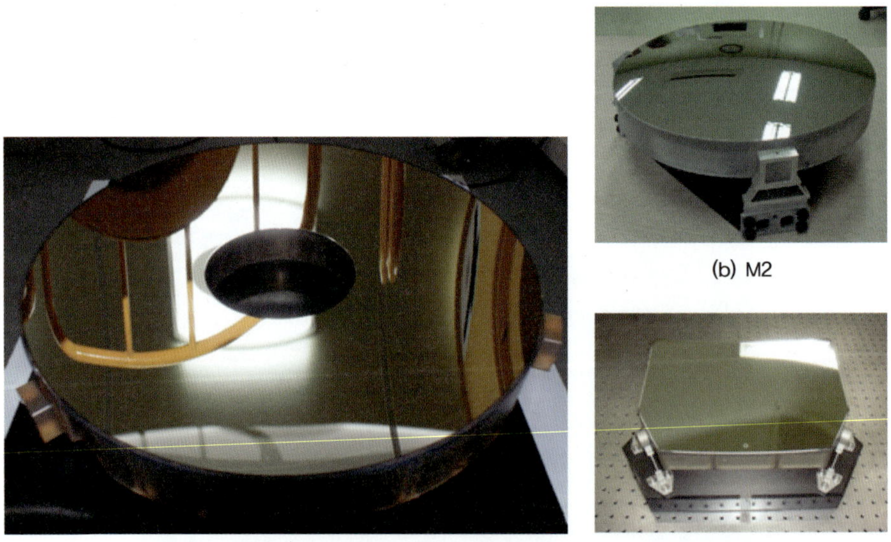

(a) M1 (b) M2 (c) M3

그림 6-29 Ag 박막이 증착된 우주용 거울

표 6-14는 거울의 가공 및 조립 공정에 대한 오차 할당을 나타낸 것이다. 각 거울 구조체의 파면 오차, 중력 및 온도 변화 등에 의한 모든 변형을 고려하여 최대치로 할당하며, 형상은 직접 측정하고, 중력 및 온도 변화에 대한 값은 유한요소 해석을 통해 구한다.

간섭계 오차는 반복 측정을 통해 결정되며, 이는 간섭계의 높은 측정 정밀도에도 불구하고 측정실 내 공기 흐름에 따른 영향을 보완하기 위한 것이다. 특히, M5 거울은 두께가 얇아 수직으로 세울 경우 변형이 커져 형상 오차가 크게 나타난다. 예상치 못한 오차에 대비해 일정한 마진을 두어 측정한 결과, 최종 파면 오차는 30 nm RMS로 나타났다.

표 6-14 거울의 가공 및 조립 공정에 대한 오차 할당

오차 원인(nm)	M1	M2	M3	M4	M5	비고
연마	9.0	11.0	10.0	9.0	16.0	-
중력	3.5	0.5	2.4	0.3	0.5	분석 결과
조립 하중	2.5	(7.4)	3.1	1.2	1.3	분석 결과
간섭계 오차	6.0	6.0	6.0	6.0	6.0	측정 반복도
열변형 ±10 ℃	3.1	1.0	4.3	0.3	5.4	분석 결과(인바 플레이트)
마진	2.0	2.0	2.0	2.0	2.0	-
합계(nm RMS)	12	13	13	11	18	30 RSS

6.5 거울 조립 및 우주 환경 시험

우주용 광학계는 4개의 거울로 구성되며, 최종 파면 수차는 $\lambda/10$ RMS($\lambda = 633$ nm)이다. 광학계 조립 절차는 6-30과 같이 각 거울을 순서대로 진행한다. 각 거울은 플렉스와 베젤로 구성된 광기계 구조체이다. M4는 M1의 안쪽에 위치하는 작은 평면 거울로, M4 베젤은 미리 M1 베젤에 조립된다. M2는 경통에 접합되고, M3는 로드를 사용하여 M1 베젤에 접합된다.

광학계 조립에서 가장 중요한 작업은 크고 무거운 주거울(M1)과 베젤의 조립이다. 여러 거울 중 가장 민감하며 조립 절차에 큰 영향을 미치므로, 이 절에서는 이를 중점적으로 다룬다.

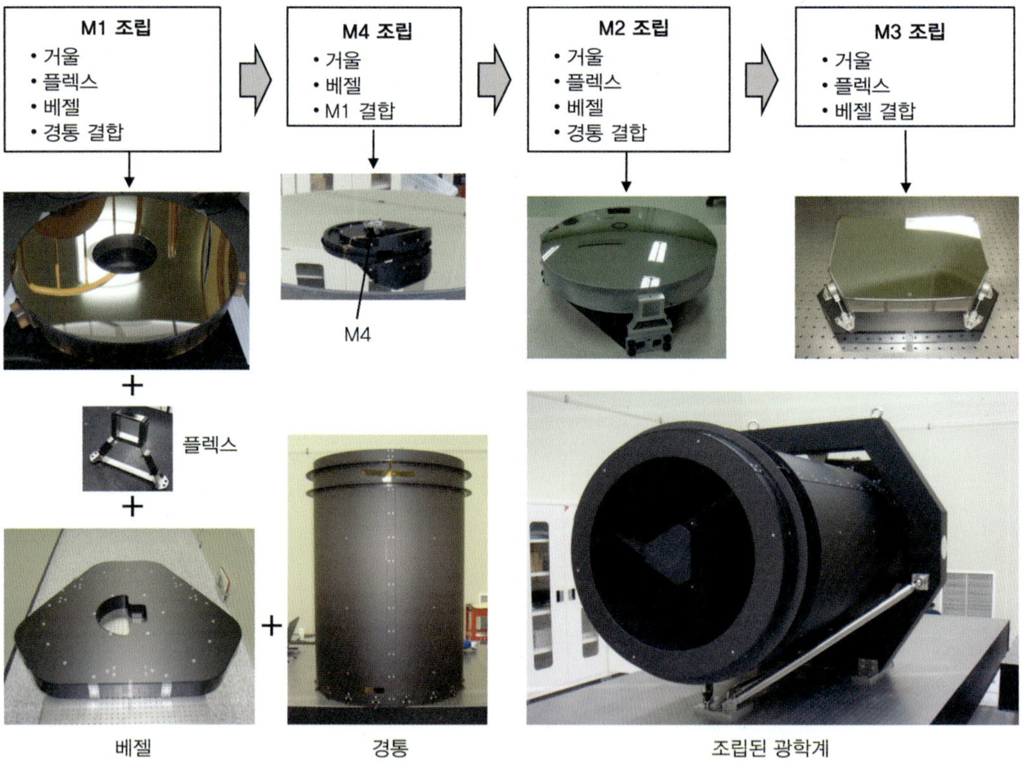

그림 6-30 광학계 조립 절차

1) 주거울 조립

거울은 그림 6-31과 같이 베젤 위에 올려 중심과 수평을 미세하게 정렬한 후, 플렉스를 접착하여 조립한다. 이때 거울과 플렉스 사이의 위치를 조정하기 위해, 조정자와 z-stage를 추가로 사용한다. 3개의 조정자에는 총 5개의 마이크로미터가 부착되어 거울과 보스의 중심 조정에 사용되며, z-stage는 높이를 조절한다. 또한 거울 회전을 조정하기 위해 초기에는 플렉스 대신 회전 스테이지를 설치하여 사용한 후, 이를 플렉스로 교체한다.

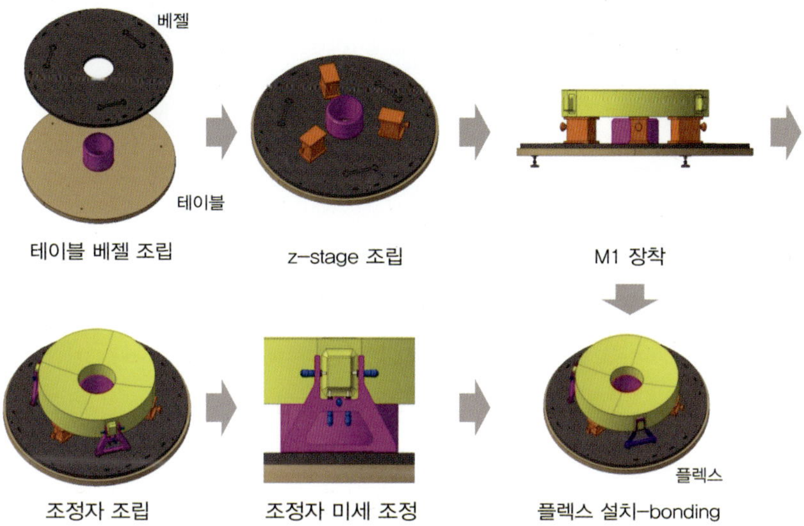

그림 6-31 M1(주거울) 광기계 조립 절차

접착 작업은 세척, 프라이머 도포, 접착제 혼합이 완료된 후에 수행한다. 접착제는 플렉스의 고정 나사와 고정판에 주입하며, 나머지 2개의 플렉스도 같은 방식으로 접착하고, 접착이 완료되면 일정 기간 동안 경화 과정을 거친다.

그림 6-32는 플렉스 세척 후 보스에 조립하고 접착하는 과정을 보여준다. 이 조립은 연마 전과 박막 증착 후에 반복되는 공정으로, 3개의 플렉스를 순차적으로 접착한다[21-23]. 최종 조립 단계에서는 가공 및 시험용 받침대 대신 CFRP로 제작된 실제 베젤을 사용한다.

그림 6-33은 박막이 증착된 M1을 베젤에 조립한 후, 파면 오차를 측정하는 장면이다. 형상 오차는 파면 오차의 1/2 수준으로, 0.03λ RMS이다.

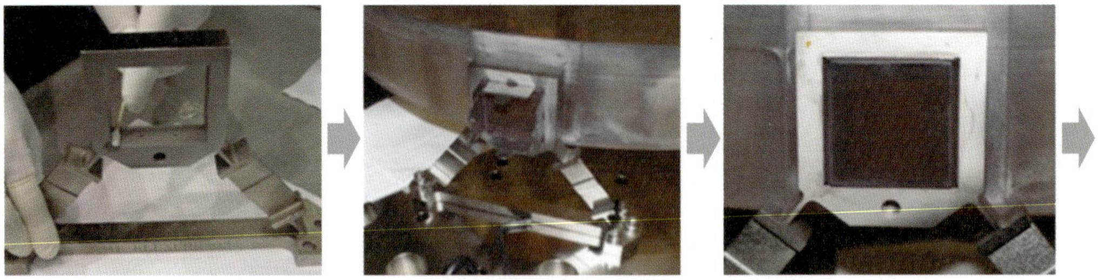

세척 조립 접착

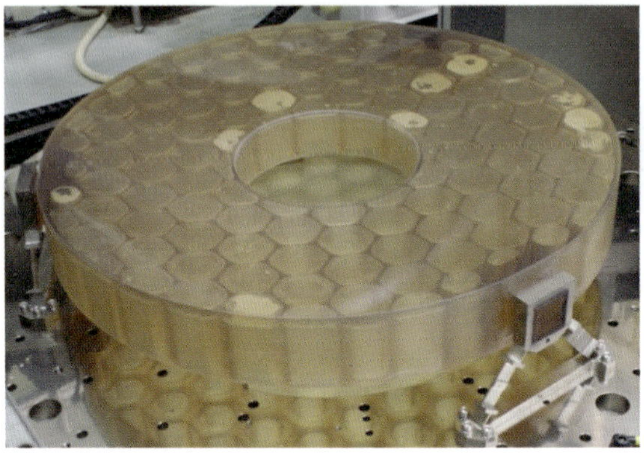

최종 조립 거울

그림 6-32 플렉스와 보스 조립 절차

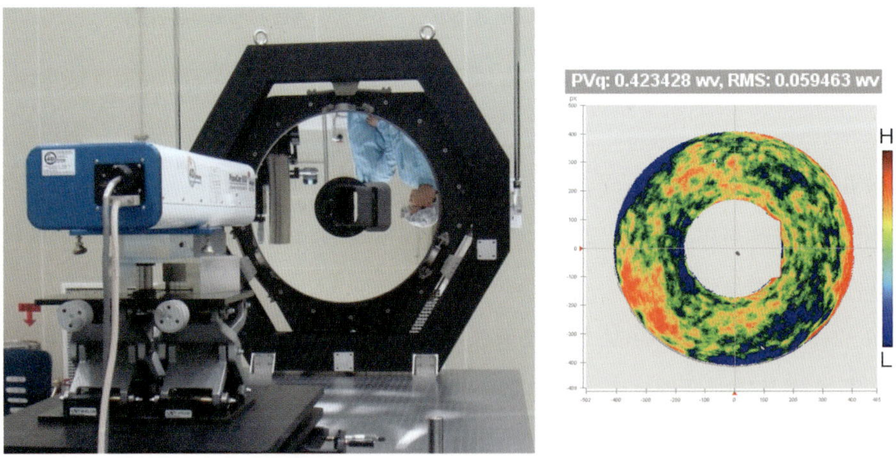

그림 6-33 조립된 M1의 파면 오차 측정

2) 진동 시험

진동 시험은 발사 중 발생되는 저주파 및 고주파 진동으로 인해 거울이 파손되거나 변형되는지를 확인하고, 구조적 불안정으로 인한 광축 정렬 오차나 광학계 성능 저하 방지를 위해 수행한다. 플렉스가 새로 개발되면 성능을 확인하기 위해 거울과 유사한 기계적 구조를 가진 알루미늄 더미를 제작한 후, 플렉스와 결합하여 진동 시험을 한다.

진동 시험에는 구조체의 공진주파수를 탐지하는 정현파 진동 시험(sine vibration test), 진동 환경에 대한 내구성을 평가하는 무작위 진동 시험(random vibration test), 로켓의 폭발 반응을 평가하는 충격 시험(shock test), 모드 형상과 고유주파수 및 감쇠 특성을 분석하는 모드 해석 시험(modal analysis test)이 있다. 진동 시험 절차는 MIL-STD-810 및 ISO 16750의 표준 규격을 준수한다.

그림 6-34는 제작된 플렉스를 알루미늄 더미에 접착한 후, 진동 발생장치(shaker) 위에 장착하여 시험하는 모습이다. 더미의 무게는 실제 Zerodur 거울과 같으나, 알루미늄은 Zerodur보다 재질의 강성이 낮기 때문에 실제 거울 조립체와 유사한 동적 특성(예: 공진주파수)을 갖도록 설계되었다. 이를 위해 더미 거울 뒷면에 얇은 판재를 접착하여 굽힘강성(bending stiffness)을 증가시켰다.

진동 측정에는 가속도 센서(accelerometer)를 사용하며, 진동 발생장치의 어댑터, 더미 거울 뒷면, 플렉스에 각각 3개씩 총 9개의 센서를 부착한다. 더미 거울 뒷면의 센서는 플렉스에 가까운 위치에 설치된다.

표 6-15는 모드 해석과 진동 시험 측정 결과를 나타낸 것이다. 정현파 진동 시험 결과는 유한요소법으로 분석한 공진주파수와 거의 차이가 없었으며, 무작위 진동 시험과 충격 시험도 통과하였다. 이로써 설계된 플렉스의 구조적 특성이 진동 시험을 통해 유효하게 검증됨을 확인할 수 있다.

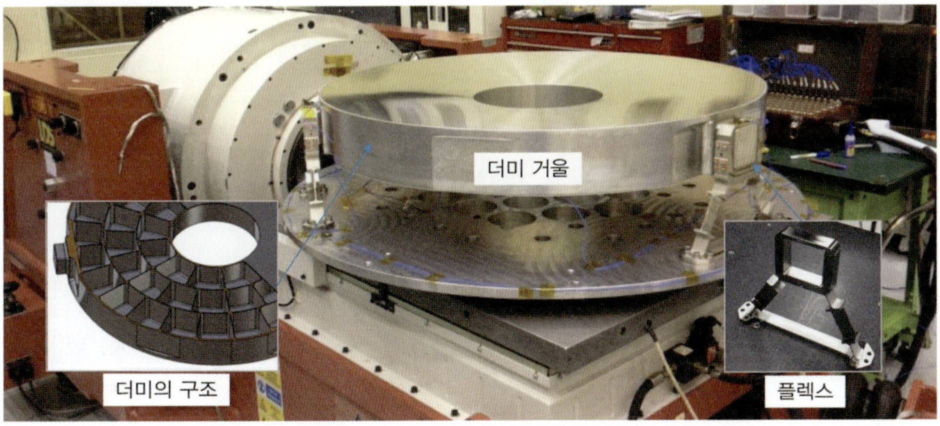

그림 6-34 알루미늄 더미 거울을 이용한 플렉스 진동 시험

표 6-15 더미 거울 및 플렉스의 진동 시험 결과

진동 시험	결과	차이	비고
모드 해석 (1차 공진주파수)	X: 119.8 Hz Y: 119.8 Hz	–	–
정현파 시험 (1차 공진주파수)	X: 120 Hz Y: 118 Hz	0.2 % -1.5 %	합격
무작위 시험	20~2,000 Hz, 가속도 20 g peak, 8.9 Grms, 60 sec		합격
충격 시험	sine burst		합격

거울 구조체는 진동 시험 도중 및 시험 후에 각각 거울 외형 변화, 진동 특성 및 거울의 파면 오차를 측정하여 광학적 특성을 평가한다. 진동 규격은 거울이 장착되는 탑재체나 위성체의 진동 조건을 고려한 진동 해석의 결과에 따라 결정된다. 일반적으로 위성 탑재체는 1차 공진주파수가 100 Hz 이상일 경우 정현파 시험을 실시하지 않으며, 거울 파손 위험으로 인해 충격 시험은 적용하지 않고, 무작위 시험만 수행한다.

그림 6-35는 진동 발생 장치에 장착된 거울 구조체를 보여준다. 진동 시험 전후로 거울 조립체의 기계적인 성능뿐만 아니라 광학적인 성능에도 변화가 없어야 한다. 이를 확인하기 위해 레이저 간섭계를 이용하여 거울의 파면을 측정하고, 시험 전후의 결과를 비교하였다.

그림 6-36(a)는 진동 시험 전, (b)는 진동 시험 후의 파면 오차이며, 진동 시험에 의한 변화가 거의 없음을 확인할 수 있다.

그림 6-35 조립된 M1 거울의 진동 시험

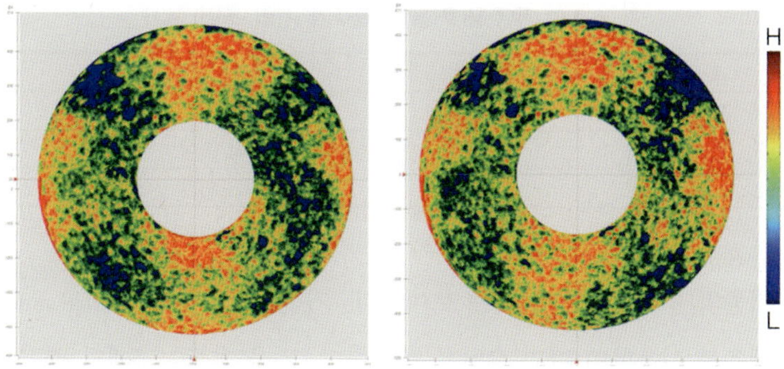

PVq: 147.5 nm, RMS: 27.06 nm　　PV: 271.0 nm, RMS: 27.02 nm

(a) 시험 전　　(b) 시험 후

그림 6-36 M1의 진동 시험 전후의 파면 오차

3) 열주기 시험

열주기 시험(thermal cycling test)은 우주용 거울 구조체가 온도 변화에 따른 열적 응력과 열팽창/수축 현상에 얼마나 잘 견딜 수 있는지를 확인하는 중요한 시험이다. 이 시험은 반복적인 온도 변화에 따른 구조적 안정성과 소재의 내구성을 평가하는 과정으로, 특히 기계적 결합 상태, 박막 표면 손상, 광학적 특성 변화 등을 면밀히 관찰한다.

기계적 결합 상태는 물체의 분리, 변형, 구속 상태 등을 확인하며, 박막 표면 손상은 표면의 벗겨짐, 갈라짐, 산화 등의 변화 여부를 점검한다. 광학적 특성 변화는 반사율의 변화, 형상 변화, 파면 오차 등을 분석하여 거울의 성능을 평가한다.

시험은 대기 상태 또는 진공 환경에서 고온 50 ℃와 저온 −10 ℃를 반복적으로 적용하는 방식으로 진행된다. 위성체 외부에 노출된 거울은 −150∼+120 ℃의 온도 주기를 수십∼수백 회 반복할 수 있다. 반면, 위성 본체에 탑재되는 광학계는 온도가 일정하게 유지되므로, 시험에 적용되는 온도 범위는 상대적으로 낮다. 이러한 반복적인 온도 변화를 통해 물체의 열적 안정성을 검증할 수 있다.

시험은 온도와 습도가 일정하고 외부 오염이 최소화된 청정실에서 수행되며, 시험 재료와 장비가 오염되지 않도록 철저히 관리된다. 시험 과정은 열진공 챔버 내에서 진행되며, 열적 진공 환경에서의 거울 성능을 평가한다. 거울은 유리로 제작되어 충격에 취약하고, 광학 박막은 오염과 긁힘에 민감하므로 시험 과정에서 각별한 주의가 요구된다. 표 6-16은 열주기 시험 조건의 예시를 나타낸 것이다.

표 6-16 우주용 거울의 열주기 시험 조건 예시

온도	고온	50 ℃
	저온	−10 ℃
주기 횟수		5회 이상
체류 시간		≥ 2시간

그림 6-37은 거울의 열주기 시험장비를 보여준다. 거울은 열 덮개(thermal shroud) 안에 배치되며, 간섭계와 널 렌즈를 사용하여 파면 오차를 측정한다. 거울 온도는 3개의 열전대(thermal couple)를 통해 실시간으로 추적된다. 열 덮개는 거울에 온도 변화를 가하여 온도 변화를 통해 거울이 열적 스트레스를 받는 환경을 조성하는 장치이다.

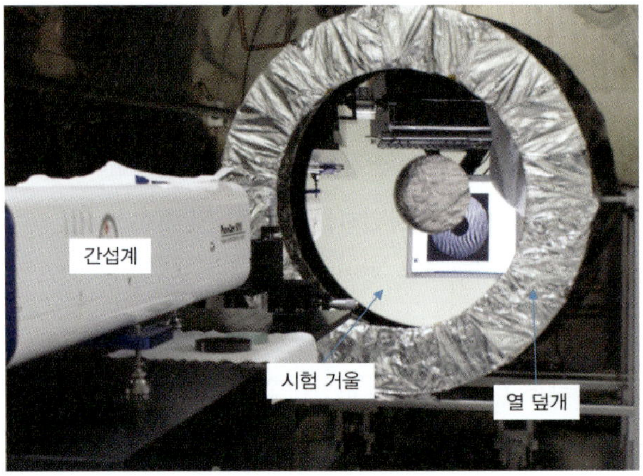

그림 6-37 열주기 시험장비

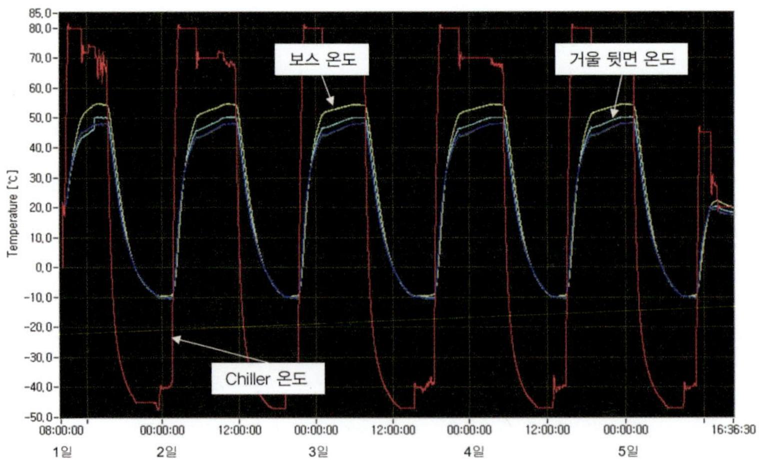

그림 6-38 M1 거울의 열주기 시험의 온도 프로파일

그림 6-38은 M1 거울의 열주기 시험의 온도 프로파일을 보여준다. 20 ℃에서 시작하여 50 ℃와 −10 ℃ 사이를 5회 반복되는 양상이 시각적으로 나타난다.

열주기 시험 전후에는 파면 오차를 측정하여 거울의 형상 및 광학 성능 변화를 분석한다. 그림 6-39는 열주기 시험 전후의 파면 오차 비교를 보여준다. 파면 오차는 1 nm RMS 수준으로 미세하게 변화했으며, 이는 거울이 시험 전후의 온도 변화에 잘 적응하고 있음을 나타낸다.

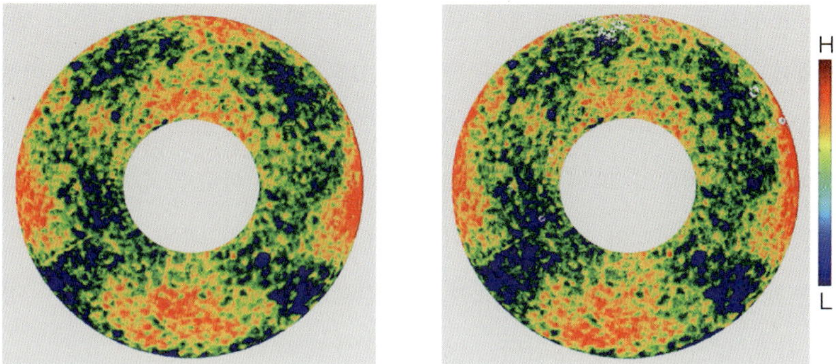

PVq: 154.7 nm, RMS: 28.82 nm　　PV: 162.5 nm, RMS: 29.68 nm

(a) 시험 전　　(b) 시험 후

그림 6-39 M1 거울의 열주기 시험 전후의 파면 오차

이는 우주 환경에서 발생할 수 있는 온도 변화가 거울의 광학적 성능에 미치는 영향이 극히 미미함을 의미하며, 이러한 미세한 변화까지 감지함으로써 거울 소재의 내구성 및 구조적 안정성이 우수함을 입증할 수 있다. 또한 시험 후에도 박막 표면 손상, 구조 변형, 반사율 변화가 크게 나타나지 않았으며, 광학적 특성은 지속적으로 유지되었다. 이는 우주용 거울이 열주기 시험 후에도 안정적으로 작동할 수 있음을 시사한다.

열주기 시험은 우주 환경에서 거울의 열적 안정성과 내구성을 평가하는 핵심 절차이다. 이 시험을 통해 거울의 구조적 변형이나 광학적 특성 변화가 거의 없음을 확인함으로써, 거울이 실제 우주 임무 수행 시에도 우수한 성능을 발휘할 수 있음을 보장할 수 있다.

4) 열진공 시험

열진공 시험(thermal vacuum test)은 우주 환경을 모사하여, 진공 상태와 극한 온도 조건에서의 열적 성능과 광학적 특성을 평가하는 중요한 시험이다. 이 시험은 우주에서 거울이 고온 또는 저온 환경에서도 설계된 대로 광학 성능을 유지할 수 있는지를 검증하기 위한 과정이다.

우주 환경의 진공 상태와 극한 온도에서 거울의 파면 오차와 광학 성능을 실시간으로 측정하여 우주 임무 수행 시 신뢰성을 확인한다. 광학적 성능은 거울의 파면 오차의 변화를 통해 확인하며, 열적 성능은 극저압에서 온도 변화에 대한 거울의 반응을 평가하고, 열적 안정성은 고온 및 저온 환경에서 광학 성능의 유지 여부를 통해 검증한다.

시험은 극저압 상태에서 진행되며, 10^{-5}~10^{-6} torr의 진공 상태를 유지한다. 이는 실제 우주 환경과 매우 유사한 조건으로, 거울이 우주에서 겪을 수 있는 환경을 모사한다. 온도 변화는 20 ℃± 10 ℃의 범위에서 2주기 반복되며, 각 온도 구간은 고온부와 저온부에서 2시간 이상 유지되어야 한다. 설정된 온도는 저온부 10 ℃, 고온부 30 ℃이다. 파면 오차는 레이저 간섭계를 사용하여 실시간으로 측정하며, 시험 전후의 파면 오차 변화는 30 nm RMS 이하로 유지되어야 한다.

그림 6-40은 레이저 간섭계와 널 렌즈를 이용하여 열진공 챔버 내에 있는 비구면 거울의 파면 오차를 측정하는 방법과 실제 측정장치를 보여준다. 간섭계와 널 렌즈는 챔버 외부 창에 설치되며, 거울의 파면 오차를 실시간으로 측정한다.

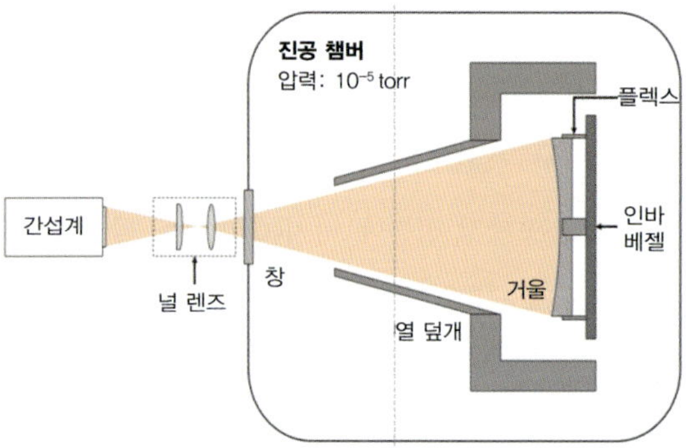

(a) 열진공 시험장치도

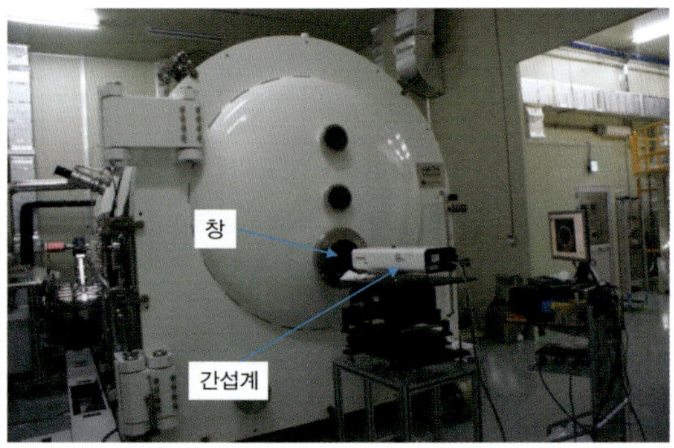

(b) 열진공 시험 측정장치

그림 6-40 열진공 시험 장치도와 실제 측정장치

그림 6-41은 열진공 시험의 온도 프로파일, 시험 일정, 측정 결과를 보여준다. 이 그래프는 시험 전부터 고온부, 저온부, 시험 종료까지의 온도 변화를 나타내며, 각 구간에서 측정된 파면 오차를 포함한다. 파면 오차에 영향을 미치는 요소로는 진공 상태와 공기 상태에서 굴절률 차이로 인한 수차, 진공 상태에서 챔버 창의 굴절 효과로 인한 파면 오차, 널 렌즈와 간섭계의 정렬 오차, 인바 베젤의 온도 변화(10 ℃ 변화)에 따른 열팽창 등이 있다. 이러한 요인들은 거울의 형상에 직접적인 영향을 줄 수 있다.

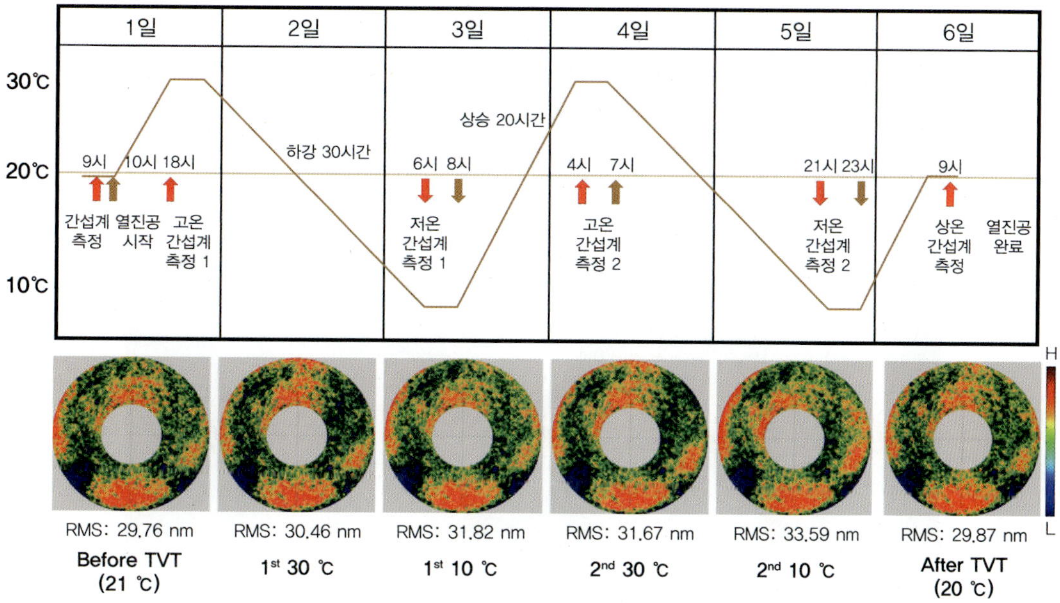

그림 6-41 열진공 시험 조건 및 결과

열주기 시험과 열진공 시험의 전후를 비교하면, 비점수차(astigmatism X, Y), Trefoil Y, Secondary Coma X 등 수차가 변화할 수 있다. 이러한 수차를 정확히 분석하고 보정함으로써 보다 정밀한 파면 오차 측정이 가능하다.

열진공 시험은 우주 환경에서 거울이 극한 온도 변화와 진공 상태에서 성능을 유지할 수 있는지를 평가하는 중요한 시험이다. 시험 과정에서 발생할 수 있는 다양한 영향 요인을 고려하여 파면 오차를 정밀하게 측정하고, 광학 성능이 유지되도록 보정하는 과정은 우주 임무를 성공적으로 수행하는 데 매우 중요하다. 이 시험은 거울이 우주 환경에서도 실시간으로 광학 성능을 안정적으로 유지할 수 있는지를 확인하며, 수차 보정을 통해 최종 측정의 정확도를 높이는 데 핵심적인 역할을 한다.

그림 6-42는 지름 1 m 우주용 거울의 열주기 및 열진공 시험을 완료한 후, KRISS의 대형 진공 챔버에서 촬영한 사진이다. 거울의 열 덮개, 측정기, 장치 등을 고려할 때, 진공 챔버의 내부 유효 지름은 시험 거울보다 2배 이상 커야 한다.

그림 6-42 열주기 및 열진공 시험용 진공 챔버 내부

6.6 광학계 정렬 및 성능평가

1) 광학계 정렬

광학계 정렬은 광학계의 파면 오차와 목표 파면 오차 간의 차이를 줄여나가는 과정이다. 이 과정에서 사용되는 보상자는 미세 조정을 통해 파면 오차를 최소화한다. 일반적으로 정렬 과정에서 파면 오차를 분석하고 이를 보상하여, 편심, 기울기, 초점이동 등의 오차를 보정한다.

파면 오차는 제르니케 다항식을 사용하여 분석하며, 그에 따라 필요한 보상자 조정이 이루어진다. 이를 통해 파면 오차를 정밀하게 측정하고 수정할 수 있다. 정렬 방법으로는 광학계의 오차를 계산하여 조정하는 민감도법(sensitivity), 파면 수차를 이용하여 보상자를 조정하는 감도함수 회귀법(merit function regression), 파면의 미세한 변화를 측정하여 수차를 보정하는 파면 수차 미분법(differential wavefront sampling) 등이 있다.

그림 6-43은 간섭계와 평면 거울을 사용하여 파면 수차를 측정하는 개략도를 보여준다. 간섭계는 초점면 뒤에 위치하며, 간섭계에서 나오는 빛은 광학계를 거쳐 평면 거울에 반사된 후, 다시 간섭계로 되돌아온다. 이때 M1은 정렬 기준으로 고정되며, M4는 민감도가 매우 낮기 때문에 3차원 측정기로 조정된 후 고정된다. 실질적인 정렬은 M2와 M3를 통해 이루어진다.

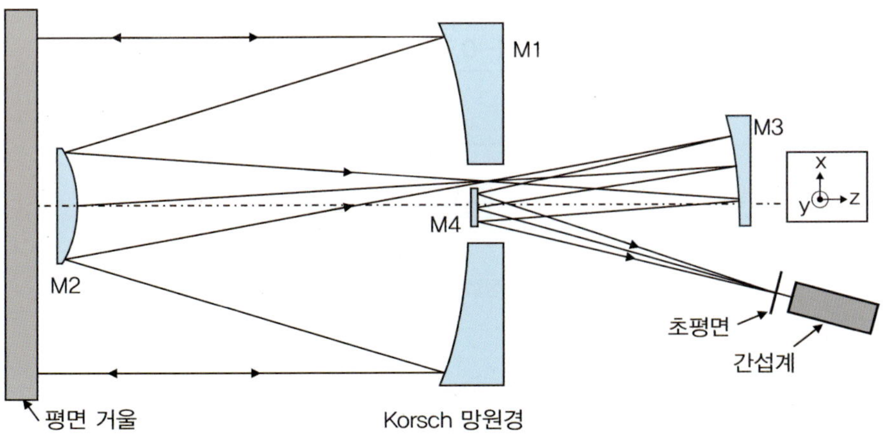

그림 6-43 간섭계와 평면 거울을 사용한 파면 오차 측정

그림 6-44는 간섭계와 평면 거울을 이용하여 M2와 M3를 정렬하는 장면이다. 목표 파면 오차에 맞추기 위해 각 거울을 세밀하게 조정하며, M2는 축 대칭 거울로 5자유도 정렬장치를 사용한다.

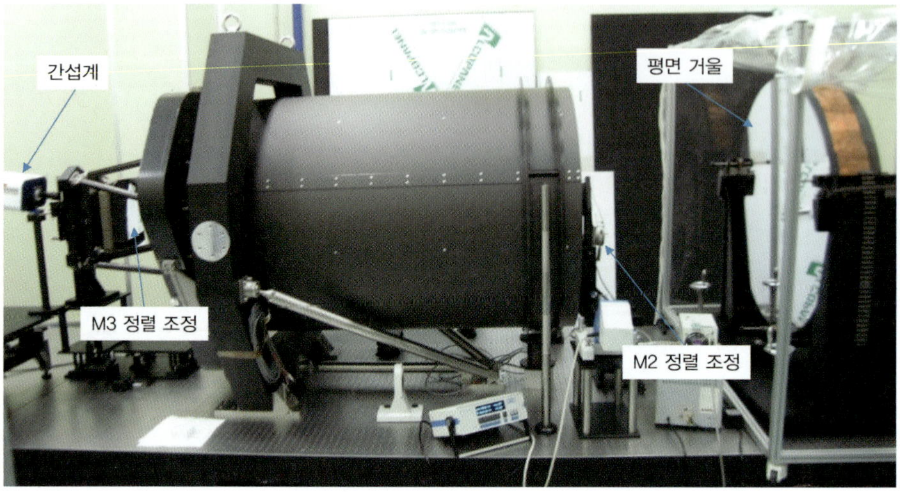

그림 6-44 간섭계와 평면 거울을 이용한 M2와 M3 정렬

그림 6-45는 정렬에 사용된 5개의 필드(시야각)를 보여준다. 이때 위성 카메라의 영상 센서는 여러 개의 1차원 CCD를 직선 구조로 연결하여 장착된다. 비축 필드는 광축 정렬을 기준으로 간섭계를 기울여 구현하며, 새로운 광선의 경로를 반사하도록 평면 거울을 재정렬한다.

F6 (−0.71, −0.06)	F3 (−0.71, 0)	F9 (−0.71, 0.06)
F4 (0, −0.06)	F1 (0, 0)	F7 (0, 0.06)
F5 (0.71, −0.06)	F2 (0.71, 0)	F8 (0.71, 0.06)

(단위: 도)

그림 6-45 정렬에 사용된 5개의 필드

그림 6-46은 감도함수 회귀법을 이용한 M2와 M3의 정렬 결과를 보여준다. 정렬 초기에는 정렬장치가 파면 일부를 차단하지만, 정렬이 완료되면 장치가 제거되어 전체 면적을 관측할 수 있다. M2의 정렬장치를 제거하면 파면 오차가 증가하지만, M3를 정렬하면 다시 파면 오차가 감소한다. 최종적으로 파면 오차는 모두 0.089λ RMS 이내로 유지된다.

감도함수 회귀법을 활용해 각 거울의 파면 오차를 정확히 보정할 수 있었으며, 이 방법을 통해 정밀한 정렬이 가능하였다. 정렬 과정에서는 각 거울의 특성과 자유도에 적합한 조정장치를 사용하여 최적의 광학 성능을 달성하였고, 그 결과 우주용 광학계가 요구하는 수준의 성능을 충족할 수 있었다.

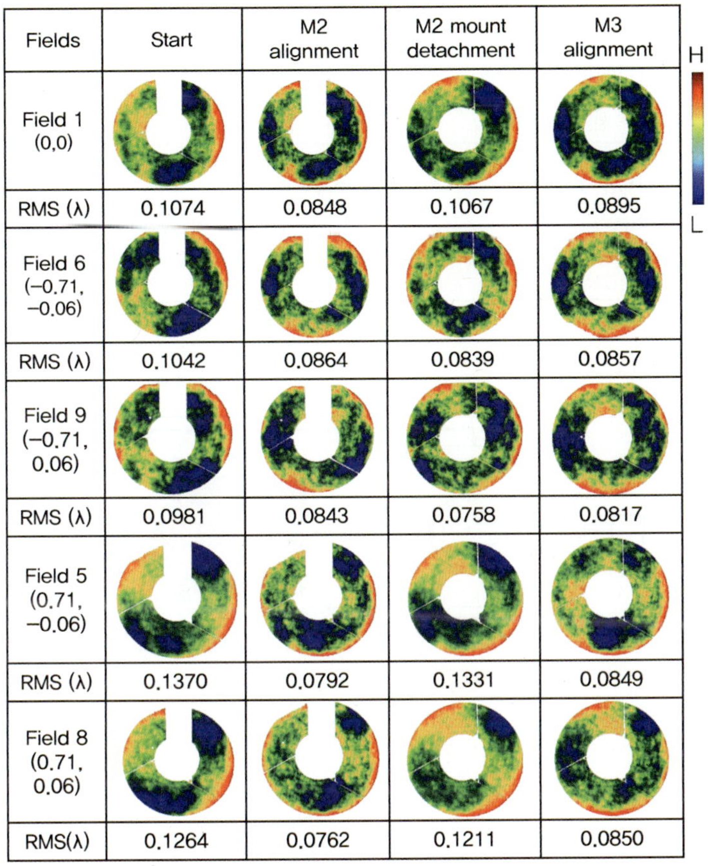

Fields	Start	M2 alignment	M2 mount detachment	M3 alignment
Field 1 (0,0)				
RMS (λ)	0.1074	0.0848	0.1067	0.0895
Field 6 (−0.71, −0.06)				
RMS (λ)	0.1042	0.0864	0.0839	0.0857
Field 9 (−0.71, 0.06)				
RMS (λ)	0.0981	0.0843	0.0758	0.0817
Field 5 (0.71, −0.06)				
RMS (λ)	0.1370	0.0792	0.1331	0.0849
Field 8 (0.71, 0.06)				
RMS(λ)	0.1264	0.0762	0.1211	0.0850

그림 6-46 감도함수 회귀법을 이용한 정렬 결과

2) 성능평가

우주용 망원경이나 카메라의 최종 성능은 우주 환경에서의 MTF를 측정하여 평가한다. 광학 설계에서 MTF는 최종 성능 지표로 사용되며, 실제 환경에서 이를 측정하여 성능을 확인한다. 적외선 영역을 사용하는 광학계의 경우, MTF 외에도 MRTD, NETD(Noise Equivalent Temperature Difference), SiTF(Signal Transfer Function), SNR(Signal-to-Noise Ratio) 등을 함께 측정해야 한다.

표 6-17은 다양한 성능평가 지표에 대한 정의, 목적, 응용 분야를 비교한 것이다. 각 지표는 우주용 광학계의 성능을 평가하는 데 필수적인 정보를 제공한다.

표 6-17 우주용 적외선 광학계 성능평가 지표

평가 지표	정의	목적	응용 분야
MTF	카메라의 공간 해상도와 특정 공간주파수에서 신호와 잡음의 전달 특성	목표 식별 및 열 패턴 분해 성능 분석	군사, 보안
MRTD	최소 해상 가능한 온도 차이	카메라의 공간 해상도와 열 감도의 결합 지표	군사, 보안, 기상 관측, 환경 모니터링
NETD	감지 가능한 최소 온도 변화	미세한 온도 변화 감지	기상 관측
SiTF	입력 온도 변화에 따른 출력 신호 강도의 선형성	열 신호 처리의 정확성과 데이터 선형성 보장	우주 탐사
SNR	신호 대 잡음비	출력 이미지의 품질 척도	군사, 보안, 기상 관측
Radiometric Calibration	관측 대상의 방사 데이터를 정확히 측정하기 위한 교정	지표 및 대기에서 방사 강도 측정의 신뢰성 확보	환경 모니터링

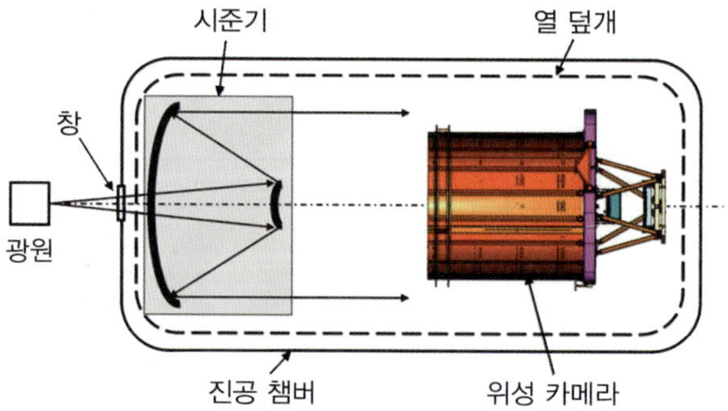

(a) 축상 시준

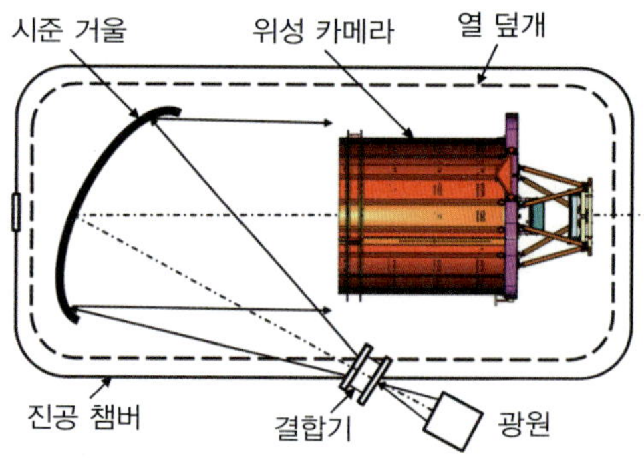

(b) 비축 시준

그림 6-47 위성 카메라 성능평가용 열진공 챔버

그림 6-47은 우주 환경을 모사하기 위한 열진공 챔버 내부에서 광학 성능을 평가하는 장치의 개략도를 보여준다. 시준기는 먼 거리 물체를 만들며, 광축형과 비축형으로 구분된다. MTF 측정용 물체와 광원은 진공 챔버 외부에 위치하며, 창을 통해 내부로 입사된다. 시준기와 시험 카메라는 열 덮개로 감싸져 있어 온도가 균일하게 유지된다. 비축형 MTF 측정은 시험 광학계를 좌우로 회전시켜 진행된다.

우주망원경의 성능을 평가하는 데 사용되는 시준기로는 Korsch형 시준기와 비축 포물면 거울 시준기가 있다. 두 시준계는 설계 복잡도, 광학 성능, 비용, 시야각 등의 측면에서 차이가 있다.

표 6-18에 각 시준기의 장단점이 정리되어 있다. Korsch형 시준기는 광학 왜곡이 적고 넓은 시야각을 제공하지만, 설계가 복잡하고 비용이 많이 든다. 반면, 비축 포물면 거울 시준기는 구조가 단순하고 저렴하지만, 시야가 좁고 일부 광학적 왜곡이 발생할 수 있다

표 6-18 시준기의 특성 비교

특성	Korsch형 시준기	비축 포물면 거울 시준기
설계 복잡도	매우 복잡하고 정밀한 조정 필요	단순하고 직관적인 설계
광학 성능	넓은 시야, 왜곡 보정 우수	회절, 비점수차 등 일부 왜곡 발생
비용	고가, 제작과 조정이 어려움	비용 절감, 제작이 간단
시야각	넓은 시야	좁은 시야
응용 분야	고정밀, 대형 시스템	소형 시스템, 단일 축 검사

그림 6-48은 지름 0.9 m Korsch형 시준기를 보여준다. 시준기의 초점거리는 20 m, 파면 오차는 $\lambda/20$ RMS이다. 거울 재료는 열팽창계수가 매우 낮은 Zerodur이며, 열진공 챔버 내부에 설치되어 있다. 이 시준기는 고해상도 평가를 위한 대형 시스템에 적합하며, 움직이지 않는 안정된 환경에서

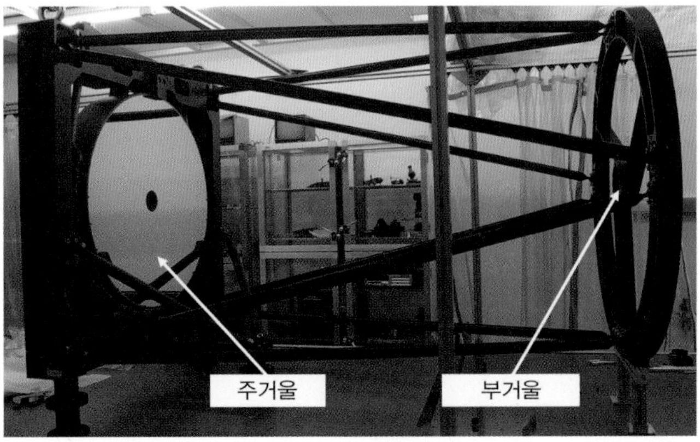

그림 6-48 Korsch형 시준기

사용하므로 거울을 경량화하지 않았다. 두 거울을 연결하는 로드는 CFRP로 제작되며, 시준기의 전체 길이는 3 m이다.

그림 6-49는 비축 포물면 거울을 사용하는 MTF 측정장치의 구성도를 보여준다. 이 장치는 지름 850 mm인 시준 거울을 사용하며, 초점거리는 12 m, 파면 오차는 $\lambda/10$ RMS이다. 시준기에는 He-Ne 레이저를 사용하는 정렬용 트와이먼-그린 간섭계와 평면 거울이 포함되어 있어, 정확한 평행광을 생성한다. 위성 카메라는 수직으로 정렬된 1차원 CCD를 사용한다. 또한 MTF 및 MRTD 측정을 위해 물체가 수평으로 주사될 수 있도록 미세 이동장치를 사용한다.

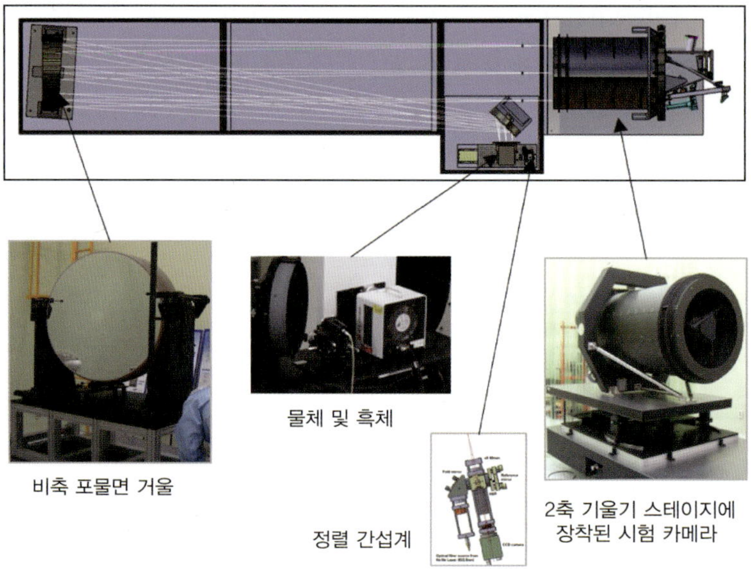

그림 6-49 비축 시준형 대구경 MTF 측정장치

우주용 광학계의 성능평가는 MTF, MRTD, NETD, SNR 등을 측정하여 이루어진다. 성능평가 장비는 우주 환경을 모사하는 열진공 챔버와 시준기를 사용하며, Korsch형 시준기와 비축 포물면 거울 시준기는 광학 성능과 비용 면에서 차이를 보인다. 이러한 장비를 통해 최종적으로 위성 카메라의 공간 해상도와 열 감도를 정확히 평가할 수 있다.

(1) MTF 측정

고해상도 위성 카메라에서의 MTF 측정은 카메라의 공간 해상도와 성능을 평가하는 데 중요한 과정이다. 위성 카메라는 일반적으로 CCD 또는 CMOS의 1차원 선형 센서(one-dimensional linear sensor)를 사용하여 일정한 속도로 비행하며 촬영한다(그림 6-50 참조). 그러나 열진공 챔버 내에서는 구조가 복잡하여 상분석이 어려운 경우가 많다. 이에 따라, 물체를 주사하여 카메라에 장착된 선형 센서를 통해 MTF를 측정하는 방식이 사용된다.

그림 6-51은 1차원 CCD, 물체의 주사 방향 및 ESF의 측정 원리를 보여준다. 계단함수(step function) 형태의 물체(half-moon)를 사용하여 주사하며, CCD 센서에서 sub-pixel 주사를 통해 ESF를 측정한다. 이후 ESF를 미분하여 LSF를 구하고, 다시 푸리에 변환하여 MTF를 계산한다.

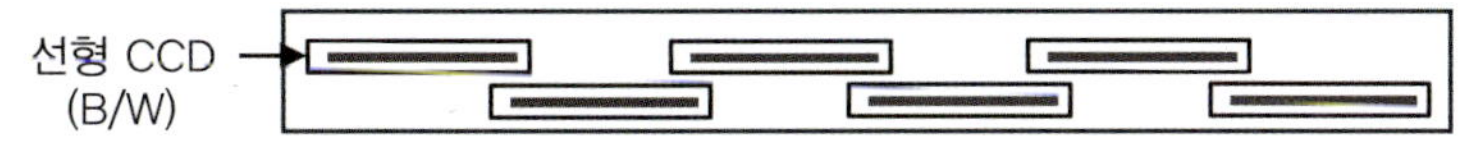

(a) 흑백(panchromatic)

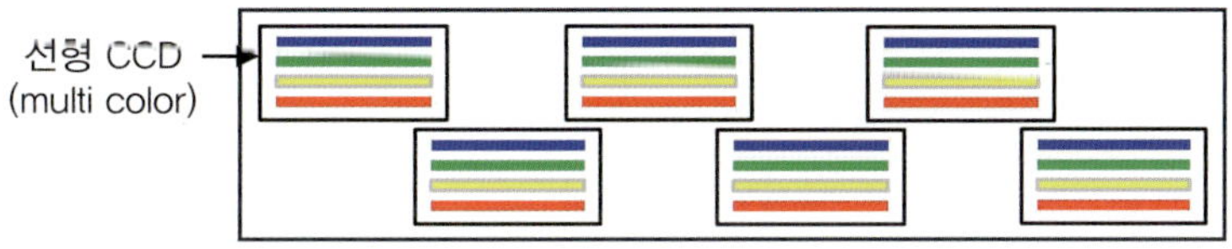

(b) 다중 컬러(multispectral)

그림 6-50 위성 카메라 초점면의 라인 CCD 정렬

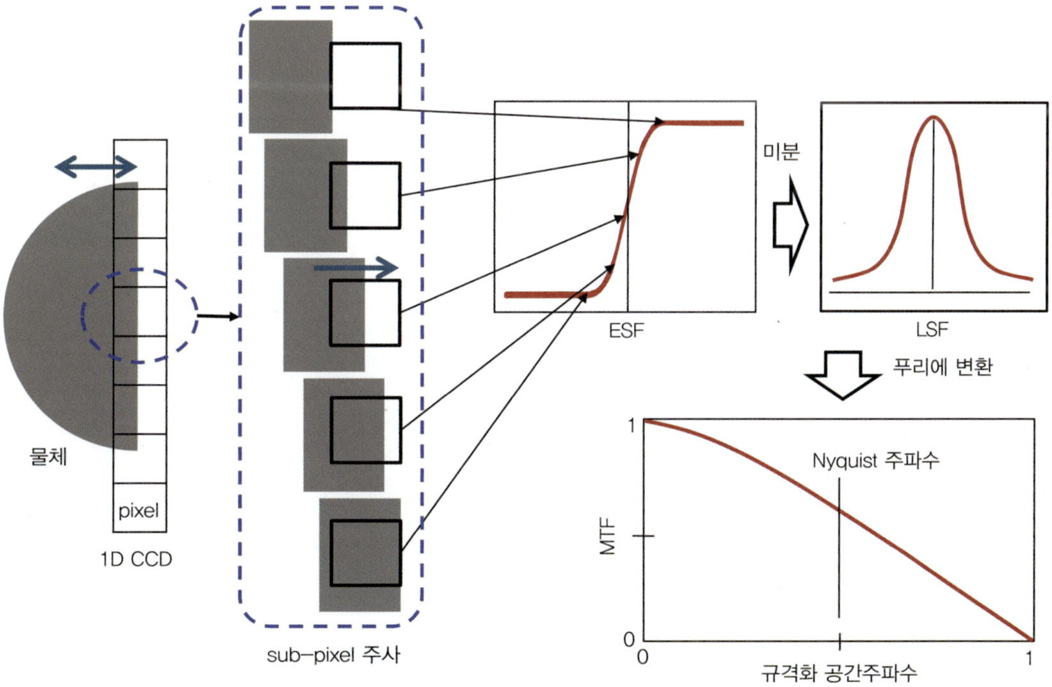

그림 6-51 주사형 물체를 이용한 ESF 측정 원리

광학계의 MTF_I는 물체(MTF_O), 광학계(MTF_{optics}), CCD(MTF_{CCD})의 영향을 받으며, 이를 곱하여 시스템 MTF로 표현할 수 있다. 이 관계는 다음과 같다.

$$MTF_I = MTF_O \times MTF_{optics} \times MTF_{CCD} \tag{6.5}$$

여기서 물체가 계단함수일 경우, 미분한 선퍼짐함수는 델타함수가 되어 MTF_O는 모든 공간주파수에서 1로 가정한다.

CCD의 MTF는 화소 크기와 관련되며, 이는 CCD의 해상도와 관련된 성능 지표이다. 화소 크기가 p인 CCD의 MTF는 다음과 같다.

$$MTF_{CCD}(f) = \left| \frac{\sin(\pi p f)}{\pi p f} \right| \tag{6.6}$$

따라서 광학계 MTF는 다음과 같이 계산할 수 있다.

$$MTF_{optics} = MTF_I / MTF_{CCD} \tag{6.7}$$

그림 6-52는 위성 카메라의 시스템 MTF를 보여준다. 여기에는 화소 크기가 10 μm인 1차원 CCD를 사용하는 회절 한계 광학계에서 측정된 MTF값이 포함되어 있다. CCD의 Nyquist 주파수는 50 lp/mm이며, 한계 공간주파수인 100 lp/mm에서 MTF는 0으로 측정된다. 이에 따라 시스템 MTF도 0이 되며, 이는 CCD 해상도 한계에 따른 결과이다.

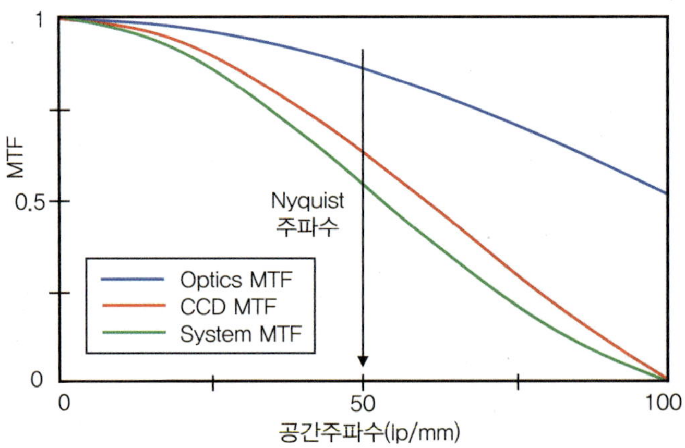

그림 6-52 위성 카메라의 시스템 MTF

MTF는 위성 카메라의 공간 해상도를 평가하는 핵심 지표이다. ESF와 LSF를 측정한 후, 이를 푸리에 변환하여 MTF를 계산한다. 시스템 MTF는 물체, 광학계, CCD MTF를 곱하여 계산되며, 각 요소의 성능이 시스템 전체 성능에 미치는 영향을 나타낸다.

(2) MRTD 측정

MRTD는 특정 공간주파수에서 분해할 수 있는 가장 작은 온도 차이를 측정함으로써, 적외선 위성 카메라의 열 분해능과 공간 분해능을 동시에 평가하는 중요한 지표이다. MRTD 측정은 물체와 배경 사이의 온도차를 기반으로, 특정 공간주파수에서 얼마나 구분 가능한지를 평가하는 방식이다. 이 지표는 탐지(detection), 인지(recognition), 식별(identification) 가능 여부를 평가하는 데 사용된다[24, 25].

그림 6-53은 MRTD 측정용 4-bar 표적과 실제 측정 시 광학계의 1차원 CCD에 대한 주사 방향을 보여준다. 4-bar 표적은 표준화된 규격을 갖추며, 다양한 공간주파수에서 사용된다. 이를 통해 카메라의 공간 해상도와 열 분해능을 측정할 수 있다. 열 영상 표적은 미세 온도 조절이 가능한 넓은 면적의 흑체를 이용해 생성된다.

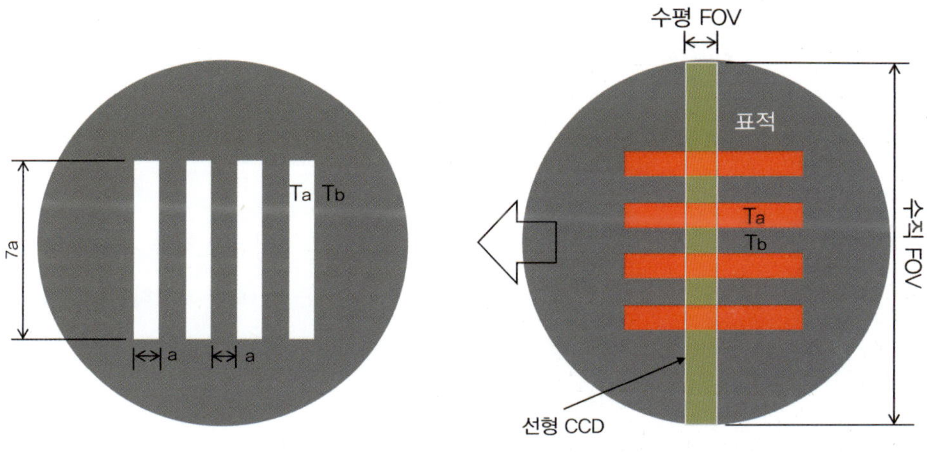

(a) 4-bar 표적 규격 (b) 광학계 CCD에 대한 표적의 주사 방향

그림 6-53 MRTD 측정용 표적 및 주사 방향

위성 카메라의 적외선 CCD의 화소 크기(p)가 20 μm일 때, Nyquist 주파수에서 표적 크기 a는 다음과 같이 계산된다.

$$a = \frac{1}{2 \cdot IFOV \cdot Nyquist\,Frequency} \quad \textbf{(6.8)}$$

여기서 순간 시야각(IFOV, Instantaneous Field of View)은 화소 크기의 역수이며, Nyquist 주파수는

'2 · IFOV'의 역수로 주어진다.

시준기의 초점거리 f_c가 6,000 mm, 광학계의 초점거리 f_{optics}가 1,950 mm일 경우, 상면에서 화소 크기에 따른 IFOV는 0.01 mrad이다. Nyquist 주파수에 대응하는 물체의 공간주파수 f_{oN}는 50 lp/mrad이므로, 식 (6.8)을 이용하여 계산한 4-bar 표적의 bar 폭 a는 0.12 mm이다. 일반적으로 4-bar의 공간주파수는 물체 공간주파수 f_{oN}의 0.2, 0.5, 0.8, 0.95에 해당하는 4개의 표적을 사용한다.

시험 중인 적외선 광학계가 다른 열원을 관측하지 않도록 하려면, 물체 시스템이 시준기의 시야각을 충분히 충족해야 한다. 이를 위해 선정한 표적장치의 휠이 시준기의 시야각을 충분히 덮을 수 있도록 흑체 광원의 크기를 설정한다.

MRTD 측정은 표적의 온도차가 매우 높은 상태에서 온도를 점차 낮추며, 표적이 사라지기 직전의 최소 온도차 $\Delta T_+ = |T_a - T_b|$를 측정하는 방식이다. 온도차가 낮은 상태에서 표적의 영상을 확인한 후, 다시 온도를 올려 표적이 사라지기 직전의 온도차 $\Delta T_- = |T_a - T_b|$를 측정한 최소 분해 가능 온도차는 다음과 같이 계산된다.

$$MRTD(f) = \frac{(\Delta T_+ + \Delta T_-)}{2} \times K \tag{6.9}$$

여기서 K는 시준기와 흑체 온도 조절기를 포함한 측정장비의 효율을 나타내는 보정계수로, 일반적으로 90~95 % 수준이다.

열영상장비의 실제 MRTD가 0.05 ℃이면 탐지가 가능하고, 0.1 ℃이면 인지가 가능하며, 0.15 ℃이면 식별이 가능하다. 탐지는 표적의 존재 여부를 확인할 수 있는 상태를 의미하고, 인지는 표적이 무엇인지를 구별할 수 있는 상태(예: 사람, 나무, 전차 등)를 의미한다. 식별은 표적의 세부 종류를 정확히 구별할 수 있는 상태를 의미한다.

그림 6-54는 카메라 시야각에 따른 MRTD 그래프를 보여준다. 이는 시야각에 따른 MRTD의 변화를 설명하며, 넓은 시야각과 좁은 시야각에서의 성능 차이를 나타낸다.

넓은 시야각에서는 낮은 공간주파수에서 감도가 우수하나, 높은 공간주파수에서는 패턴을 구분하기 어려워 MRTD 곡선이 급격히 상승한다. 이는 주로 대규모 산불 감지나 대형 구조물의 온도 분석에 적합하다.

반면, 좁은 시야각의 MRTD는 높은 공간주파수에서도 비교적 작은 온도 차이를 구분할 수 있어 곡선이 더 완만하며, 높은 해상도가 요구되는 도시 환경의 세부 분석이나 소규모 물체 감지 작업에 적합하다.

감시 정찰용 적외선 광학계의 경우, 넓은 시야각은 넓은 영역의 열 분포 및 이상 징후를 감지하는 상황 인식(situational awareness)과 장거리 감시에서의 초기 탐지 및 대략적인 위치 확인에 적합하다.

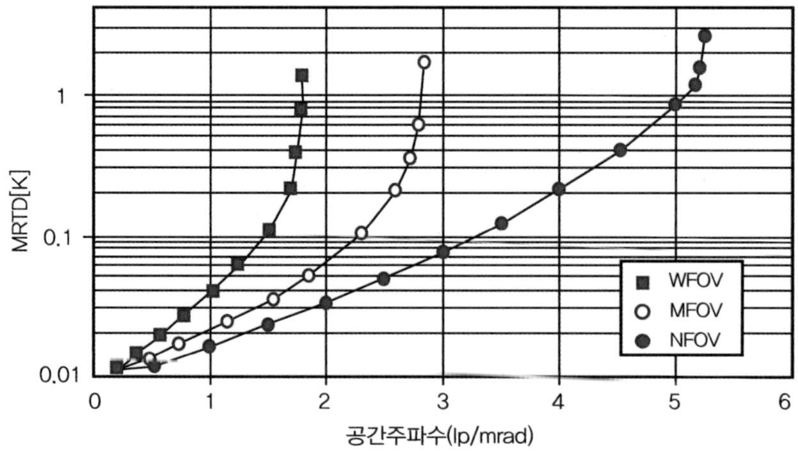

그림 6-54 시야각에 따른 MRTD 측정

반면, 좁은 시야각은 작은 물체나 세부 특징을 분석하는 표적 식별(target identification)과 특정 목표에 대한 정밀 조사 및 추적에 적합하다.

MRTD는 시야각이 좁을수록 높은 공간주파수에서 더 좋은 감도를 보여, 다양한 물체를 측정할 수 있는 반면, 시야각이 넓으면 공간주파수가 제한되어 측정 가능 대상이 한정될 수 있다.

MRTD는 적외선 위성 카메라의 열 분해능과 공간 분해능을 동시에 측정할 수 있는 핵심 지표이다. 일반적으로 4-bar 표적을 활용한 MRTD 측정을 통해 탐지, 인지, 식별 가능성을 평가할 수 있다. 또한 시야각에 따라 MRTD값이 달라지므로, 넓은 시야각은 광역 탐지에, 좁은 시야각은 세부 분석 및 표적 식별에 유리하다.

1. M. A. El-Hodiri & D. A. Gaillard, "Satellite Systems Engineering in an IPv6 World", Wiley (1994).
2. D. T. Edwards & W. S. Walker, "The Space Environment: Implications for Spacecraft Design", Cambridge University Press (2012).
3. B. D. Pipkin & L. W. Conners, "Spacecraft Thermal Systems and Environmental Testing", AIAA Education Series (2005).
4. S. S. Burton & J. S. Jerman, "Space Test Engineering Manual: Space Test Design, Development, and Qualification", NASA (2015).
5. G. H. Tanner & D. J. Sheehan, "Optical Systems Design and Analysis for Spaceborne Applications", Springer (2001).
6. D. J. Baker & A. F. Wyatt, "Fundamentals of Space Environmental Testing", John Wiley & Sons (2000).
7. J. S. Jonkman & P. F. Jaramillo, "Space Optics: Principles and Applications", Springer (2013).
8. M. Vasile & W. Wiesel, "Spacecraft and Satellite Design and Testing", Springer (2018).
9. D. L. Burke & C. E. Moore, "Space Optics Manufacturing and Testing", NASA Technical Reports (2005).
10. W. J. Smith, "Modern Optical Engineering: The Design of Optical Systems", McGraw-Hill (2007).
11. R. R. Shannon & J. C. Wyant, "Applied Optics and Optical Engineering", Volume 11. Academic Press (1997).
12. P. R. Yoder, "Opto-Mechanical Systems Design", CRC Press (2006).
13. B. S. Doyle & R. W. Sullivan, "Space Optics: Design and Applications", Wiley-VCH (2008).
14. 이윤우 외, "고해상도 위성 카메라 광학부품 국산화 연구", KRISS/IR-2011-023 (2011).
15. Hagyong Kihm, Ho-Soon Yang, Il-Kweon Moon, Jeong-Heum Yeon, Seung-Hoon Lee & Yun-Woo Lee, "Adjustable bipod flexures for mounting mirrors in a space telescope", Appl. Opt 51(32), 7776-7783 (2012).
16. Hagyong Kihm & Yun-Woo Lee, "Optimization and Tolerance Scheme for a Mirror Mount Design Based on Optomechanical Performance", J. Korean Phys. Soc 57(3), 440-445 (2010).
17. Hagyong Kihm & Ho-Soon Yang, "Design optimization of a 1-m lightweight mirror for a space telescope", Opt. Eng 52(9), 091806-1-9 (2013).

18. Hyug-Gyo Rhee, Hagyong Kihm, Ho-Soon Yang, Joohyung Lee, Young-Sik Ghim & Yun-Woo Lee, "Pixel-based absolute test of a 1-m lightweight mirror for a space telescope", J. Korean Phys. Soc 65(9), 1385-1389 (2014).
19. 이윤우 외, "고해상도 위성 카메라용 대구경 반사경 개발", KRISS/IR-2014-006 (2014).
20. Eric E. Bloemhof et al, "Extracting the zero-gravity surface figure of a mirror through multiple clockings in a flightlike hexapod mount", Applied Optics 48(21), 4239-4245 (2009).
21. A. E. Hatheway, "Analysis of adhesive bonds in optics", Proc. SPIE 1998, 2-8 (1993).
22. G. J. Michels, V. L. Genberg & K. B. Doyle, "Finite element modeling of nearly incompressible bonds", Proc. SPIE 4771, 287-295 (2002).
23. K. B. Doyle, V. L. Genberg & G. J. Michels, "Displacement models of adhesive bonds", in Integrated Optomechanical Analysis 86-98, SPIE Press (2002).
24. 정영탁, 임재성, 이지혁, "군용 열영상장비 최소분해가능온도차의 정량적 측정 방법 및 탐지거리 예측에 관한 연구", 한국산학기술학회논문지 18(5), 557-564, (2017).
25. Gerald Holst, "Testing and evaluation of E-O imaging systems", SPIE Press (2008).

대한민국 최초의
1 m 초정밀 비구면 거울 개발

그림 1 국내 최초 개발한 지름 1 m 초정밀 비구면 거울(2004)
(사진 왼쪽부터 이희윤, 양호순, 이윤우, 이재협, 송재봉 연구원)

그림 1은 2004년에 개발된 대한민국 최초의 지름 1 m 초정밀 비구면 거울이다. 이는 1980년대부터 2000년대 중반까지 주로 소형 정보기기(카메라, 복사기, 프로젝션 TV, 광 픽업, CCTV 등) 에 집중되던 응용 기술이, 대형 망원경 및 고해상도 인공위성 카메라로 확장되는 전환 과정에서 거둔 성과이다. 해당 비구면 거울은 형상 오차 18 nm RMS 수준으로 연마되었으며, 국내 독자 기술로 구현된 대구경 광학소자 중 당시 최고 정밀도를 기록한 사례이다.

이 거울은 우주급 인증을 받은 것은 아니지만, 선진국 수준의 정밀도를 달성한 광학소자로, 특히 고해상도 위성 카메라의 국산화에 필수적인 핵심 기반 기술이라는 점에서 의미가 크다. 기술적 · 상징적 가치가 높아, 개발 당시 조선일보 1면, KBS 9시 뉴스 등 주요 언론 매체를 통해 대대적으로 보도되었다.

초정밀 대구경 비구면 거울은 구면 거울과 달리 형상이 매우 복잡해 가공 및 측정이 어렵고, 우주 · 천문 · 정찰 광학계의 핵심 부품으로, 전략 물자에 해당하는 고난도 기술이다. 따라서 이 기술의 개발은 해외에 의존하던 국내 광기술이 자립 기반을 마련하는 전환점이자, 대한민국이

그림 2 KRISS 대형 광학가공실과 우주광학 연구진(2013)

첨단 광학 강국으로 도약하는 상징적인 연구 성과로 평가된다.

그림 2는 한국표준과학연구원(KRISS)의 대형 광학가공실에서 촬영된 우주광학센터 연구진의 단체 사진이다. 이 시설은 지름 2 m 비구면 거울을 연마할 수 있는 세계적 수준의 광학 가공 환경을 갖추고 있으며, 고정밀 형상 측정, 박막 코팅, 우주 환경 모사 시험 설비까지 모두 자체 개발되어 통합 운영되고 있다.

사진 속 대형 거울은 지름 1.2 m의 기준 평면(reference flat)과 지름 1.6 m의 기준 구면(reference sphere)으로, 대구경 광학계의 가공 및 측정 정밀도를 확보하기 위해 자체 개발된 초정밀급 기준면이다. 이들 기준면은 우주용 비구면 거울의 간섭계 기반 정밀 측정에 사용된다.

사진 속 인물은 뒷줄 왼쪽부터 김학용, 공주대학교 이준호 교수, 문일권, 이윤우, 이회윤 연구원이며, 중간 줄은 전병혁, 이혁교, 양호순, 이재협, 송재봉 연구원이다. 앞줄은 대학원생들로, 오른쪽의 김윤종 학생은 박사학위 취득 후 한국천문연구원에서 근무하고 있다.

이 사진은 2013년, 국내 우주광학기술 자립 기반을 확립해 나가던 시기의 연구진 구성과 기반 시설의 수준을 보여주는 대표 자료로, KRISS의 체계적인 기술 집약과 공동 연구를 상징하는 기록이라고 할 수 있다.

우주용 비구면 거울

(국가 중요 과학기술 자료)

그림 3 국산화에 성공한 지름 0.8 m 우주용 비구면 거울

대한민국의 고해상도 위성 카메라용 비구면 거울 개발을 위해, 한국표준과학연구원(KRISS)과 한국항공우주연구원(KARI)은 2005년 공동 연구팀을 구성하고, 국가 전문연구단(단장: 이윤우 박사)으로 선정되었다. 이 협력을 통해 2011년에는 지름 0.8 m 우주용 비구면 거울의 국산화에 성공했으며, 그림 3의 거울은 실제 우주 임무에 적합한 성능을 갖추고 있다.

이 프로젝트에서는 비구면 광기계 설계 및 해석, 경량화 가공, 초정밀 연마 및 형상 측정, 조립 기술, 열 진공 및 우주 환경시험 등 핵심 요소 기술을 국내 독자 기술로 개발하였다. 이러한 기술은 KRISS에 집적되어 기술 성숙도와 신뢰성 확보에 기여하였다.

이 성과는 차세대 중형 위성용 카메라 개발로 이어져, 2021년 3월 위성 발사에 성공했으며, 이 위성은 현재까지 정상적으로 임무를 수행하고 있다. 이는 출연연구기관 간 협력의 모범 사례로 평가받으며, 이후 지름 1 m 이상의 다목적 위성용 광학계 개발로 연구가 확장되었다.

단기간에 선진국 수준의 성과를 달성할 수 있었던 것은, KRISS의 초정밀 가공 · 측정 기술과 KARI의 우주개발 역량이 유기적으로 결합한 결과였다.

이 비구면 거울은 2021년 KRISS 보물로 지정되었으며, 2023년 대덕연구단지 50주년 주요 성과물(그림 4)로 선정되었고, 2024년 12월에는 국가 중요 과학기술 자료로 공식 등록되었다. 현재 KRISS 세종홀에 전시되어 있으며, 과학기술 문화재이자 교육 자산으로 활용되고 있다.

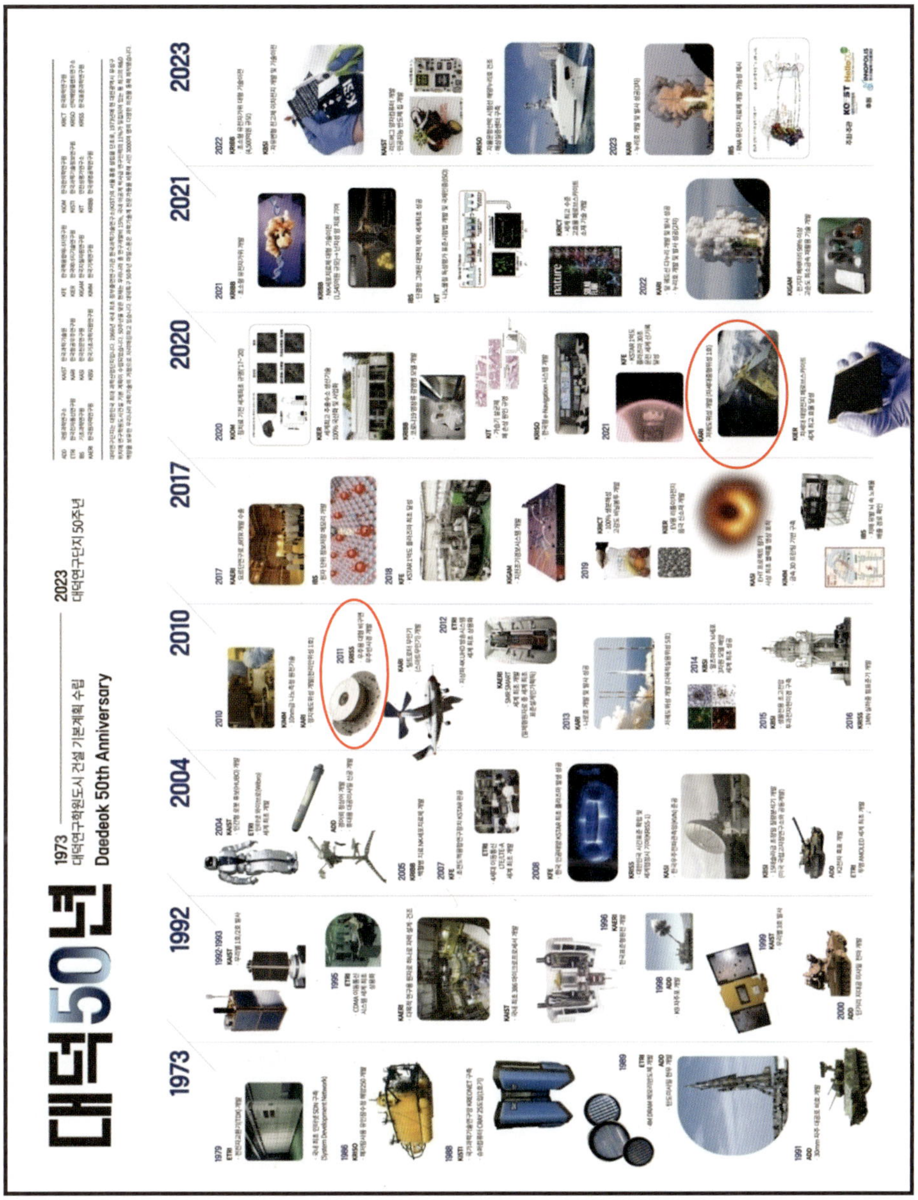

그림 4 대덕연구단지 50주년 주요 연구 성과

: KRISS에서 개발한 지름 0.8 m 우주용 거울과 차세대 중형 위성 거울

ㄱ

ㅊ

ㅋ

ㅌ

ㅍ

ㅎ

기타